2022
개정 교육과정
2026년 중2 적용

KB101228

수학이 쉬워지는 완벽한 솔루션

완쏠 개념

중등수학

2-1

메가스터디BOOKS

수학이 쉬워지는 완벽한 솔루션

완쏠 개념

중등수학

2-1

완쏠 개념
중등수학 2-1

발행일	2024년 6월 14일
펴낸곳	메가스터디(주)
펴낸이	손은진
개발 책임	배경윤
개발	김민, 김건지, 신상희, 성기은, 오성한
디자인	이정숙, 신은지
마케팅	엄재욱, 김세정
제작	이성재, 장병미
주소	서울시 서초구 효령로 304(서초동) 국제전자센터 24층
대표전화	1661-5431(내용 문의 02-6984-6901 / 구입 문의 02-6984-6868,9)
홈페이지	http://www.megastudybooks.com
출판사 신고 번호	제 2015-000159호
출간제안/원고투고	메가스터디북스 홈페이지 <투고 문의> 등록

이 책의 저작권은 메가스터디 주식회사에 있으므로 무단으로 복사, 복제할 수 없습니다. 잘못된 책은 바꿔 드립니다.

메가스터디BOOKS

'메가스터디북스'는 메가스터디(주)의 교육, 학습 전문 출판 브랜드입니다.

초중고 참고서는 물론, 어린이/청소년 교양서, 성인 학습서까지 다양한 도서를 출간하고 있습니다.

· **제품명** 완쏠 개념 중등수학 2-1
· **제조자명** 메가스터디㈜ · **제조년월** 판권에 별도 표기 · **제조국명** 대한민국 · **사용연령** 11세 이상
· **주소 및 전화번호** 서울시 서초구 효령로 304(서초동) 국제전자센터 24층 / 1661-5431

수학 기본기를 강화하는
완쏠 개념은
이렇게 만들었습니다!

새 교육과정에 충실한
중요 개념 선별 & 수록

교과서 수준에 철저히 맞춘
대표 예제와 유제 수록

내신 기출문제를 분석한
단원별 실전 문제 수록

단원의 개념을 최종 정리하는
마인드맵과 OX 문제 수록

정확한 답과 설명을
건너뛰지 않는 친절한 해설

이 책의 짜임새

STEP 1

필수 개념 + 개념 확인하기

단원별로 꼭 알아야 하는 필수 개념과 그 개념을 확인하는 문제로 개념을 쉽게 이해할 수 있습니다.

STEP 2

대표 예제로 개념 익히기

개념별로 자주 출제되는 유형으로 선정한 대표 예제, 이와 관련된 유제를 다시 풀어 보며 내신 기본기를 다질 수 있습니다.

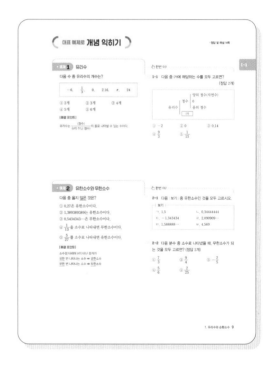

STEP 3

실전 문제로 단원 마무리하기

중단원 학습 내용을 점검하는 다양한 난이도의
실전 문제(서술형 포함)로 내신 대비를 탄탄하게
할 수 있습니다.

단원 정리하기

마인드맵 & OX 문제로 단원 정리하기

중단원에서 학습한 개념을 마인드맵으로 구조화
하여 이해하고, OX 문제에 답하며 개념 이해도
를 스스로 점검할 수 있습니다.

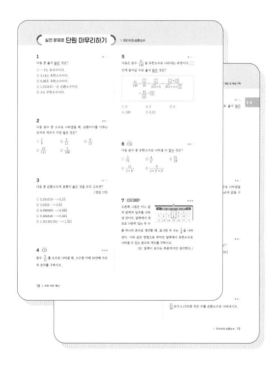

➕ 본책 학습 후 "워크북"

본책의 각 개념에 대한 확인 문제, 대표 예제를
반복하여 풀며 내신 기본기를 더욱 탄탄하게 다
지고 싶은 학생은 "워크북"까지 풀어 보세요!

이 책의 차례

III
일차함수

중등
2-2

I 도형의 성질	1 삼각형의 성질
	2 사각형의 성질
II 도형의 닮음과 피타고라스 정리	3 도형의 닮음
	4 평행선과 선분의 길이의 비
	5 피타고라스 정리
III 확률	6 경우의 수와 확률

*완쏠 개념 중등수학 2-2는 별도 판매합니다.

1

유리수와 순환소수

야구 투수의 실력을 나타내는 승률은 $\dfrac{(\text{이긴 경기 수})}{(\text{전체 경기 수})}$ 로 나타냅니다.

어떤 투수가 10경기 중 2경기를 이겼다면 그 승률은 $\dfrac{2}{10}=0.20$이고, 11경기 중 2경기를 이겼다면 그 승률은

$\dfrac{2}{11}=0.181818\cdots$이 됩니다.

이 단원에서는 소수의 종류를 알아보고, 소수와 분수의 관계에 대해 학습합니다.

▶ **새로 배우는 용어·기호**
유한소수, 무한소수, 순환소수, 순환마디, 순환소수 표현(예. $7.2\dot{1}\dot{5}$)

---

1. 유리수와 순환소수를 시작하기 전에

소인수분해 중1

1 다음 자연수를 소인수분해하시오.

(1) 12   (2) 20   (3) 90   (4) 126

정수와 유리수 중1

2 오른쪽 수를 보고 다음 물음에 답하시오.

(1) 자연수를 모두 고르시오.

(2) 정수를 모두 고르시오.

(3) 정수가 아닌 유리수를 모두 고르시오.

$$-2, \quad +1, \quad -\dfrac{2}{5}, \quad -0.77,$$
$$\dfrac{1}{3}, \quad 0, \quad +\dfrac{12}{3}, \quad 2.6$$

[정답] 1. (1) $2^2 \times 3$ (2) $2^2 \times 5$ (3) $2 \times 3^2 \times 5$ (4) $2 \times 3^2 \times 7$

2. (1) $+1$, $+\dfrac{12}{3}$ (2) -2, $+1$, 0, $+\dfrac{12}{3}$ (3) $-\dfrac{2}{5}$, -0.77, $\dfrac{1}{3}$, 2.6

개념 01 유리수 / 소수의 분류

(1) 유리수

① 유리수: 분수 $\dfrac{a}{b}$ (a, b는 정수, $b\neq0$)의 꼴로 나타낼 수 있는 수

② 유리수의 분류

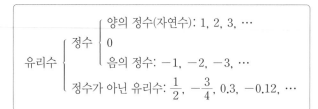

(2) 소수의 분류

① 유한소수: 소수점 아래에 0이 아닌 숫자가 유한 번 나타나는 소수

   예 0.7, 3.54, −1.56

② 무한소수: 소수점 아래에 0이 아닌 숫자가 무한 번 나타나는 소수

   예 0.222…, 1.34562…, −2.343434…

   참고 정수가 아닌 유리수는 유한소수 또는 무한소수로 나타낼 수 있다.

≫ 분수 $\dfrac{a}{b}$ 는 $a\div b$, 즉 분자를 분모로 나누어 정수 또는 소수로 나타낼 수 있다.

≫ 정수는 $2=\dfrac{2}{1}$, $0=\dfrac{0}{1}$, $-1=-\dfrac{1}{1}$ 과 같이 분수로 나타낼 수 있으므로 유리수이다.

≫ ① 유한(有 있다, 限 한계)소수
   ➡ 한계가 있는 소수
② 무한(無 없다, 限 한계)소수
   ➡ 한계가 없는 소수

· 개념 확인하기

· 정답 및 해설 14쪽

1 다음에 해당하는 수를 | 보기 |에서 모두 고르시오.

┤ 보기 ├

$$4, \quad -\dfrac{8}{5}, \quad 0, \quad -5, \quad \dfrac{1}{9}, \quad 0.56$$

(1) 정수

(2) 자연수가 아닌 정수

(3) 유리수

(4) 정수가 아닌 유리수

2 다음 중 유한소수인 것은 '유', 무한소수인 것은 '무'를 ( ) 안에 쓰시오.

(1) 2.676767 ( ) (2) −2.345678… ( )

(3) 0.131313… ( ) (4) 5.22222 ( )

3 다음 분수를 소수로 나타내고, 유한소수와 무한소수로 구분하시오.

(1) $\dfrac{2}{7}$ (2) $\dfrac{3}{11}$ (3) $-\dfrac{5}{4}$ (4) $\dfrac{7}{8}$

•정답 및 해설 14쪽

I·1

• 예제 **1** 유리수

다음 수 중 유리수의 개수는?

$$-6, \quad \frac{1}{3}, \quad 0, \quad 2.16, \quad \pi, \quad 24$$

① 2개   ② 3개   ③ 4개

④ 5개   ⑤ 6개

[해결 포인트]

유리수는 $\dfrac{(정수)}{(0이\ 아닌\ 정수)}$ 의 꼴로 나타낼 수 있는 수이다.

🖐 한번 더!

1-1 다음 중 (가)에 해당하는 수를 모두 고르면?

(정답 2개)

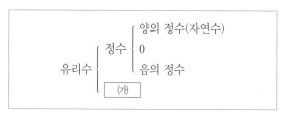

① -2 ② 0 ③ 0.14

④ $\dfrac{9}{3}$ ⑤ $\dfrac{1}{15}$

• 예제 **2** 유한소수와 무한소수

다음 중 옳지 <u>않은</u> 것은?

① 0.27은 유한소수이다.

② 1.389389389는 유한소수이다.

③ $0.5434343\cdots$은 무한소수이다.

④ $\dfrac{1}{13}$ 을 소수로 나타내면 무한소수이다.

⑤ $\dfrac{5}{27}$ 를 소수로 나타내면 유한소수이다.

[해결 포인트]

소수점 아래에 0이 아닌 숫자가

<u>유한</u> 번 나타나는 소수 ➡ <u>유한</u>소수

<u>무한</u> 번 나타나는 소수 ➡ <u>무한</u>소수

🖐 한번 더!

2-1 다음 |보기| 중 유한소수인 것을 모두 고르시오.

┌─ 보기 ───────────────────┐

ㄱ. 1.5 ㄴ. 0.34444444

ㄷ. -1.343434 ㄹ. $2.090909\cdots$

ㅁ. $1.588888\cdots$ ㅂ. 4.569

└──────────────────────────┘

2-2 다음 분수 중 소수로 나타냈을 때, 무한소수가 되는 것을 모두 고르면? (정답 2개)

① $\dfrac{7}{3}$ ② $\dfrac{9}{4}$ ③ $-\dfrac{2}{5}$

④ $\dfrac{5}{6}$ ⑤ $\dfrac{2}{25}$

개념 02 순환소수

(1) **순환소수**: 소수점 아래의 어떤 자리에서부터 일정한 숫자의 배열이 한없이 되풀이되는 무한소수

　예 $0.222\cdots$, $-0.151515\cdots$, $3.047047047\cdots$

(2) **순환마디**: 순환소수의 소수점 아래에서 일정하게 되풀이되는 한 부분

　예 순환소수 $1.\underline{23}2323\cdots$의 순환마디는 23이다.

(3) **순환소수의 표현**: 순환마디 양 끝의 숫자 위에 점을 찍어서 나타낸다.

예

순환소수	순환마디	순환소수의 표현
$0.555\cdots$	5	$0.\dot{5}$
$-1.858585\cdots$	85	$-1.\dot{8}\dot{5}$
$2.345345345\cdots$	345	$2.\dot{3}4\dot{5}$

주의 순환마디는 소수점 아래에서 숫자의 배열이 처음으로 반복되는 부분을 찾고, 그 숫자가 3개 이상이면
반복되는 부분의 양 끝의 숫자 위에만 점을 찍는다.

　• $0.333\cdots \Rightarrow 0.\dot{3}\dot{3}$ ($\times$), $0.\dot{3}$ ($\bigcirc$)　　　• $4.034034034\cdots \Rightarrow 4.\dot{0}\dot{3}$ ($\times$), $4.\dot{0}3\dot{4}$ ($\bigcirc$)
　• $0.254254254\cdots \Rightarrow 0.\dot{2}5\dot{4}$ ($\times$), $0.\dot{2}5\dot{4}$ ($\bigcirc$)

• 개념 확인하기

•정답 및 해설 14쪽

1 다음 중 순환소수인 것은 ○표, 순환소수가 아닌 것은 ×표를 ( ) 안에 쓰시오.

(1) $1.151515\cdots$ 　　　　( )　　(2) $3.145678\cdots$ 　　　　( )

(3) $2.369135\cdots$ 　　　　( )　　(4) $0.9656565\cdots$ 　　　　( )

(5) $0.089089089\cdots$ 　　( )　　(6) $1.1356312\cdots$ 　　　　( )

2 다음 순환소수의 순환마디를 구하고, 점을 찍어 간단히 나타내시오.

(1) $1.555\cdots$ 　　　　　　　　　　(2) $1.060606\cdots$

(3) $-2.739739739\cdots$ 　　　　　　(4) $0.1232323\cdots$

(5) $4.274274274\cdots$ 　　　　　　　(6) $3.56888\cdots$

3 다음 | 보기 |와 같이 분수를 소수로 나타낸 후 순환마디를 구하고, 점을 찍어 간단히 나타내시오.

	분수	소수	순환마디	순환소수의 표현
	보기	$\dfrac{1}{3}$	$0.333\cdots$	3	$0.\dot{3}$
	$\dfrac{4}{15}$			
	$\dfrac{2}{11}$			
	$\dfrac{8}{27}$			
	$\dfrac{1}{33}$			

• 예제 **1** 순환마디

다음 |보기| 중 순환소수의 순환마디를 구한 것으로 옳은 것을 모두 고르시오.

┌ 보기 ┐
ㄱ. 1.353535… ⇨ 35
ㄴ. 0.111… ⇨ 11
ㄷ. 2.789789789… ⇨ 789
ㄹ. 3.045045045… ⇨ 45
ㅁ. 1.0678678678… ⇨ 6786

[해결 포인트]
순환마디는 순환소수의 소수점 아래에서 일정한 숫자의 배열이 한없이 되풀이되는 한 부분이다.

👆 한번 더!

1-1 다음 순환소수에서 순환마디를 이루는 숫자의 개수를 구하시오.

(1) 2.606060…   (2) 5.1444…

1-2 다음 분수 중 소수로 나타냈을 때, 순환마디가 나머지 넷과 다른 하나는?

① $\dfrac{1}{75}$ ② $\dfrac{7}{12}$ ③ $\dfrac{67}{33}$

④ $\dfrac{8}{15}$ ⑤ $\dfrac{19}{30}$

• 예제 **2** 순환소수의 표현

다음 중 순환소수의 표현이 옳은 것을 모두 고르면?
(정답 2개)

① $0.343434\cdots=0.\dot{3}\dot{4}$

② $5.040404\cdots=5.0\dot{4}$

③ $-1.341341341\cdots=-\dot{1}.3\dot{4}$

④ $1.8555\cdots=1.85\dot{5}$

⑤ $3.9868686\cdots=3.9\dot{8}\dot{6}$

[해결 포인트]
순환마디를 이루는 숫자가
(i) 1개 또는 2개이면 ➡ 그 숫자 위에 점을 찍는다.
(ii) 3개 이상이면 ➡ 양 끝의 숫자 위에만 점을 찍는다.

👆 한번 더!

2-1 다음 중 순환소수의 표현이 옳지 않은 것은?

① $0.444\cdots=0.\dot{4}$

② $0.123123123\cdots=0.\dot{1}2\dot{3}$

③ $1.0787878\cdots=1.0\dot{7}\dot{8}$

④ $1.212121\cdots=1.\dot{2}\dot{1}$

⑤ $1.231231231\cdots=1.23\dot{1}2\dot{3}$

2-2 분수 $\dfrac{5}{37}$ 를 소수로 나타낼 때, 다음 물음에 답하시오.

(1) 순환마디에 점을 찍어 간단히 나타내시오.
(2) 순환마디를 이루는 숫자의 개수를 구하시오.
(3) 소수점 아래 100번째 자리의 숫자를 구하시오.

개념 **03** 유한소수, 순환소수로 나타낼 수 있는 분수

(1) 유한소수로 나타낼 수 있는 분수

유한소수는 분모가 10의 거듭제곱인 분수로 나타낼 수 있다. 이때 분모를 소인수분해하면 분모의 소인수는 2 또는 5뿐임을 알 수 있다.

즉, 정수가 아닌 유리수를 기약분수로 나타냈을 때, 분모의 소인수가 2 또는 5뿐이면 그 분수는 유한소수로 나타낼 수 있다.

예 $\dfrac{3}{50}=\dfrac{3}{2\times5^2}=\dfrac{3\times2}{2\times5^2\times2}=\dfrac{6}{100}=0.06$

$\dfrac{21}{60}\underset{\text{기약분수로 고치기}}{\uparrow}\dfrac{7}{20}=\dfrac{7}{2^2\times5}=\dfrac{7\times5}{2^2\times5\times5}=\dfrac{35}{100}=0.35$

(2) 순환소수로 나타낼 수 있는 분수

정수가 아닌 유리수를 기약분수로 나타냈을 때, 분모에 2 또는 5 이외의 소인수가 있으면 그 분수는 순환소수로 나타낼 수 있다.

>> 기약분수는 더 이상 약분되지 않는 분수로 분모와 분자가 서로소이다.

>> 분모에 2 또는 5 이외의 소인수가 있는 기약분수는 분모가 10의 거듭제곱인 분수로 나타낼 수 없으므로 유한소수로 나타낼 수 없다. 즉, 순환소수로 나타낼 수 있다.

·개념 확인하기

·정답 및 해설 15쪽

1 다음은 분수의 분모를 10의 거듭제곱으로 고쳐서 유한소수로 나타내는 과정이다. ㈎~㈐에 알맞은 수를 구하시오.

(1) $\dfrac{1}{25}=\dfrac{1}{5^2}=\dfrac{1\times\boxed{㈎}}{5^2\times\boxed{㈏}}=\dfrac{4}{\boxed{㈐}}=\boxed{㈑}$

(2) $\dfrac{1}{8}=\dfrac{1}{2^3}=\dfrac{1\times\boxed{㈎}}{2^3\times\boxed{㈏}}=\dfrac{125}{\boxed{㈐}}=\boxed{㈑}$

(3) $\dfrac{7}{40}=\dfrac{7}{2^3\times5}=\dfrac{7\times\boxed{㈎}}{2^3\times5\times\boxed{㈏}}=\dfrac{\boxed{㈐}}{1000}=\boxed{㈑}$

2 다음 분수 중 유한소수로 나타낼 수 있는 것은 ○표, 유한소수로 나타낼 수 없는 것은 ×표를 ( ) 안에 쓰시오.

(1) $\dfrac{2}{3\times5\times7}$ ( ) (2) $\dfrac{3}{2\times3^2\times5}$ ( ) (3) $\dfrac{22}{2^2\times11}$ ( )

(4) $\dfrac{2}{75}$ ( ) (5) $\dfrac{21}{70}$ ( ) (6) $\dfrac{6}{30}$ ( )

3 다음 분수에 어떤 자연수 □를 곱하여 유한소수로 나타낼 때, □ 안에 들어갈 수 있는 가장 작은 자연수를 구하시오.

(1) $\dfrac{2}{3\times5}\times\square$ (2) $\dfrac{8}{5\times13}\times\square$ (3) $\dfrac{9}{3\times5\times11}\times\square$ (4) $\dfrac{2}{2^2\times3\times7}\times\square$

대표 예제로 **개념 익히기**

• 정답 및 해설 15쪽

• 예제 **1** 유한소수, 순환소수로 나타낼 수 있는 분수

다음 |보기|의 분수 중 유한소수로 나타낼 수 있는 것을 모두 고르시오.

| 보기 |

ㄱ. $\dfrac{7}{8}$ ㄴ. $\dfrac{8}{120}$

ㄷ. $\dfrac{35}{420}$ ㄹ. $\dfrac{28}{140}$

ㅁ. $\dfrac{52}{2^2 \times 5 \times 13^2}$ ㅂ. $\dfrac{22}{2^3 \times 5^2 \times 11}$

[해결 포인트]

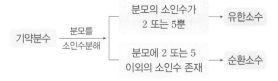

🖐 한번 더!

1-1 다음 분수 중 유한소수로 나타낼 수 있는 것은?

① $\dfrac{2}{3}$ ② $\dfrac{5}{2^2 \times 3}$ ③ $\dfrac{33}{2 \times 5 \times 11}$

④ $\dfrac{5}{7^2}$ ⑤ $\dfrac{3}{2 \times 3^2 \times 5}$

1-2 분수 $\dfrac{1}{6}, \dfrac{2}{6}, \dfrac{3}{6}, \dfrac{4}{6}, \dfrac{5}{6}$ 중에서 순환소수로 나타낼 수 있는 분수의 개수를 구하시오.

• 예제 **2** 유한소수가 되도록 하는 미지수 구하기

분수 $\dfrac{a}{2^2 \times 5 \times 7}$를 소수로 나타내면 유한소수가 될 때, a의 값이 될 수 있는 가장 작은 자연수를 구하시오.

[해결 포인트]

분수 $\dfrac{x}{A}$나 식 $\dfrac{B}{A} \times x$가 유한소수이다.

➡ 분수 $\dfrac{x}{A}$나 식 $\dfrac{B}{A} \times x$를 기약분수로 나타냈을 때, 분모의 소인수가 2 또는 5뿐이다.

🖐 한번 더!

2-1 분수 $\dfrac{a}{2 \times 3 \times 5}$를 소수로 나타내면 유한소수가 될 때, 다음 중 a의 값이 될 수 있는 것을 모두 고르면? (정답 2개)

① 2 ② 3 ③ 5

④ 6 ⑤ 10

2-2 분수 $\dfrac{12}{420} \times a$를 소수로 나타내면 유한소수가 될 때, a의 값이 될 수 있는 가장 작은 두 자리의 자연수를 구하시오.

순환소수의 분수 표현

(1) 순환소수를 분수로 나타내기

방법 ① 10의 거듭제곱 이용하기

두 순환소수의 소수점 아래의 부분이 같으면 두 순환소수의 차가 정수임을 이용한다.

❶ 순환소수를 x라 한다.

❷ 양변에 10의 거듭제곱(10, 100, 1000, …)을 적당히 곱하여 소수점 아래의 부분이 같은 두 식을 만든다.

❸ ❷의 두 식을 변끼리 빼어 x의 값을 구한다.

예 순환소수 $0.3\dot{1}\dot{6}$을 분수로 나타내어 보자.

❶ $0.3\dot{1}\dot{6}$을 x라 하면 $x=0.3161616\cdots$

❷ 양변에 1000, 10을 곱하면

$$1000x=316.161616\cdots, \quad 10x=3.161616\cdots$$

❸ ❷의 두 식을 변끼리 빼면

$$990x=313 \qquad \therefore x=\frac{313}{990}$$

$$\begin{array}{r} 1000x=316.161616\cdots \\ -)\quad 10x=3.161616\cdots \\ \hline 990x=313 \end{array}$$

소수점이 첫 순환마디 뒤에 오도록 양변에 1000을 곱한다.

소수점이 첫 순환마디 앞에 오도록 양변에 10을 곱한다.

방법 ② 공식 이용하기

❶ 분모는 순환마디를 이루는 숫자의 개수만큼 9를 쓰고, 그 뒤에 소수점 아래 순환마디에 포함되지 않는 숫자의 개수만큼 0을 쓴다.

❷ 분자는 (전체의 수)−(순환하지 않는 부분의 수)를 쓴다.

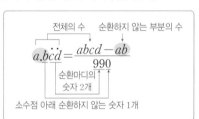

예 $0.\dot{4}=\dfrac{4}{9}$, $\quad 0.\dot{2}\dot{9}=\dfrac{29}{99}$, $\quad 1.\dot{1}2\dot{4}=\dfrac{1124-1}{999}=\dfrac{1123}{999}$, $\quad 2.5\dot{4}\dot{7}=\dfrac{2547-254}{900}=\dfrac{2293}{900}$

(2) 유리수와 소수의 관계

① 정수가 아닌 유리수는 유한소수 또는 순환소수로 나타낼 수 있다.

② 유한소수와 순환소수는 분자, 분모가 정수인 분수로 나타낼 수 있으므로 모두 유리수이다.

$$\text{소수} \begin{cases} \text{유한소수} \\ \text{무한소수} \begin{cases} \text{순환소수} \\ \text{순환소수가 아닌 무한소수} \end{cases} \end{cases}$$

유한소수, 순환소수 ── 유리수이다.
순환소수가 아닌 무한소수 ── 유리수가 아니다.

1 다음은 순환소수를 분수로 나타내는 과정이다. ㈎~㈐에 알맞은 수를 구하시오.

(1) $0.\dot{7}$

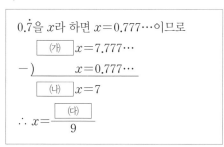

$0.\dot{7}$을 x라 하면 $x=0.777\cdots$이므로

$\boxed{㈎}\ x=7.777\cdots$

$-)\quad\quad\quad x=0.777\cdots$

$\boxed{㈏}\ x=7$

$\therefore x=\dfrac{\boxed{㈐}}{9}$

(2) $0.\dot{6}\dot{3}$

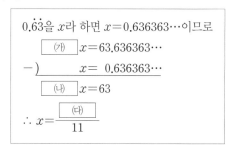

$0.\dot{6}\dot{3}$을 x라 하면 $x=0.636363\cdots$이므로

$\boxed{㈎}\ x=63.636363\cdots$

$-)\quad\quad\quad x=\ 0.636363\cdots$

$\boxed{㈏}\ x=63$

$\therefore x=\dfrac{\boxed{㈐}}{11}$

(3) $0.2\dot{5}$

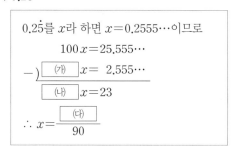

$0.2\dot{5}$를 x라 하면 $x=0.2555\cdots$이므로

$100\,x=25.555\cdots$

$-)\ \boxed{㈎}\ x=\ 2.555\cdots$

$\boxed{㈏}\ x=23$

$\therefore x=\dfrac{\boxed{㈐}}{90}$

(4) $1.35\dot{1}$

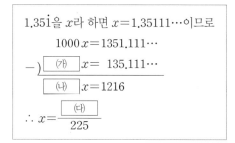

$1.35\dot{1}$을 x라 하면 $x=1.35111\cdots$이므로

$1000\,x=1351.111\cdots$

$-)\ \boxed{㈎}\ x=\ 135.111\cdots$

$\boxed{㈏}\ x=1216$

$\therefore x=\dfrac{\boxed{㈐}}{225}$

2 다음은 순환소수를 분수로 나타내는 과정이다. ☐ 안에 알맞은 수를 쓰시오.

(1) $0.\dot{2}=\dfrac{\boxed{}}{9}$

(2) $0.\dot{1}\dot{8}=\dfrac{18}{\boxed{}}=\dfrac{2}{\boxed{}}$

(3) $7.\dot{6}=\dfrac{76-7}{\boxed{}}=\dfrac{23}{\boxed{}}$

(4) $2.\dot{3}8\dot{4}=\dfrac{2384-\boxed{}}{\boxed{}}=\dfrac{794}{\boxed{}}$

(5) $0.4\dot{2}=\dfrac{\boxed{}-\boxed{}}{90}=\dfrac{\boxed{}}{45}$

(6) $3.\dot{4}9\dot{2}=\dfrac{3492-\boxed{}}{\boxed{}}=\dfrac{1729}{\boxed{}}$

3 유리수와 소수의 관계에 대한 다음 설명 중 옳은 것은 ○표, 옳지 <u>않은</u> 것은 ×표를 ( ) 안에 쓰시오.

(1) 모든 유한소수는 유리수이다. ( )

(2) 모든 순환소수는 무한소수이다. ( )

(3) 순환소수 중에는 유리수가 아닌 것도 있다. ( )

(4) 모든 무한소수는 유리수이다. ( )

(5) 정수가 아닌 유리수는 모두 유한소수로 나타낼 수 있다. ( )

(6) 순환소수는 $\dfrac{(정수)}{(0이\ 아닌\ 정수)}$의 꼴로 나타낼 수 있다. ( )

(7) 모든 유한소수는 분모가 10의 거듭제곱인 분수로 나타낼 수 있다. ( )

대표 예제로 개념 익히기

• 예제 1 순환소수를 분수로 나타내기(1)

다음은 순환소수 $1.25\dot{4}$를 분수로 나타내는 과정이다. □ 안에 들어갈 수로 옳지 <u>않은</u> 것은?

> $1.25\dot{4}$를 x라 하면 $x=1.25444\cdots$ $\cdots$ ㉠
>
> ㉠의 양변에 ① 을 곱하면
>
> ① $x=1254.444\cdots$ $\cdots$ ㉡
>
> ㉠의 양변에 ② 를 곱하면
>
> ② $x=125.444\cdots$ $\cdots$ ㉢
>
> ㉡-㉢을 하면 ③ $x=$ ④
>
> $\therefore x=$ ⑤

① 1000 ② 100 ③ 900

④ 1242 ⑤ $\dfrac{1129}{900}$

[해결 포인트]

순환소수를 x로 놓고 양변에 10의 거듭제곱을 곱하여 소수점 아래의 부분이 같은 두 식을 만들면 그 차가 정수가 되므로 소수 부분을 없앨 수 있다.

☞ 한번 더!

1-1 다음은 순환소수 $1.\dot{3}\dot{5}$를 분수로 나타내는 과정이다. □ 안에 들어갈 수로 옳지 <u>않은</u> 것은?

> $1.\dot{3}\dot{5}$를 x라 하면 $x=1.353535\cdots$ $\cdots$ ㉠
>
> ㉠의 양변에 ① 을 곱하면
>
> ② $x=$ ③ $.353535\cdots$ $\cdots$ ㉡
>
> ㉡-㉠을 하면 $99x=$ ④
>
> $\therefore x=$ ⑤

① 100 ② 100 ③ 535

④ 134 ⑤ $\dfrac{134}{99}$

1-2 순환소수 $2.5\dot{3}\dot{7}$을 분수로 나타내려고 한다. $x=2.5\dot{3}\dot{7}$이라 할 때, 다음 중 가장 편리한 식은?

① $10x-x$ ② $100x-x$

③ $1000x-x$ ④ $1000x-10x$

⑤ $1000x-100x$

• 예제 2 순환소수를 분수로 나타내기(2)

다음 중 순환소수를 분수로 나타낸 것으로 옳지 <u>않은</u> 것을 모두 고르면? (정답 2개)

① $0.\dot{5}\dot{4}=\dfrac{6}{11}$ ② $3.3\dot{7}=\dfrac{334}{99}$

③ $3.5\dot{7}\dot{8}=\dfrac{1181}{330}$ ④ $15.\dot{1}\dot{5}=\dfrac{303}{20}$

⑤ $12.\dot{8}=\dfrac{116}{9}$

[해결 포인트]

a, b, c가 0 또는 한 자리의 자연수일 때

• $0.\dot{a}=\dfrac{a}{9}$ • $0.\dot{a}\dot{b}=\dfrac{ab}{99}$

• $0.a\dot{b}=\dfrac{ab-a}{90}$ • $0.a\dot{b}\dot{c}=\dfrac{abc-ab}{900}$

☞ 한번 더!

2-1 다음 중 순환소수를 분수로 나타내는 과정으로 옳은 것을 모두 고르면? (정답 2개)

① $0.\dot{1}\dot{5}=\dfrac{15-1}{99}$ ② $0.3\dot{4}=\dfrac{34-3}{90}$

③ $1.2\dot{3}=\dfrac{23-2}{90}$ ④ $1.\dot{6}=\dfrac{16}{90}$

⑤ $1.2\dot{3}\dot{5}=\dfrac{1235-12}{990}$

2-2 $0.\dot{2}\dot{7}=\dfrac{a}{11}$, $0.6\dot{3}=\dfrac{19}{b}$일 때, 자연수 a, b에 대하여 ab의 값을 구하시오.

・예제 3 순환소수를 포함한 식의 계산

$0.2\dot{8}=A-0.\dot{5}$일 때, A의 값을 순환소수로 나타내시오.

[해결 포인트]
순환소수를 포함한 식의 덧셈, 뺄셈, 곱셈, 나눗셈은 순환소수를 분수로 나타낸 후 계산한다.

✋ 한번 더!

3-1 방정식 $x-0.41\dot{6}=1.25$의 해를 구하시오.

3-2 $0.\dot{3}\dot{1}=31\times\square$에서 $\square$ 안에 알맞은 수는?

① $0.\dot{1}$　　② $0.0\dot{1}$　　③ $0.\dot{1}\dot{1}$

④ $0.00\dot{1}$　　⑤ $0.0\dot{0}\dot{1}$

・예제 4 유리수와 소수의 관계

다음 중 옳은 것은?

① 순환소수 중에는 분수로 나타낼 수 없는 것도 있다.
② 모든 유리수는 유한소수로 나타낼 수 있다.
③ 분모의 소인수에 3이 있는 기약분수는 유한소수가
　될 수 없다.
④ 순환소수가 아닌 무한소수는 유리수이다.
⑤ 모든 무한소수는 순환소수이다.

[해결 포인트]

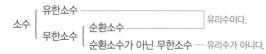

✋ 한번 더!

4-1 다음 |보기| 중 옳지 <u>않은</u> 것을 모두 고르시오.

┤ 보기 ├

ㄱ. 모든 유한소수와 순환소수는 유리수이다.
ㄴ. 모든 분수는 정수 또는 소수로 나타낼 수 있다.
ㄷ. 유한소수로 나타낼 수 없는 수는 유리수가 아니다.
ㄹ. 정수가 아닌 유리수는 유한소수 또는 순환소수
　로 나타낼 수 있다.
ㅁ. 모든 순환소수는 기약분수로 나타냈을 때, 분모의
　소인수가 2 또는 5뿐이다.

1 ●○○

다음 중 옳지 <u>않은</u> 것은?

① -2는 유리수이다.

② 3.14는 유한소수이다.

③ $0.0\dot{8}$은 유한소수이다.

④ $1.313131\cdots$은 순환소수이다.

⑤ π는 무한소수이다.

2 ●●○

다음 분수 중 소수로 나타냈을 때, 순환마디를 이루는 숫자의 개수가 가장 많은 것은?

① $\dfrac{1}{9}$ ② $\dfrac{3}{11}$ ③ $\dfrac{8}{15}$

④ $\dfrac{16}{111}$ ⑤ $\dfrac{3}{198}$

3 ●○○

다음 중 순환소수의 표현이 옳은 것을 모두 고르면?

(정답 2개)

① $5.101010\cdots = 5.\dot{1}\dot{0}$

② $2.0333\cdots = 2.0\dot{3}$

③ $0.090909\cdots = 0.09\dot{0}$

④ $0.484848\cdots = 0.4\dot{8}\dot{4}$

⑤ $1.351351351\cdots = 1.\dot{3}5\dot{1}$

4 중요 ●●●

분수 $\dfrac{5}{11}$를 소수로 나타낼 때, 소수점 아래 50번째 자리의 숫자를 구하시오.

5 ●○○

다음은 분수 $\dfrac{21}{140}$을 유한소수로 나타내는 과정이다. ☐ 안에 들어갈 수로 옳지 <u>않은</u> 것은?

$$\dfrac{21}{140} = \dfrac{\boxed{①}}{20} = \dfrac{\boxed{①}}{2^{\boxed{②}} \times 5} = \dfrac{\boxed{①} \times \boxed{③}}{2^{\boxed{②}} \times 5 \times \boxed{③}}$$
$$= \dfrac{15}{\boxed{④}} = \boxed{⑤}$$

① 3 ② 2 ③ 2

④ 100 ⑤ 0.15

6 중요 ●●○

다음 분수 중 유한소수로 나타낼 수 <u>없는</u> 것은?

① $\dfrac{3}{75}$ ② $\dfrac{4}{5^3}$ ③ $\dfrac{21}{18}$

④ $\dfrac{11}{2 \times 5^3}$ ⑤ $\dfrac{9}{2 \times 3^2 \times 5^3}$

7 창의력UP ●●●

오른쪽 그림은 어느 달의 달력의 일부를 나타낸 것이다. 달력에서 세로로 나란히 있는 두 수

일	월	화	수	목	금	토
			1	2	3	4
5	6	7	8	9	10	11
12	13	14	15	16	17	18

를 하나의 분수로 생각할 때, 표시된 두 수는 $\dfrac{1}{8}$을 나타낸다. 이와 같은 방법으로 주어진 달력에서 유한소수로 나타낼 수 있는 분수의 개수를 구하시오.

(단, 달력이 보이는 부분까지만 생각한다.)

8 ●●○

분수 $\dfrac{a}{180}$ 를 소수로 나타내면 유한소수가 되고, 이 분수를 기약분수로 나타내면 $\dfrac{1}{b}$ 이 된다. a 가 가장 작은 자연수일 때, $b-a$ 의 값을 구하시오.

9 ●●○

다음 중 순환소수를 x 라 할 때, 순환소수를 분수로 나타내는 과정에서 $1000x-x$ 를 이용하는 것이 가장 편리한 것은?

① $8.\dot{1}\dot{5}$ ② $3.\dot{2}5\dot{7}$ ③ $5.0\dot{8}$

④ $3.49\dot{6}$ ⑤ $2.5\dot{1}\dot{7}$

10 ●●○

다음 중 순환소수 $x=8.9424242\cdots$ 에 대한 설명으로 옳지 <u>않은</u> 것은?

① 무한소수이다.
② 순환마디를 이루는 숫자는 2개이다.
③ $x=8.9\dot{4}\dot{2}$ 로 나타낼 수 있다.
④ $1000x-10x=8048$
⑤ 기약분수로 나타내면 $x=\dfrac{2951}{330}$ 이다.

11 ●○○

다음 중 순환소수를 분수로 나타낸 것으로 옳지 <u>않은</u> 것을 모두 고르면? (정답 2개)

① $0.\dot{4}=\dfrac{4}{9}$ ② $1.\dot{3}=\dfrac{4}{3}$

③ $0.0\dot{7}=\dfrac{7}{9}$ ④ $0.\dot{4}\dot{8}=\dfrac{16}{33}$

⑤ $0.1\dot{5}\dot{2}=\dfrac{151}{999}$

12 ●●○

두 순환소수 $5.\dot{4}\dot{5}$ 와 $0.1\dot{2}$ 를 각각 기약분수로 나타냈을 때, 그 역수를 차례로 a, b 라 하자. 이때 ab 의 값을 구하시오.

13 중요 ●●○

$0.\dot{3}7\dot{9}=379\times\square$ 에서 $\square$ 안에 알맞은 수는?

① $0.00\dot{1}$ ② $0.0\dot{0}\dot{1}$ ③ $0.\dot{0}0\dot{1}$
④ $0.\dot{1}0\dot{1}$ ⑤ $0.\dot{1}$

14 ●●○

$\dfrac{11}{30}$ 보다 $0.1\dot{5}$ 만큼 작은 수를 순환소수로 나타내시오.

15 ●●●

부등식 $\frac{2}{5} < 0.\dot{x} < 0.\dot{8}$을 만족시키는 한 자리의 자연수 x의 개수는?

① 3개   ② 4개   ③ 5개

④ 6개   ⑤ 7개

16 ●○○

다음 |보기| 중 유리수가 <u>아닌</u> 것을 모두 고르시오.

| 보기 |

ㄱ. 0   ㄴ. $\pi + 1$ ㄷ. -3.69

ㄹ. $1.080976\cdots$ ㅁ. $2.06\dot{8}\dot{1}$ ㅂ. $\frac{5}{99}$

17 ●●●

다음 중 옳은 것은?

① 모든 무한소수는 유리수가 아니다.
② 순환소수가 아닌 무한소수는 분수로 나타낼 수 있다.
③ 유리수 중에는 분수로 나타낼 수 없는 것도 있다.
④ 분모의 소인수가 2 또는 5뿐인 기약분수는 유한소수로 나타낼 수 없다.
⑤ 정수가 아닌 유리수 중에서 유한소수로 나타낼 수 없는 수는 순환소수로 나타낼 수 있다.

18 ●●●

분수 $\frac{14}{50 \times x}$를 소수로 나타내면 유한소수가 될 때, x의 값이 될 수 있는 한 자리의 자연수의 개수를 구하시오.

(단, 풀이 과정을 자세히 쓰시오.)

풀이

답

19 ●●○

기약분수 $\frac{b}{a}$를 소수로 나타내는데 현우는 분자를 잘못 보아서 $0.1\dot{3}$으로 나타내고, 해인이는 분모를 잘못 보아서 $0.1\dot{8}$로 나타냈다. 다음 물음에 답하시오.

(단, 풀이 과정을 자세히 쓰시오.)

(1) 현우가 분모는 제대로 보았음을 이용하여 a의 값을 구하시오.
(2) 해인이가 분자는 제대로 보았음을 이용하여 b의 값을 구하시오.
(3) 기약분수 $\frac{b}{a}$를 순환소수로 나타내시오.

풀이

답

1·유리수와 순환소수 — 단원 정리하기

1 마인드맵으로 개념 구조화!

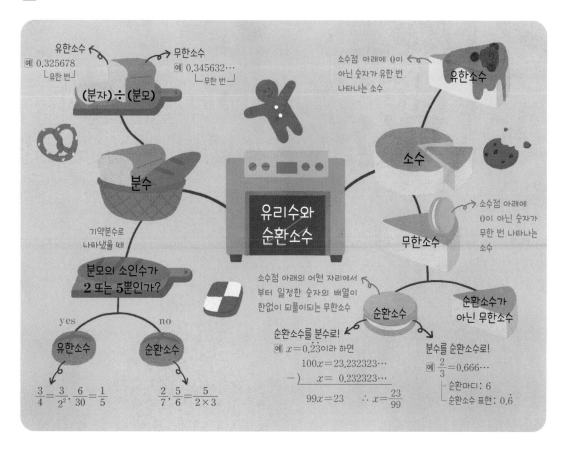

2 OX 문제로 개념 점검!

옳은 것은 ○, 옳지 않은 것은 ×를 택하시오.

· 정답 및 해설 19쪽

❶ 순환소수 3.123123123…의 순환마디는 1230이다.　　　　　　　　　　　○ | ×

❷ 분수 $\dfrac{2}{2^2 \times 3^2 \times 5^2}$ 는 유한소수로 나타낼 수 있다.　　　　　　　○ | ×

❸ 순환소수 $0.\dot{5}$를 분수로 나타내면 $\dfrac{5}{9}$이다.　　　　　　　　　　　　　　○ | ×

❹ 정수가 아닌 유리수는 순환소수로만 나타낼 수 있다.　　　　　　　　　　○ | ×

❺ 순환소수로 나타낼 수 있는 분수는 모두 유리수이다.　　　　　　　　　　○ | ×

❻ 무한소수 중에는 순환소수가 아닌 것도 있다.　　　　　　　　　　　　　○ | ×

❼ 3.141592…는 유리수이다.　　　　　　　　　　　　　　　　　　　　　○ | ×

2

식의 계산

0.1 mm의 얇은 종이를 1번, 2번, 3번, … 접을 때 그 두께는 처음 종이의 2배, 2^2배, 2^3배, …가 되고,
계속 접으면 그 두께는 아주 큰 수가 됩니다.

만약 이 종이를 50번 접었을 때의 두께는 처음 종이를 2^{50}장 겹쳐 놓은 것과 같게 되고,

이는 지구와 태양 사이의 거리의 약 $\frac{2}{3}$에 해당합니다.

이 단원에서는 거듭제곱으로 표현된 수나 분사의 계산을 간단히 할 수 있는 지수법칙을 이해하고,
단항식과 다항식의 계산 방법을 학습합니다.

▶ 새로 배우는 용어
전개

2. 식의 계산을 시작하기 전에

거듭제곱 [중1]

1 다음 식을 거듭제곱으로 나타내시오.

(1) $5 \times 5 \times 5 \times 5$　　　　　　　　　　　　(2) $2 \times 2 \times 2 \times 3 \times 3 \times 7$

일차식의 계산 [중1]

2 다음 식을 계산하시오.

(1) $2a \times 5$　　　　　　　　　　　　(2) $(-4b) \div 8$

(3) $(5x-3)+(x-4)$　　　　　　　　(4) $(3y+2)-(-2y-1)$

[정답] 1. (1) 5^4 (2) $2^3 \times 3^2 \times 7$　2. (1) $10a$ (2) $-\frac{1}{2}b$ (3) $6x-7$ (4) $5y+3$

개념 05 지수법칙 (지수의 합과 곱)

(1) 지수법칙 ① – 지수의 합

m, n이 자연수일 때

$\boxed{a^m \times a^n = a^{m+n}}$ ← 지수끼리 더한다.

예 $a^2 \times a^3 = \underbrace{(a \times a)}_{2개} \times \underbrace{(a \times a \times a)}_{3개} = \underbrace{a \times a \times a \times a \times a}_{5개} = a^5$

➡ $a^2 \times a^3 = a^{2+3} = a^5$

주의 • $a^m \times a^n \neq a^{m \times n}$ • $a^m + a^n \neq a^{m+n}$

지수의 합
$a^m \times a^n = a^{m+n}$

≫ 지수끼리 더하는 것은 밑이 같은 경우에만 적용한다.

(2) 지수법칙 ② – 지수의 곱

m, n이 자연수일 때

$\boxed{(a^m)^n = a^{mn}}$ ← 지수끼리 곱한다.

예 $(a^4)^2 = a^4 \times a^4 = a^{4+4} = a^8$ ➡ $(a^4)^2 = a^{4 \times 2} = a^8$

주의 • $(a^m)^n \neq a^{m+n}$ • $(a^m)^n \neq a^{m^n}$

지수의 곱
$(a^m)^n = a^{mn}$

≫ $(a^m)^n = (a^n)^m$이 성립한다.

• 개념 **확인하기**

• 정답 및 해설 19쪽

1 다음 식을 간단히 하시오.

(1) $x^2 \times x^9$

(2) $y^3 \times y^5$

(3) $3^4 \times 3^8$

(4) $5^6 \times 5^9$

(5) $a^8 \times a \times a^3$

(6) $2^3 \times 2^8 \times 2^2$

2 다음 식을 간단히 하시오.

(1) $a^4 \times a^6 \times b^7$

(2) $x^3 \times y^9 \times x^7$

(3) $a^5 \times b \times a \times b^6$

(4) $x^2 \times y^3 \times x^3 \times y$

3 다음 식을 간단히 하시오.

(1) $(x^2)^9$

(2) $(y^3)^8$

(3) $(3^3)^9$

(4) $(5^5)^6$

4 다음 식을 간단히 하시오.

(1) $a^3 \times (a^7)^2$

(2) $(x^3)^4 \times x^2$

(3) $(a^5)^3 \times (a^2)^5$

(4) $(x^4)^2 \times (x^3)^6$

(5) $b \times (b^3)^3 \times (b^2)^4$

(6) $(y^5)^3 \times y^2 \times (y^3)^2$

예제 1 지수법칙 ① – 지수의 합

다음 중 옳지 <u>않은</u> 것은?

① $a^2 \times a = a^3$ ② $a^3 \times a^5 = a^8$

③ $a^4 \times a^4 = a^{16}$ ④ $a \times a^9 = a^{10}$

⑤ $a^6 \times a^3 = a^9$

[해결 포인트]

밑이 같은 거듭제곱의 곱은 지수끼리 더하여 계산한다.

➡ $a^m \times a^n = a^{m+n}$

👆 한번 더!

1-1 $8 \times 2^5 = 2^x$일 때, 자연수 x의 값은?

① 5   ② 6   ③ 7

④ 8   ⑤ 9

1-2 $3^a \times 3^3 = 243$일 때, 자연수 a의 값을 구하시오.

예제 2 지수법칙 ② – 지수의 곱

$x^2 \times (y^5)^2 \times (x^3)^4 \times y$를 간단히 하면?

① $x^{11}y^{11}$ ② $x^{11}y^{14}$ ③ $x^{14}y^{11}$

④ $x^{14}y^{14}$ ⑤ $x^{18}y^{18}$

[해결 포인트]

거듭제곱의 거듭제곱 꼴은 지수끼리 곱하여 계산한다.

➡ $(a^m)^n = a^{mn}$

👆 한번 더!

2-1 다음 식을 간단히 하시오.

$$(x^3)^4 \times (y^2)^2 \times (x^2)^5$$

2-2 $64^3 = (2^x)^3 = 2^y$일 때, 자연수 x, y에 대하여 $x+y$의 값을 구하시오.

2-3 어떤 박테리아는 30분마다 그 수가 2배씩 증가한다고 한다. 이 박테리아 한 마리가 5시간 후 2^k마리가 될 때, 자연수 k의 값을 구하시오.

지수법칙 (지수의 차와 분배)

(1) 지수법칙 ③ – 지수의 차

$a \neq 0$이고, m, n이 자연수일 때

① $m > n$이면 $a^m \div a^n = a^{m-n}$ ← 지수끼리 뺀다.

② $m = n$이면 $a^m \div a^n = 1$

③ $m < n$이면 $a^m \div a^n = \dfrac{1}{a^{n-m}}$

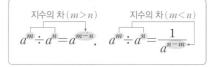

지수의 차 $(m > n)$ 　　지수의 차 $(m < n)$

$$a^m \div a^n = a^{m-n}, \quad a^m \div a^n = \dfrac{1}{a^{n-m}}$$

예 ① $a^6 \div a^4 = \dfrac{a^6}{a^4} = \dfrac{\cancel{a} \times \cancel{a} \times \cancel{a} \times \cancel{a} \times a \times a}{\cancel{a} \times \cancel{a} \times \cancel{a} \times \cancel{a}} = a^2$

② $a^4 \div a^4 = \dfrac{a^4}{a^4} = \dfrac{\cancel{a} \times \cancel{a} \times \cancel{a} \times \cancel{a}}{\cancel{a} \times \cancel{a} \times \cancel{a} \times \cancel{a}} = 1$

③ $a^4 \div a^6 = \dfrac{a^4}{a^6} = \dfrac{\cancel{a} \times \cancel{a} \times \cancel{a} \times \cancel{a}}{\cancel{a} \times \cancel{a} \times \cancel{a} \times \cancel{a} \times a \times a} = \dfrac{1}{a^2}$

주의 ・$a^m \div a^n \neq a^{m \div n}$ 　　・$a^m \div a^m \neq 0$

(2) 지수법칙 ④ – 지수의 분배

m이 자연수일 때

① $(ab)^m = a^m b^m$

② $\left(\dfrac{a}{b}\right)^m = \dfrac{a^m}{b^m}$ (단, $b \neq 0$)

$$(ab)^m = a^m b^m, \quad \left(\dfrac{a}{b}\right)^m = \dfrac{a^m}{b^m}$$

예 ① $(ab)^4 = ab \times ab \times ab \times ab = (a \times a \times a \times a) \times (b \times b \times b \times b) = a^4 b^4$

② $\left(\dfrac{a}{b}\right)^4 = \dfrac{a}{b} \times \dfrac{a}{b} \times \dfrac{a}{b} \times \dfrac{a}{b} = \dfrac{a \times a \times a \times a}{b \times b \times b \times b} = \dfrac{a^4}{b^4}$

(3) 지수법칙의 응용

① 같은 수의 덧셈을 지수법칙을 이용하여 나타내기

m이 자연수일 때

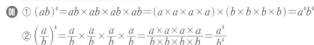

$$\underbrace{a^m + a^m + a^m + \cdots + a^m}_{a^m \text{이 } a \text{개}} = a \times a^m = a^{m+1}$$

예 $3^2 + 3^2 + 3^2 = 3 \times 3^2 = 3^3$

② 지수법칙을 이용하여 문자를 사용한 식으로 나타내기

m, n이 자연수일 때, $a^n = A$이면

・$a^{nm} = (a^n)^m = A^m$

・$a^{m+n} = a^m \times a^n = a^m A$

예 ・$3^3 = A$이면 $9^3 = (3^2)^3 = 3^6 = (3^3)^2 = A^2$

　　・$3^n = A$이면 $3^{n+2} = 3^n \times 3^2 = 9A$

③ 지수법칙을 이용하여 자릿수 구하기

$2^m \times 5^n$을 10의 거듭제곱의 꼴, 즉 $a \times 10^k$의 꼴로 나타내면 $2^m \times 5^n$이 몇 자리의 자연수인지 구할 수 있다. (단, m, n, a, k는 자연수)

➡ a가 l자리의 자연수이면 주어진 수는 $(l+k)$자리의 자연수이다.

예 $2^3 \times 5^2 = 2 \times 2^2 \times 5^2 = 2 \times (2 \times 5)^2 = 2 \times 10^2 = 200$ ➡ $2^3 \times 5^2$은 **3**자리의 자연수

한 자리

①+②=③

• 정답 및 해설 20쪽

1 다음 식을 간단히 하시오.

(1) $x^5 \div x^2$ (2) $x^9 \div x^9$ (3) $x^2 \div x^5$ (4) $3^8 \div 3^6$

(5) $5^7 \div 5^7$ (6) $7^6 \div 7^8$ (7) $a^9 \div a^4 \div a^2$ (8) $a^4 \div a^3 \div a^9$

2 다음 식을 간단히 하시오.

(1) $(ab)^3$ (2) $(x^3 y)^3$ (3) $(2a^2)^5$ (4) $(3x^2 y^3)^2$

(5) $\left(\dfrac{a}{b}\right)^6$ (6) $\left(\dfrac{x^3}{y^4}\right)^2$ (7) $\left(\dfrac{a^3}{2}\right)^4$ (8) $\left(\dfrac{y^2}{5x^4}\right)^3$

(9) $(-a)^5$ (10) $\left(-\dfrac{a}{2}\right)^3$ (11) $(-2x^5)^6$ (12) $\left(-\dfrac{x^3}{y}\right)^4$

3 다음 □ 안에 알맞은 수를 쓰시오.

(1) $2^3 + 2^3 = \square \times 2^3 = 2^{\square+3} = 2^{\square}$ (2) $3^4 + 3^4 + 3^4 = \square \times 3^4 = 3^{\square+4} = 3^{\square}$

(3) $4^5 + 4^5 + 4^5 + 4^5 = \square \times 4^5 = 4^{\square+5} = 4^{\square}$ (4) $5^2 + 5^2 + 5^2 + 5^2 + 5^2 = \square \times 5^2 = 5^{\square+2} = 5^{\square}$

4 $3^2 = A$라 할 때, 다음 □ 안에 알맞은 수를 쓰시오.

(1) $81 = 3^{\square} = (3^2)^{\square} = A^{\square}$ (2) $9^4 = (3^2)^{\square} = A^{\square}$

(3) $27^2 = (3^{\square})^2 = 3^{\square} = (3^2)^{\square} = A^{\square}$ (4) $27^3 = (3^{\square})^3 = 3^{\square} = 3 \times (3^2)^{\square} = 3A^{\square}$

5 다음을 $a \times 10^k$ (a, k는 자연수)의 꼴로 나타낼 때, □ 안에 알맞은 수를 쓰시오.

(1) $2^6 \times 5^5 = \square \times 10^5$ (2) $2^9 \times 5^7 = 4 \times 10^{\square}$

• 예제 1 지수법칙③ – 지수의 차

다음 중 옳지 <u>않은</u> 것을 모두 고르면? (정답 2개)

① $a^{10} \div a^6 = a^4$ ② $a^{12} \div a^4 = a^3$

③ $a^{10} \div a^5 \div a^2 = a^3$ ④ $a^3 \div a^4 = \dfrac{1}{a}$

⑤ $a^6 \div a^3 \div a^3 = 0$

[해결 포인트]

밑이 같은 거듭제곱의 나눗셈은 지수끼리 빼어 계산한다.

$$\Rightarrow a^m \div a^n = \begin{cases} a^{m-n} & (m>n) \\ 1 & (m=n) \\ \dfrac{1}{a^{n-m}} & (m<n) \end{cases}$$

☞ 한번 더!

1-1 다음 | 보기 | 중 $a^9 \div (a^3)^2$과 계산 결과가 같은 것을 모두 고르시오.

| 보기 |

ㄱ. $a^8 \div a^5$ ㄴ. $a^6 \div a^9$

ㄷ. $a^{12} \div a^{10} \div a^2$ ㄹ. $a^6 \div (a^3 \div a^2)$

ㅁ. $(a^5)^2 \div a^7$ ㅂ. $(a^9)^2 \div (a^4)^3$

1-2 $2^{15} \div 2^{3a} \div 2^2 = 2$일 때, 자연수 a의 값을 구하시오.

1-3 영광이네 집에서 할머니 댁까지의 거리는 (3×2^6) km이고, 영광이네 집에서 큰아버지 댁까지의 거리는 (3×2^4) km이다. 영광이네 집에서 할머니네 댁까지의 거리는 영광이네 집에서 큰아버지 댁까지의 거리의 몇 배인지 구하시오.

• 예제 2 지수법칙④ – 지수의 분배

다음 중 옳은 것은?

① $(-ab^2)^3 = a^3b^6$ ② $(3a^2b^3)^3 = 27a^6b^9$

③ $(-a^5b^2)^4 = a^9b^6$ ④ $\left(\dfrac{x^2}{2}\right)^5 = \dfrac{x^{10}}{10}$

⑤ $\left(-\dfrac{2x^2}{3}\right)^3 = -\dfrac{8x^5}{27}$

[해결 포인트]

• m이 자연수일 때

$(ab)^m = a^m b^m, \left(\dfrac{a}{b}\right)^m = \dfrac{a^m}{b^m}$

• l, m, n이 자연수일 때

$(a^l b^m)^n = a^{ln} b^{mn}, \left(\dfrac{a^l}{b^m}\right)^n = \dfrac{a^{ln}}{b^{mn}}$

☞ 한번 더!

2-1 다음 식을 간단히 하시오.

(1) $(-2x^2y)^5$

(2) $\left(-\dfrac{3b^2}{a}\right)^3$

2-2 $\left(\dfrac{7x^6}{y^5}\right)^a = \dfrac{bx^{12}}{y^c}$일 때, 자연수 a, b, c에 대하여 $a+b+c$의 값을 구하시오.

• 예제 3 지수법칙의 응용 (1) – 같은 수의 덧셈

다음 식을 만족시키는 자연수 m, n에 대하여 $m+n$의 값을 구하시오.

$$3^4+3^4+3^4=3^m, \qquad 3^2\times 3^2\times 3^2=9^n$$

[해결 포인트]

m이 자연수일 때

$$\underbrace{a^m+a^m+a^m+\cdots+a^m}_{a^m\text{이 } \boxed{a}\text{개}}=\boxed{a}\times a^m=a^{m+1}$$

👆 한번 더!

3-1 $4^4\times 4^4\times 4^4=4^a$, $4^4+4^4+4^4+4^4=4^b$일 때, 자연수 a, b에 대하여 $a-b$의 값은?

① 6   ② 7   ③ 8

④ 9   ⑤ 10

3-2 $\dfrac{3^5+3^5}{9^2+9^2+9^2}\times\dfrac{2^6+2^6}{4^3+4^3+4^3}$ 을 계산하시오.

• 예제 4 지수법칙의 응용 (2) – 문자를 사용한 식

$2^3=A$일 때, 32^6을 A^k(k는 자연수)의 꼴로 나타내려고 한다. 다음 물음에 답하시오.

(1) 32^6을 2의 거듭제곱으로 나타내시오.

(2) (1)을 이용하여 32^6을 A^k의 꼴로 나타냈을 때, 자연수 k의 값을 구하시오.

[해결 포인트]

m, n이 자연수일 때, $a^n=A$이면

• $a^{mn}=(a^n)^m=A^m$ • $a^{m+n}=a^m\times a^n=a^m A$

👆 한번 더!

4-1 $3^5=A$일 때, 27^5을 A를 사용하여 나타내면?

① $3A$ ② $9A$ ③ A^3

④ A^9 ⑤ A^{15}

4-2 $3^5=A$, $5^4=B$일 때, 45^5을 A, B를 사용하여 나타내면 $5A^x B^y$이다. 이때 자연수 x, y에 대하여 $x+y$의 값을 구하시오.

• 예제 5 지수법칙의 응용 (3) – 자릿수

$2^9\times 5^6$이 몇 자리의 자연수인지 구하려고 한다. 다음 물음에 답하시오.

(1) $2^9\times 5^6$을 $a\times 10^n$의 꼴로 나타내시오.
               (단, $1\le a<10$, a, n은 자연수)

(2) (1)을 이용하여 $2^9\times 5^6$이 몇 자리의 자연수인지 구하시오.

[해결 포인트]

$a\times 10^n$의 자릿수 ➡ (a의 자릿수)$+k$

👆 한번 더!

5-1 $2^6\times 5^8$이 n자리의 자연수일 때, n의 값은?

① 5   ② 6   ③ 7

④ 8   ⑤ 9

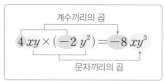

단항식의 곱셈과 나눗셈

(1) 단항식의 곱셈

단항식의 곱셈은 계수는 계수끼리, 문자는 문자끼리 계산한다. 이때 같은 문자끼리의 곱셈은 지수법칙을 이용하여 간단히 한다.

계수끼리의 곱

$$4\,xy\times(-2\,y^2)=-8\,xy^3$$

문자끼리의 곱

예) $3xy\times(-2y^3)=3\times x\times y\times(-2)\times y^3$ 곱셈의 교환법칙
$=3\times(-2)\times x\times y\times y^3$ 곱셈의 결합법칙
$=\{3\times(-2)\}\times(x\times y\times y^3)$
$=-6xy^4$

참고) 단항식의 곱셈에서 계산 결과의 부호는 다음과 같이 결정된다.
　(ⅰ) 부호가 -인 단항식이 홀수 개 ➡ -
　(ⅱ) 부호가 -인 단항식이 짝수 개 ➡ +

>> • 곱셈의 교환법칙
$a\times b=b\times a$
• 곱셈의 결합법칙
$(a\times b)\times c=a\times(b\times c)$

(2) 단항식의 나눗셈

방법① 분수 꼴로 바꾸어 계산한다.

➡ $A\div B=\dfrac{A}{B}$

예) $8a^3\div 2a=\dfrac{8a^3}{2a}=4a^2$

방법② 역수를 이용하여 나눗셈을 곱셈으로 바꾸어 계산한다.

곱셈으로
➡ $A\div B=A\times\dfrac{1}{B}=\dfrac{A}{B}$
역수로

예) $4a^3\div\dfrac{a}{2}=4a^3\times\dfrac{2}{a}=4\times 2\times a^3\times\dfrac{1}{a}=8a^2$

>> 나누는 단항식의 계수가 분수이거나 세 개 이상의 단항식을 포함한 나눗셈인 경우에는 방법②를 사용하는 것이 편리하다.

(3) 단항식의 곱셈과 나눗셈의 혼합 계산

❶ 괄호가 있으면 먼저 지수법칙을 이용하여 괄호를 푼다.
❷ 역수를 이용하여 나눗셈을 곱셈으로 바꾼다.
❸ 부호를 결정한 후 계수는 계수끼리, 문자는 문자끼리 계산한다.

예) $4x\times(3x)^2\div 12x^2$
$=4x\times 9x^2\div 12x^2$ ❶ 괄호 풀기
$=4x\times 9x^2\times\dfrac{1}{12x^2}$ ❷ 나눗셈을 곱셈으로 바꾸기
$=\left(4\times 9\times\dfrac{1}{12}\right)\times\left(x\times x^2\times\dfrac{1}{x^2}\right)$ ❸ 계수는 계수끼리, 문자는 문자끼리 계산하기
$=3x$

참고) 곱셈과 나눗셈이 혼합된 식은 나눗셈을 곱셈으로 바꾸어 계산하면 편리하다. 이때 앞에서부터 차례로 계산한다.

•정답 및 해설 22쪽

I·2

1 다음 식을 계산하시오.

(1) $4x \times 3x^2$

(2) $5a^2b \times 2b^2$

(3) $(-6x) \times 2y$

(4) $3ab \times (-4a^2)$

(5) $(-9xy^2) \times \left(-\dfrac{1}{3}x^2y\right)$

(6) $2a^2b \times (-3ab)^2$

2 다음 식을 계산하시오.

(1) $12x \div 3x^2$

(2) $15a^3 \div \dfrac{3}{5}a^2$

(3) $(-6xy) \div \dfrac{2}{3}y$

(4) $10a^2b^3 \div (-5b^2)$

(5) $(-8x^2y^3) \div (-4xy)$

(6) $4a^2b^3 \div \left(\dfrac{1}{ab}\right)^2$

3 다음 □ 안에 알맞은 것을 쓰고, 주어진 식을 계산하시오.

(1) $(-8x^3) \times (-y^3) \div 4xy^2$

$= (-8x^3) \times (-y^3) \times \dfrac{1}{\boxed{}}$

$= (-8) \times (\boxed{}) \times \dfrac{1}{4} \times x^3 \times y^3 \times \dfrac{1}{\boxed{}}$

$= \boxed{}$

(2) $a^4b \div (-2a^2b)^3 \times 16a^2b^3$

$= a^4b \div (\boxed{}) \times 16a^2b^3$

$= a^4b \times (\boxed{}) \times 16a^2b^3$

$= \left(-\dfrac{1}{8}\right) \times 16 \times a^4b \times \dfrac{1}{\boxed{}} \times a^2b^3$

$= \boxed{}$

(3) $12xy \times 3x^2 \div 2xy$

(4) $8a^2b \div 6ab^3 \times \dfrac{3}{2}b$

(5) $9x^3y \times (-x) \div 3xy$

(6) $27a^2b \div (-9a) \times (-2b)$

(7) $16x^3y^2 \times 2x^2y^3 \div (-8xy)$

(8) $12ab^2 \div \dfrac{6}{5}a^4b \times \left(-\dfrac{1}{2}a^5b^2\right)$

4 다음은 오른쪽 그림과 같이 가로의 길이가 $6a^2b$, 넓이가 $42a^4b^3$인 직사각형의 세로의 길이를 구하는 과정이다. □ 안에 알맞은 것을 쓰시오.

$6a^2b$

(직사각형의 넓이)＝(가로의 길이)×(세로의 길이)이므로

(세로의 길이)＝($\boxed{}$)÷(가로의 길이)

　　　　　　＝$42a^4b^3 \div \boxed{} = \boxed{}$

대표 예제로 개념 익히기

예제 1 단항식의 곱셈

다음 중 옳지 <u>않은</u> 것을 모두 고르면? (정답 2개)

① $2a^2 \times 4ab = 8a^3b$

② $(-5a^2) \times 3b = -15a^2b$

③ $4x^5 \times (-x)^3 = 4x^8$

④ $\dfrac{2}{5}x^3 \times (-5x)^2 = 10x^5$

⑤ $(-2a^2b)^3 \times 8a^4b^2 = -64a^6b^3$

[해결 포인트]

단항식의 곱셈은

거듭제곱 ➡ 계수끼리의 곱 ➡ 문자끼리의 곱

의 순서로 계산한다.

ⓛ 한번 더!

1-1 다음 식을 계산하시오.

$$(-xy)^3 \times (3xy^2)^3$$

1-2 $3x^A y \times (-2x^2 y)^4 = Bx^{10}y^C$일 때, 자연수 A, B, C에 대하여 $A+B+C$의 값을 구하시오.

예제 2 단항식의 나눗셈

다음 식을 계산하시오.

$$24xy^3 \div (-4x^2y) \div 3y^2$$

[해결 포인트]

• 단항식의 나눗셈은 분수 꼴로 바꾸거나 나눗셈을 곱셈으로 바꾸어 계수는 계수끼리, 문자는 문자끼리 계산한다.

• 나눗셈이 2개 이상인 경우에는 나누는 식의 역수를 곱하여 계산하는 것이 편리하다.

ⓛ 한번 더!

2-1 다음 | 보기 | 중 옳은 것을 모두 고르시오.

┤ 보기 ├

ㄱ. $3a \div (-2ab^2)^2 = 12ab^2$

ㄴ. $16ab \div (-2b^2) = -\dfrac{8a}{b}$

ㄷ. $\dfrac{9}{4}a^4b^3 \div (-3ab^3)^2 = \dfrac{81a^2}{4b^3}$

ㄹ. $(-2a^2b)^2 \div 2ab^3 \div 16a^5 = \dfrac{1}{8a^2b}$

2-2 다음 ☐ 안에 알맞은 식을 구하시오.

$$(-15x^2y^5) \times \boxed{} = 30x^3y^8$$

★ TIP

$A \times \boxed{} = B \Rightarrow \boxed{} = B \div A$

• 예제 3 단항식의 곱셈과 나눗셈의 혼합 계산

다음 |보기| 중 옳은 것을 모두 고르시오.

┌─ 보기 ┐

ㄱ. $8ab^2 \div 4a^2b^2 \times 3b = \dfrac{6a}{b}$

ㄴ. $(a^2b)^3 \times \left(-\dfrac{1}{3}ab\right)^2 \div \dfrac{b^2}{6a} = \dfrac{2}{3}a^9b^3$

ㄷ. $12x^3 \div (-2x^2y) \times (-3xy)^2 = 54x^3y$

ㄹ. $\left(-\dfrac{1}{2}x\right)^2 \times 9y \div \left(-\dfrac{1}{4}xy\right) = -9x$

[해결 포인트]

단항식의 곱셈과 나눗셈의 혼합 계산은

❶ 괄호를 푼다.

❷ 역수를 이용하여 나눗셈을 곱셈으로 바꾼다.

❸ 계수는 계수끼리, 문자는 문자끼리 계산한다.

👆 한번 더!

3-1 다음 중 옳지 <u>않은</u> 것을 모두 고르면? (정답 2개)

① $6ab \div 3a \times b = 2$

② $(-ab^2) \times 9a^2 \div 3ab = -3a^2b$

③ $32xy^2 \times (-xy)^3 \div (4x^2y)^2 = -2y^3$

④ $24a^2b^2 \div (-6ab^2)^2 \times 3a^2b^3 = -8a^2b^2$

⑤ $(-6x^2y)^2 \div \left(\dfrac{y}{2x}\right)^2 \times \left(-\dfrac{x^2}{3y}\right)^3 = -\dfrac{16x^{12}}{3y^3}$

3-2 $(6x^Ay)^2 \div \left(\dfrac{3x}{y}\right)^2 \times (-2xy)^4 = Bx^{12}y^8$일 때, 자연수 A, B에 대하여 $A+B$의 값을 구하시오.

• 예제 4 단항식의 곱셈과 나눗셈의 도형에의 활용

오른쪽 그림과 같이 밑면의 반지름의 길이가 $5x^3y$, 부피가 $10\pi x^7y^4$인 원기둥의 높이를 구하시오.

$5x^3y$

[해결 포인트]

다음과 같은 도형에 대한 공식에 단항식을 대입하여 계산한다.

• (삼각형의 넓이)$= \dfrac{1}{2} \times$ (밑변의 길이) $\times$ (높이)

• (직사각형의 넓이)$=$ (가로의 길이) $\times$ (세로의 길이)

• (기둥의 부피)$=$ (밑넓이) $\times$ (높이)

• (뿔의 부피)$= \dfrac{1}{3} \times$ (밑넓이) $\times$ (높이)

👆 한번 더!

4-1 오른쪽 그림과 같이 밑면의 반지름의 길이가 $2ab^2$인 원뿔의 부피가 $12\pi a^3b^5$일 때, 이 원뿔의 높이를 구하시오.

$2ab^2$

4-2 다음 그림의 삼각형의 넓이와 직사각형의 넓이가 서로 같을 때, 물음에 답하시오.

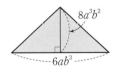
$8a^3b^2$
$6ab^3$

$4a^2b^3$

(1) 삼각형의 넓이를 구하시오.

(2) 직사각형의 가로의 길이를 구하시오.

다항식의 덧셈과 뺄셈

(1) **다항식의 덧셈과 뺄셈**: 괄호를 풀고, 동류항끼리 모아서 계산한다.

예 $(4a-2b)-2(a+b)=4a-2b-2a-2b$
$=4a-2a-2b-2b=2a-4b$

참고 ・계수가 분수인 다항식은 분모의 최소공배수로 통분하여 계산한다.
・여러 가지 괄호가 있는 식은 (소괄호) ➡ {중괄호} ➡ [대괄호]의 순서로 괄호를 풀어 계산한다.

>> 동류항은 문자와 차수가 각각 같은 항이다.

(2) **이차식의 덧셈과 뺄셈**

① **이차식**: 다항식의 각 항의 차수 중에서 가장 큰 차수가 2인 다항식

예 다항식 x^2-3x+5는 차수가 가장 큰 항 x^2의 차수가 2이므로 x에 대한 이차식이다.

$$\underset{\text{이차항 일차항 상수항}}{2x^2-4x+3}$$

② **이차식의 덧셈과 뺄셈**: 괄호를 풀고, 동류항끼리 모아서 계산한다.

예 $(3x^2+2x-3)-(4x^2-2x+1)=3x^2+2x-3-4x^2+2x-1$
$=3x^2-4x^2+2x+2x-3-1$
$=-x^2+4x-4$

>> 상수 $a, b, c\,(a\neq0)$에 대하여
・$ax+b$ ➡ x에 대한 일차식
・ax^2+bx+c ➡ x에 대한 이차식

・**개념 확인하기**

・정답 및 해설 23쪽

1 다음 식을 계산하시오.

(1) $(5a-3b)+(2a-6b)$

(2) $(6x-3y)-(-2x+y)$

(3) $3(-x+2y-3)+(5x-8y+5)$

(4) $(5a-b+3)-2(3a-b+1)$

(5) $\left(\dfrac{1}{5}a-\dfrac{1}{2}b\right)+\left(\dfrac{4}{5}a+\dfrac{3}{4}b\right)$

(6) $\dfrac{x-y}{3}-\dfrac{x-3y}{4}$

2 다음 식을 계산하시오.

(1) $5x-\{3x-(2x+3y)\}$

(2) $5a+b-\{7-(2a-3b)\}$

3 다음 중 이차식인 것은 ○표, 이차식이 아닌 것은 ×표를 ( ) 안에 쓰시오.

(1) $2x+5$ ( )

(2) x^2+x+3 ( )

(3) $\dfrac{2}{x^2}+3$ ( )

(4) $(a^3-5a^2+4)-a^3$ ( )

4 다음 식을 계산하시오.

(1) $(7x^2+2x+3)+(-2x^2-x+5)$

(2) $(6a^2-5a+2)-3(a^2-2a)$

• 예제 1 다항식의 덧셈과 뺄셈

$\left(\dfrac{7}{2}x - \dfrac{1}{3}y\right) - \left(\dfrac{1}{2}x + \dfrac{5}{3}y\right) = ax + by$ 일 때, 상수 a, b에 대하여 $a - b$의 값은?

① 3　　　　② 4　　　　③ 5

④ 6　　　　⑤ 7

[해결 포인트]
다항식의 덧셈과 뺄셈은 괄호를 풀고, 동류항끼리 모아서 계산한다.
이때 계수가 분수인 다항식은 분모의 최소공배수로 통분하여 계산한다.

👆 한번 더!

1-1 다음 중 옳은 것을 모두 고르면? (정답 2개)

① $(4a + 6b) + (2a - 5b) = 2a + b$

② $(-a - 2b) - (3a - b) = -4a - 3b$

③ $(3x + 4y - 2) + (2x - 5y + 3) = 5x - y + 1$

④ $\left(\dfrac{1}{2}x + \dfrac{1}{3}y\right) - \left(\dfrac{1}{3}x - \dfrac{1}{2}y\right) = -\dfrac{1}{6}x + \dfrac{5}{6}y$

⑤ $\dfrac{2x + y}{3} + \dfrac{x - 2y}{5} = \dfrac{13}{15}x - \dfrac{1}{15}y$

1-2 $x + 5y - \{(7x + 3y - 1) - (-2y + 1)\}$을 계산하시오.

• 예제 2 이차식의 덧셈과 뺄셈

$4(x^2 - 2x + 5) - 2(3x^2 - x - 2)$를 계산했을 때, x^2의 계수와 x의 계수의 합은?

① 8　　　　② 4　　　　③ -4

④ -8　　　⑤ -10

[해결 포인트]
이차식의 덧셈과 뺄셈은 괄호를 풀고, 동류항끼리 모아서 계산한다.

👆 한번 더!

2-1 $\left(x^2 - \dfrac{3}{5}x + \dfrac{1}{2}\right) - \left(\dfrac{1}{2}x^2 - 2x + \dfrac{3}{4}\right)$을 계산했을 때, x^2의 계수와 상수항의 합을 구하시오.

2-2 $\dfrac{x^2 - 5x + 3}{2} + \dfrac{3x^2 + 4x}{3} = ax^2 + bx + c$일 때, 상수 a, b, c에 대하여 $a - b - c$의 값을 구하시오.

개념 09

다항식과 단항식의 곱셈과 나눗셈

(1) 다항식과 단항식의 곱셈

분배법칙을 이용하여 단항식을 다항식의 각 항에 곱한다.

$$\underset{\text{단항식}}{2x}\overset{\text{전개}}{\underset{\text{다항식}}{(3x+y)}}=2x\times3x+2x\times y=\underset{\text{전개식}}{6x^2+2xy}$$

이때 단항식과 다항식의 곱을 분배법칙을 이용하여 하나의 다항식으로 나타내는 것을 전개한다고 하며, 전개하여 얻은 식을 전개식이라 한다.

(2) 다항식과 단항식의 나눗셈

방법 ① 분수 꼴로 바꾸어 계산한다.

$$\Rightarrow (A+B)\div C=\frac{A+B}{C}=\frac{A}{C}+\frac{B}{C}$$

예 $(6a^2+3a)\div3a=\dfrac{6a^2+3a}{3a}=\dfrac{6a^2}{3a}+\dfrac{3a}{3a}=2a+1$

방법 ② 역수를 이용하여 나눗셈을 곱셈으로 바꾸어 계산한다.

$$\Rightarrow (A+B)\div C=(A+B)\times\frac{1}{C}=A\times\frac{1}{C}+B\times\frac{1}{C}$$

예 $(2a^2+a)\div\dfrac{a}{3}=(2a^2+a)\times\dfrac{3}{a}=2a^2\times\dfrac{3}{a}+a\times\dfrac{3}{a}=6a+3$

>> **분배법칙**
> • $a(b+c)=ab+ac$
> • $(a+b)c=ac+bc$

>> 나누는 단항식의 계수가 분수인 경우에는 **방법 ②** 를 사용하는 것이 편리하다.

• 개념 확인하기

·정답 및 해설 25쪽

1 다음 식을 전개하시오.

(1) $3x(y+5)$

(2) $(2a+b)\times(-a)$

(3) $(-2a-3b+5)\times4b$

(4) $-5x(x+2y-1)$

2 다음 식을 계산하시오.

(1) $x^2-x+4x(x-5)$

(2) $6a^2+a-5a(a+2)$

(3) $2x(x-2y)+5x(x-y)$

(4) $a(a-5b)-2b\left(\dfrac{1}{2}a+3b\right)$

3 다음 식을 계산하시오.

(1) $(6a^2-12a)\div3a$

(2) $(4x^2+12x)\div(-2x)$

(3) $(25a^2b-5ab^2)\div\dfrac{5}{2}a$

(4) $(12x^2y+8xy)\div\left(-\dfrac{1}{2}x\right)$

(5) $(-6a^2b+12ab^2-3b)\div(-3b)$

(6) $(2a^2b^2+4ab+6b)\div\left(-\dfrac{2}{3}b\right)$

• 예제 **1** 단항식과 다항식의 곱셈

다음 중 옳은 것을 모두 고르면? (정답 2개)

① $9x(2x+3)=18x^2+27$

② $a(a+2b-3)=a^2+2ab-3a$

③ $-a(a-b-3)=-a^2-ab-3a$

④ $xy(x-y+4)=x^2y-xy^2+4$

⑤ $(3a+b-5)\times(-a)=-3a^2-ab+5a$

[해결 포인트]

(단항식)×(다항식), (다항식)×(단항식)은 분배법칙을 이용하여 전개한다.

• $A(B+C)=AB+AC$

• $(A+B)C=AC+BC$

한번 더!

1-1 $-2x(-xy+4x-6)=Ax^2y+Bx^2+Cx$일 때, 상수 A, B, C에 대하여 $A+B+C$의 값을 구하시오.

1-2 $-6x(x+2y-4)$의 전개식에서 xy의 계수를 a, $5x(-2x-y+3)$의 전개식에서 x^2의 계수를 b라 할 때, ab의 값을 구하시오.

1-3 $x=1$, $y=2$일 때, $4xy-3x(x-2y)$의 값을 구하려고 한다. 다음 물음에 답하시오.

(1) $4xy-3x(x-2y)$를 계산하시오.

(2) (1)의 식에 $x=1$, $y=2$를 대입하여 주어진 식의 값을 구하시오.

• 예제 **2** 다항식과 단항식의 나눗셈

$(9x^3y-3x^2y+6xy)\div\left(-\dfrac{3}{5}xy\right)=Ax^2+Bx+C$

일 때, 상수 A, B, C에 대하여 $A+B+C$의 값을 구하시오.

[해결 포인트]

나누는 단항식의 계수가

(i) 정수인 경우 ➡ 분수 꼴로 바꾸어 계산한다.

(ii) 분수인 경우 ➡ 단항식의 역수를 곱하여 계산한다.

한번 더!

2-1 다음 중 옳지 <u>않은</u> 것은?

① $(-9x^2+24xy)\div3x=-3x+8y$

② $(2x^2y+16xy^2)\div2xy=x+8y$

③ $(4a^3b-8a^4b^2)\div4a^2b=a-2a^2b$

④ $(8x^2y-2xy^2+4y)\div\dfrac{2}{7}y=28x^2y^2-7xy^3+14y^2$

⑤ $(6x^2y-15xy^2)\div\left(-\dfrac{3}{2}xy\right)=-4x+10y$

2-2 $\dfrac{6x^2y^3-2xy^2+10x^2}{2xy}$을 계산했을 때, xy^2의 계수와 y의 계수의 합을 구하시오.

개념 10 다항식과 단항식의 혼합 계산

다항식과 단항식의 덧셈, 뺄셈, 곱셈, 나눗셈의 혼합 계산은 다음과 같은 순서로 계산한다.

❶ 거듭제곱이 있으면 지수법칙을 이용하여 거듭제곱을 먼저 계산한다.

❷ 분배법칙을 이용하여 곱셈, 나눗셈을 한다.

❸ 동류항끼리 덧셈, 뺄셈을 한다.

거듭제곱 계산하기
↓
×, ÷ 계산하기
↓
+, − 계산하기

예
$2a(a+4)+(2a^4b^2-6a^3b^2)\div(ab)^2$
$=2a(a+4)+(2a^4b^2-6a^3b^2)\div a^2b^2$ ❶ 지수법칙을 이용하여 거듭제곱 계산하기

$=2a^2+8a+\dfrac{2a^4b^2-6a^3b^2}{a^2b^2}$ ❷ 분배법칙을 이용하여 곱셈, 나눗셈하기

$=2a^2+8a+2a^2-6a$ ❸ 동류항끼리 모아서 덧셈, 뺄셈하기
$=4a^2+2a$

•개념 확인하기

•정답 및 해설 26쪽

1 다음 식을 계산하시오.

(1) $(2x^2+3x)\div x+(3x^2-6x)\div 3x$

(2) $x(5x+3)+(x^3y-2x^2y)\div\dfrac{1}{2}xy$

(3) $(3a^3b-2a^2b^2)\div(-ab)+5a(2a-b)$

(4) $(9a^2+3ab)\div 3a-(4ab+2b^2)\div\dfrac{1}{2}b$

(5) $5a(2b-1)-(6a^2b^2+3a^2b)\div 3ab$

(6) $(-3x^2y^2+xy)\div\left(-\dfrac{1}{4}y\right)-5x(xy-1)$

2 다음 식을 계산하시오.

(1) $(a^2+6a)\div\dfrac{5}{4}a\times 5b$

(2) $9x^3y^2\div\left(-\dfrac{3}{2}xy\right)\times(x-2y)$

3 다음은 오른쪽 그림과 같이 밑면이 한 변의 길이가 $2xy$인 정사각형이고, 부피가 $12x^3y^2+32x^2y^3$인 직육면체의 높이를 구하는 과정이다. □ 안에 알맞은 것을 쓰시오.

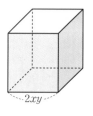

(직육면체의 부피)=(밑넓이)×(높이)이므로

(높이)=(□) ÷ (밑넓이)

　　　$=(12x^3y^2+32x^2y^3)\div(□)^2$

　　　$=(12x^3y^2+32x^2y^3)\div □=□$

· 예제 **1** 사칙연산이 혼합된 식의 계산

$(3x-9) \times \dfrac{xy}{3} + \dfrac{4x^2y-12x^3y}{2x} = Ax^2y + Bxy$일 때, 상수 A, B에 대하여 $A+B$의 값을 구하시오.

[해결 포인트]

다항식과 단항식의 덧셈, 뺄셈, 곱셈, 나눗셈이 혼합된 식은

거듭제곱 ➡ 곱셈, 나눗셈 ➡ 덧셈, 뺄셈

의 순서로 계산한다.

☞ 한번 더!

1-1 $x(4x+5y) - (12x^2y + 6x^3) \div 3x = ax^2 + bxy$ 일 때, 상수 a, b에 대하여 $a-b$의 값을 구하시오.

1-2 $x=2$, $y=-1$일 때,

$(2x+4y) \times \left(-\dfrac{3}{2}x\right) - (6x^2y - 3x^3) \div \dfrac{1}{3}x$의 값을 구하시오.

· 예제 **2** 다항식의 계산의 도형에의 활용

오른쪽 그림과 같이 윗변의 길이가 $2x+y$, 아랫변의 길이가 $6x+5y$, 높이가 $6y^2$인 사다리꼴의 넓이를 구하시오.

[해결 포인트]

다음과 같은 도형에 대한 공식에 다항식을 대입하여 계산한다.

· (삼각형의 넓이)$=\dfrac{1}{2} \times$(밑변의 길이)$\times$(높이)

· (직사각형의 넓이)$=$(가로의 길이)$\times$(세로의 길이)

· (사다리꼴의 넓이)

　$=\dfrac{1}{2} \times \{$(윗변의 길이)$+$(아랫변의 길이)$\} \times$(높이)

· (기둥의 부피)$=$(밑넓이)$\times$(높이)

☞ 한번 더!

2-1 오른쪽 그림과 같이 직각삼각형을 밑면으로 하는 삼각기둥 모양의 상자의 부피가 $4a^2b^4 - 6ab^3$일 때, 이 상자의 높이를 구하시오.

2-2 오른쪽 그림과 같은 직사각형 모양의 땅에 집과 텃밭이 있을 때, 텃밭의 넓이를 구하시오.

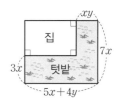

1 ●○○

$5^2 \times 25^2 = 5^n$일 때, 자연수 n의 값을 구하시오.

2 중요 ●○○

다음 중 □ 안에 들어갈 수가 가장 작은 것은?

① $x^3 \times x^{\square} = x^9$ ② $(x^{\square})^3 = x^{15}$

③ $x^{\square} \div x^4 = x^5$ ④ $x^6 \div x^9 = \dfrac{1}{x^{\square}}$

⑤ $(x^2 y^{\square})^2 = x^4 y^{12}$

3 ●●○

다음 중 계산 결과가 나머지 넷과 <u>다른</u> 하나는?

① $a^6 \div (a^5 \div a^2)$ ② $a^8 \div (a^3 \times a^2)$

③ $a^2 \times (a^6 \div a^5)$ ④ $(a^6)^2 \div (a^2)^3$

⑤ $(a^7)^3 \div (a^3)^4 \div a^6$

4 ●●○

$\left(\dfrac{2x^a}{y}\right)^b = \dfrac{8x^{12}}{y^c}$일 때, 자연수 a, b, c에 대하여 $a+b+c$의 값을 구하시오.

5 ●●○

신문지 한 장을 반으로 접으면 그 두께는 처음의 2배가 된다. 신문지 한 장을 계속하여 반으로 접을 때, 5번 접은 신문지의 두께는 3번 접은 신문지의 두께의 a배이다. 이때 a의 값을 구하시오.

6 ●●○

다음 중 옳지 <u>않은</u> 것은?

① $2^2 + 2^2 = 2^3$ ② $4^5 + 4^5 = 2^{11}$

③ $2^{10} + 2^{10} = 2^{20}$ ④ $3^2 + 3^2 + 3^2 = 3^3$

⑤ $5^5 \times 5^5 \times 5^5 = 5^{15}$

7 ●●●

$A = 3^{x+1}$일 때, 81^x을 A를 사용하여 나타내면?

① $\dfrac{A^2}{9}$ ② $\dfrac{A^2}{81}$ ③ $\dfrac{A^3}{9}$

④ $\dfrac{A^4}{9}$ ⑤ $\dfrac{A^4}{81}$

8 중요 ●○○

$(-2x^2 y)^3 \times 3x^2 y^3 \times (-xy)$를 계산하시오.

I·2

9 창의력UP ●●○

다음 그림에서 □ 안의 식은 바로 위의 색칠한 사각형의 양 옆에 있는 식을 곱하여 간단히 한 것이다. 예를 늘어, $A \times B = x^2 y^3$이다. 이때 다항식 A, B, C를 각각 구하시오.

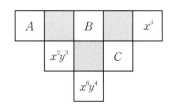

10 ●●○

$a=2$, $b=-1$일 때, $\dfrac{5}{6}a^2b^4 \times (-ab^3) \div \left(-\dfrac{2}{3}ab\right)$의 값을 구하시오.

11 ●●○

$\boxed{} \div (-8x^2y^3) \times 3xy^2 = -6x^3y^2$일 때, □ 안에 알맞은 식을 구하시오.

12 ●○○

$\dfrac{x-4y}{3} - \dfrac{3x+y}{2} = ax + by$일 때, 상수 a, b에 대하여 $a+b$의 값은?

① -3 ② -1 ③ 1
④ 3 ⑤ 5

13 ●●○

$(3a^2+a-4)-(-7a^2-4a+5)$를 계산했을 때, a^2의 계수와 상수항의 합은?

① -5 ② -1 ③ 1
④ 5 ⑤ 10

14 중요 ●●○

어떤 식에 x^2+3x-5를 더해야 할 것을 잘못하여 뺐더니 $3x^2-x+1$이 되었다. 이때 바르게 계산한 식을 구하시오.

15 ●●○

$5x-2\{x-(3x^2+2x)+x^2\}+1$을 계산하시오.

16 중요 ●●○

다음 중 옳은 것을 모두 고르면? (정답 2개)

① $xy(x-4y)=2xy-4xy^2$
② $2x(x^2-3)=2x^3-6x$
③ $x^2(x^3+5)=x^6+5x$
④ $(3x+y-1)\times(-5x)=-15x^2-5xy+5x$
⑤ $xy(-5x+y-1)=-5xy+xy^2-xy$

17

$(21x^2 - 15xy) \div \left(-\dfrac{3}{2}x\right)$ 를 계산하면?

① $-7x - 5y$ ② $-7x + 5y$

③ $-14x - 10y$ ④ $-14x + 10y$

⑤ $-21x - 15y$

18

$x = 2$일 때, $-x(4x - 1) + (5x^2 + 3x) \div x$의 값은?

① -3 ② -1 ③ 1

④ 3 ⑤ 5

19

$\dfrac{4ab - 2a^2}{2a} - \dfrac{3a^2b - ab^2}{ab}$ 을 계산하시오.

20

오른쪽 그림과 같은 직사각형에서 색칠한 부분의 넓이를 구하시오.

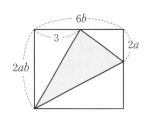

21

$4^4 \times 3 \times 5^9$은 n자리의 자연수이고, 각 자리의 숫자의 합이 m일 때, $m + n$의 값을 구하시오.

(단, 풀이 과정을 자세히 쓰시오.)

[풀이]

[답]

22

다음 그림의 원기둥의 부피는 원뿔의 부피의 몇 배인지 구하시오. (단, 풀이 과정을 자세히 쓰시오.)

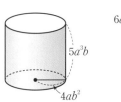

[풀이]

[답]

2·식의 계산 단원 정리하기

1 마인드맵으로 개념 구조화!

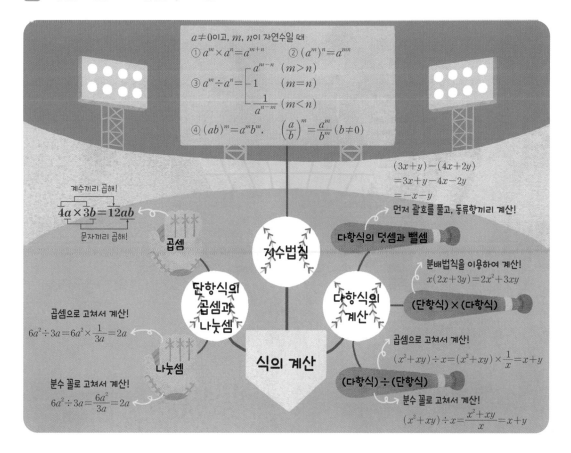

2 OX 문제로 개념 점검!

옳은 것은 ○, 옳지 않은 것은 ✕를 택하시오.

• 정답 및 해설 29쪽

❶ $x^2 \times y^2 \times x^4 \times y^3 = x^6 y^6$이다.　　　　　　　　　　　　　　　　　　○ | ✕

❷ $a^7 \div a^5 \div a^4 = \dfrac{1}{a^2}$이다.　　　　　　　　　　　　　　　　　　　　　○ | ✕

❸ $(2a^2)^4 \times (3a^3)^2 \div 6a^9 = 24a^5$이다.　　　　　　　　　　　　　　　○ | ✕

❹ 다항식 $2x^3 - (x^2 - 3x + 1)$은 이차식이다.　　　　　　　　　　　　　○ | ✕

❺ $4x(-2x + 3y - 5) = -8x^2 + 12xy - 20$이다.　　　　　　　　　　　○ | ✕

❻ $(8xy - 2y^2) \div (-2y) = -4x + y$이다.　　　　　　　　　　　　　　○ | ✕

❼ $(a^2 + 5a + 3) - (-2a^2 + a - 4) = 3a^2 + 4a - 1$이다.　　　　　　○ | ✕

❽ $3x(x - 2y) - (2x^3 - 5x^2 y) \div x = x^2 - 11xy$이다.　　　　　　　○ | ✕

3

일차부등식

약속된 시간까지 목적지에 도착하기 위한 최소한의 속력이 얼마인지 또는 엘리베이터에 무게 제한에 따라 생수통을 최대 몇 개까지 실을 수 있는지 등을 알 필요가 있을 때, 일차부등식을 이용하여 해결할 수 있습니다.

이 단원에서는 일차부등식에 대해 알아보고, 이를 이용하여 여러 가지 문제를 해결하는 방법을 학습합니다.

▶ **새로 배우는 용어**

부등식, 일차부등식

3. 일차부등식을 시작하기 전에

부등호의 사용 [중1]

1 다음을 부등호를 사용하여 나타내시오.

(1) x는 3보다 작다.

(2) y는 -2보다 크거나 같다.

(3) a는 7보다 크지 않다.

(4) b는 -1보다 크고 4보다 작거나 같다.

일차방정식 [중1]

2 다음 일차방정식을 푸시오.

(1) $3x-7=5$

(2) $x+1=4(x-2)$

[정답] 1. (1) $x<3$ (2) $y\geq-2$ (3) $a\leq7$ (4) $-1<b\leq4$ 2. (1) $x=4$ (2) $x=3$

부등식과 그 해

(1) **부등식**: 부등호 $<$, $>$, $\leq$, $\geq$를 사용하여 수 또는 식 사이의 대소 관계를 나타낸 식

> **참고** • 부등식에서 부등호의 왼쪽 부분을 좌변, 오른쪽 부분을 우변이라 하고, 좌변과 우변을 통틀어 양변이라 한다.

• **부등식의 표현**

$a<b$	$a>b$	$a \leq b$	$a \geq b$
• a는 b보다 작다. • a는 b 미만이다.	• a는 b보다 크다. • a는 b 초과이다.	• a는 b보다 작거나 같다. • a는 b보다 크지 않다. • a는 b 이하이다.	• a는 b보다 크거나 같다. • a는 b보다 작지 않다. • a는 b 이상이다.

$\gg a \leq b \Rightarrow a<b$ 또는 $a=b$
$\qquad a \geq b \Rightarrow a>b$ 또는 $a=b$

(2) **부등식의 해**

① **부등식의 해**: 부등식을 참이 되게 하는 미지수의 값

② **부등식을 푼다**: 부등식의 해를 모두 구하는 것

> **예** 부등식 $4x+3<2$에
> $x=-1$을 대입하면 $4 \times (-1)+3<2$ (참)이므로 -1은 부등식의 해이다.
> $x=0$을 대입하면 $4 \times 0+3<2$ (거짓)이므로 0은 부등식의 해가 아니다.

$\gg$ 다음 표현은 모두 의미가 같다.
• 부등식을 푼다.
• 부등식의 해를 모두 구한다.
• 부등식을 만족시키는 x의 값을 구한다.
• 부등식을 참이 되게 하는 x의 값을 구한다.

• 개념 확인하기

• 정답 및 해설 30쪽

1 다음 중 부등식인 것은 ○표, 부등식이 <u>아닌</u> 것은 ×표를 ( ) 안에 쓰시오.

(1) $x \geq 1$　　　(　)　　(2) $x+6=0$　　　(　)　　(3) $2x+y-1$　　　(　)

(4) $-4x+3 \leq 3$　(　)　　(5) $2<1+3$　　　(　)　　(6) $2x-1+3x$　　(　)

2 다음 문장을 │보기│와 같이 부등식으로 나타내시오.

┌─ 보기 ─────────────────────────────┐
│ $\underset{x-6}{\underline{x에서\ 6을\ 빼면}}$ / $\underset{>}{\underline{10보다}}$ / 크다. $\quad \Rightarrow \quad x-6>10$ │
│ $\qquad\qquad\qquad\underset{10}{\underline{}}$ │
└───────────────────────────────────┘

(1) x의 3배에 5를 더하면 9보다 크다.

(2) 한 자루에 x원인 펜 5자루의 가격은 12000원 이하이다.

(3) 한 변의 길이가 x cm인 정사각형의 둘레의 길이는 20 cm보다 짧다.

(4) 무게가 300 g인 가방에 한 권당 400 g인 책을 x권 넣으면 전체 무게는 2000 g 이상이다.

3 다음 중 [ ] 안의 수가 주어진 부등식의 해인 것은 ○표, 해가 <u>아닌</u> 것은 ×표를 ( ) 안에 쓰시오.

(1) $3x+5 \geq -1$　$[-1]$　　　(　)　　(2) $4x+5 \leq -2$　$[1]$　　　(　)

(3) $2-4x<-3$　$[-2]$　　　(　)　　(4) $1-5x<-6$　$[2]$　　　(　)

(5) $5(x+1)>1$　$[-3]$　　　(　)　　(6) $-2x+9 \leq 3$　$[3]$　　　(　)

• **예제 1** 부등식으로 나타내기

다음 중 문장을 부등식으로 나타낸 것으로 옳지 <u>않은</u> 것을 모두 고르면? (정답 2개)

① x의 2배에서 3을 빼면 8 이상이다. ⇨ $2x-3 \geq 8$

② x는 -2보다 크고 6보다 작다. ⇨ $-2 \leq x \leq 6$

③ 한 권에 x원인 전자책 3권의 가격은 28000원 이하이다. ⇨ $3x \leq 28000$

④ 시속 6 km로 x시간 동안 이동한 총 거리는 15 km를 넘는다. ⇨ $\dfrac{x}{6} > 15$

⑤ 길이가 x cm인 끈에서 7 cm를 잘라 내고 남은 끈의 길이는 36 cm보다 길다. ⇨ $x-7 > 36$

[해결 포인트]
주어진 상황을 x에 대한 다항식으로 나타낸 후, 수량 사이의 대소 관계를 부등호를 사용하여 나타낸다.

🖑 **한번 더!**

1-1 다음 중 문장을 부등식으로 옳게 나타낸 것은?

① x의 3배에서 4를 뺀 값은 x의 2배에 6을 더한 값보다 크지 않다. ⇨ $3x-4 \geq 2x+6$

② 전체가 300쪽인 책을 하루에 x쪽씩 10일 읽었더니 20쪽 이하가 남았다. ⇨ $300-10x < 20$

③ 200원짜리 사탕 x개와 500원짜리 음료수 3개의 값은 3000원 이상이다. ⇨ $200x+1500 \geq 3000$

④ 가로의 길이가 4 cm, 세로의 길이가 x cm인 직사각형의 둘레의 길이는 12 cm보다 크지 않다. ⇨ $2(4+x) \geq 12$

⑤ 한 변의 길이가 a cm인 정오각형의 둘레의 길이는 20 cm보다 크다. ⇨ $5a \geq 20$

• **예제 2** 부등식의 해

x의 값이 $-2, -1, 0, 1, 2$일 때, 다음 부등식을 푸시오.

(1) $4-3x \geq 7$

(2) $4x < x+3$

[해결 포인트]
$x=a$를 부등식에 대입했을 때
(ⅰ) 부등식이 참이면 ➡ a는 부등식의 해이다.
(ⅱ) 부등식이 거짓이면 ➡ a는 부등식의 해가 아니다.

🖑 **한번 더!**

2-1 다음 부등식 중 $x=2$일 때, 참인 것을 모두 고르면? (정답 2개)

① $2x-1 \leq 3$ ② $3x-4 > 6$

③ $5x-11 > 0$ ④ $\dfrac{x}{3} \geq 1$

⑤ $-x+8 \leq 4x$

2-2 x의 값이 $-2, -1, 0, 1$일 때, 부등식 $2x-3 < x-2$의 모든 해의 합을 구하시오.

개념 12 부등식의 성질

(1) 부등식의 양변에 같은 수를 더하거나 양변에서 같은 수를 빼어도 부등호의 방향은 바뀌지 않는다.

➡ $a<b$이면 $a+c<b+c$, $a-c<b-c$ ← 부등호의 방향은 그대로이다.

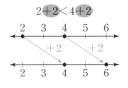 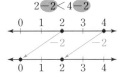

(2) 부등식의 양변에 같은 양수를 곱하거나 양변을 같은 양수로 나누어도 부등호의 방향은 바뀌지 않는다.

➡ $a<b$, $c>0$이면 $ac<bc$, $\dfrac{a}{c}<\dfrac{b}{c}$ ← 부등호의 방향은 그대로이다.

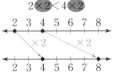 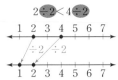

(3) 부등식의 양변에 같은 음수를 곱하거나 양변을 같은 음수로 나누면 부등호의 방향이 바뀐다.

➡ $a<b$, $c<0$이면 $ac>bc$, $\dfrac{a}{c}>\dfrac{b}{c}$ ← 부등호의 방향이 바뀐다.

 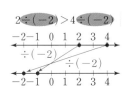

참고 부등식의 성질은 부등호 '>'를 '≥'로, '<'를 '≤'로 바꾸어도 성립한다.

• 개념 확인하기

• 정답 및 해설 31쪽

1 $a<b$일 때, 다음 ○ 안에 알맞은 부등호를 쓰시오.

(1) $a+3 \bigcirc b+3$

(2) $a-5 \bigcirc b-5$

(3) $\dfrac{3}{5}a \bigcirc \dfrac{3}{5}b$

(4) $a \div 2 \bigcirc b \div 2$

(5) $-4a \bigcirc -4b$

(6) $a \div (-5) \bigcirc b \div (-5)$

(7) $3a+1 \bigcirc 3b+1$

(8) $\dfrac{a}{4}-2 \bigcirc \dfrac{b}{4}-2$

(9) $-2a+6 \bigcirc -2b+6$

2 다음은 부등식의 성질을 이용하여 a, b의 대소 관계를 판단하는 과정이다. □ 안에 알맞은 수를 쓰고, ○ 안에 알맞은 부등호를 쓰시오.

(1) $a+5<b+5$ 양변에서 □를 뺀다.
∴ $a \bigcirc b$

(2) $-4a \geq -4b$ 양변을 □로 나눈다.
∴ $a \bigcirc b$

3 $x>2$일 때, 다음 □ 안에 알맞은 수를 쓰고, 주어진 식의 값의 범위를 구하시오.

(1) $5x-2$

$x>2$의 양변에 5를 곱하면
$5x> □$
$5x> □$의 양변에서 2를 빼면
$5x-2> □$

(2) $-3x+1$

$x>2$의 양변에 -3을 곱하면
$-3x< □$
$-3x< □$의 양변에 1을 더하면
$-3x+1< □$

예제 1 부등식의 성질

$a \leq b$일 때, 다음 중 옳지 <u>않은</u> 것은?

① $5+a \leq 5+b$

② $a \div (-3) \geq b \div (-3)$

③ $2a-1 \leq 2b-1$

④ $7a+2 \leq 7b+2$

⑤ $-1-\dfrac{2}{5}a \leq -1-\dfrac{2}{5}b$

[해결 포인트]

$a < b$일 때

(1) $a+c < b+c$, $a-c < b-c$

(2) $c > 0$이면 $ac < bc$, $\dfrac{a}{c} < \dfrac{b}{c}$

(3) $c < 0$이면 $ac > bc$, $\dfrac{a}{c} > \dfrac{b}{c}$

🖑 한번 더!

1-1 $a > b$일 때, 다음 중 옳지 <u>않은</u> 것은?

① $a+\dfrac{10}{3} > b+\dfrac{10}{3}$　　② $a-5 < b-5$

③ $\dfrac{4}{7}a > \dfrac{4}{7}b$　　　　　④ $-a+1 < -b+1$

⑤ $a \div 4 > b \div 4$

1-2 $-2a \geq -2b$일 때, 다음 |보기| 중 옳은 것을 모두 고르시오.

| 보기 |

ㄱ. $a+11 \leq b+11$

ㄴ. $a-(-5) \geq b-(-5)$

ㄷ. $\dfrac{4}{3}a \geq \dfrac{4}{3}b$

ㄹ. $4-3a \geq 4-3b$

예제 2 식의 값의 범위 구하기

$-1 < x \leq 2$일 때, $-5x+3$의 값의 범위가 $a \leq -5x+3 < b$이다. 이때 $a+b$의 값을 구하시오.

[해결 포인트]

❶ 부등식의 각 변에 같은 수를 곱하거나 나누어 문자의 계수를 같게 한 후

❷ 같은 수를 더하거나 빼어 상수항을 같게 한다.

➡ $-1 < x \leq 2$의 가운데 변이 $x \rightarrow -5x \rightarrow -5x+3$이 되도록 변형한다.

🖑 한번 더!

2-1 $1 \leq x < 3$일 때, $1-2x$의 값의 범위를 구하시오.

2-2 $-1 < x \leq 1$일 때, 다음 중 $3x-1$의 값이 될 수 있는 것은?

① -6　　　② -4　　　③ 2

④ 4　　　　⑤ 6

일차부등식의 풀이

(1) 일차부등식

부등식의 모든 항을 좌변으로 이항하여 정리한 식이

(일차식)<0, (일차식)>0, (일차식)≤0, (일차식)≥0

중 어느 하나의 꼴로 나타나는 부등식을 **일차부등식**이라 한다.

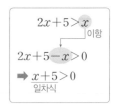

$2x+5>x$ → 이항

$2x+5-x>0$

➡ $x+5>0$ 일차식

(2) 부등식의 해를 수직선 위에 나타내기

① $x<a$ ② $x>a$ ③ $x\leq a$ ④ $x\geq a$

 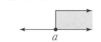

(참고) 수직선에서 'ㅇ'에 대응하는 수는 부등식의 해에 포함되지 않고, '●'에 대응하는 수는 부등식의 해에 포함된다.

(3) 일차부등식의 풀이

❶ 미지수 x를 포함하는 항은 좌변으로, 상수항은 우변으로 이항한다.

❷ 양변을 정리하여 $ax<b$, $ax>b$, $ax\leq b$, $ax\geq b$ $(a\neq0)$ 중 하나의 꼴로 나타낸다.

❸ 양변을 x의 계수 a로 나눈다. 이때 a가 음수이면 부등호의 방향이 바뀐다.

• 개념 확인하기

• 정답 및 해설 32쪽

1 다음 중 일차부등식인 것은 ○표, 일차부등식이 <u>아닌</u> 것은 ×표를 ( ) 안에 쓰시오.

(1) $2x-6>3$ ( ) (2) $13\leq5+9$ ( )

(3) $5(x+1)\geq4x-3$ ( ) (4) $5+x>3+x$ ( )

(5) $2x^2+x-1>0$ ( ) (6) $1-x^2+x>-x^2$ ( )

2 다음은 일차부등식을 푸는 과정이다. □ 안에 알맞은 수를 쓰시오.

(1) $3x-15>8x$

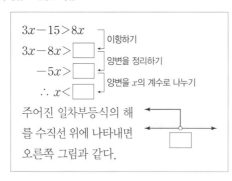

(2) $2x-10\geq-4x+2$

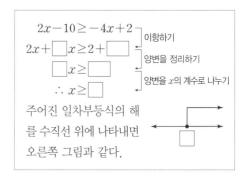

3 다음 일차부등식을 풀고, 그 해를 수직선 위에 나타내시오.

(1) $5x+1\leq-9$ ⟵——————⟶ (2) $6x-3>7+4x$ ⟵——————⟶

• 예제 **1**　일차부등식 찾기

다음 중 일차부등식인 것을 모두 고르면? (정답 2개)

① $2x \geq 9$　　　　② $7x = 5 - (x+2)$

③ $3x + 2 > 1 + 3x$　④ $2x - 3 \leq x + x^2$

⑤ $2(x-4) \geq -8 + x$

[해결 포인트]

부등식의 모든 항을 좌변으로 이항하였을 때, 좌변이 일차식이면
일차부등식이다.

👆한번 더!

1-1 다음 |보기| 중 일차부등식인 것을 모두 고르시오.

| 보기 |

ㄱ. $3x + 5 \leq 9$　　　ㄴ. $3x + 4 \geq 3(x-3)$

ㄷ. $x^2 - 4x < x^2 + 5$　ㄹ. $5x - 2 = 2x + 1$

ㅁ. $x^2 - x + 5 > 0$　　ㅂ. $x^2 + 5 < x(x+1)$

Ⅱ·3

• 예제 **2**　일차부등식의 풀이

다음 중 일차부등식 $3x \leq 8 - x$의 해를 수직선 위에
바르게 나타낸 것은?

①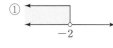
　　　-2

②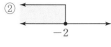
　　　-2

③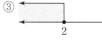
　　　2

④
　　　2

⑤
　　　2

[해결 포인트]

일차부등식은 이항과 부등식의 성질을 이용하여

$\quad x > (수), \ x < (수), \ x \geq (수), \ x \leq (수)$

중 어느 하나의 꼴로 바꾸어 해를 구할 수 있다.

👆한번 더!

2-1 다음 중 일차부등식 $4x + 5 \geq 2x - 7$의 해를 수
직선 위에 바르게 나타낸 것은?

①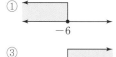
　　　-6

②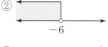
　　　-6

③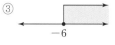
　　　-6

④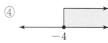
　　　-4

⑤
　　　4

2-2 일차부등식 $6 + 2x > 8x - 12$를 만족시키는 자연
수 x의 개수를 구하시오.

• 예제 3 일차부등식의 해가 주어진 경우

x에 대한 일차부등식 $2x-a \geq 3$의 해가 $x \geq 2$일 때, 상수 a의 값은?

① -2 ② -1 ③ 1

④ 2 ⑤ 3

[해결 포인트]

❶ 부등식을 $x<$(수), $x>$(수), $x \leq$(수), $x \geq$(수) 중 어느 하나의 꼴로 나타낸다.

❷ ❶의 부등식과 주어진 부등식의 해를 비교한다.

👆 한번 더!

3-1 x에 대한 일차부등식 $5x-a<9$의 해가 $x<4$일 때, 다음 물음에 답하시오. (단, a는 자연수)

(1) 주어진 부등식을 $x<$(수)의 꼴로 나타내시오.

(2) (1)을 이용하여 자연수 a의 값을 구하시오.

3-2 두 일차부등식 $x+1<a$, $2-x>x+4$의 해가 서로 같을 때, 상수 a의 값을 구하시오.

• 예제 4 x의 계수가 문자인 일차부등식의 풀이

$a<0$일 때, x에 대한 일차부등식 $ax+3>5$를 풀면?

① $x>-\dfrac{2}{a}$ ② $x<-\dfrac{2}{a}$ ③ $x>\dfrac{2}{a}$

④ $x<\dfrac{2}{a}$ ⑤ $x>a$

[해결 포인트]

주어진 부등식을 $ax>b$의 꼴로 정리하였을 때

(ⅰ) $a>0$이면 ➡ $x>\dfrac{b}{a}$

(ⅱ) $a<0$이면 ➡ $x<\dfrac{b}{a}$

👆 한번 더!

4-1 $a>0$일 때, x에 대한 일차부등식 $ax \geq 15a$를 푸시오.

4-2 $a<0$일 때, x에 대한 일차부등식 $2-ax<1$을 풀면?

① $x<-\dfrac{1}{a}$ ② $x>-\dfrac{1}{a}$ ③ $x<\dfrac{1}{a}$

④ $x>\dfrac{1}{a}$ ⑤ $x<-a$

여러 가지 일차부등식의 풀이

(1) **괄호가 있는 일차부등식**

분배법칙을 이용하여 괄호를 풀어 정리한 후 부등식을 푼다.

예 $2(x-1)>x$ $\xrightarrow{\text{괄호를 푼다.}}$ $2x-2>x$ $\xrightarrow{\text{해를 구한다.}}$ $x>2$

(2) **계수가 소수인 일차부등식**

부등식의 양변에 10의 거듭제곱$(10, 100, 1000, \cdots)$을 곱하여 계수를 모두 정수로 고쳐서 푼다.

예 $1.2x-1.5\geq0.7x+0.5$ $\xrightarrow{\substack{\text{양변에}\\\text{10을 곱한다.}}}$ $12x-15\geq7x+5$ $\xrightarrow{\text{해를 구한다.}}$ $x\geq4$

(3) **계수가 분수인 일차부등식**

부등식의 양변에 분모의 최소공배수를 곱하여 계수를 모두 정수로 고쳐서 푼다.

예 $\frac{7}{12}x<\frac{1}{4}x+\frac{1}{3}$ $\xrightarrow{\substack{\text{양변에 분모의 최소공배수인}\\\text{12를 곱한다.}}}$ $7x<3x+4$ $\xrightarrow{\text{해를 구한다.}}$ $x<1$

≫ 양변에 10의 거듭제곱이나 분모의 최소공배수를 곱할 때는 반드시 계수가 정수인 항에도 곱해야 한다.

≫ 계수에 소수와 분수가 함께 있으면 먼저 소수를 기약분수로 바꾼 후, 분모의 최소공배수를 곱한다.

·개념 확인하기

·정답 및 해설 33쪽

1 다음은 여러 가지 일차부등식을 푸는 과정이다. ☐ 안에 알맞은 수를 쓰시오.

(1) $2(1-x)+4x\leq8$

⇨ 분배법칙을 이용하여 괄호를 풀면

$2-\boxed{}x+4x\leq8$, $\boxed{}x\leq6$

$\therefore x\leq\boxed{}$

(2) $0.3x-2.1>0.1x-0.3$

⇨ 주어진 부등식의 양변에 $\boxed{}$를 곱하면

$\boxed{}x-21>x-\boxed{}$, $\boxed{}x>18$

$\therefore x>\boxed{}$

(3) $\frac{7}{3}-\frac{1}{6}x\leq x$

⇨ 주어진 부등식의 양변에 분모의 최소공배수인 $\boxed{}$를 곱하면

$\boxed{}-x\leq\boxed{}x$, $\boxed{}x\leq-14$

$\therefore x\geq\boxed{}$

(4) $0.7x+1\geq\frac{2}{3}x$

⇨ 소수를 분수로 바꾸면 $\boxed{}x+1\geq\frac{2}{3}x$

이 부등식의 양변에 분모의 최소공배수인 $\boxed{}$를 곱하면

$\boxed{}x+30\geq\boxed{}x$ $\therefore x\geq\boxed{}$

2 다음 일차부등식을 푸시오.

(1) $x-3<2(x-4)$

(2) $6(x+3)\geq2(x-4)+2$

(3) $-0.6x+2.4<0.1x-0.4$

(4) $0.1x>0.27+0.01x$

(5) $0.5x+\frac{9}{4}\leq\frac{3}{8}x+4$

(6) $\frac{2x-5}{3}>\frac{3x-4}{4}$

•정답 및 해설 33쪽

• 예제 1 **괄호가 있는 일차부등식의 풀이**

다음 중 일차부등식 $3x-10 \leq 2-5(x-4)$의 해를
수직선 위에 바르게 나타낸 것은?

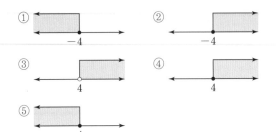

[해결 포인트]

괄호가 있는 일차부등식은 분배법칙을 이용하여 괄호를 풀어 식
을 정리한 후 푼다. 이때 괄호 앞의 부호에 주의한다.

🖑 한번 더!

1-1 일차부등식 $3(x-4) \geq 4(x+2)-6x$를 풀면?

① $x \geq -20$ ② $x \leq -5$ ③ $x \geq 4$
④ $x \geq 5$ ⑤ $x \leq 10$

1-2 일차부등식 $2(x-3)-5(x+2) \leq 5$의 해 중 가
장 작은 정수를 구하시오.

• 예제 2 **계수가 소수인 일차부등식의 풀이**

일차부등식 $0.3x-0.04 \geq 0.2x-0.34$를 풀면 $x \geq a$
일 때, 상수 a의 값을 구하시오.

[해결 포인트]

부등식의 양변에 10의 거듭제곱을 곱하여 계수를 모두 정수로 고
쳐서 푼다.

🖑 한번 더!

2-1 일차부등식 $0.8(1-x) \leq -0.4x+1.6$을 풀면?

① $x \geq -2$ ② $x > -2$ ③ $x \leq -2$
④ $x \geq 2$ ⑤ $x > 2$

• 예제 3 **계수가 분수인 일차부등식의 풀이**

일차부등식 $\dfrac{x-1}{3}-\dfrac{1}{2} < \dfrac{x}{6}$를 참이 되게 하는 모든
자연수 x의 값의 합을 구하시오.

[해결 포인트]

부등식의 양변에 분모의 최소공배수를 곱하여 계수를 모두 정수
로 고쳐서 푼다.

🖑 한번 더!

3-1 일차부등식 $\dfrac{x-2}{2} > \dfrac{7}{10}x-\dfrac{6}{5}$을 풀면?

① $x < -1$ ② $x > -1$ ③ $x < 1$
④ $x > 1$ ⑤ $x < 5$

일차부등식의 활용

일차부등식의 활용 문제는 다음과 같은 순서로 해결한다.

❶ 문제의 상황에 맞게 미지수를 정한다.

❷ 문제의 뜻에 따라 일차부등식을 세운다.

❸ 일차부등식을 푼다.

❹ 구한 해가 문제의 뜻에 맞는지 확인한다.

주의 · 거리, 속력, 시간에 대한 문제를 풀 때, 각각의 단위가 다른 경우에는 단위를 통일하여 연립방정식을 세운다.

➡ $1\,km=1000\,m$, 60분=1시간, 30분=$\frac{30}{60}$시간=$\frac{1}{2}$시간

· 나이, 개수, 사람 수, 횟수 등을 미지수로 정했을 때는 문제의 뜻에 맞는 자연수를 답으로 택한다.

· 문제의 답을 쓸 때는 반드시 단위를 쓴다.

· 개념 확인하기

· 정답 및 해설 34쪽

1 다음은 어떤 자연수에 2를 더한 후 3배 한 수가 18보다 클 때, 어떤 자연수 중 가장 작은 수를 구하는 과정이다. □ 안에 알맞은 것을 쓰시오.

> ❶ 어떤 자연수를 x라 하자.
> ❷ 어떤 자연수에 2를 더한 후 3배 한 수는 [　　　　]이고, 이 수가 18보다 크므로
> 　 일차부등식을 세우면 [　　　　]>18이다.
> ❸ 이 일차부등식을 풀면 $x>$ [　]
> 　 따라서 어떤 자연수 중 가장 작은 수는 [　]이다.
> ❹ [　]에 2를 더한 후 3배 한 수는 21이고, 이 수는 18보다 크므로 문제의 뜻에 맞는다.

2 다음은 900원짜리 아이스크림과 500원짜리 아이스크림을 합하여 20개를 사고 14000원 이하로 지출하려고 할 때, 900원짜리 아이스크림은 최대 몇 개까지 살 수 있는지 구하는 과정이다. □ 안에 알맞은 것을 쓰시오.

> ❶ 900원짜리 아이스크림을 x개 산다고 하자.
> ❷ 아이스크림을 합하여 20개를 사므로 500원짜리 아이스크림은 ([　　　　])개 살 수 있고,
> 　 두 종류 아이스크림을 사는 데 지출한 금액이 14000원 이하이어야 하므로
> 　 일차부등식을 세우면 [　　　　　　　　]≤14000이다.
> ❸ 이 일차부등식을 풀면 $x\leq$ [　]
> 　 따라서 900원짜리 아이스크림은 최대 [　]개까지 살 수 있다.
> ❹ 900원짜리 아이스크림을 [　]개 사면 $900\times$[　]$+500\times(20-10)=14000$(원)이므로
> 　 문제의 뜻에 맞는다.

대표 예제로 개념 익히기

예제 1 수, 평균에 대한 문제

어떤 정수에 3을 더한 값의 2배는 이 정수를 5배하여 9를 뺀 값보다 작거나 같다고 한다. 이와 같은 정수 중 가장 작은 수를 구하시오.

[해결 포인트]

• 어떤 정수 ➡ x
• 연속하는 두 자연수(정수) ➡ $x-1$, x 또는 x, $x+1$

👆 한번 더!

1-1 민지는 세 번의 수학 시험에서 각각 92점, 86점, 87점을 받았다. 네 번에 걸친 수학 시험의 평균 점수가 90점 이상이 되려면 네 번째 수학 시험에서 최소 몇 점을 받아야 하는지 구하시오.

1-2 연속하는 두 자연수의 합이 19 이하일 때, 이와 같은 수 중 가장 큰 두 자연수를 구하시오.

☆ TIP

연속하는 자연수는 1씩 차이가 나므로 연속하는 두 자연수 중 작은 수를 x라 하면 나머지 자연수는 $x+1$이 된다.

예제 2 가격, 개수에 대한 문제

한 개에 150원인 사탕 8개와 한 개에 200원인 초콜릿 몇 개를 합하여 전체 가격이 2500원이 넘지 않게 사려고 한다. 다음 물음에 답하시오.

(1) 초콜릿의 개수를 x개라 할 때, x에 대한 일차부등식을 세우시오.
(2) 초콜릿을 최대 몇 개까지 살 수 있는지 구하시오.

[해결 포인트]

(사탕의 가격)+(초콜릿의 가격)☐(전체 가격)

문제의 뜻에 맞게 부등호를 넣는다.

👆 한번 더!

2-1 친구에게 선물하기 위해 한 개에 300원인 쿠키 몇 개와 2000원짜리 선물 상자 한 개를 사려고 한다. 전체 가격이 50000원 미만이 되게 할 때, 쿠키는 최대 몇 개까지 살 수 있는가?

① 159개   ② 160개   ③ 161개
④ 162개   ⑤ 163개

2-2 어느 미술관의 1인당 입장료가 어른은 3000원, 어린이는 1000원이라 한다. 어른과 어린이를 합하여 18명이 30000원 이하의 비용으로 미술관에 입장하려면 어른은 최대 몇 명까지 입장할 수 있는지 구하시오.

• 예제 3 예금액에 대한 문제

현재 민호와 진우의 저금통에는 각각 5000원, 3000원이 저금되어 있다. 다음 달부터 매월 민호는 500원씩, 진우는 900원씩 각자의 저금통에 저금한다면 민호의 저금액이 진우의 저금액보다 처음으로 적어지는 것은 지금으로부터 몇 개월 후인지 구하시오.

[해결 포인트]

매월 일정 금액을 x개월 동안 예금하는 경우

➡ (x개월 후의 예금액)=(현재 예금액)+(매월 예금액)$\times x$

👆 한번 더!

3-1 현재 혜리의 예금액은 20000원, 동생의 예금액은 30000원이다. 다음 달부터 매달 혜리는 3000원씩, 동생은 2500원씩 예금할 때, 혜리의 예금액이 동생의 예금액보다 처음으로 많아지는 것은 지금으로부터 몇 개월 후인지 구하시오.

• 예제 4 도형에 대한 문제

윗변의 길이가 5 cm, 높이가 7 cm인 사다리꼴이 있다. 이 사다리꼴의 넓이가 56 cm² 이상이 되게 하려면 아랫변의 길이는 최소 몇 cm이어야 하는지 구하시오.

[해결 포인트]

도형의 둘레의 길이 또는 넓이가 a 이상인 경우

➡ (도형의 둘레의 길이 또는 넓이)$\geq a$

👆 한번 더!

4-1 오른쪽 그림과 같이 밑변의 길이가 8 cm인 삼각형이 있다. 이 삼각형의 넓이가 24 cm² 이상일 때, 높이는 최소 몇 cm인지 구하시오.

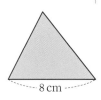

8 cm

4-2 가로의 길이가 9 cm인 직사각형의 둘레의 길이가 44 cm 이하일 때, 세로의 길이는 최대 몇 cm인지 구하시오.

예제 5 유리한 방법을 선택하는 문제

어떤 음원 사이트에서는 정액제 10000원을 결제하면 한 달 동안 무제한으로 음원을 다운로드할 수 있고, 정액제가 아니면 한 곡에 600원씩 결제해야 음원을 다운로드할 수 있다. 한 달에 최소 몇 곡을 다운로드해야 정액제로 결제하는 것이 더 유리한가?

① 14곡　　② 15곡　　③ 16곡

④ 17곡　　⑤ 18곡

[해결 포인트]

❶ 두 가지 방법에 대한 각각의 가격을 계산한다.

❷ 가격이 적은 쪽이 유리한 방법임을 이용하여 일차부등식을 세운다.

❸ ❷의 일차부등식을 푼다.

🖐 한번 더!

5-1 집 앞 가게에서 한 개에 1000원인 우유가 할인 마트에서는 한 개에 800원이다. 집에서 할인 마트를 다녀오는 왕복 교통비가 1800원일 때, 우유를 최소 몇 개 사야 할인 마트에서 사는 것이 더 유리한지 구하려고 한다. 다음 물음에 답하시오.

(1) 우유를 x개 산다고 할 때, 다음을 이용하여 부등식을 세우시오.

> (집 앞 가게에서 산 우유의 가격)
> > (할인 마트에서 산 우유의 가격)＋(왕복 교통비)

(2) 우유를 최소 몇 개 사야 할인 마트에서 사는 것이 더 유리한지 구하시오.

예제 6 속력에 대한 문제

미진이가 집에서 25 km 떨어진 영화관까지 가는데 처음에는 자전거를 타고 시속 16 km로 가다가 도중에 자전거가 고장 나서 그 지점부터 시속 2 km로 걸어갔더니 2시간 이내에 도착하였다. 자전거가 고장 난 지점은 집에서 최소 몇 km 떨어진 지점인지 구하시오.

[해결 포인트]

도중에 속력이 바뀌므로

| 시속 a km로
이동한 시간 | ＋ | 시속 b km로
이동한 시간 | □ | 전체
시간 |

문제의 뜻에 맞게 부등호를 넣는다.

🖐 한번 더!

6-1 지훈이가 집에서 출발하여 산책을 하려고 한다. 갈 때는 분속 30 m로 걷고, 올 때는 같은 길을 분속 40 m로 걸어서 1시간 10분 이상 산책을 하고 다시 집으로 돌아오려고 한다. 산책을 집에서 최소 몇 m 떨어진 지점까지 갔다 올 수 있는지 구하시오.

6-2 등산을 하는데 올라갈 때는 시속 2 km로 걷고, 40분 쉬었다가 내려올 때는 같은 길을 시속 3 km의 모노레일을 타고 내려와서 4시간 이내로 등산을 마치려고 한다. 최대 몇 km 떨어진 지점까지 올라갔다 내려올 수 있는지 구하시오.

1 ●○○

다음 중 부등식인 것을 모두 고르면? (정답 2개)

① $x-3=0$ ② $-2x+5$

③ $2+x\geq3$ ④ $3x+1=2x-4$

⑤ $-3\leq7$

2 ●●○

다음 중 문장을 부등식으로 나타낸 것으로 옳지 <u>않은</u> 것은?

① x에 2를 더한 수는 6보다 크다. ⇨ $x+2>6$

② x에서 3을 뺀 수의 5배는 50보다 크거나 같다.
     ⇨ $5(x-3)\geq50$

③ 한 개에 x원인 사과 5개의 가격은 6000원 이하이다.
     ⇨ $5x\leq6000$

④ 매분 x m로 걸어서 30분 동안 이동한 거리는 900 m
     미만이다. ⇨ $\dfrac{x}{30}<900$

⑤ 밑변의 길이가 12 cm, 높이가 x cm인 삼각형의 넓
     이는 30 cm²보다 크지 않다. ⇨ $6x\leq30$

3 ●○○

다음 중 [   ] 안의 수가 주어진 부등식의 해가 <u>아닌</u> 것은?

① $2x-5<7$ $[2]$ ② $4-x\geq1$ $[-1]$

③ $4x>2x+4$ $[3]$ ④ $5x+3\leq4x+2$ $[0]$

⑤ $2x-3<x-1$ $[-2]$

4 중요 ●●●

x의 값이 $-3<x\leq1$인 정수일 때, 부등식 $3x+5\geq2x+4$의 해의 개수를 구하시오.

5 ●●●

다음 중 ○ 안에 들어갈 부등호의 방향이 나머지 넷과 <u>다른</u> 하나는?

① $a\leq b$이면 $2a+1 \bigcirc 2b+1$이다.

② $a\leq b$이면 $\dfrac{5}{6}a-3 \bigcirc \dfrac{5}{6}b-3$이다.

③ $a\geq b$이면 $-a-4 \bigcirc -b-4$이다.

④ $a-5\leq b-5$이면 $a \bigcirc b$이다.

⑤ $-3a+1\leq-3b+1$이면 $a \bigcirc b$이다.

6 ●●●

$a<0$, $b>0$, $c<0$일 때, 다음 중 옳지 <u>않은</u> 것은?

① $a+c<b+c$ ② $a-c<b-c$

③ $ac<bc$ ④ $ab<ac$

⑤ $\dfrac{a}{c}>\dfrac{b}{c}$

7 ●●●

다음 |보기| 중 문장을 부등식으로 나타낼 때, 일차부등
식인 것을 모두 고르시오.

| 보기 |

ㄱ. 한 개에 1600원인 배 x개와 한 개에 1000원인 오
　렌지 2개의 전체 가격은 10000원을 넘지 않는다.

ㄴ. 무게가 1 kg인 상자에 하나에 2 kg인 책 x개를
　담으면 전체 무게는 15 kg을 넘는다.

ㄷ. 시속 x km의 속력으로 x시간 동안 달린 거리는
　100 km 미만이다.

ㄹ. 가로의 길이가 x cm, 세로의 길이가 5 cm인 직
　사각형의 넓이는 25 cm²보다 작거나 같다.

8 ●○○

다음 일차부등식 중 그 해를 수직
선 위에 나타낸 것이 오른쪽 그림
과 같은 것은?

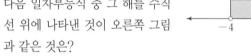

① $-4x > 16$　　　② $\dfrac{x}{3} > -12$

③ $-\dfrac{1}{4}x < -1$　　④ $x-3 > -1$

⑤ $-2x < 8$

9 중요 ●○○

다음 일차부등식 중 해가 나머지 넷과 <u>다른</u> 하나는?

① $x-10 > -x$　　　② $-3x+6 < -9$

③ $-2x-3 > -3x+2$　④ $4x-1 > 3x+4$

⑤ $2x-4 < 4x+6$

10 ●●○

일차부등식 $4x+5 > x-7$의 해가 $x > a$일 때, 부등식
$ax-1 \leq x+9$를 만족시키는 x의 최솟값은?

(단, a는 상수)

① -6　　　② -4　　　③ -2

④ 2　　　⑤ 4

11 중요 ●●○

x에 대한 일차부등식 $3x+a \geq 5$의 해가 $x \geq 4$일 때, 상
수 a의 값은?

① -9　　　② -7　　　③ -3

④ 3　　　⑤ 7

12 ●●●

$a < 1$일 때, x에 대한 일차부등식 $(a-1)x > 4a-4$를
만족시키는 자연수 x의 값을 모두 구하시오.

13 ●●○

일차부등식 $4(x-3) \leq 2(5-x)-3$을 참이 되게 하는
자연수 x의 개수는?

① 1개　　　② 2개　　　③ 3개

④ 4개　　　⑤ 5개

14 🔆중요🔆 ●○○

일차부등식 $\dfrac{x+1}{3} \leq \dfrac{x-2}{4}$ 를 푸시오.

15 ●●○

다음 중 일차부등식 $0.5x-2 < \dfrac{1}{3}(x-3)$의 해를 수직선 위에 바르게 나타낸 것은?

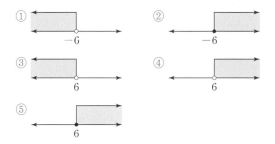

16 ●○○

지희가 맑은 날은 하루에 35분씩, 비오는 날은 하루에 10분씩 운동을 하였다. 15일 동안 300분 이상 운동을 하였다면 맑은 날은 최소 며칠인지 구하시오.

17 ●●○

주영이는 50000원을 모아 운동화를 사려고 한다. 주영이가 지금 26000원을 가지고 있고, 다음 주부터 매주 600원씩 모은다고 할 때, 주영이가 모은 전체 금액이 처음으로 50000원 이상이 되는 것은 지금으로부터 몇 주 후인지 구하시오.

18 🔆중요🔆 ●●●

집 앞 가게에서 한 개에 1000원인 과자가 대형 마트에서는 한 개에 800원이다. 집에서 대형 마트에 다녀오는 왕복 교통비가 2000원일 때, 과자를 최소 몇 개 사야 대형 마트에서 사는 것이 더 유리한지 구하시오.

19 ●●●

주희는 오전 9시 30분에 유원지에서 친구와 만나기로 하였다. 버스를 타고 집에서 120 km 떨어진 유원지에 가는데 버스가 오전 8시에 출발하여 처음에는 고속 도로를 시속 100 km로 달리다가 일반 국도로 와서는 시속 60 km로 달렸다. 약속 시간에 늦지 않았을 때, 버스가 고속 도로를 달린 거리는 최소 몇 km인가?

① 72 km ② 73 km ③ 74 km
④ 75 km ⑤ 76 km

20 창의력UP ●●●

오른쪽 표는 닭 가슴살과 고구마의 100 g당 열량을 각각 나타낸 것이다. 민이는 다이어트를 위해 점심

식품	열량(kcal)
닭 가슴살	98
고구마	90

으로 섭취하는 열량을 350 kcal 이하로 하려고 하나. 이때 닭 가슴살 100 g과 고구마만을 먹는다면 고구마는 최대 몇 g까지 먹을 수 있는지 구하시오.

서술형

21
●●○

$-9 < x \le 3$이고 $A = \dfrac{2x-3}{3}$일 때, A의 값의 범위를 구하시오. (단, 풀이 과정을 자세히 쓰시오.)

풀이

답

22
●●●

x에 대한 일차부등식 $ax+3 < 2x-5$의 해가 $x > 2$일 때, 상수 a의 값을 구하시오.

(단, 풀이 과정을 자세히 쓰시오.)

풀이

답

23
●●○

일차부등식 $1.1x < 6(1+0.1x)$를 만족시키는 자연수 x의 최댓값을 구하시오.

(단, 풀이 과정을 자세히 쓰시오.)

풀이

답

24
●●○

한 개에 900원인 초콜릿과 한 개에 1000원인 아이스크림을 합하여 13개를 사려고 한다. 전체 금액이 12000원을 넘지 않게 할 때, 아이스크림은 최대 몇 개까지 살 수 있는지 구하시오. (단, 풀이 과정을 자세히 쓰시오.)

풀이

답

1 마인드맵으로 개념 구조화!

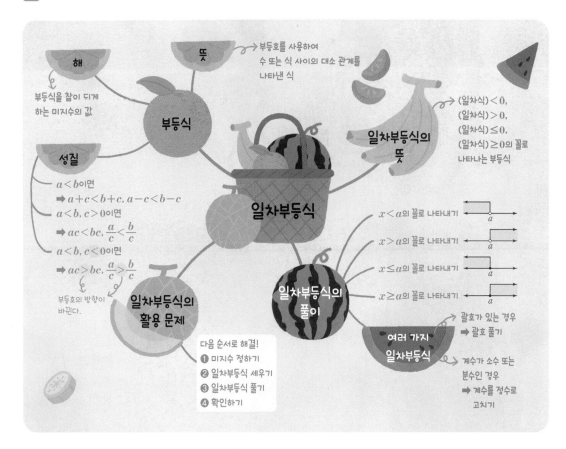

2 OX 문제로 개념 점검!

옳은 것은 ○, 옳지 <u>않은</u> 것은 ✕를 택하시오.

· 정답 및 해설 38쪽

❶ $x-3>1$과 $2x+3=1$은 모두 부등식이다.   ○ | ✕

❷ x의 값 2는 부등식 $1+2x>3$의 해이다.   ○ | ✕

❸ 부등식의 양변에 같은 수를 더하거나 양변에서 같은 수를 빼어노 부등호의 방향은 바뀌지 않는다.   ○ | ✕

❹ 부등식의 양변에 같은 수를 곱하거나 양변을 같은 수로 나누어도 부등호의 방향은 바뀌지 않는다.   ○ | ✕

❺ $a<b$일 때, $2-3a>2-3b$이다.   ○ | ✕

❻ 일차부등식 $3-3x>x-5$를 만족시키는 자연수 x의 개수는 2개이다.   ○ | ✕

❼ 밑면의 가로의 길이가 4 cm이고 세로의 길이가 3 cm인 직육면체 모양의 상자의 부피가 96 cm³ 이상이려면 상자의 높이가 최소 몇 cm이어야 하는지 구하려고 한다. 이때 상자의 높이를 x cm라 하고, 부등식을 세우면 $12x \geq 96$이다.   ○ | ✕

4

연립일차방정식

자전거와 줄넘기로 운동을 한 시간과 소모한 총 열량을 알면 자전거를 탄 시간과 줄넘기를 한 시간을 구할 수 있는 것처럼 두 가지 조건을 동시에 만족시키는 값을 찾으려 할 때, 미지수가 2개인 연립방정식을 이용하면 쉽게 해결할 수 있습니다.
이 단원에서는 연립일차방정식에 대해 알아보고, 이를 이용하여 여러 가지 문제를 해결하는 방법을 학습합니다.

▶ 새로 배우는 용어
연립방정식

4. 연립일차방정식을 시작하기 전에

식의 값 [중1]
1 $x=2$, $y=-\dfrac{1}{2}$일 때, 다음 식의 값을 구하시오.

(1) $2x+4y$

(2) $\dfrac{x}{4}-y$

일차방정식 [중1]
2 다음 일차방정식을 푸시오.

(1) $1-2x=-11$

(2) $3x+5=-2x-5$

(3) $0.4x-3=0.2$

(4) $\dfrac{x}{3}+2=\dfrac{x}{9}$

[정답] 1. (1) 2 (2) 1 2. (1) $x=6$ (2) $x=-2$ (3) $x=8$ (4) $x=-9$

미지수가 2개인 일차방정식

(1) 미지수가 2개인 일차방정식

미지수가 2개이고, 그 차수가 모두 1인 방정식을 미지수가 2개인 일차방정식이라 한다.

➡ 미지수 x, y에 대한 일차방정식은 다음과 같이 나타낸다.

$$ax+by+c=0 \text{ (단, } a, b, c\text{는 상수, } a\neq0, b\neq0)$$

예 · $5x+y-3=0$, $3x+2y=4$
　　　　　　　　　　　$3x+2y-4=0$

➡ 미지수가 2개인 일차방정식이다.

· $2x+y$, $3x-6=0$, $2x^2+y-1=0$
　일차식　미지수 1개　x의 차수가 2

➡ 미지수가 2개인 일차방정식이 아니다.

(2) 미지수가 2개인 일차방정식의 해

① 미지수가 2개인 일차방정식의 해: 미지수가 x, y의 2개인 일차방정식을 참이 되게 하는 x, y의 값 또는 그 순서쌍 (x, y)

참고 미지수가 1개인 일차방정식의 해는 한 개이지만 미지수가 2개인 일차방정식의 해는 여러 개일 수 있다.

② 일차방정식을 푼다: 일차방정식의 해를 모두 구하는 것

예 x, y의 값이 자연수일 때, 일차방정식 $x+2y=7$의 해를 구하면 오른쪽 표와 같다.

따라서 주어진 일차방정식의 해는 오른쪽 표에서 x, y의 값이 모두 자연수인 경우이므로 $(1,3)$, $(3,2)$, $(5,1)$이다.

x	1	2	3	4	5	6	7	⋯
y	3	$\frac{5}{2}$	2	$\frac{3}{2}$	1	$\frac{1}{2}$	0	⋯

참고 · 미지수에 자연수를 대입하여 해를 구할 때는 계수의 절댓값이 더 큰 미지수에 먼저 대입하는 것이 편리하다.
· 미지수가 2개인 일차방정식의 해는 미지수의 값의 범위에 따라 달라진다.

• 개념 확인하기

• 정답 및 해설 38쪽

1 다음 중 미지수가 2개인 일차방정식인 것은 ○표, 미지수가 2개인 일차방정식이 아닌 것은 ×표를 ( ) 안에 쓰시오.

(1) $2x-6y$　　　　　　(　)　　(2) $3x-y+5=0$　　　　　　(　)

(3) $5x-5=0$　　　　　(　)　　(4) $3x+5y^2-1=0$　　　　(　)

(5) $x+3y=-x+2y$　(　)　　(6) $x+y=x-y+2$　　　　(　)

2 x, y의 값이 자연수일 때, 다음 일차방정식에 대하여 표를 완성하고, 일차방정식의 해를 순서쌍 (x, y)로 나타내시오.

(1) $2x+y=12$

x	1	2	3	4	5	6
y						

⇨ 해: _____

(2) $x+5y=30$

x						
y	1	2	3	4	5	6

⇨ 해: _____

• 예제 **1** 미지수가 2개인 일차방정식

다음 |보기| 중 미지수가 2개인 일차방정식인 것을 모두 고르시오.

| 보기 |

ㄱ. $y+3=0$ ㄴ. $\dfrac{x}{2}-\dfrac{y}{2}=4$

ㄷ. $x^2-3y=x+2$ ㄹ. $10x+y=x-y+3$

[해결 포인트]

미지수가 2개인 일차방정식을 찾을 때는
❶ 등식인지 확인한다.
❷ 식을 간단히 정리한 후 미지수가 2개인지 확인한다.
❸ 미지수의 차수가 모두 1인지 확인한다.

👆 한번 더!

1-1 다음 표에서 미지수가 2개인 일차방정식이 있는 칸을 모두 색칠했을 때 나타나는 알파벳을 말하시오.

$x+\dfrac{y}{2}=2x$	$x-3y=5$	$y=-x+2$
$\dfrac{1}{x}+y=1$	$\dfrac{x}{2}+\dfrac{y}{3}=5$	$x^2+y+1=0$
$3x-(y+2)$	$x^2+x+y=x^2$	$x+y=x-y$

Ⅱ·4

• 예제 **2** 미지수가 2개인 일차방정식의 해

다음 일차방정식 중 순서쌍 $(1,\,-3)$이 해인 것은?

① $x+2y=5$ ② $2x-y=-1$
③ $y=3x+8$ ④ $4x-y=1$
⑤ $5x+y=2$

[해결 포인트]

순서쌍 $(m,\,n)$이 일차방정식 $ax+by+c=0$의 해이다.
➡ $x=m$, $y=n$을 일차방정식 $ax+by+c=0$에 대입하면 등식이 성립한다.
➡ $am+bn+c=0$

👆 한번 더!

2-1 다음 중 일차방정식 $4x+y=9$의 해가 <u>아닌</u> 것은?

① $(-3,\,21)$ ② $(0,\,9)$ ③ $(3,\,-3)$
④ $(4,\,-7)$ ⑤ $(5,\,-10)$

• 예제 **3** 계수 또는 해가 문자로 주어진 경우

다음 x, y에 대한 일차방정식의 한 해가 $x=2$, $y=1$일 때, 상수 a의 값을 구하시오.

(1) $4x-6y=a$

(2) $2x+ay=3$

[해결 포인트]

❶ 주어진 해를 일차방정식의 x, y에 각각 대입한다.
❷ 등식이 성립하도록 하는 상수 a의 값을 구한다.

👆 한번 더!

3-1 x, y에 대한 일차방정식 $x+ay=5$의 한 해가 $(-1,\,3)$일 때, 상수 a의 값을 구하시오.

3-2 일차방정식 $2x-y+5=0$의 한 해가 $(a,\,7)$일 때, a의 값은?

① -2 ② -1 ③ 0
④ 1 ⑤ 2

미지수가 2개인 연립일차방정식

(1) 연립방정식

① 연립방정식: 두 개 이상의 방정식을 한 쌍으로 묶어서 나타낸 것

② 미지수가 2개인 연립일차방정식: 미지수가 2개인 두 일차방정식을 한 쌍으로 묶어서 나타낸 것

간단히 연립방정식이라고도 한다.

예 $\begin{cases} x+y=3 \\ 4x-y=2 \end{cases}$, $\begin{cases} 3x-y=7 \\ x+2y=1 \end{cases}$

(2) 연립방정식의 해

① 연립방정식의 해: 연립방정식을 이루는 두 일차방정식을 동시에 만족시키는 x, y의 값

또는 그 순서쌍 (x, y)

② 연립방정식을 푼다: 연립방정식의 해를 구하는 것

예 x, y의 값이 자연수일 때, 연립방정식 $\begin{cases} x+2y=5 & \cdots ㉠ \\ 4x-y=2 & \cdots ㉡ \end{cases}$ 에서 두 일차방정식 ㉠, ㉡의 해를 각각 구하면 다음 표와 같다.

㉠의 해:
x	1	3
y	2	1

㉡의 해:
x	1	2	$\cdots$
y	2	6	$\cdots$

따라서 위의 표에서 ㉠, ㉡을 동시에 만족시키는 순서쌍 (x, y)는 $(1, 2)$이므로 주어진 연립방정식의 해는 $x=1, y=2$이다.

·개념 확인하기

·정답 및 해설 39쪽

1 다음 연립방정식 중 $x=2, y=-3$이 해인 것은 ○표, 해가 아닌 것은 ✕표를 ( ) 안에 쓰시오.

(1) $\begin{cases} 5x+y=7 \\ 3x+2y=5 \end{cases}$ ( )   (2) $\begin{cases} x-2y=8 \\ 3x+y=3 \end{cases}$ ( )   (3) $\begin{cases} 6x+2y=6 \\ -x-2y=4 \end{cases}$ ( )

2 x, y의 값이 자연수일 때, 다음 연립방정식에 대하여 표를 완성하고, 연립방정식의 해를 구하시오.

(1) $\begin{cases} 2x+y=7 & \cdots ㉠ \\ x+y=4 & \cdots ㉡ \end{cases}$

㉠의 해:
x	1	2	3
y			

㉡의 해:
x	1	2	3
y			

⇨ 연립방정식의 해: _____

(2) $\begin{cases} 3x+y=13 & \cdots ㉠ \\ 2x-y=2 & \cdots ㉡ \end{cases}$

㉠의 해:
x	1	2	3	4
y				

㉡의 해:
x	2	3	4	$\cdots$
y				$\cdots$

⇨ 연립방정식의 해: _____

3 x, y의 값이 자연수일 때, 다음 연립방정식의 해를 구하시오.

(1) $\begin{cases} x+3y=8 \\ 2x+y=6 \end{cases}$ (2) $\begin{cases} x+y=4 \\ x-y=2 \end{cases}$

• 예제 **1** 미지수가 2개인 연립방정식의 해

다음 연립방정식 중 해가 $x=2$, $y=-1$인 것을 모두 고르면? (정답 2개)

① $\begin{cases} x-y=3 \\ x+y=1 \end{cases}$ ② $\begin{cases} 4x+y=5 \\ x+3y=-1 \end{cases}$

③ $\begin{cases} 3x-4y=-1 \\ 5x+2y=7 \end{cases}$ ④ $\begin{cases} 3x-y=7 \\ 7x+2y=12 \end{cases}$

⑤ $\begin{cases} 2x-y=5 \\ x-2y=1 \end{cases}$

[해결 포인트]

$x=m$, $y=n$이 연립방정식의 해이다.

➡ $x=m$, $y=n$을 연립방정식에 대입하면 등식이 성립한다.

🖑 한번 더!

1-1 다음 |보기|에서 해가 $x=-3$, $y=2$인 연립방정식을 모두 고르시오.

┌ 보기 ┐

ㄱ. $\begin{cases} x-y=-5 \\ 2x-y=-8 \end{cases}$ ㄴ. $\begin{cases} x+y=-1 \\ x+2y=2 \end{cases}$

ㄷ. $\begin{cases} x-3y=9 \\ 2x+y=-4 \end{cases}$ ㄹ. $\begin{cases} x+4y=5 \\ x-5y=-13 \end{cases}$

1-2 다음 중 연립방정식 $\begin{cases} x+y=5 \\ 2x+y=8 \end{cases}$의 해인 것은?

① $(-2,\ 5)$ ② $(1,\ 2)$ ③ $(2,\ 4)$

④ $(3,\ 2)$ ⑤ $(6,\ -4)$

• 예제 **2** 계수 또는 해가 문자로 주어진 경우

연립방정식 $\begin{cases} ax+2y=5 \\ 3x+by=3 \end{cases}$의 해가 $x=-1$, $y=3$일

때, 상수 a, b의 값을 각각 구하시오.

[해결 포인트]

❶ 주어진 해를 두 일차방정식의 x, y에 각각 대입한다.

❷ 등식이 성립하도록 하는 상수 a, b의 값을 각각 구한다.

🖑 한번 더!

2-1 연립방정식 $\begin{cases} ax+2y=4 \\ 4x+by=5 \end{cases}$의 해가 $(2,\ 3)$일 때, 상수 a, b의 값을 각각 구하시오.

2-2 $x=-\dfrac{1}{3}$, $y=k$가 연립방정식 $\begin{cases} x-2y=-1 \\ ax+y=1 \end{cases}$의

해일 때, 상수 a, k의 값을 각각 구하시오.

개념 18 연립방정식의 풀이

(1) 대입법

① **대입법**: 연립방정식의 두 방정식 중 어느 한 방정식을 하나의 미지수에 대하여 정리하고 이를 다른 방정식에 대입하여 한 미지수를 없앤 후 연립방정식의 해를 구하는 방법

> **참고** 연립방정식의 두 방정식 중 어느 하나가 $x=(y$에 대한 식) 또는 $y=(x$에 대한 식)의 꼴일 때는 대입법을 이용하면 편리하다.

> **주의** 식을 대입할 때는 괄호를 사용하고, 괄호를 풀 때는 부호에 주의한다.

② 대입법을 이용한 연립방정식의 풀이

❶ 한 방정식에서 한 미지수를 다른 미지수에 대한 식으로 나타낸다.

❷ ❶의 식을 다른 방정식에 대입하여 해를 구한다.

❸ ❷에서 구한 해를 ❶의 식에 대입하여 다른 미지수의 값을 구한다.

❹ 구한 해를 연립방정식에 대입하여 해가 옳은지 확인한다.

$$\begin{cases} x=3y+1 \\ 2x+3y=5 \end{cases} \text{에서}$$
$$2x+3y=5\text{에}$$
$$x=3y+1 \text{을 대입}$$
$$2(3y+1)+3y=5$$

예 연립방정식 $\begin{cases} x=y-4 & \cdots ㉠ \\ x+3y=8 & \cdots ㉡ \end{cases}$ 에서

x를 없애기 위하여 ㉠을 ㉡에 대입하면 $(y-4)+3y=8$

$4y=12$ ∴ $y=3$

$y=3$을 ㉠에 대입하면 $x=3-4=-1$

따라서 주어진 연립방정식의 해는 $x=-1, y=3$이다.

(2) 가감법

① **가감법**: 연립방정식의 두 방정식을 변끼리 더하거나 빼어서 한 미지수를 없앤 후 연립방정식의 해를 구하는 방법

② 가감법을 이용한 연립방정식의 풀이

❶ 적당한 수를 곱하여 없애려는 미지수의 계수의 절댓값이 같게 만든다.

❷ 계수의 부호가 같으면 변끼리 빼고, 다르면 변끼리 더해서 한 미지수를 없애고 해를 구한다.

❸ ❷에서 구한 해를 두 방정식 중 간단한 방정식에 대입하여 다른 미지수의 값을 구한다.

❹ 구한 해를 연립방정식에 대입하여 해가 옳은지 확인한다.

$$\begin{cases} x+y=2 & \cdots ㉠ \\ 3x-2y=1 \end{cases}$$
$$㉠\times 2\text{를 하면}$$
$$\begin{cases} 2x+2y=4 \\ 3x-2y=1 \end{cases}$$

예 연립방정식 $\begin{cases} x+y=2 & \cdots ㉠ \\ 2x-3y=-1 & \cdots ㉡ \end{cases}$ 에서

x를 없애기 위하여 ㉠의 양변에 2를 곱하면

$2x+2y=4$ $\cdots ㉢$

㉡$-$㉢을 하면 $-5y=-5$ ∴ $y=1$

$y=1$을 ㉠에 대입하면 $x+1=2$ ∴ $x=1$

따라서 주어진 연립방정식의 해는 $x=1, y=1$이다.

> **참고** y를 없애기 위하여 ㉠$\times 3+$㉡을 해도 결과는 같다.

• 정답 및 해설 40쪽

1 다음은 연립방정식을 대입법으로 푸는 과정이다. (개)~(다)에 알맞은 것을 구하시오.

(1) $\begin{cases} y=2x-5 & \cdots \text{㉠} \\ 5x+3y=7 & \cdots \text{㉡} \end{cases}$

㉠을 ㉡에 대입하면
$5x+3(\boxed{\text{(개)}})=7$
$\therefore x=\boxed{\text{(나)}}$
$x=\boxed{\text{(나)}}$ 를 ㉠에 대입하면
$y=\boxed{\text{(다)}}$
따라서 주어진 연립방정식의 해는
$x=\boxed{\text{(나)}}$, $y=\boxed{\text{(다)}}$

(2) $\begin{cases} x-2y=3 & \cdots \text{㉠} \\ 2x-3y=8 & \cdots \text{㉡} \end{cases}$

㉠에서 x를 y에 대한 식으로 나타내면
$x=\boxed{\text{(개)}}$ $\cdots$ ㉢
㉢을 ㉡에 대입하면
$2(\boxed{\text{(개)}})-3y=8$ $\therefore y=\boxed{\text{(나)}}$
$y=\boxed{\text{(나)}}$ 를 ㉢에 대입하면 $x=\boxed{\text{(다)}}$
따라서 주어진 연립방정식의 해는
$x=\boxed{\text{(다)}}$, $y=\boxed{\text{(나)}}$

2 다음 연립방정식을 대입법으로 푸시오.

(1) $\begin{cases} x=2y \\ x+4y=6 \end{cases}$

(2) $\begin{cases} y=3x \\ 2x+y=10 \end{cases}$

(3) $\begin{cases} 2x-y=9 \\ x=4y+8 \end{cases}$

(4) $\begin{cases} 3x+4y=-5 \\ y=2x+7 \end{cases}$

(5) $\begin{cases} x=-2y+5 \\ x=3y-5 \end{cases}$

(6) $\begin{cases} y=-3x+6 \\ y=2x-9 \end{cases}$

3 다음은 연립방정식을 가감법으로 푸는 과정이다. (개)~(라)에 알맞은 것을 구하시오.

(1) $\begin{cases} x-2y=8 & \cdots \text{㉠} \\ 2x+y=6 & \cdots \text{㉡} \end{cases}$

y를 없애기 위하여 ㉡$\times \boxed{\text{(개)}}$를 하면
$4x+2y=12$ $\cdots$ ㉢
㉠+㉢을 하면
$5x=\boxed{\text{(나)}}$ $\therefore x=\boxed{\text{(다)}}$
$x=\boxed{\text{(다)}}$ 를 ㉡에 대입하면
$y=\boxed{\text{(라)}}$
따라서 주어진 연립방정식의 해는
$x=\boxed{\text{(다)}}$, $y=\boxed{\text{(라)}}$

(2) $\begin{cases} 2x+5y=7 & \cdots \text{㉠} \\ 3x-2y=1 & \cdots \text{㉡} \end{cases}$

x를 없애기 위하여
㉠$\times \boxed{\text{(개)}}$, ㉡$\times \boxed{\text{(나)}}$ 를 하면
$\begin{cases} 6x+15y=21 & \cdots \text{㉢} \\ 6x-4y=2 & \cdots \text{㉣} \end{cases}$
㉢-㉣을 하면 $19y=19$ $\therefore y=\boxed{\text{(다)}}$
$y=\boxed{\text{(다)}}$ 를 ㉠에 대입하면 $x=\boxed{\text{(라)}}$
따라서 주어진 연립방정식의 해는
$x=\boxed{\text{(라)}}$, $y=\boxed{\text{(다)}}$

4 다음 연립방정식을 가감법으로 푸시오.

(1) $\begin{cases} 2x-5y=17 \\ 2x+3y=-23 \end{cases}$

(2) $\begin{cases} 6x+y=13 \\ 5x-y=9 \end{cases}$

(3) $\begin{cases} 3x-4y=10 \\ -3x+8y=-14 \end{cases}$

(4) $\begin{cases} 5x+2y=13 \\ x+2y=1 \end{cases}$

(5) $\begin{cases} -4x+y=5 \\ 5x+2y=-3 \end{cases}$

(6) $\begin{cases} 5x+3y=4 \\ -2x+y=5 \end{cases}$

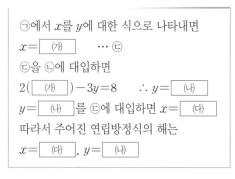
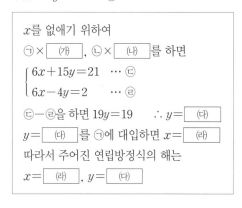

대표 예제로 **개념 익히기**

• 예제 1 **대입법을 이용한 연립방정식의 풀이**

연립방정식 $\begin{cases} x = -2y + 5 \\ x + 4y = 3 \end{cases}$ 을 대입법을 이용하여 풀면?

① $x = -7,\ y = -1$ ② $x = -1,\ y = 7$

③ $x = 1,\ y = 7$ ④ $x = 7,\ y = -1$

⑤ $x = 7,\ y = 1$

[해결 포인트]

❶ 두 방정식 중 한 방정식을 $x = (y$에 대한 식$)$ 또는 $y = (x$에 대한 식$)$의 꼴로 고친다.

❷ ❶의 식을 다른 방정식에 대입한다.

👆 한번 더!

1-1 연립방정식 $\begin{cases} y = x - 3 \\ 2x - 3y = 4 \end{cases}$ 의 해가 $x = a,\ y = b$일 때, ab의 값을 구하시오.

1-2 다음 일차방정식 중 연립방정식 $\begin{cases} y = -2x + 4 \\ 3x + 2y = 5 \end{cases}$ 와 해가 같은 것은?

① $x + 2y = 1$ ② $3x - 2y = 10$

③ $2x - 7y = 5$ ④ $-x + 4y = 5$

⑤ $5x + 3y = 9$

• 예제 2 **연립방정식의 해와 조건식 – 대입법 이용**

연립방정식 $\begin{cases} x - 3y = -1 & \cdots ㉠ \\ 3x + 2y = 9 - a & \cdots ㉡ \end{cases}$ 을 만족시키는 x의 값이 y의 값의 2배일 때, 다음 물음에 답하시오.

(단, a는 상수)

(1) x의 값이 y의 값의 2배임을 이용하여 x, y에 대한 식으로 나타내시오.

(2) (1)의 식과 ㉠을 이용하여 연립방정식을 만들고, 그 해를 구하시오.

(3) (2)에서 구한 해를 ㉡에 대입하여 a의 값을 구하시오.

[해결 포인트]

연립방정식의 해가 다른 일차방정식을 만족시킬 때

❶ 세 일차방정식 중에서 계수와 상수항이 모두 주어진 두 일차방정식으로 연립방정식을 세워 해를 구한다.

❷ ❶에서 구한 해를 나머지 일차방정식에 대입하여 미지수의 값을 구한다.

👆 한번 더!

2-1 연립방정식 $\begin{cases} 2x + 5y = -11 \\ 4x + ay = -9 \end{cases}$ 를 만족시키는 x의 값이 y의 값의 3배일 때, 상수 a의 값을 구하시오.

• 예제 **3**   가감법을 이용한 연립방정식의 풀이

연립방정식 $\begin{cases} x+2y=5 \\ 3x-y=-6 \end{cases}$ 을 가감법을 이용하여 풀면?

① $x=-3,\ y=-1$ ② $x=-1,\ y=3$

③ $x=1,\ y=-3$ ④ $x=1,\ y=3$

⑤ $x=3,\ y=1$

[해결 포인트]

❶ 없애려는 미지수의 계수의 절댓값을 같게 한다.

❷ 계수의 부호가 같으면 빼고, 다르면 더한다.

👆 한번 더!

3-1 연립방정식 $\begin{cases} 5x-2y=16 \\ 2x+3y=-5 \end{cases}$ 의 해가 $x=a,\ y=b$ 일 때, $a+b$의 값을 구하시오.

3-2 연립방정식 $\begin{cases} 3x-2y=11 & \cdots ㉠ \\ 2x+5y=1 & \cdots ㉡ \end{cases}$ 에서 가감법을 이용하여 x를 없애려고 한다. 이때 필요한 식은?

① ㉠×2－㉡×3   ② ㉠×2＋㉡×3

③ ㉠×3－㉡×2   ④ ㉠×3＋㉡×2

⑤ ㉠×5＋㉡×2

Ⅱ·4

• 예제 **4**   연립방정식의 해와 조건식 – 가감법 이용

연립방정식 $\begin{cases} 3x-2y=9 \\ ax+y=2 \end{cases}$ 의 해가 일차방정식 $x-2y=7$을 만족시킬 때, 다음 물음에 답하시오.

(단, a는 상수)

(1) 연립방정식 $\begin{cases} 3x-2y=9 \\ x-2y=7 \end{cases}$ 의 해를 구하시오.

(2) (1)을 이용하여 a의 값을 구하시오.

[해결 포인트]

연립방정식의 해가 다른 일차방정식을 만족시킬 때

❶ 세 일차방정식 중에서 계수와 상수항이 모두 주어진 두 일차방정식으로 연립방정식을 세워 해를 구한다.

❷ ❶에서 구한 해를 나머지 일차방정식에 대입하여 미지수의 값을 구한다.

👆 한번 더!

4-1 연립방정식 $\begin{cases} y=5x+a \\ 4x-y=-9 \end{cases}$ 의 해가 일차방정식 $y-x=3$을 만족시킬 때, 상수 a의 값을 구하시오.

여러 가지 연립방정식의 풀이

(1) **괄호가 있는 연립방정식**

  분배법칙을 이용하여 괄호를 풀고 동류항끼리 정리한 후 푼다.

(2) **계수가 소수 또는 분수인 연립방정식**

  ① 계수가 소수이면 양변에 10의 거듭제곱을 곱하여 계수를 모두 정수로 고쳐서 푼다.

  ② 계수가 분수이면 양변에 분모의 최소공배수를 곱하여 계수를 모두 정수로 고쳐서 푼다.

  예 ① $\begin{cases} x-y=5 \\ 0.5x-0.3y=1.9 \end{cases}$ $\xrightarrow[\text{정수로}]{\text{계수를}}$ $\begin{cases} x-y=5 \\ 5x-3y=19 \end{cases}$ ② $\begin{cases} x+y=10 \\ \dfrac{1}{2}x-\dfrac{1}{4}y=2 \end{cases}$ $\xrightarrow[\text{정수로}]{\text{계수를}}$ $\begin{cases} x+y=10 \\ 2x-y=8 \end{cases}$

(3) $A=B=C$ **꼴의 방정식**

  $A=B=C$ 꼴의 방정식은 오른쪽의 세 연립방정식과 그 해가 같으므로 가상 산난한 것을 선택하어 푼다.

  $\begin{cases} A=B \\ A=C \end{cases}, \begin{cases} A=B \\ B=C \end{cases}, \begin{cases} A=C \\ B=C \end{cases}$

  참고 $A=B=C$ 꼴의 방정식에서 C가 상수일 때는 $\begin{cases} A=C \\ B=C \end{cases}$ 를 푸는 것이 가장 간단하다.

• 개념 확인하기

• 정답 및 해설 43쪽

1 다음은 여러 가지 연립방정식을 푸는 과정이다. □ 안에 알맞은 것을 쓰시오.

(1) $\begin{cases} x+y=1 \\ 4y-(x-y)=5 \end{cases}$ $\Rightarrow$ $\begin{cases} x+y=1 \\ \boxed{}=5 \end{cases}$

  $\Rightarrow x=\boxed{},\ y=\boxed{}$

(2) $\begin{cases} 3x-4y=4 \\ 0.2x+0.5y=1.8 \end{cases}$ $\Rightarrow$ $\begin{cases} 3x-4y=4 \\ 2x+5y=\boxed{} \end{cases}$

  $\Rightarrow x=\boxed{},\ y=\boxed{}$

(3) $\begin{cases} \dfrac{1}{2}x+\dfrac{1}{3}y=4 \\ 5x-2y=8 \end{cases}$ $\Rightarrow$ $\begin{cases} 3x+\boxed{}y=\boxed{} \\ 5x-2y=8 \end{cases}$

  $\Rightarrow x=\boxed{},\ y=\boxed{}$

(4) $\begin{cases} 0.1x-0.4y=-0.4 \\ \dfrac{3}{4}x-\dfrac{1}{2}y=-\dfrac{11}{2} \end{cases}$ $\Rightarrow$ $\begin{cases} x-\boxed{}y=-4 \\ 3x-\boxed{}y=-22 \end{cases}$

  $\Rightarrow x=\boxed{},\ y=\boxed{}$

2 다음 □ 안에 알맞은 것을 쓰고, 주어진 방정식을 푸시오.

(1) $3x-y=5x+3y=2x+3$

위 방정식을 연립방정식으로 나타내면

$\begin{cases} \boxed{}=2x+3 \\ \boxed{}=2x+3 \end{cases}$

따라서 주어진 연립방정식의 해는

$x=\boxed{},\ y=\boxed{}$

(2) $4x+3y=2x-y=10$

위 방정식을 연립방정식으로 나타내면

$\begin{cases} \boxed{}=10 \\ \boxed{}=10 \end{cases}$

따라서 주어진 연립방정식의 해는

$x=\boxed{},\ y=\boxed{}$

(3) $4x-3y=x+3=3x-y$

(4) $2x-y+4=4x+5y=1$

· 예제 1 **괄호가 있는 연립방정식의 풀이**

연립방정식 $\begin{cases} y=2x-3 \\ 2(2x-y)=9-y \end{cases}$ 의 해는?

① $x=-3,\ y=-3$ ② $x=-3,\ y=1$

③ $x=1,\ y=-1$ ④ $x=3,\ y=1$

⑤ $x=3,\ y=3$

[해결 포인트]

괄호가 있는 연립방정식은 분배법칙을 이용하여 괄호를 풀고 동류항끼리 정리한 후 푼다. 이때 괄호 앞의 부호에 주의한다.

👆 **한번 더!**

1-1 연립방정식 $\begin{cases} 2(x+y)-5y=9 \\ -x-2(y-x)=5 \end{cases}$ 의 해가 $x=a$, $y=b$일 때, $a+b$의 값을 구하시오.

1-2 연립방정식 $\begin{cases} x:y=2:3 \\ 3(x-y)=x-10 \end{cases}$ 의 해가 $x=a$, $y=b$일 때, ab의 값은?

① 3   ② 6   ③ 12

④ 24   ⑤ 48

⭐ **TIP**

비례식 $a:b=c:d$는 $ad=bc$임을 이용하여 일차방정식으로 고친 후 푼다.

· 예제 2 **계수가 소수인 연립방정식의 풀이**

연립방정식 $\begin{cases} 0.15x+0.5y=0.1 \\ 0.6x-0.4y=1 \end{cases}$ 의 해가 $x=a$, $y=b$일 때, $\dfrac{a}{b}$의 값은?

① -6 ② -4 ③ 4

④ 6   ⑤ 12

[해결 포인트]

계수가 소수이면 양변에 10의 거듭제곱을 곱하여 계수를 모두 정수로 고쳐서 푼다.

👆 **한번 더!**

2-1 연립방정식 $\begin{cases} 0.5x-0.6y=1.3 \\ 0.3x+0.2y=0.5 \end{cases}$ 의 해가 $x=a$, $y=b$일 때, ab의 값을 구하시오.

2-2 연립방정식 $\begin{cases} 0.3x-0.5y=0.1 \\ 0.05x+0.02y=0.12 \end{cases}$ 의 해가 $x=a$, $y=b$일 때, $a-b$의 값은?

① -2 ② -1 ③ 1

④ 2   ⑤ 3

Ⅱ·4

· 예제 **3** 계수가 분수인 연립방정식의 풀이

다음 연립방정식의 해는?

$$\begin{cases} \dfrac{1}{2}x-y=-1 \\ \dfrac{1}{2}x-\dfrac{1}{3}y=1 \end{cases}$$

① $x=-3,\ y=3$　　② $x=-3,\ y=4$

③ $x=3,\ y=4$　　④ $x=4,\ y=3$

⑤ $x=4,\ y=4$

[해결 포인트]

계수가 분수이면 양변에 분모의 최소공배수를 곱하여 계수를 모두 정수로 고쳐서 푼다.

🖑한번 더!

3-1 다음 연립방정식을 푸시오.

$$\begin{cases} \dfrac{x+3}{4}=\dfrac{y+6}{3} \\ \dfrac{2}{5}x+\dfrac{1}{2}y=-\dfrac{11}{10} \end{cases}$$

3-2 연립방정식 $\begin{cases} 0.3(x+y)+0.1y=2 \\ \dfrac{x}{15}+\dfrac{y}{5}=\dfrac{2}{3} \end{cases}$ 를 만족시키는 $x,\ y$에 대하여 $x-y$의 값을 구하시오.

· 예제 **4** $A=B=C$ 꼴의 방정식의 풀이

다음 방정식을 푸시오.

$$2x-y+5=3x-6y-2=4x+2y+4$$

[해결 포인트]

$A=B=C$ 꼴의 방정식은 다음 세 연립방정식 중 가장 간단한 하나를 선택하여 푼다.

$$\begin{cases} A=B \\ A=C \end{cases}, \begin{cases} A=B \\ B=C \end{cases}, \begin{cases} A=C \\ B=C \end{cases}$$

🖑한번 더!

4-1 방정식 $\dfrac{4x-y}{3}=\dfrac{2x-4y}{5}=4$의 해는?

① $x=-3,\ y=-5$　　② $x=2,\ y=-4$

③ $x=2,\ y=2$　　④ $x=7,\ y=1$

⑤ $x=12,\ y=4$

4-2 방정식 $2x-y-2=3x+4y+2=x$의 해가 일차방정식 $2x+ay=4$를 만족시킬 때, 상수 a의 값을 구하시오.

해가 특수한 연립방정식

(1) **해가 무수히 많은 연립방정식**

연립방정식에서 어느 하나의 일차방정식의 양변에 적당한 수를 곱하였을 때, 두 일차방정식의 ==x의 계수, y의 계수, 상수항이 각각 같으면== 연립방정식의 해가 무수히 많다.

예 $\begin{cases} x+y=3 & \cdots ㉠ \\ 2x+2y=6 \end{cases}$ $\xrightarrow{㉠ \times 2}$ $\begin{cases} 2x+2y=6 \\ 2x+2y=6 \end{cases}$ ➡ 해가 무수히 많다.

(2) **해가 없는 연립방정식**

연립방정식에서 어느 하나의 일차방정식의 양변에 적당한 수를 곱하였을 때, 두 일차방정식의 ==x의 계수, y의 계수는 각각 같으나 상수항이 다르면== 연립방정식의 해가 없다.

상수항만 다르다.

예 $\begin{cases} x+y=3 & \cdots ㉠ \\ 2x+2y=5 \end{cases}$ $\xrightarrow{㉠ \times 2}$ $\begin{cases} 2x+2y=6 \\ 2x+2y=5 \end{cases}$ ➡ 해가 없다.

》 연립방정식 $\begin{cases} ax+by=c \\ a'x+b'y=c' \end{cases}$ 에서

(1) $\dfrac{a}{a'}=\dfrac{b}{b'}=\dfrac{c}{c'}$ 이면 해가 무수히 많다.

(2) $\dfrac{a}{a'}=\dfrac{b}{b'}\neq\dfrac{c}{c'}$ 이면 해가 없다.

II·4

• 개념 확인하기

• 정답 및 해설 45쪽

1 |보기|의 연립방정식에서 두 일차방정식의 x의 계수가 같아지도록 한 일차방정식에 적당한 수를 곱한 식을 ☐ 안에 쓴 후, 다음을 만족시키는 연립방정식을 |보기|에서 모두 고르시오.

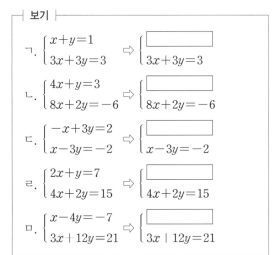

┤ 보기 ├

ㄱ. $\begin{cases} x+y=1 \\ 3x+3y=3 \end{cases}$ ⇨ $\begin{cases} \boxed{} \\ 3x+3y=3 \end{cases}$

ㄴ. $\begin{cases} 4x+y=3 \\ 8x+2y=-6 \end{cases}$ ⇨ $\begin{cases} \boxed{} \\ 8x+2y=-6 \end{cases}$

ㄷ. $\begin{cases} -x+3y=2 \\ x-3y=-2 \end{cases}$ ⇨ $\begin{cases} \boxed{} \\ x-3y=-2 \end{cases}$

ㄹ. $\begin{cases} 2x+y=7 \\ 4x+2y=15 \end{cases}$ ⇨ $\begin{cases} \boxed{} \\ 4x+2y=15 \end{cases}$

ㅁ. $\begin{cases} x-4y=-7 \\ 3x+12y=21 \end{cases}$ ⇨ $\begin{cases} \boxed{} \\ 3x+12y=21 \end{cases}$

(1) 해가 무수히 많은 연립방정식

(2) 해가 없는 연립방정식

(3) 해가 한 개인 연립방정식

2 다음은 연립방정식 $\begin{cases} x+3y=1 \\ 2x+ay=2 \end{cases}$ 의 해가 무수히 많을 때, 상수 a의 값을 구하는 과정이다. ☐ 안에 알맞은 수를 쓰시오.

$\begin{cases} x+3y=1 & \cdots ㉠ \\ 2x+ay=2 \end{cases}$ 에서 $㉠ \times \boxed{}$ 를 하면

$\begin{cases} 2x+6y=2 \\ 2x+ay=2 \end{cases}$

이 연립방정식의 해가 무수히 많으므로 $a=\boxed{}$

3 다음은 연립방정식 $\begin{cases} ax-6y=2 \\ 3x-2y=4 \end{cases}$ 의 해가 없을 때, 상수 a의 값을 구하는 과정이다. ☐ 안에 알맞은 수를 쓰시오.

$\begin{cases} ax-6y=2 \\ 3x-2y=4 & \cdots ㉠ \end{cases}$ 에서 $㉠ \times \boxed{}$ 를 하면

$\begin{cases} ax-6y=2 \\ 9x-6y=12 \end{cases}$

이 연립방정식의 해가 없으므로 $a=\boxed{}$

4. 연립일차방정식 **77**

· 예제 1 해가 무수히 많은 연립방정식

다음 |보기|의 연립방정식 중 해가 무수히 많은 것을 모두 고르시오.

┤ 보기 ├

ㄱ. $\begin{cases} x-y=7 \\ x+y=7 \end{cases}$ ㄴ. $\begin{cases} 2x-y=1 \\ 4x-y=2 \end{cases}$

ㄷ. $\begin{cases} 2x+3y=4 \\ 4x+6y=8 \end{cases}$ ㄹ. $\begin{cases} 2x-3y=1 \\ 4x-6y=-2 \end{cases}$

ㅁ. $\begin{cases} x-3y=2 \\ -2x+6y=-4 \end{cases}$ ㅂ. $\begin{cases} -2x+y=-1 \\ 10x-5y=-5 \end{cases}$

[해결 포인트]

연립방정식의 $\begin{cases} \bullet x+\blacktriangle y=\blacksquare \\ \bullet x+\blacktriangle y=\blacksquare \end{cases}$ 에서 $\dfrac{\bullet}{\bullet}=\dfrac{\blacktriangle}{\blacktriangle}=\dfrac{\blacksquare}{\blacksquare}$ 일 때

➡ 해가 무수히 많다.

🖐 한번 더!

1-1 다음 연립방정식을 푸시오.

$$\begin{cases} x-9y=2 \\ -3x+27y=-6 \end{cases}$$

1-2 연립방정식 $\begin{cases} ax-2y=-3 \\ -9x+6y=9 \end{cases}$ 의 해가 무수히 많을 때, 상수 a의 값을 구하시오.

· 예제 2 해가 없는 연립방정식

다음 연립방정식 중 해가 없는 것은?

① $\begin{cases} x+6y=-1 \\ -x-6y=1 \end{cases}$ ② $\begin{cases} 4x-8y=4 \\ x-2y=1 \end{cases}$

③ $\begin{cases} -x+9y=2 \\ 3x-27y=-6 \end{cases}$ ④ $\begin{cases} 5x-4y=5 \\ 10x-8y=5 \end{cases}$

⑤ $\begin{cases} 18x-2y=-4 \\ 9x-y=-2 \end{cases}$

[해결 포인트]

연립방정식의 $\begin{cases} \bullet x+\blacktriangle y=\blacksquare \\ \bullet x+\blacktriangle y=\blacksquare \end{cases}$ 에서 $\dfrac{\bullet}{\bullet}=\dfrac{\blacktriangle}{\blacktriangle}\neq\dfrac{\blacksquare}{\blacksquare}$ 일 때

➡ 해가 없다.

🖐 한번 더!

2-1 다음 |보기|의 연립방정식 중 해가 없는 것을 모두 고르시오.

┤ 보기 ├

ㄱ. $\begin{cases} x-2y=3 \\ 3x-6y=9 \end{cases}$ ㄴ. $\begin{cases} 5x+y=-1 \\ 10x+2y=-5 \end{cases}$

ㄷ. $\begin{cases} x+3y=4 \\ 5x+15y=20 \end{cases}$ ㄹ. $\begin{cases} 2x-4y=3 \\ 4x-8y=-6 \end{cases}$

2-2 연립방정식 $\begin{cases} 2x-y=2 \\ 8x+ay=7 \end{cases}$ 의 해가 없을 때, 상수 a의 값을 구하시오.

개념 21 연립방정식의 활용

연립방정식의 활용 문제는 다음과 같은 순서로 해결한다.

❶ 문제이 상황에 맞게 미지수를 정한다.

❷ 문제의 뜻에 따라 연립방정식을 세운다.

❸ 연립방정식을 푼다.

❹ 구한 해가 문제의 뜻에 맞는지 확인한다.

주의 • 거리, 속력, 시간에 대한 문제를 풀 때, 각각의 단위가 다른 경우에는 단위를 통일하여 연립방정식을 세운다.

➡ $1\,\text{km} = 1000\,\text{m}$, 60분$=1$시간, 30분$=\dfrac{30}{60}$시간$=\dfrac{1}{2}$시간

• 연립방정식의 활용 문제에서 구한 값이 문제의 뜻에 맞는지 반드시 확인해야 한다.

➡ 나이, 개수, 횟수: 자연수   길이, 거리: 양수

• 문제의 답을 쓸 때는 반드시 단위를 쓴다.

미지수 정하기

↓

연립방정식 세우기

↓

연립방정식 풀기

↓

확인하기

II·4

·개념 확인하기

·정답 및 해설 46쪽

1 다음은 합이 74, 차가 12인 두 자연수를 구하는 과정이다. ☐ 안에 알맞은 것을 쓰시오.

> ❶ 두 수 중 큰 수를 x, 작은 수를 y라 하자.
>
> ❷ 큰 수와 작은 수의 합이 74이므로 ☐$=74$
>
> 　큰 수와 작은 수의 차가 12이므로 ☐$=12$
>
> 　즉, 연립방정식을 세우면 $\begin{cases} \boxed{}=74 \\ \boxed{}=12 \end{cases}$
>
> ❸ 이 연립방정식을 풀면 $x=\boxed{}$, $y=\boxed{}$
>
> 　따라서 큰 수는 ☐, 작은 수는 ☐이다.
>
> ❹ ☐$+31=74$이고, ☐$-31=12$이므로 문제의 뜻에 맞는다.

2 다음은 사과 2개와 오렌지 4개를 합한 가격이 6400원이고, 사과 3개와 오렌지 2개를 합한 가격이 5600원일 때, 사과 1개의 가격과 오렌지 1개의 가격을 각각 구하는 과정이다. ☐ 안에 알맞은 것을 쓰시오.

> ❶ 사과 1개의 가격을 x원, 오렌지 1개의 가격을 y원이라 하자.
>
> ❷ 사과 2개와 오렌지 4개를 합한 가격이 6400원이므로 $2x+\boxed{}=6400$
>
> 　사과 3개와 오렌지 2개를 합한 가격이 5600원이므로 $\boxed{}+2y=5600$
>
> 　즉, 연립방정식을 세우면 $\begin{cases} 2x+\boxed{}=6400 \\ \boxed{}+2y=5600 \end{cases}$
>
> ❸ 이 연립방정식을 풀면 $x=\boxed{}$, $y=\boxed{}$
>
> 　따라서 사과 1개의 가격은 ☐원, 오렌지 1개의 가격은 ☐원이다.
>
> ❹ $2\times1200+4\times\boxed{}=6400$이고, $3\times1200+2\times\boxed{}=5600$이므로 문제의 뜻에 맞는다.

예제 1 수, 나이에 대한 문제

두 수의 차는 13이고, 큰 수는 작은 수의 3배보다 3만큼 작다고 할 때, 큰 수와 작은 수를 각각 구하시오.

[해결 포인트]

두 수를 x, y로 놓고 문제의 상황에 맞게 연립방정식을 세운다.

한번 더!

1-1 어떤 두 자리의 자연수가 있다. 각 자리의 숫자의 합이 6이고 십의 자리의 숫자가 일의 자리의 숫자의 2배일 때, 두 자리의 자연수를 구하시오.

1-2 지수와 동생은 나이의 차가 3세이고, 두 사람의 나이의 합이 29세이다. 지수와 동생의 나이를 각각 구하시오.

예제 2 가격, 개수에 대한 문제

민호는 200원짜리 지우개와 800원짜리 펜을 합하여 5개를 사고 2800원을 냈다. 다음 물음에 답하시오.

(1) 지우개를 x개, 펜을 y개 샀다고 할 때, x, y에 대한 연립방정식을 세우시오.

(2) 민호가 산 지우개와 펜의 개수를 각각 구하시오.

[해결 포인트]

$$\begin{cases} (\text{지우개의 개수}) + (\text{펜의 개수}) = (\text{전체 개수}) \\ (\text{지우개의 가격}) + (\text{펜의 가격}) = (\text{전체 가격}) \end{cases}$$

한번 더!

2-1 어느 수목원의 입장료가 어른은 1200원, 어린이는 400원이라 한다. 어른과 어린이가 합하여 15명이 입장할 때, 전체 입장료는 12400원이다. 이때 입장한 어른과 어린이는 각각 몇 명인지 구하시오.

2-2 장미 4송이와 백합 3송이의 가격의 합은 9300원이고, 장미 1송이의 가격은 백합 1송이의 가격보다 300원이 싸다고 한다. 이때 장미 1송이의 가격을 구하시오.

• 예제 **3** 도형에 대한 문제

길이가 70 cm인 철사를 남김없이 모두 사용하여 직사각형을 만들었더니 가로의 길이가 세로의 길이의 4배가 되었다. 이 직사각형의 넓이를 구하시오.

[해결 포인트]

직사각형의 가로의 길이를 x cm, 세로의 길이를 y cm라 하면

➡ $\begin{cases} 2(x+y)=(\text{직사각형의 둘레의 길이}) \\ xy=(\text{직사각형의 넓이}) \end{cases}$

🖐 한번 더!

3-1 둘레의 길이가 16 cm인 직사각형이 있다. 가로의 길이가 세로의 길이보다 2 cm만큼 더 길 때, 다음 물음에 답하시오.

(1) 식사각형의 가로와 세로의 길이를 각각 구하시오.
(2) 직사각형의 넓이를 구하시오.

3-2 오른쪽 그림과 같이 높이가 8 cm인 사다리꼴이 있다. 이 사다리꼴의 아랫변의 길이가 윗변의 길이보다 2 cm만큼 더 길고 넓이가 48 cm²일 때, 윗변의 길이를 구하시오.

Ⅱ·4

• 예제 **4** 일에 대한 문제

현우와 민희가 함께 하면 6일 만에 끝나는 일을 현우가 혼자 12일 동안 한 후 나머지를 민희가 혼자 3일 동안 하여 모두 끝냈다. 이 일을 현우가 혼자 하면 며칠이 걸리는지 구하시오.

[해결 포인트]

❶ 전체 일의 양을 1로 놓는다.
❷ 두 사람이 1일, 1시간, 1분 등 단위 시간에 할 수 있는 일의 양을 각각 x, y로 놓고 상황에 맞게 연립방정식을 세운다.

🖐 한번 더!

4-1 민호와 종현이가 같이 하면 12일 만에 끝낼 수 있는 일을 민호가 혼자 15일 동안 한 후 나머지를 종현이가 혼자 10일 동안 하여 끝냈다고 한다. 이 일을 종현이가 혼자 하면 며칠이 걸리는지 구하시오.

4-2 물이 가득 찬 물탱크에서 물을 모두 빼는데 A 호스와 B 호스를 동시에 모두 사용하면 3시간이 걸린다. 또 A 호스로만 6시간 동안 물을 뺀 후 B 호스로만 2시간 동안 물을 빼면 물이 모두 빠진다. 이때 물이 가득 찬 물탱크에서 A 호스로만 물을 모두 빼는 데 몇 시간이 걸리는지 구하시오.

• 정답 및 해설 48쪽

예제 5 속력에 대한 문제 – 도중에 속력이 바뀌는 경우

소희가 집에서 7 km 떨어진 할머니 댁에 가는데 처음에는 시속 4 km로 뛰다가 도중에 시속 2 km로 걸었더니 총 2시간이 걸렸다. 다음 물음에 답하시오.

(1) 뛴 거리를 x km, 걸은 거리를 y km라 할 때, x, y에 대한 연립방정식을 세우시오.

(2) 뛴 거리와 걸은 거리를 각각 구하시오.

[해결 포인트]

시속 a km로 이동한 거리를 x km, 시속 b km로 이동한 거리를 y km라 히먼

$$\Rightarrow \begin{cases} x+y=(\text{전체 이동 거리}) \\ \dfrac{x}{a}+\dfrac{y}{b}=(\text{전체 걸린 시간}) \end{cases}$$

👆 **한번 더!**

5-1 성민이네 가족은 집에서 145 km 떨어진 캠핑지까지 자동차를 타고 고속 도로와 일반 국도를 따라 이동하려고 한다. 고속 도로에서는 시속 80 km로 달리고, 일반 국도에서는 시속 50 km로 달렸더니 2시간 만에 캠핑지에 도착하였다. 이때 고속 도로를 달린 거리와 일반 국도를 달린 거리를 각각 구하시오.

5-2 800 m 떨어진 두 지점에서 A와 B가 마주 보고 동시에 출발하여 도중에 만났다. A는 분속 70 m로, B는 분속 30 m로 걸었다고 할 때, A가 걸은 거리는 몇 m인지 구하시오.

⭐ **TIP**

A, B 두 사람이 서로 다른 지점에서 마주 보고 걷는 경우
➡ (A, B 두 사람이 이동한 거리의 합)=(두 지점 사이의 거리)

예제 6 속력에 대한 문제 – 시간 차 또는 거리 차가 주어진 경우

동생이 집에서 학교를 향해 분속 50 m로 걸어간 지 12분 후에 형이 자전거를 타고 분속 200 m로 집에서 학교를 향해 출발하여 학교에서 두 사람이 만났다. 이때 동생이 학교까지 가는 데 걸린 시간은 몇 분인지 구하시오.

[해결 포인트]

A, B 두 사람이 시간 차를 두고 같은 지점에서 출발하여 만나는 경우
➡ (A가 이동한 거리)=(B가 이동한 거리)

👆 **한번 더!**

6-1 언니와 동생이 집에서 각자 출발하여 공원에서 만나기로 하였다. 동생이 먼저 출발하여 분속 80 m로 걸어간 지 45분 후에 언니가 자전거를 타고 분속 200 m로 달려 공원에 동시에 도착하였다. 이때 언니가 집에서 공원까지 가는 데 걸린 시간은 몇 분인지 구하시오.

6-2 수호와 준기가 달리기를 하는데 수호는 출발 지점에서 매초 6 m의 속력으로, 준기는 수호보다 100 m 앞에서 매초 4 m의 속력으로 동시에 출발하였다. 이때 두 사람이 만나는 것은 출발한 지 몇 초 후인지 구하시오.

⭐ **TIP**

A, B 두 사람이 거리 차를 두고 동시에 출발하여 만나는 경우
➡ (A가 이동한 시간)=(B가 이동한 시간)

1   ●○○

다음 중 미지수가 2개인 일차방정식인 것은?

① $3(x-y)-x$
② $5-4y=2$
③ $3x-y=x+y$
④ $y=x(x-1)$
⑤ $\dfrac{5}{x}+2+y=2$

2   ●●○

다음 중 문장을 x, y에 대한 일차방정식으로 나타낸 것으로 옳시 <u>않은</u> 것은?

① 두발자전거 x대와 세발자전거 y대의 바퀴의 수의 합은 40개이다. ⇨ $2x+3y=40$
② 900원짜리 우유 x개와 1200원짜리 주스 y개의 가격의 합은 5400원이다. ⇨ $900x+1200y=5400$
③ 어머니의 나이는 x세이고 어머니보다 4세 많은 아버지의 나이는 y세이다. ⇨ $y=x+4$
④ 밑변의 길이가 x cm이고 높이가 8 cm인 삼각형의 넓이는 y cm²이다. ⇨ $y=4x$
⑤ 한 개에 300원인 사탕 x개의 가격이 한 개에 500원인 초콜릿 y개의 가격보다 200원 더 비싸다.
⇨ $300x=500y-200$

3   ●○○

디음 중 일차방정식 $4x+y=3$의 헤인 것온?

① $(-1,\ 1)$
② $\left(-\dfrac{1}{2},\ -1\right)$
③ $(3,\ 0)$
④ $(2,\ -5)$
⑤ $\left(\dfrac{5}{2},\ -6\right)$

4 중요   ●●○

x, y의 값이 자연수일 때, 일차방정식 $x+2y=6$의 해의 개수를 구하시오.

5   ●○○

다음 연립방정식 중 해가 $(1,\ -2)$인 것은?

① $\begin{cases} x+y=-1 \\ x-y=1 \end{cases}$
② $\begin{cases} x-y=3 \\ x+2y=-2 \end{cases}$
③ $\begin{cases} x-2y=-5 \\ 2x+y=0 \end{cases}$
④ $\begin{cases} x-3y=7 \\ 2x-y=4 \end{cases}$
⑤ $\begin{cases} 2x+3y=-3 \\ 3x-2y=7 \end{cases}$

6   ●○○

연립방정식 $\begin{cases} 3x+2y=8 & \cdots\ ㉠ \\ x=y+1 & \cdots\ ㉡ \end{cases}$ 을 풀기 위해 ㉡을 ㉠에 대입하여 x를 없앴더니 $ay+b=8$이 되었다. 이때 상수 a, b에 대하여 $a-b$의 값을 구하시오.

7 중요 ●○○

다음 연립방정식 중 해가 나머지 넷과 <u>다른</u> 하나는?

① $\begin{cases} 4x-y=-2 \\ 5x+y=-7 \end{cases}$

② $\begin{cases} 3x-5y=7 \\ 2x+y=-4 \end{cases}$

③ $\begin{cases} x-4y=7 \\ 2x-9y=16 \end{cases}$

④ $\begin{cases} -3x-4y=11 \\ 4x+5y=-14 \end{cases}$

⑤ $\begin{cases} 5x+8y=-11 \\ 2x+3y=-4 \end{cases}$

8 ●●○

연립방정식 $\begin{cases} 4x-3y=15 \\ 2x-y=7 \end{cases}$ 의 해가 일차방정식

$x-4y=a$를 만족시킬 때, 상수 a의 값을 구하시오.

9 ●●●

연립방정식 $\begin{cases} 2x+ay=9 \\ 5x-3y=12 \end{cases}$ 를 만족시키는 x와 y의 값의

비가 $3:1$일 때, 상수 a의 값을 구하시오.

10 중요 ●●●

두 연립방정식 $\begin{cases} 2x+y=a \\ x+2y=7 \end{cases}$, $\begin{cases} 4x-3y=6 \\ 3x+by=-3 \end{cases}$ 의 해가 서

로 같을 때, 상수 a, b에 대하여 $a-b$의 값을 구하시오.

11 ●●●

연립방정식 $\begin{cases} 2(x-y)=x-7 \\ 3(x-y)+13=-y \end{cases}$ 를 푸시오.

12 창의력UP ●●○

다음 그림과 같이 두 수 x, y에서 시작하여 화살표를 따라 주어진 연산을 계속하여 0.7과 $\dfrac{11}{5}$을 얻었을 때, x, y의 값을 각각 구하시오.

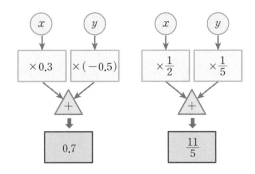

13 ●●○

방정식 $\dfrac{x+y}{2}=\dfrac{2x-y-4}{6}=\dfrac{x}{4}$의 해가 $x=a$, $y=b$

일 때, $a+b$의 값은?

① -4

② -2

③ 0

④ 2

⑤ 4

14 ●●○

다음 연립방정식 중 해가 무수히 많은 것은?

① $\begin{cases} 3x+3y=9 \\ x+y=2 \end{cases}$ ② $\begin{cases} x+y=-2 \\ x-y=2 \end{cases}$

③ $\begin{cases} x+y=1 \\ -3x-3y=3 \end{cases}$ ④ $\begin{cases} x-y=-2 \\ -2x+2y=4 \end{cases}$

⑤ $\begin{cases} -2x+4y=8 \\ x-2y=4 \end{cases}$

15 중요 ●●○

연립방정식 $\begin{cases} x+4y=6 \\ 2x+ay=5 \end{cases}$ 의 해가 없을 때, 상수 a의 값을 구하시오.

16 창의력UP ●○○

다음은 조선 시대의 수학책인 "구일집"에 실려 있는 문제이다. 이 문제의 답을 구하시오.

> 지금 복숭아와 자두를 합하여 100개의 값이 272문이다. 복숭아는 한 개에 4문, 자두는 한 개에 2문일 때, 복숭아와 자두는 각각 몇 개이고 그 값은 각각 얼마인가?

17 중요 ●●○

아랫변의 길이가 윗변의 길이보다 $2\,\mathrm{cm}$만큼 긴 사다리꼴이 있다. 이 사다리꼴의 높이가 $3\,\mathrm{cm}$이고 넓이가 $15\,\mathrm{cm}^2$일 때, 아랫변의 길이를 구하시오.

18 ●●○

A, B 두 사람이 가위바위보를 하여 이기면 2계단을 올라가고, 지면 1계단을 내려가기로 하였다. 가위바위보를 10번 했더니 A가 처음 위치보다 8계단 위에 있을 때, B가 이긴 횟수는? (단, 비기는 경우는 없다.)

① 4회 ② 5회 ③ 6회
④ 7회 ⑤ 8회

19 중요 ●●○

하성이는 집에서 $110\,\mathrm{km}$ 떨어진 외삼촌 댁까지 가는데 처음에는 자전거를 타고 시속 $10\,\mathrm{km}$로 버스 정류장까지 갔고, 버스 정류장에서 시속 $70\,\mathrm{km}$로 달리는 버스를 탔더니 총 2시간이 걸렸다. 이때 자전거를 타고 간 거리와 버스를 타고 간 거리는 각각 몇 km인지 구하시오.

서술형

20

연립방정식 $\begin{cases} 2x-y=8 \\ ax-5y=25 \end{cases}$ 의 해가 $(5,\,b)$일 때, $a+b$ 의 값을 구하시오.

(단, a는 상수이고, 풀이 과정을 자세히 쓰시오.)

풀이

답

21

연립방정식 $\begin{cases} ax+by=7 \\ bx+ay=-8 \end{cases}$ 의 해가 $x=2,\ y=-1$일 때, 상수 $a,\ b$에 대하여 $a-b$의 값을 구하시오.

(단, 풀이 과정을 자세히 쓰시오.)

풀이

답

22

각 자리의 숫자의 합이 16인 두 자리의 자연수에서 십의 자리의 숫자와 일의 자리의 숫자를 바꾼 수는 처음 수보다 18만큼 클 때, 다음 물음에 답하시오.

(단, 풀이 과정을 자세히 쓰시오.)

⑴ 처음 수의 십의 자리의 숫자를 x, 일의 자리의 숫자를 y라 하고, 연립방정식을 세우시오.
⑵ ⑴에서 세운 연립방정식을 푸시오.
⑶ 처음 수를 구하시오.

풀이

답

23

빈 물통에 물을 가득 채우려고 한다. A 수도꼭지로 8분 동안 넣은 후 B 수도꼭지로 3분 동안 넣으면 이 물통이 가득 찬다. 또 A, B 두 수도꼭지를 동시에 사용하면 이 물통을 가득 채우는 데 4분이 걸린다. A 수도꼭지만으로 이 물통에 물을 가득 채우는 데 걸리는 시간을 구하시오. (단, 풀이 과정을 자세히 쓰시오.)

풀이

답

1 마인드맵으로 개념 구조화!

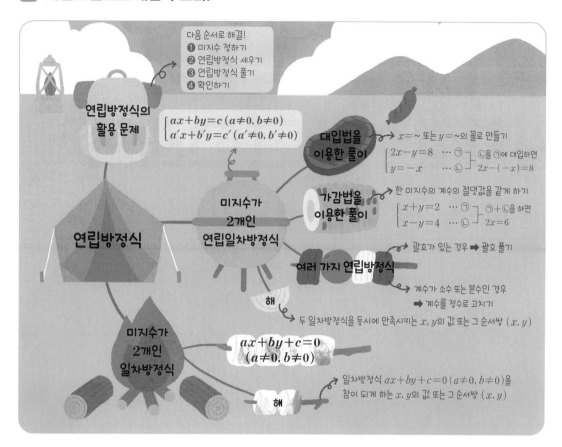

2 OX 문제로 개념 점검!

옳은 것은 ○, 옳지 <u>않은</u> 것은 ✕를 택하시오.

• 정답 및 해설 52쪽

❶ $x-5y=15$는 미지수가 2개인 일차방정식이다. ○ | ✕

❷ x, y의 값이 자연수일 때, 일차방정식 $3x+y=10$의 해는 2개이다. ○ | ✕

❸ 연립방정식 $\begin{cases} 2x+5y=8 & \cdots ㉠ \\ 3x-2y=-7 & \cdots ㉡ \end{cases}$에서 ㉠×2+㉡×5를 하면 y를 없앨 수 있다. ○ | ✕

❹ 두 연립방정식 $\begin{cases} x+y=5 \\ 5x-2y=-3 \end{cases}, \begin{cases} 6x-y=-2 \\ -3x+y=-1 \end{cases}$의 해는 서로 같다. ○ | ✕

❺ 해가 존재하지 않는 연립방정식도 있다. ○ | ✕

❻ 8 km 떨어진 곳까지 이동하는데 시속 3 km로 걷다가 도중에 시속 5 km로 뛰었더니 총 2시간이 걸렸을 때,

걸어간 거리를 x km, 뛰어간 거리를 y km라 하고 연립방정식을 세우면 $\begin{cases} x+y=8 \\ 3x+5y=2 \end{cases}$이다. ○ | ✕

5

일차함수와 그 그래프

무게에 따른 가격의 변화, 물의 깊이에 따른 수압의 변화, 사람의 나이와 기초 대사량의 변화 등과 같이 변화하는 두 양 사이의 관계가 일차식으로 나타나는 함수를 우리 생활 주변에서 쉽게 찾아볼 수 있습니다.

이러한 함수는 변화를 예측하여 여러 가지 문제를 해결하는 데 도움이 됩니다.

이 단원에서는 일차함수와 그 그래프의 성질을 학습합니다.

▶ **새로 배우는 용어·기호**

함수, 함숫값, 일차함수, 기울기, x절편, y절편, 평행이동, $f(x)$, $y=f(x)$

5. 일차함수와 그 그래프를 시작하기 전에

정비례 [중1]

1 빈 통에 매분 10 L씩 물을 채우고 있다. x분 후 물의 양을 y L라 할 때, 다음 물음에 답하시오.

(1) 다음 표를 완성하시오.

x	1	2	3	4	⋯
y					⋯

(2) x와 y 사이의 관계식을 구하시오.

정비례 관계의 그래프 [중1]

2 다음 정비례 관계의 그래프로 알맞은 것을 오른쪽 그림에서 고르시오.

(1) $y=3x$ (2) $y=-\dfrac{1}{3}x$

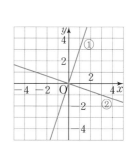

22 함수와 함숫값

(1) 함수

두 변수 x, y에 대하여 x의 값이 변함에 따라 y의 값이 오직 하나씩 정해지는 대응 관계가 있을 때, y를 x의 함수라 한다.

참고 x의 값 하나에 y의 값이 [오직 하나씩 대응하면 ➡ 함수이다.
대응하지 않거나 2개 이상 대응하면 ➡ 함수가 아니다.

(2) 함수의 표현

y가 x의 함수일 때, 기호로 $y=f(x)$와 같이 나타낸다.

참고 함수 $y=x$를 $f(x)=x$와 같이 나타내기도 한다.

(3) 함수 $y=f(x)$에서 x의 값에 대응하는 y의 값을 함숫값이라 하고, 기호로 $f(x)$와 같이 나타낸다.

예 함수 $f(x)=3x$에서

$x=-1$일 때의 함숫값은 $f(-1)=3\times(-1)=-3$

$x=\dfrac{1}{3}$일 때의 함숫값은 $f\left(\dfrac{1}{3}\right)=3\times\dfrac{1}{3}=1$

》 두 변수 x, y 사이에 다음과 같은 규칙적인 변화 관계가 있을 때 y는 x의 함수이다.
① 정비례 관계 ➡ $y=ax\,(a\neq0)$
② 반비례 관계 ➡ $y=\dfrac{a}{x}\,(a\neq0)$
③ $y=(x$에 대한 일차식)
   ➡ $y=ax+b\,(a\neq0)$

》 함수 $y=f(x)$에서 $f(a)$의 값
➡ $x=a$일 때의 함숫값
➡ $x=a$일 때, y의 값
➡ $f(x)$에 x 대신 a를 대입하여 얻은 값

• 개념 확인하기

• 정답 및 해설 53쪽

1 한 변의 길이가 x cm인 정삼각형의 둘레의 길이를 y cm라 할 때, 다음 표를 완성하고, 물음에 답하시오.

x	1	2	3	4	5	⋯
y	3					⋯

(1) x의 값이 변함에 따라 y의 값이 오직 하나씩 대응하는지 말하시오.

(2) y가 x의 함수인지 말하시오.

2 자연수 x의 약수를 y라 할 때, 다음 표를 완성하고, 물음에 답하시오.

x	1	2	3	4	5	⋯
y	1					⋯

(1) x의 값이 변함에 따라 y의 값이 오직 하나씩 대응하는지 말하시오.

(2) y가 x의 함수인지 말하시오.

3 함수 $f(x)=4x$에 대하여 다음 함숫값을 구하시오.

(1) $f(1)$　　　　　(2) $f\left(\dfrac{1}{4}\right)$

(3) $f(0)$　　　　　(4) $f(-2)$

4 함수 $f(x)=\dfrac{9}{x}$에 대하여 다음 함숫값을 구하시오.

(1) $f(9)$　　　　　(2) $f(-1)$

(3) $f(-3)$　　　　(4) $f\left(\dfrac{3}{2}\right)$

대표 예제로 **개념 익히기**

• 예제 **1** 함수 찾기

다음 중 y가 x의 함수가 **아닌** 것은?

① 자연수 x와 8의 최소공배수 y
② 자연수 x와의 차가 1인 정수 y
③ 하루 중 낮의 길이가 x시간일 때, 밤의 길이 y시간
④ 12 km 떨어진 곳을 시속 x km로 가는 데 걸린 시간 y시간
⑤ 넓이가 18 cm²인 직사각형의 가로의 길이가 x cm일 때, 세로의 길이 y cm

[해결 포인트]
x의 값 하나에 y의 값이
(i) 오직 하나씩 대응하면
　➡ 함수이다.
(ii) 대응하지 않거나 2개 이상 대응하면
　➡ 함수가 아니다.

☞ 한번 더!

1-1 다음 |보기|에서 y가 x의 함수인 것을 모두 고른 것은?

┌ 보기 ┐
ㄱ. 한 개에 200 mL인 우유 x개의 양 y mL
ㄴ. 길이가 30 cm인 철사를 x cm 잘라 내고 남은 길이 y cm
ㄷ. 키가 x cm인 사람의 앉은키 y cm
└──────────────────────┘

① ㄱ　　　　② ㄴ　　　　③ ㄱ, ㄴ
④ ㄱ, ㄷ　　⑤ ㄱ, ㄴ, ㄷ

1-2 다음 중 y가 x의 함수인 것은?

① $y=$(자연수 x보다 작은 홀수)
② $y=$(자연수 x에 가장 가까운 정수)
③ $y=$(2 이상의 자연수 x의 소인수)
④ $y=$(자연수 x를 4로 나눈 나머지)
⑤ $y=$(자연수 x보다 큰 음수)

• 예제 **2** 함숫값 구하기

두 함수 $f(x)=-2x$, $g(x)=\dfrac{15}{x}$에 대하여 $f(2)+g(5)$의 값을 구하시오.

[해결 포인트]
함수 $f(x)$에서 $f(a)$의 값은
➡ $x=a$일 때의 함숫값
➡ $f(x)$에 x 대신 a를 대입하여 얻은 값

☞ 한번 더!

2-1 두 함수 $f(x)=-6x$, $g(x)=-\dfrac{12}{x}$에 대하여 $f(-3)+g(2)$의 값은?

① -18　　② -8　　③ 4
④ 8　　　⑤ 12

2-2 함수 $f(x)=ax$ (a는 상수)에 대하여 $f(2)=10$일 때, $f(-3)$의 값을 구하려고 한다. 다음 물음에 답하시오.

(1) $f(2)=10$임을 이용하여 a의 값을 구하시오.
(2) $f(-3)$의 값을 구하시오.

Ⅲ·5

개념 23 일차함수

함수 $y=f(x)$에서 y가 x에 대한 일차식

$$y=ax+b\,(a,\,b\text{는 상수},\ a\neq0)$$

로 나타날 때, 이 함수를 x에 대한 **일차함수**라 한다.

≫ a, b는 상수이고, $a\neq0$일 때
- x에 대한 일차식: $ax+b$
- x에 대한 일차방정식: $ax+b=0$
- x에 대한 일차부등식: $ax+b>0$
- x에 대한 일차함수: $y=ax+b$

예 · 함수 $y=x+1$, $y=\frac{1}{2}x+3$은 $x+1$, $\frac{1}{2}x+3$이 각각 일차식이므로 x에 대한 일차함수이다.

· 함수 $y=1$, $y=\frac{1}{x}+1$, $y=x^2-1$은 1, $\frac{1}{x}+1$, x^2-1이 각각 일차식이 아니므로 x에 대한 일차함수가 아니다.

참고 · $y=f(x)$에서 $y=x+2$와 $f(x)=x+2$는 같은 함수이다.
· 특별한 말이 없으면 일차함수에서 x의 값의 범위는 수 전체로 생각한다.

· **개념 확인하기** ·

·정답 및 해설 54쪽

1 다음 중 y가 x에 대한 일차함수인 것은 ○표, 일차함수가 <u>아닌</u> 것은 ×표를 (　) 안에 쓰시오.

(1) $y=3x+7$ 　　　(　　) 　(2) $y=6$ 　　　(　　)

(3) $y=\dfrac{1}{x}-1$ 　　(　　) 　(4) $y=2-x$ 　　(　　)

(5) $y=x^2+x+1$ 　(　　) 　(6) $y=\dfrac{x}{5}-6$ 　(　　)

(7) $x-y=3$ 　　(　　) 　(8) $y=x-(x+2)$ 　(　　)

2 다음에서 y를 x에 대한 식으로 나타내고, y가 x에 대한 일차함수인 것은 ○표, 일차함수가 <u>아닌</u> 것은 ×표를 (　) 안에 쓰시오.

(1) 한 변의 길이가 $x\,\mathrm{cm}$인 정사각형의 넓이 $y\,\mathrm{cm}^2$ 　　　(　　)

(2) 600원짜리 볼펜 x자루를 사고 지불해야 하는 금액 y원 　　　(　　)

(3) $20\,\mathrm{km}$의 거리를 시속 $x\,\mathrm{km}$로 달리는 데 걸린 시간 y시간 　　(　　)

(4) 300쪽인 소설책을 하루에 20쪽씩 x일 동안 읽고 남은 쪽수 y쪽 　　(　　)

3 일차함수 $y=2x+3$에 대하여 다음을 구하시오.

(1) $f(0)$ 　　　(2) $f(2)$ 　　　(3) $f(-3)$ 　　　(4) $f\left(\dfrac{1}{2}\right)$

• 정답 및 해설 54쪽

• 예제 **1** 일차함수 찾기

다음 중 y가 x에 대한 일차함수가 <u>아닌</u> 것은?

① $y=3x$　　　　　② $y=5-\dfrac{2}{3}x$

③ $y=2x-2(x+1)$　④ $y=2-x$

⑤ $y=x^2-(x^2-2x)$

[해결 포인트]

y가 x에 대한 일차함수
➡ $y=(x$에 대한 일차식)
➡ $y=ax+b$ (단, a, b는 상수, $a\neq0$)

👆한번 더!

1-1 다음 표에서 y가 x에 대한 일차함수가 있는 칸을 모두 색칠했을 때 나타나는 한글의 자음을 말하시오.

$y=3x+2$	$y=-\dfrac{x}{2}$	$y=1-6x$
$2x-y=3$	$y=x(x+2)-2x$	$y=\dfrac{4}{x}$
$y=x(x+1)-x^2$	$2x+y=x+1$	$\dfrac{x}{3}+\dfrac{y}{2}=1$

• 예제 **2** 문장으로 주어진 경우 일차함수 찾기

다음 중 y가 x에 대한 일차함수가 <u>아닌</u> 것은?

① 올해 45세인 어머니의 x년 후의 나이 y세
② 1200원짜리 사과 x개를 사고 10000원을 냈을 때의 거스름돈 y원
③ 200 L의 물이 들어 있는 물통에서 1분에 2 L씩 물이 빠져나갈 때, x분 후 남아 있는 물의 양 y L
④ 한 변의 길이가 x cm인 정사각형의 둘레의 길이 y cm
⑤ 반지름의 길이가 x cm인 원의 넓이 y cm²

[해결 포인트]

y가 x에 대한 일차식 $y=ax+b$(a, b는 상수, $a\neq0$)로 나타낼 때, y는 x에 대한 일차함수이다.

👆한번 더!

2-1 다음 |보기|에서 y가 x에 대한 일차함수인 것을 모두 고른 것은?

| 보기 |

ㄱ. 한 자루에 x원인 펜 y자루의 가격은 5000원이다.
ㄴ. 빵 50개를 학생 6명에게 x개씩 나누어 주면 y개가 남는다.
ㄷ. 시속 x km로 y시간 동안 달린 거리는 100 km이다.
ㄹ. 가로의 길이가 x cm, 세로의 길이가 5 cm인 직사각형의 둘레의 길이는 y cm이다.

① ㄱ, ㄴ　　② ㄱ, ㄷ　　③ ㄴ, ㄷ
④ ㄴ, ㄹ　　⑤ ㄷ, ㄹ

• 예제 **3** 일차함수의 함숫값 구하기

일차함수 $f(x)=4x-3$에 대하여 $f(a)=1$, $f(4)=b$일 때, $a+b$의 값을 구하시오.

[해결 포인트]

일차함수 $f(x)=ax+b$에서 $f(p)=k$이다.
➡ $f(x)$에 $x=p$를 대입하여 얻은 값이 k이다.

👆한번 더!

3-1 일차함수 $f(x)=-2x-3$에 대하여 $f(a)=1$일 때, $f(2)-f(a+1)$의 값을 구하시오.

개념 24 일차함수 $y=ax+b$의 그래프

(1) **함수의 그래프**: 함수 $y=f(x)$에서 x의 값과 그 값에 따라 정해지는 y의 값의 순서쌍 (x, y)를 좌표로 하는 점 전체를 좌표평면 위에 나타낸 것

(2) **평행이동**: 한 도형을 일정한 방향으로 일정한 거리만큼 옮기는 것

(3) **일차함수 $y=ax+b$의 그래프**

　일차함수 $y=ax$의 그래프를 y축의 방향으로 b만큼 평행이동한 직선

　예 일차함수 $y=2x+3$의 그래프는 일차함수 $y=2x$의 그래프를 y축의 방향으로 $+3$만큼 평행이동한 직선이다.

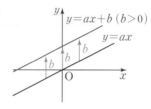

》 평행이동은 옮기기만 하는 것이므로 모양은 변하지 않는다.

》 $y=ax$ $\xrightarrow[b만큼\ 평행이동]{y축의\ 방향으로}$ $y=ax+b$

(i) $b>0$이면 y축을 따라 위로,
(ii) $b<0$이면 y축을 따라 아래로 평행이동한다.

· 개념 확인하기

· 정답 및 해설 55쪽

1 두 일차함수 $y=2x$와 $y=2x+4$에 대하여 다음 물음에 답하시오.

(1) 다음 표를 완성하시오.

x	$\cdots$	-2	-1	0	1	2	$\cdots$
$y=2x$	$\cdots$	-4					$\cdots$
$y=2x+4$	$\cdots$	0					$\cdots$

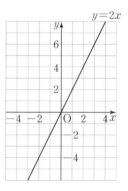

(2) 다음 □ 안에 알맞은 것을 쓰고, 일차함수 $y=2x+4$의 그래프를 오른쪽 좌표평면 위에 그리시오.

> x의 각 값에 대하여 일차함수 $y=2x+4$의 함숫값은 일차함수 $y=2x$의 함숫값보다 항상 □만큼 크다.
> 따라서 일차함수 $y=2x+4$의 그래프는 일차함수 $y=2x$의 그래프를 □축의 방향으로 □만큼 평행하게 이동한 것과 같다.

2 다음 □ 안에 알맞은 수를 쓰고, 일차함수 $y=-2x$의 그래프를 평행이동하여 주어진 일차함수의 그래프를 오른쪽 좌표평면 위에 그리시오.

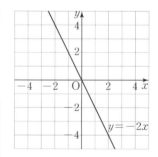

(1) $y=-2x+1$

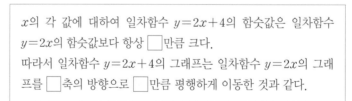

(2) $y=-2x-3$

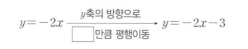

• 예제 **1** 일차함수의 그래프의 평행이동

일차함수 $y=4x+1$의 그래프를 y축의 방향으로 -3만큼 평행이동한 그래프를 나타내는 일차함수의 식은?

① $y=-4x-2$ ② $y=-4x$

③ $y=-4x+2$ ④ $y=4x-2$

⑤ $y=4x+2$

[해결 포인트]

• $y=ax$ $\xrightarrow[b\text{만큼 평행이동}]{y\text{축의 방향으로}}$ $y=ax+b$

• $y=ax+b$ $\xrightarrow[c\text{만큼 평행이동}]{y\text{축의 방향으로}}$ $y=ax+b+c$

🖑 한번 더!

1-1 다음 일차함수의 그래프를 y축의 방향으로 [ ] 안의 수만큼 평행이동한 그래프가 나타내는 일차함수의 식을 구하시오.

(1) $y=4x$ [5]

(2) $y=-3x$ [-1]

(3) $y=2x+3$ [-2]

(4) $y=-\dfrac{2}{5}x+1$ [3]

1-2 일차함수 $y=4x+k$의 그래프를 y축의 방향으로 -3만큼 평행이동한 그래프가 나타내는 일차함수의 식이 $y=4x+1$일 때, 상수 k의 값을 구하시오.

• 예제 **2** 일차함수의 그래프 위의 점

다음 중 일차함수 $y=-2x+5$의 그래프 위의 점이 아닌 것은?

① $(-2,\,9)$ ② $(0,\,5)$ ③ $\left(\dfrac{1}{2},\,4\right)$

④ $(2,\,1)$ ⑤ $(3,\,11)$

[해결 포인트]

점 $(p,\,q)$가 일차함수 $y=ax+b$의 그래프 위에 있다.

➡ $y=ax+b$에 $x=p$, $y=q$를 대입하면 등식이 성립한다.

🖑 한번 더!

2-1 다음 중 일차함수 $y=2x$의 그래프를 y축의 방향으로 -3만큼 평행이동한 그래프 위의 점인 것을 모두 고르면? (정답 2개)

① $(-2,\,-6)$ ② $\left(-\dfrac{1}{2},\,-4\right)$

③ $(0,\,2)$ ④ $(1,\,-3)$

⑤ $(2,\,1)$

2-2 일차함수 $y=\dfrac{2}{3}x$의 그래프를 y축의 방향으로 -2만큼 평행이동한 그래프가 점 $(a,\,4)$를 지날 때, a의 값을 구하시오.

Ⅲ・5

개념

25 일차함수의 그래프의 절편과 기울기

(1) **일차함수의 그래프의 x절편, y절편**

   ① x절편: 함수의 그래프가 <mark>x축과 만나는 점의 x좌표</mark>

     ➡ $y=0$일 때의 x의 값

     y절편: 함수의 그래프가 <mark>y축과 만나는 점의 y좌표</mark>

     ➡ $x=0$일 때의 y의 값

   ② 일차함수 $y=ax+b$의 그래프에서

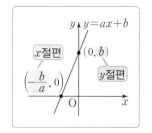

    • x절편: $-\dfrac{b}{a}$ ← 함수의 그래프가 x축과 만나는 점의 좌표는 $\left(-\dfrac{b}{a},\ 0\right)$

    • y절편: b ← 함수의 그래프가 y축과 만나는 점의 좌표는 $(0,\ b)$

(2) **일차함수의 그래프의 기울기**

   일차함수 $y=ax+b$에서 x의 값의 증가량에 대한 y의 값의 증가량의 비율은 항상 일정하고, 그 비율은 x의 계수 a와 같다. 이 증가량의 비율 a를 일차함수 $y=ax+b$의 그래프의 기울기라 한다.

$y=ax+b$
↑
기울기

$$(\text{기울기})=\frac{(y\text{의 값의 증가량})}{(x\text{의 값의 증가량})}=a$$ ← 직선의 기울어진 정도

   예 일차함수 $y=2x+4$에서 x의 각 값에 대응하는 y의 값을 표와 그래프로 나타내면 다음과 같다.

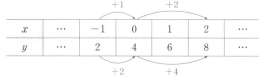

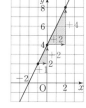

x	$\cdots$	-1	0	1	2	$\cdots$
y	$\cdots$	2	4	6	8	$\cdots$

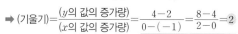

   ➡ $(\text{기울기})=\dfrac{(y\text{의 값의 증가량})}{(x\text{의 값의 증가량})}=\dfrac{4-2}{0-(-1)}=\dfrac{8-4}{2-0}=2$

     └ 같은 직선 위의 어느 두 점을 택해도 그 기울기는 항상 일정하다.

(3) **일차함수의 그래프 그리기**

   ① x절편, y절편을 이용하여 일차함수의 그래프 그리기

    ❶ x절편, y절편을 각각 구한다.

    ❷ 두 점 $(x$절편, $0)$, $(0,\ y$절편$)$을 각각 좌표평면 위에 나타낸다.

    ❸ ❷의 두 점을 직선으로 연결한다.

   ② 기울기, y절편을 이용하여 일차함수의 그래프 그리기

    ❶ 점 $(0,\ y$절편$)$을 좌표평면 위에 나타낸다.

    ❷ 기울기를 이용하여 그래프가 지나는 다른 한 점을 좌표평면 위에 나타낸다.

    ❸ ❶, ❷의 두 점을 직선으로 연결한다.

   참고 서로 다른 두 점을 지나는 직선은 하나뿐이므로 일차함수의 그래프는 그래프 위의 서로 다른 두 점을 알면 그릴 수 있다.

1 주어진 일차함수의 그래프를 보고 다음을 구하시오.

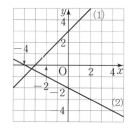

(1) ① x축과 만나는 점의 좌표: _____

x절편: _____

② y축과 만나는 점의 좌표: _____

y절편: _____

(2) ① x축과 만나는 점의 좌표: _____

x절편: _____

② y축과 만나는 점의 좌표: _____

y절편: _____

2 다음 □ 안에 알맞은 수를 쓰고, 주어진 일차함수의 그래프의 x절편과 y절편을 각각 구하시오.

(1) $y=2x+6$

⇨ $y=0$을 대입하면 □$=2x+6$

∴ $x=$ □

$x=$ □를 대입하면 $y=2\times$□$+6$

∴ $y=6$

따라서 x절편은 □, y절편은 □이다.

(2) $y=-3x+9$

(3) $y=5x-8$

(4) $y=-\dfrac{1}{4}x-2$

3 다음 일차함수의 그래프의 기울기를 구하시오.

(1) $y=2x$

(2) $y=-x+3$

(3) $y=\dfrac{2}{5}x-5$

(4) $y=-\dfrac{1}{3}x+1$

4 다음 □ 안에 알맞은 수를 쓰시오.

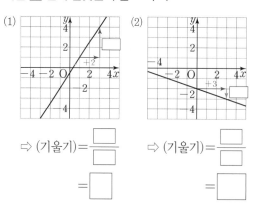

(1) ⇨ (기울기)$=\dfrac{□}{□}$

$=$ □

(2) ⇨ (기울기)$=\dfrac{□}{□}$

$=$ □

5 다음 두 점을 지나는 일차함수의 그래프의 기울기를 구하시오.

(1) $(2, 0)$, $(4, 2)$

(2) $(-3, -1)$, $(6, -10)$

(3) $(-5, -2)$, $(-9, 6)$

(4) $(1, -5)$, $(-7, -2)$

6 일차함수의 그래프의 x절편과 y절편이 다음과 같을 때, 그 그래프를 좌표평면 위에 그리시오.

(1) x절편: 3, y절편: 2

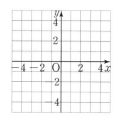

(2) x절편: -2, y절편: 4

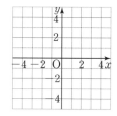

7 일차함수의 그래프의 기울기와 y절편이 다음과 같을 때, 그 그래프를 좌표평면 위에 그리시오.

(1) 기울기: 1, y절편: 3

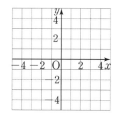

(2) 기울기: -3, y절편: 2

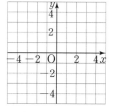

• 예제 **1** 일차함수의 그래프의 x절편, y절편

일차함수 $y=-4x+8$의 그래프의 x절편을 a, y절편을 b라 할 때, $a+b$의 값은?

① -10 ② -6 ③ 6

④ 10 ⑤ 12

[해결 포인트]

x절편은 $y=0$일 때 x의 값이고,
y절편은 $x=0$일 때 y의 값이다.

🖑 한번 더!

1-1 일차함수 $y=2x+10$의 그래프의 x절편을 a, y절편을 b라 할 때, ab의 값을 구하시오.

1-2 일차함수 $y=\dfrac{4}{5}x+b$의 그래프의 y절편이 8일 때, 다음을 구하시오. (단, b는 상수)

(1) b의 값

(2) 일차함수 $y=\dfrac{4}{5}x+b$의 그래프의 x절편

• 예제 **2** x절편, y절편을 이용하여 도형의 넓이 구하기

오른쪽 그림과 같이 일차함수 $y=\dfrac{1}{2}x+3$의 그래프와 x축, y축의 교점을 각각 A, B라 하자. 다음 물음에 답하시오.

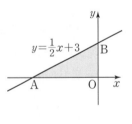

(1) 두 점 A, B의 좌표를 각각 구하시오.
(2) 삼각형 AOB의 넓이를 구하시오. (단, O는 원점)

[해결 포인트]

• 일차함수 $y=ax+b$의 그래프와 x축 및 y축으로 둘러싸인 도형의 넓이는

$$\dfrac{1}{2}\times|x절편|\times|y절편|=\dfrac{1}{2}\times\left|-\dfrac{b}{a}\right|\times|b|$$

• x축과 y축은 서로 수직이므로 일차함수의 그래프와 좌표축으로 둘러싸인 도형은 직각삼각형이다.

🖑 한번 더!

2-1 일차함수 $y=\dfrac{1}{2}x-5$의 그래프와 x축 및 y축으로 둘러싸인 도형의 넓이를 구하시오.

2-2 다음 그림은 일차함수 $y=ax+6$의 그래프이다. $\triangle$AOB의 넓이가 24일 때, 상수 a의 값을 구하시오. (단, 점 O는 원점)

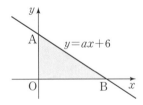

• 예제 **3** 일차함수의 그래프의 기울기(1)

다음 일차함수 중 x의 값이 2만큼 증가할 때, y의 값이 6만큼 증가하는 것은?

① $y=-3x-1$ ② $y=-\dfrac{1}{3}x+3$

③ $y=\dfrac{1}{3}x-6$ ④ $y=3x+2$

⑤ $y=2x+6$

[해결 포인트]

일차함수 $y=ax+b$의 그래프의 기울기

➡ (기울기)$=\dfrac{(y의\ 값의\ 증가량)}{(x의\ 값의\ 증가량)}=\underset{\underset{x의\ 계수}{\rule{1.5em}{0.4pt}}}{a}$

☞한번 더!

3-1 일차함수 $y=5x-1$에서 x의 값의 증가량이 2일 때, y의 값의 증가량을 구하시오.

3-2 일차함수 $y=ax+2$의 그래프에서 x의 값이 3만큼 증가할 때, y의 값은 5만큼 감소한다. 이 그래프가 점 $(1, b)$를 지날 때, $a+b$의 값을 구하시오.

(단, a는 상수)

Ⅲ·5

• 예제 **4** 일차함수의 그래프의 기울기(2)

두 점 $(3, 2)$, $(5, k)$를 지나는 일차함수의 그래프의 기울기가 4일 때, k의 값을 구하시오.

[해결 포인트]

두 점 (a, b), (c, d)를 지나는 일차함수의 그래프의 기울기

➡ $\dfrac{d-b}{c-a}$ 또는 $\dfrac{b-d}{a-c}$

이때 x의 증가량과 y의 증가량은 같은 방향으로 빼야 한다.

☞한번 더!

4-1 두 점 $(a, -2)$, $(5, -6)$을 지나는 일차함수의 그래프의 기울기가 -2일 때, a의 값은?

① 2   ② $\dfrac{5}{2}$ ③ 3

④ $\dfrac{7}{2}$ ⑤ 4

4-2 x절편이 -4, y절편이 a인 일차함수의 그래프의 기울기가 $\dfrac{1}{3}$일 때, a의 값을 구하시오.

☆**TIP**

주어진 그래프의 x절편, y절편으로부터 그래프가 지나는 두 점을 구해 본다.

·예제 5 세 점이 한 직선 위에 있을 조건

오른쪽 그림과 같이 세 점
A$(-2, 5)$, B$(1, k)$,
C$(2, -3)$이 한 직선 위에 있
을 때, 다음 물음에 답하시오.

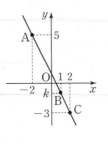

(1) 직선 AB의 기울기와 직선
AC의 기울기를 각각 구하
시오.

(2) (1)의 두 직선의 기울기가 같음을 이용하여 k의
값을 구하시오.

[해결 포인트]

서로 다른 세 점 A, B, C가 한 직선 위에 있다.

$\Rightarrow \left(\begin{array}{c}\text{직선 AB의}\\\text{기울기}\end{array}\right)=\left(\begin{array}{c}\text{직선 BC의}\\\text{기울기}\end{array}\right)=\left(\begin{array}{c}\text{직선 AC의}\\\text{기울기}\end{array}\right)$

✋ 한번 더!

5-1 세 점 $(-1, 3)$, $(0, 1)$, $(2, a)$가 한 직선 위에
있을 때, a의 값은?

① -3 ② $-\dfrac{3}{2}$ ③ 0

④ $\dfrac{3}{2}$ ⑤ 3

5-2 두 점 $(m, m-5)$, $(-4, 3)$을 지나는 직선 위
에 점 $(-1, 0)$이 있을 때, m의 값을 구하시오.

⭐ TIP

두 점 A, B를 지나는 직선 위에 점 C가 있다.
➡ 세 점 A, B, C는 한 직선 위에 있다.

·예제 6 일차함수의 그래프 그리기

다음 중 일차함수 $y=-\dfrac{3}{2}x+3$의 그래프는?

①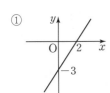

②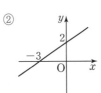

③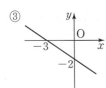

④

⑤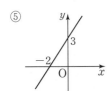

[해결 포인트]

일차함수의 그래프의 x절편과 y절편을 구하여 그래프를 찾는다.

✋ 한번 더!

6-1 다음 중 일차함수 $y=\dfrac{5}{2}x-5$의 그래프는?

①   ②   ③

④ ⑤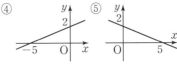

6-2 일차함수 $y=-3x+2$의 그래프가 지나지 <u>않는</u>
사분면을 구하시오.

일차함수의 그래프의 성질

(1) 일차함수 $y=ax+b$의 그래프의 성질

① a의 부호: 그래프의 모양 결정

  (ⅰ) $a>0$일 때, x의 값이 증가하면 y의 값도 증가한다.

    ➡ 오른쪽 위로 향하는 직선

  (ⅱ) $a<0$일 때, x의 값이 증가하면 y의 값은 감소한다.

    ➡ 오른쪽 아래로 향하는 직선

  참고 a의 절댓값이 클수록 그래프는 y축에 가깝고, 작을수록 그래프는 x축에 가깝다.

② b의 부호: 그래프가 y축과 만나는 점의 위치 결정

  (ⅰ) $b>0$일 때, y축과 양의 부분에서 만난다.

    ➡ y절편이 양수이다.

  (ⅱ) $b<0$일 때, y축과 음의 부분에서 만난다.

    ➡ y절편이 음수이다.

  참고 a, b의 부호에 따른 일차함수 $y=ax+b$의 그래프의 모양과 그래프가 지나는 사분면은 다음과 같다.

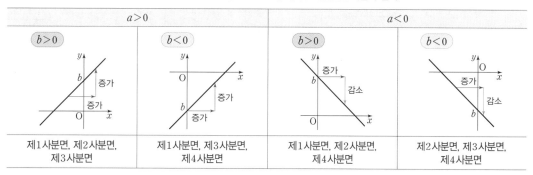

$a>0$		$a<0$	
$b>0$	$b<0$	$b>0$	$b<0$
제1사분면, 제2사분면, 제3사분면	제1사분면, 제3사분면, 제4사분면	제1사분면, 제2사분면, 제4사분면	제2사분면, 제3사분면, 제4사분면

(2) 일차함수의 그래프의 평행·일치

① 기울기가 같은 두 일차함수의 그래프는 서로 평행하거나 일치한다.

  즉, 두 일차함수 $y=ax+b$와 $y=cx+d$에 대하여

  (ⅰ) 기울기는 같고 y절편이 다를 때, 두 그래프는 평행하다.

    ➡ $a=c$, $b\neq d$

           └→ 두 그래프는 만나지 않는다.

  (ⅱ) 기울기가 같고 y절편도 같을 때, 두 그래프는 일치한다.

    ➡ $a=c$, $b=d$

예 (ⅰ)

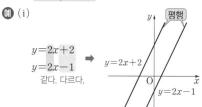

$y=2x+2$
$y=2x-1$
같다. 다르다.

(ⅱ)

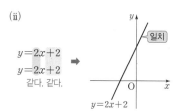

$y=2x+2$
$y=2x+2$
같다. 같다.

  참고 기울기가 다른 두 일차함수의 그래프는 한 점에서 만난다.

② 서로 평행한 두 일차함수의 그래프의 기울기는 같다.

•정답 및 해설 58쪽

1 오른쪽 그림의 일차함수의 그래프 중 다음을 만족시키는 것을 모두 고르시오.

(1) 기울기가 양수인 직선

(2) x의 값이 증가할 때, y의 값은 감소하는 직선

(3) y절편이 양수인 직선

(4) y축과 음의 부분에서 만나는 직선

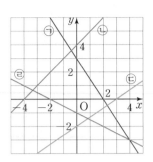

2 일차함수 $y=ax+b$의 그래프가 다음 그림과 같을 때, ◯ 안에 부등호 $<$, $>$ 중 알맞은 것을 쓰시오.

(1)
$\Rightarrow a \bigcirc 0$, $b \bigcirc 0$

(2)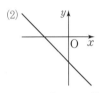
$\Rightarrow a \bigcirc 0$, $b \bigcirc 0$

(3)
$\Rightarrow a \bigcirc 0$, $b \bigcirc 0$

(4)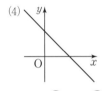
$\Rightarrow a \bigcirc 0$, $b \bigcirc 0$

3 다음 두 일차함수의 그래프가 평행한 것은 '평', 일치하는 것은 '일'을 ( ) 안에 쓰시오.

(1) $y=2x$, $y=2x-3$ (   )   (2) $y=-3x+6$, $y=-3(x-2)$ (   )

(3) $y=-4x+8$, $y=-4(x+2)$ (   )   (4) $y=0.5x-1$, $y=\dfrac{1}{2}x-1$ (   )

4 다음 |보기|의 일차함수의 그래프에 대하여 물음에 답하시오.

┌ 보기 ├
ㄱ. $y=x+3$ ㄴ. $y=-\dfrac{3}{2}x-3$ ㄷ. $y=-2x+3$ ㄹ. $y=\dfrac{2}{3}x-2$

ㅁ. $y=3x+6$ ㅂ. $y=\dfrac{1}{3}(9-6x)$ ㅅ. $y=x+8$ ㅇ. $y=-\dfrac{1}{3}x+46$

(1) 평행한 것끼리 짝 지으시오.

(2) 일치하는 것끼리 짝 지으시오.

(3) 오른쪽 그림의 일차함수의 그래프와 평행한 것을 고르시오.

(4) 오른쪽 그림의 일차함수의 그래프와 일치하는 것을 고르시오.

• 예제 **1**　일차함수 $y=ax+b$의 그래프의 성질

다음 중 일차함수 $y=2x+4$의 그래프에 대한 설명으로 옳지 <u>않은</u> 것은?

① 점 $(1, 6)$을 지난다.
② x절편은 -2이다.
③ 제1, 2, 3사분면을 지난다.
④ y축과 점 $(0, 4)$에서 만난다.
⑤ x의 값이 2만큼 증가할 때, y의 값은 4만큼 감소한다.

[해결 포인트]

• 기울기 a의 부호가
　➡ $a>0$이면 오른쪽 위로 향한다.
　　$a<0$이면 오른쪽 아래로 향한다.
• y절편 b의 부호가
　➡ $b>0$이면 y축과 양의 부분에서 만난다.
　　$b<0$이면 y축과 음의 부분에서 만난다.

👆 한번 더!

1-1 다음 |보기| 중 일차함수 $y=-3x+1$의 그래프에 대한 설명으로 옳은 것을 모두 고르시오.

| 보기 |

　ㄱ. y축과 점 $(0, -3)$에서 만난다.
　ㄴ. 오른쪽 아래로 향하는 직선이다.
　ㄷ. 제2, 3, 4사분면을 지난다.
　ㄹ. x의 값이 1만큼 증가할 때, y의 값은 3만큼 감소한다.

1-2 다음을 만족시키는 직선을 그래프로 하는 일차함수의 식을 |보기|에서 모두 고르시오.

| 보기 |

　ㄱ. $y=4x-2$　　　　ㄴ. $y=-3x+2$
　ㄷ. $y=\dfrac{2}{5}x-3$　　　ㄹ. $y=-\dfrac{5}{2}x+3$

(1) 오른쪽 아래로 향하는 직선
(2) y축에 가장 가까운 직선

• 예제 **2**　일차함수 $y=ax+b$의 그래프와 a, b의 부호

일차함수 $y=ax-b$의 그래프가 오른쪽 그림과 같을 때, 다음 물음에 답하시오. (단, a, b는 상수)

(1) a, b의 부호를 각각 구하시오.
(2) 일차함수 $y=abx+a$의 그래프가 지나지 <u>않는</u> 사분면을 구하시오.

[해결 포인트]

일차함수 $y=ax+b$의 그래프에 대하여
• 오른쪽 위로 향하면 ➡ $a>0$
　오른쪽 아래로 향하면 ➡ $a<0$
• (y절편)>0이면 ➡ $b>0$
　(y절편)<0이면 ➡ $b<0$

👆 한번 더!

2-1 $a<0$, $b>0$일 때, 일차함수 $y=ax-b$의 그래프가 지나지 <u>않는</u> 사분면을 구하시오.

2-2 일차함수 $y=-ax-b$의 그래프가 오른쪽 그림과 같을 때, 일차함수 $y=bx-a$의 그래프가 지나는 사분면을 모두 구하시오.
(단, a, b는 상수)

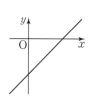

• 예제 **3** 일차함수의 그래프의 평행, 일치

다음을 만족시키는 직선을 그래프로 하는 일차함수의
식을 |보기|에서 고르시오.

> | 보기 |
> ㄱ. $y=\dfrac{1}{4}x+2$ ㄴ. $y=2x+3$
> ㄷ. $y=-\dfrac{1}{4}(x-8)$ ㄹ. $y=2(x-4)$

(1) 일차함수 $y=2x-8$의 그래프와 평행하다.

(2) 일차함수 $y=-\dfrac{1}{4}x+2$의 그래프와 일치한다.

[해결 포인트]

(i) 두 직선이 평행하면 ➡ 기울기는 같고, y절편은 다르다.

(ii) 두 직선이 일치하면 ➡ 기울기와 y절편이 각각 같다.

🖑 한번 더!

3-1 다음 일차함수의 그래프 중 일차함수
$y=-5x+1$의 그래프와 일치하는 것은?

① $y=-x+5$ ② $y=-\dfrac{1}{5}(x+1)$

③ $y=5(x+1)$ ④ $y=-5(x-2)$

⑤ $y=-5\left(x-\dfrac{1}{5}\right)$

3-2 다음 일차함수의 그래프 중
오른쪽 그림의 일차함수의 그래
프와 평행한 것은?

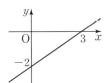

① $y=-\dfrac{3}{2}x+2$

② $y=-\dfrac{2}{3}x+2$ ③ $y=\dfrac{3}{2}x+2$

④ $y=\dfrac{2}{3}x+2$ ⑤ $y=\dfrac{1}{3}x-1$

• 예제 **4** 두 일차함수의 그래프가 평행(일치)하기 위한 조건

두 일차함수 $y=ax-9$와 $y=-4x+b$의 그래프에
대하여 다음 물음에 답하시오. (단, a, b는 상수)

(1) 두 일차함수의 그래프가 서로 평행하기 위한 a, b
의 조건을 각각 구하시오.

(2) 두 일차함수의 그래프가 일치하기 위한 a, b의 값
을 각각 구하시오.

[해결 포인트]

두 일차함수 $y=ax+b$, $y=a'x+b'$의 그래프가

(i) 평행하다. ➡ $a=a'$, $b\neq b'$

(ii) 일치한다. ➡ $a=a'$, $b=b'$

🖑 한번 더!

4-1 두 일차함수 $y=(2a+1)x-2$와 $y=5x+1$의
그래프가 서로 평행할 때, 상수 a의 값은?

① -4 ② -2 ③ 2

④ 4 ⑤ 6

4-2 두 일차함수 $y=ax-4$와 $y=\dfrac{1}{2}x+2b$의 그래프
가 일치할 때, 상수 a, b에 대하여 ab의 값을 구하시오.

일차함수의 식 구하기

(1) 기울기와 y절편이 주어질 때, 일차함수의 식 구하기

기울기가 a이고, y절편이 b인 직선을 그래프로 하는 일차함수의 식은

$$y=ax+b$$

(예) 기울기가 2이고, y절편이 -1인 직선을 그래프로 하는 일차함수의 식은 $y=2x-1$

참고 일차함수의 그래프의 기울기와 y절편을 나타내는 표현

- x의 값이 1만큼 증가할 때, y의 값은 a만큼 증가한다. ⎤ ➡ (기울기)$=a$
  일차함수 $y=ax$의 그래프와 평행하다. ⎦
- 그래프가 점 $(0, b)$를 지난다. ⎤ ➡ (y절편)$=b$
  일차함수 $y=ax+b$의 그래프와 y축 위에서 만난다. ⎦

(2) 기울기와 한 점이 주어질 때, 일차함수의 식 구하기

기울기가 a이고, 점 (x_1, y_1)을 지나는 직선을 그래프로 하는 일차함수의 식은 다음의 순서로 구한다.

❶ 일차함수의 식을 $y=ax+b$로 놓는다.

❷ $y=ax+b$에 $x=x_1$, $y=y_1$을 대입하여 b의 값을 구한다.

(예) 기울기가 2이고, 점 $(1, 3)$을 지나는 직선을 그래프로 하는 일차함수의 식을 구해 보자.
  ❶ 기울기가 2이므로 $y=2x+b$로 놓는다.
  ❷ $y=2x+b$에 $x=1$, $y=3$을 대입하면 $3=2\times1+b$ $\therefore b=1$
  따라서 구하는 일차함수의 식은 $y=2x+1$이다.

(3) 서로 다른 두 점이 주어질 때, 일차함수의 식 구하기

서로 다른 두 점 (x_1, y_1), (x_2, y_2)를 지나는 직선을 그래프로 하는 일차함수의 식은 다음의 순서로 구한다.

❶ 기울기 a를 구한다. ➡ $a=\dfrac{y_2-y_1}{x_2-x_1}=\dfrac{y_1-y_2}{x_1-x_2}$ (단, $x_1\neq x_2$)

❷ 일차함수의 식을 $y=ax+b$로 놓는다.

❸ $y=ax+b$에 $x=x_1$, $y=y_1$ 또는 $x=x_2$, $y=y_2$를 대입하여 b의 값을 구한다.

(예) 두 점 $(2, 5)$, $(3, 7)$을 지나는 직선을 그래프로 하는 일차함수의 식을 구해 보자.
  ❶ (기울기)$=\dfrac{7-5}{3-2}=2$
  ❷ $y=2x+b$로 놓는다.
  ❸ $y=2x+b$에 $x=2$, $y=5$를 대입하면 $5=2\times2+b$ $\therefore b=1$
  따라서 구하는 일차함수의 식은 $y=2x+1$이다.

(4) x절편, y절편이 주어질 때, 일차함수의 식 구하기

x절편이 m, y절편이 n인 직선을 그래프로 하는 일차함수의 식은 다음의 순서로 구한다.

❶ 두 점 $(m, 0)$, $(0, n)$을 지나는 직선의 기울기를 구한다. ➡ (기울기)$=\dfrac{n-0}{0-m}=-\dfrac{n}{m}$

❷ y절편이 n이므로 구하는 일차함수의 식은 $y=-\dfrac{n}{m}x+n$이다.

(예) x절편이 3, y절편이 6인 직선을 그래프로 하는 일차함수의 식을 구해 보자.
  ❶ 두 점 $(3, 0)$, $(0, 6)$을 지나므로 (기울기)$=\dfrac{6-0}{0-3}=-2$
  ❷ y절편이 6이므로 구하는 일차함수의 식은 $y=-2x+6$이다.

•정답 및 해설 60쪽

1 다음과 같은 직선을 그래프로 하는 일차함수의 식을 구하시오.

(1) 기울기가 4이고, y절편이 3인 직선

(2) 기울기가 $-\dfrac{1}{2}$이고, 점 $(0, -1)$을 지나는 직선

(3) x의 값이 1만큼 증가할 때 y의 값은 3만큼 증가하고, y절편이 -2인 직선

(4) x의 값이 2만큼 증가할 때 y의 값은 4만큼 감소하고, 점 $\left(0, \dfrac{1}{4}\right)$을 지나는 직선

(5) 일차함수 $y=x+\dfrac{1}{2}$의 그래프와 평행하고, y절편이 -5인 직선

(6) 일차함수 $y=-5x-2$의 그래프와 평행하고, 점 $(0, 1)$을 지나는 직선

2 다음과 같은 직선을 그래프로 하는 일차함수의 식을 구하시오.

(1) 기울기가 -4이고, 점 $(-1, 7)$을 지나는 직선

(2) x의 값이 2만큼 증가할 때 y의 값은 4만큼 증가하고, 점 $(-5, 3)$을 지나는 직선

(3) x의 값이 3만큼 증가할 때 y의 값은 9만큼 감소하고, $x=-2$일 때 $y=4$인 직선

(4) 일차함수 $y=-4x+2$의 그래프와 평행하고, 점 $(-1, -1)$을 지나는 직선

3 다음 두 점을 지나는 직선의 기울기와 그 직선을 그래프로 하는 일차함수의 식을 각각 구하시오.

	두 점의 좌표	직선의 기울기	일차함수의 식
(1)	$(-2, 3)$, $(1, 6)$		
(2)	$(-1, 7)$, $(1, 1)$		
(3)	$(3, 7)$, $(5, 15)$		
(4)	$(-4, 5)$, $(-2, 4)$		

4 다음과 같은 직선을 그래프로 하는 일차함수의 식을 구하시오.

(1) 두 점 $(2, 0)$, $(0, -8)$을 지나는 직선

(2) 두 점 $(-6, 0)$, $(0, 1)$을 지나는 직선

(3) x절편이 -1, y절편이 5인 직선

(4) x절편이 2, y절편이 6인 직선

• 예제 **1**　기울기와 y절편이 주어지는 경우

오른쪽 그림과 같은 직선과 평행하고, y절편이 -3인 직선을 그래프로 하는 일차함수의 식을 구하시오.

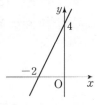

[해결 포인트]

기울기가 a이고, y절편이 b인 직선을 그래프로 하는 일차함수의 식은

➡ $y=ax+b$

🖐 한번 더!

1-1 기울기가 $\frac{2}{3}$이고, 일차함수 $y=-\frac{1}{2}x+3$의 그래프와 y축 위에서 만나는 직선을 그래프로 하는 일차함수의 식을 구하시오.

1-2 일차함수 $y=7x-5$의 그래프와 평행하고, 점 $(0, 10)$을 지나는 일차함수의 그래프가 점 $(a, 3)$을 지날 때, a의 값을 구하시오.

• 예제 **2**　기울기와 한 점이 주어지는 경우

x의 값이 1에서 5까지 증가할 때 y의 값이 -8만큼 증가하고, 점 $(2, -6)$을 지나는 직선을 그래프로 하는 일차함수의 식을 구하시오.

[해결 포인트]

기울기가 a이고, 점 (x_1, y_1)을 지나는 직선을 그래프로 하는 일차함수의 식은 다음의 순서로 구한다.

❶ $y=ax+b$로 놓는다.

❷ $y=ax+b$에 $x=x_1$, $y=y_1$을 대입하여 b의 값을 구한다.

🖐 한번 더!

2-1 오른쪽 그림과 같은 직선과 평행하고, 점 $(-10, 3)$을 지나는 직선을 그래프로 하는 일차함수의 식을 구하시오.

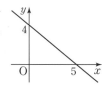

2-2 기울기가 -3이고, $x=2$일 때 $y=-4$인 일차함수의 그래프가 점 $(a, a-2)$를 지날 때, a의 값을 구하시오.

• 예제 **3** 서로 다른 두 점이 주어지는 경우

두 점 $(-4, 3)$, $(2, -9)$를 지나는 일차함수의 그래프의 x절편을 구하시오.

[해결 포인트]

두 점 (x_1, y_1), (x_2, y_2)를 지나는 직선을 그래프로 하는 일차함수의 식은 다음의 순서로 구한다.

❶ 기울기 $a = \dfrac{y_2 - y_1}{x_2 - x_1} = \dfrac{y_1 - y_2}{x_1 - x_2}$ 를 구한다.

❷ $y = ax + b$로 놓는다.

❸ $y = ax + b$에 두 점 중 한 점의 좌표를 대입하여 b의 값을 구한다.

🖑한번 더!

3-1 오른쪽 그림과 같은 직선을 그래프로 하는 일차함수의 식을 구하시오.

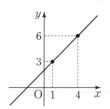

3-2 두 점 $(-1, 4)$, $(1, -2)$를 지나는 직선이 점 $(2, a)$를 지날 때, a의 값을 구하시오.

• 예제 **4** x절편과 y절편이 주어지는 경우

오른쪽 그림과 같은 직선이 점 $(-2, a)$를 지날 때, a의 값은?

① -12 ② -10

③ -9 ④ -8

⑤ -6

[해결 포인트]

x절편이 m, y절편이 n인 직선을 그래프로 하는 일차함수의 식은 다음의 순서로 구한다.

❶ 두 점 $(m, 0)$, $(0, n)$을 지나는 (기울기)$= \dfrac{n-0}{0-m} = -\dfrac{n}{m}$ 을 구한다.

❷ (기울기)$= -\dfrac{n}{m}$, (y절편)$= n$이므로 $y = -\dfrac{n}{m}x + n$

🖑한번 더!

4-1 오른쪽 그림과 같은 직선을 그래프로 하는 일차함수의 식을 구하시오.

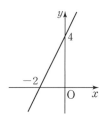

4-2 x절편이 2, y절편이 6인 일차함수의 그래프가 점 $(a, -6)$을 지날 때, a의 값을 구하시오.

일차함수의 활용

일차함수의 활용 문제는 다음의 순서로 해결한다.
❶ 변하는 두 양을 x, y로 정한다.
❷ 문제의 뜻을 파악하여 x와 y 사이의 관계식을 세운다.
  ➡ $y=ax+b\,(a\neq0)$
❸ 일차함수의 식이나 그래프를 이용하여 주어진 조건에 맞는 값을 구한다.
❹ 구한 값이 문제의 뜻에 맞는지 확인한다.

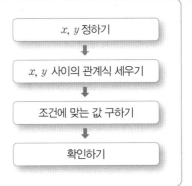

• 개념 확인하기

• 정답 및 해설 62쪽

1 길이가 30 cm인 어떤 용수철에 무게가 같은 추를 한 개 매달 때마다 용수철의 길이가 2 cm씩 늘어난다고 한다. 다음은 용수철의 길이가 48 cm일 때, 용수철에 매달려 있는 추의 개수를 구하는 과정이다. ☐ 안에 알맞은 것을 쓰시오.

> ❶ 추를 x개 매달았을 때의 용수철의 길이를 y cm라 하자.
> ❷ 추를 한 개 매달 때마다 용수철의 길이가 2 cm씩 늘어나므로 y를 x에 대한 식으로 나타내면
> $y=$☐
> ❸ 이 일차함수의 식에 $y=$☐를 대입하여 정리하면
> $x=$☐
>   따라서 용수철의 길이가 48 cm일 때, 용수철에 매달려 있는 추의 개수는 ☐개이다.
> ❹ 용수철에 매달려 있는 추의 개수가 ☐개일 때, 용수철의 길이는 $30+2\times$☐$=48$(cm)이므로 문제의 뜻에 맞는다.

2 지면으로부터 높이가 10 km까지는 1 km 높아질 때마다 기온이 6 ℃씩 내려간다고 한다. 다음은 지면의 기온이 28 ℃일 때, 지면으로부터 높이가 4 km인 곳의 기온은 몇 ℃인지 구하는 과정이다. ☐ 안에 알맞은 것을 쓰시오.

> ❶ 지면으로부터 높이가 x km인 곳의 기온을 y ℃라 하자.
> ❷ 높이가 1 km 높아질 때마다 기온이 6 ℃씩 내려가므로 y를 x에 대한 식으로 나타내면
> $y=$☐
> ❸ 이 일차함수의 식에 $x=$☐를 대입하면
> $y=$☐
>   따라서 지면으로부터의 높이가 4 km인 곳의 기온은 ☐ ℃이다.
> ❹ 지면으로부터 높이가 4 km일 때, 기온은 $28-4\times6=$☐(℃)이므로 문제의 뜻에 맞는다.

예제 1 길이에 대한 문제

머리카락은 하루에 0.3 mm씩 자란다고 한다. 현재 건우의 머리카락의 길이가 20 cm일 때, 30일 후 건우의 머리카락의 길이는 몇 cm인지 구하시오.

[해결 포인트]

처음 길이가 a cm, 1일 동안의 길이 변화가 k cm일 때,
x일 후 길이를 y cm라 하면 ➡ $y=a+kx$

📌 한번 더!

1-1 길이가 20 cm인 양초에 불을 붙였더니 1분에 0.6 cm씩 길이가 줄어들었다. 양초에 불을 붙인 지 15분 후 남은 양초의 길이는 몇 cm인지 구하시오.

예제 2 속력에 대한 문제

다혜가 집에서 280 km 떨어진 여행지까지 자동차를 타고 시속 80 km로 갈 때, 집에서 출발한 지 3시간 후 여행지까지 남은 거리는 몇 km인지 구하시오.

[해결 포인트]

a km 떨어진 지점까지 시속 k km로 이동할 때,
x시간 동안 이동한 후 남은 거리를 y km라 하면 ➡ $y=a-kx$

📌 한번 더!

2-1 기차가 분속 2 km로 달리고 출발역에서 도착역까지의 거리가 200 km일 때, 출발한 지 30분 후 기차와 도착역 사이의 거리는 몇 km인지 구하시오.

예제 3 도형에 대한 문제

오른쪽 그림과 같은 직사각형 ABCD에서 점 P가 점 B에서 출발하여 $\overline{BC}$를 따라 점 C까지 1초에 2 cm씩 움직인다. 점 P가 점 B를 출발한 지 x초 후 △ABP의 넓이를 y cm²라 할 때, 점 P가 점 B를 출발한 지 4초 후 △ABP의 넓이를 구하시오. (단, $0<x\leq9$)

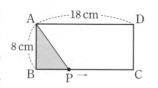

[해결 포인트]

1초에 a cm씩 움직이면 x초 후 $2a$ cm를 움직인다.

📌 한번 더!

3-1 오른쪽 그림과 같이 $\overline{AB}=6$ cm, $\overline{AD}=8$ cm인 직사각형 ABCD가 있다. 점 P가 점 B에서 출발하여 $\overline{BC}$를 따라 점 C까지 1초에 1 cm씩 움직인다. 점 P가 출발한 지 x초 후 사각형 APCD의 넓이를 y cm²라 할 때, 다음 물음에 답하시오. (단, $0\leq x<8$)

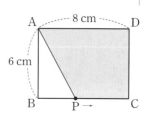

(1) y를 x에 대한 식으로 나타내시오.
(2) 6초 후 사각형 APCD의 넓이를 구하시오.

1

다음 |보기| 중 y가 x의 함수인 것의 개수를 구하시오.

┤ 보기 ├

ㄱ. y는 x의 5배이다.

ㄴ. y는 자연수 x와 6의 공약수이다.

ㄷ. y는 자연수 x를 7로 나눈 나머지이다.

ㄹ. y는 정수 x의 절댓값이다.

ㅁ. y는 자연수 x보다 작은 소수의 개수이다.

2

함수 $f(x)=$(자연수 x보다 작은 홀수의 개수)에 대하여 $f(6)+f(10)$의 값을 구하시오.

3

다음 중 y가 x에 대한 일차함수가 <u>아닌</u> 것은?

① 총 200쪽인 책을 하루에 10쪽씩 x일 동안 읽었더니 y쪽이 남았다.

② 1000원짜리 볼펜 x자루를 사고 5000원을 냈더니 거스름돈으로 y원을 받았다.

③ 80 km의 거리를 시속 x km로 달렸더니 y시간이 걸렸다.

④ 반지름의 길이가 x cm인 원의 둘레의 길이는 y cm이다.

⑤ 가로의 길이가 x cm, 세로의 길이가 y cm인 직사각형의 둘레의 길이는 20 cm이다.

4

$y=ax^2+bx-10-2x$가 x에 대한 일차함수가 되도록 하는 상수 a, b의 조건은?

① $a=0$, $b=0$ ② $a=0$, $b \neq 2$

③ $a \neq 0$, $b=2$ ④ $a \neq 0$, $b \neq 0$

⑤ $a=10$, $b=10$

5

일차함수 $f(x)=ax+5$에 대하여 $f(-1)=7$일 때, $f(2)$의 값을 구하시오. (단, a는 상수)

6

다음 중 일차함수 $y=3x-5$의 그래프 위의 점인 것을 모두 고르면? (정답 2개)

① $(-2, -10)$ ② $(-1, -8)$

③ $\left(-\dfrac{1}{3}, -4\right)$ ④ $(2, 1)$

⑤ $(3, 2)$

7

일차함수 $y=-2x+3$의 그래프는 일차함수 $y=ax+8$의 그래프를 y축의 방향으로 b만큼 평행이동한 것이다. 이때 $a-b$의 값을 구하시오. (단, a는 상수)

8 중요

일차함수 $y=\dfrac{1}{3}x+3$의 그래프를 y축의 방향으로 -2만큼 평행이동한 그래프가 점 $(6, k)$를 지날 때, k의 값을 구하시오.

9

다음 일차함수의 그래프 중 일차함수 $y=\dfrac{1}{3}x+2$의 그래프와 x축 위에서 만나는 것은?

① $y=2x+4$ ② $y=-x+6$

③ $y=-3x+2$ ④ $y=\dfrac{1}{2}x+3$

⑤ $y=\dfrac{1}{6}x-2$

10

일차함수 $y=3x-2$의 그래프의 y절편과 일차함수 $y=6x+a$의 그래프의 x절편이 같을 때, 상수 a의 값을 구하시오.

11

두 점 $(-2, k)$, $(4, 14)$를 지나는 일차함수의 그래프의 기울기가 2일 때, k의 값은?

① 1   ② 2   ③ 3

④ 4   ⑤ 5

12 중요

다음 일차함수의 그래프 중 제3사분면을 지나지 <u>않는</u> 것은?

① $y=\dfrac{1}{2}x-2$ ② $y=-3x-6$

③ $y=3x+1$ ④ $y=-2x+6$

⑤ $y=-\dfrac{2}{3}x-4$

13

일차함수 $y=-ax+b$의 그래프가 오른쪽 그림과 같을 때, 일차함수 $y=\dfrac{b}{a}x-b$의 그래프가 지나는 사분면을 모두 구하시오.

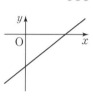

(단, a, b는 상수)

14

일차함수 $y=-3x+2$의 그래프를 y축의 방향으로 b만큼 평행이동하면 일차함수 $y=ax+6$의 그래프와 만나지 않을 때, a, b의 조건을 각각 구하시오.

(단, a는 상수)

15

오른쪽 그림과 같은 직선과 평행하고, y절편이 1인 일차함수의 그래프의 x절편을 구하시오.

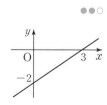

•정답 및 해설 63쪽

16 중요 ●○○

x의 값이 3만큼 증가할 때 y의 값이 9만큼 감소하고, 점 $(2, 1)$을 지나는 직선을 그래프로 하는 일차함수의 식을 $y=ax+b$라 하자. 이때 상수 a, b에 대하여 $b-a$의 값을 구하시오.

17 ●●○

두 점 $(-1, 3)$, $(2, 9)$를 지나는 일차함수의 그래프가 일차함수 $y=\dfrac{1}{2}x+k$의 그래프와 y축 위에서 만난다. 이때 상수 k의 값을 구하시오.

18 ●●○

거리가 $4\,km$ 떨어진 두 지점 A, B가 있다. A 지점에서 출발하여 B 지점까지 분속 $80\,m$로 걸어갈 때, 출발한 지 x분 후 B 지점까지 남은 거리를 $y\,m$라 하자. 다음 중 옳지 않은 것은?

① x와 y 사이의 관계식은 $y=-80x+4000$이다.
② 출발한 지 20분 후 B 지점까지 남은 거리는 $2400\,m$이다.
③ A 지점에서 B 지점까지 가는 데 걸리는 시간은 50분이다.
④ B 지점까지 남은 거리가 $1600\,m$가 되는 것은 출발한 지 35분 후이다.
⑤ B 지점까지 남은 거리가 두 지점 A, B 사이의 거리의 절반이 되는 것은 출발한 지 25분 후이다.

19 ●●●

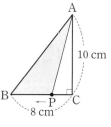

오른쪽 그림과 같이 $\overline{AC}=10\,cm$, $\overline{BC}=8\,cm$이고 $\angle C=90°$인 직각삼각형 ABC가 있다. 점 P가 점 C에서 출발하여 $\overline{BC}$를 따라 점 B까지 2초에 $1\,cm$씩 움직인다. 삼각형 ABP의 넓이가 $25\,cm^2$가 되는 것은 점 P가 출발한 지 몇 초 후인가? (단, $0\le x<16$)

① 4초 후   ② 5초 후   ③ 6초 후
④ 7초 후   ⑤ 8초 후

20 창의력UP ●●●

다음 그림과 같이 성냥개비를 사용하여 정삼각형을 만들고 일렬로 이어 붙이려고 한다. 정삼각형 10개를 만드는 데 필요한 성냥개비의 개수를 구하시오.

서술형

21

●●○

일차함수 $y=-3x+4$의 그래프를 y축의 방향으로 -10만큼 평행이동한 그래프와 x축 및 y축으로 둘러싸인 도형의 넓이를 구하시오.

(단, 풀이 과정을 자세히 쓰시오.)

풀이

답

22 중요

●●○

세 점 $(-2, 6)$, $(1, 0)$, $(3, a+1)$이 한 직선 위에 있을 때, a의 값을 구하시오.

(단, 풀이 과정을 자세히 쓰시오.)

풀이

답

23

●●○

일차함수 $y=ax+b$의 그래프는 x절편이 -2, y절편이 6이고, 점 $(-1, k)$를 지난다. 이때 k의 값을 구하시오.

(단, a, b는 상수이고, 풀이 과정을 자세히 쓰시오.)

풀이

답

24

●●○

1 L의 휘발유로 12 km를 달릴 수 있는 자동차에 휘발유가 45 L만큼 들어 있다. x km를 달린 후 남은 휘발유의 양을 y L라 할 때, 다음 물음에 답하시오.

(단, 풀이 과정을 자세히 쓰시오.)

⑴ y를 x에 대한 식으로 나타내시오.

⑵ 156 km를 달린 후 남은 휘발유의 양은 몇 L인지 구하시오.

풀이

답

5·일차함수와 그 그래프 　단원 정리하기

1 마인드맵으로 개념 구조화!

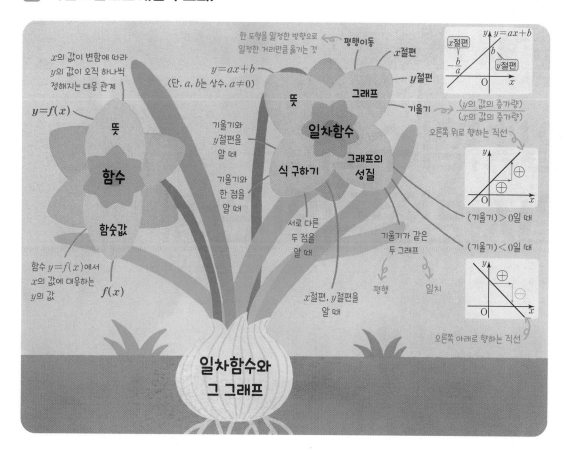

2 OX 문제로 개념 점검!

옳은 것은 ○, 옳지 않은 것은 ×를 택하시오.

　·정답 및 해설 66쪽

❶ x와 y 사이의 관계가 정비례이거나 반비례이면 y는 x의 함수이다. 　　　　○ | ×

❷ 일차함수 $y=-2x-1$의 그래프는 일차함수 $y=-2x$의 그래프를 y축의 방향으로 1만큼 평행이동한 것이다. 　　　○ | ×

❸ 일차함수 $y=2x+4$의 그래프의 x절편은 2, y절편은 4이다. 　　　　○ | ×

❹ x의 값이 4만큼 증가할 때 y의 값이 2만큼 감소하는 일차함수의 그래프는 기울기가 $-\dfrac{1}{2}$이고,
오른쪽 아래로 향하는 직선이다. 　　　　○ | ×

❺ 두 일차함수 $y=\dfrac{2}{3}x+2$와 $y=\dfrac{2}{3}x+1$의 그래프는 서로 평행하다. 　　　　○ | ×

❻ 점 $(0, -4)$를 지나고 일차함수 $y=3x-1$의 그래프와 평행한 직선을 그래프로 하는 일차함수의 식은
$y=3x+4$이다. 　　　　○ | ×

❼ 두 점 $(-1, 4)$, $(2, 1)$을 지나는 직선을 그래프로 하는 일차함수의 식은 $y=-x+3$이다. 　　　　○ | ×

6

일차함수와
일차방정식의 관계

어떤 제품의 생산 비용과 판매 금액은 그 수량에 따라 결정되는데, 생산 비용이 판매 금액보다 크면 손실이 생기고, 더 작으면 이익이 남습니다.

오른쪽 그림에서 두 직선이 만나는 점은 생산 비용과 판매 금액이 같아질 때이며, 이때를 제품의 손익분기점이라 합니다. 이 손익분기점을 고려하여 기업은 여러 가지 전략을 세웁니다.

이 단원에서는 일차함수와 미지수가 2개인 일차방정식 사이의 관계에 대해 학습합니다.

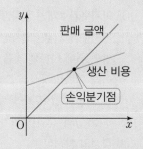

▶ 새로 배우는 용어
직선의 방정식

6. 일차함수와 일차방정식의 관계를 시작하기 전에

연립방정식 [중2]

1 다음 연립방정식의 해를 구하시오.

(1) $\begin{cases} 3x - y = -4 \\ y = 2x + 5 \end{cases}$

(2) $\begin{cases} x - 2y = 3 \\ 4x - 4y = 16 \end{cases}$

일차함수와 그 그래프 [중2]

2 일차함수 $y = -2x + 3$의 그래프에 대하여 다음을 구하시오.

(1) 기울기

(2) x절편

(3) y절편

[정답] 1. (1) $x = 1$, $y = 7$ (2) $x = 5$, $y = 1$ 2. (1) -2 (2) $\dfrac{3}{2}$ (3) 3

개념 29

일차함수와 일차방정식의 관계

(1) **미지수가 2개인 일차방정식의 그래프**

미지수가 2개인 일차방정식의 해의 순서쌍 (x, y)를 좌표평면 위에 나타낸 것을 이 일차방정식의 그래프라 한다.

이때 일차방정식의 그래프는

① x, y의 값이 자연수 또는 정수이면 점이 되고,

② x, y의 값의 범위가 수 전체이면 직선이 된다.

예 일차방정식 $x+y=5$의 그래프
① x, y의 값이 자연수 ② x, y의 값의 범위가 수 전체

(2) **직선의 방정식**

x, y의 값의 범위가 수 전체일 때, 일차방정식

$ax+by+c=0$ (a, b, c는 상수, $a \neq 0$ 또는 $b \neq 0$)

을 직선이 방정식이라 한다.

(3) **일차방정식의 그래프와 일차함수의 그래프**

미지수가 2개인 일차방정식 $ax+by+c=0$ (a, b, c는 상수, $a \neq 0$, $b \neq 0$)의 그래프는

일차함수 $y = -\dfrac{a}{b}x - \dfrac{c}{b}$의 그래프와 같다.

일차방정식 $ax+by+c=0$ ($a \neq 0$, $b \neq 0$)	그래프 ⟶ / ⟵ 식	직선	그래프 ⟶ / ⟵ 식	일차함수 $y = -\dfrac{a}{b}x - \dfrac{c}{b}$

• 개념 확인하기

• 정답 및 해설 66쪽

1 다음 일차방정식을 일차함수 $y=ax+b$의 꼴로 나타내시오. (단, a, b는 상수)

(1) $3x+y+6=0$

(2) $x+4y-2=0$

(3) $2x-5y+10=0$

(4) $-x+2y+8=0$

2 다음 일차방정식의 그래프의 x절편, y절편을 각각 구하고, 이를 이용하여 그 그래프를 좌표평면 위에 그리시오.

(1) $2x-y-4=0$

(2) $2x+3y-6=0$

(3) $-3x+4y+12=0$

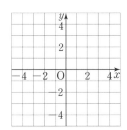
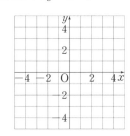
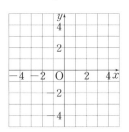

118 Ⅲ. 일차함수

• **예제 1** 미지수가 2개인 일차방정식의 그래프

일차방정식 $x+5y-8=0$의 그래프가 점 $(a, -2)$를 지날 때, a의 값은?

① 10　　　② 12　　　③ 14

④ 16　　　⑤ 18

[해결 포인트]

일차방정식 $ax+by+c=0$의 그래프가 점 (p, q)를 지난다.

➡ $x=p$, $y=q$가 일차방정식 $ax+by+c=0$의 해이다.

🖑한번 더!

1-1 일차방정식 $5x-4y=2$의 그래프가 점 $(a, 2a+1)$을 지날 때, a의 값을 구하시오.

1-2 일차방정식 $x+2y-6=0$의 그래프가 오른쪽 그림과 같을 때, a의 값을 구하시오.

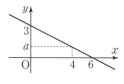

• **예제 2** 일차함수와 일차방정식의 관계

다음 |보기| 중 일차방정식의 그래프와 일차함수의 그래프가 같은 것끼리 모두 짝 지으시오.

| 보기 |

ㄱ. $3x-y-4=0$　　ㄴ. $y=\dfrac{1}{2}x+4$

ㄷ. $\dfrac{x}{8}-\dfrac{y}{4}=-1$　　ㄹ. $y=3x-4$

[해결 포인트]

$$ax+by+c=0 \underset{\text{일차방정식}}{\overset{\text{일차함수}}{\longleftrightarrow}} y=-\dfrac{a}{b}x-\dfrac{c}{b}$$
$(a\neq 0, b\neq 0)$

🖑한번 더!

2-1 일차방정식 $x+4y-8=0$의 그래프가 일차함수 $y=ax+b$의 그래프와 일치할 때, 상수 a, b에 대하여 ab의 값을 구하시오.

2-2 다음은 네 명의 학생이 일차방정식 $4x-y+12=0$의 그래프에 대하여 설명한 것이다. 네 명의 학생 중 바르게 설명한 학생을 모두 고르시오.

> 다현: x절편은 -3, y절편은 -12이다.
> 지원: 일차함수 $y=4x$의 그래프와 평행하다.
> 주은: 오른쪽 아래로 향하는 직선이다.
> 민수: 점 $(-4, -4)$를 지난다.

일차방정식 $x=m$, $y=n$의 그래프

(1) **일차방정식 $x=m$ (m은 상수, $m \neq 0$)의 그래프**

점 $(m, 0)$을 지나고, <mark>y축에 평행한</mark> (x축에 수직인) 직선이다. → 직선 위의 모든 점의 x좌표는 m이다.

(2) **일차방정식 $y=n$ (n은 상수, $n \neq 0$)의 그래프**

점 $(0, n)$을 지나고, <mark>x축에 평행한</mark> (y축에 수직인) 직선이다. → 직선 위의 모든 점의 y좌표는 n이다.

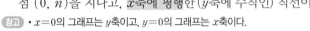

> **참고** · $x=0$의 그래프는 y축이고, $y=0$의 그래프는 x축이다.
> · 직선의 방정식 $ax+by+c=0$ (a, b, c는 상수, $a \neq 0$ 또는 $b \neq 0$)에서

(ⅰ) $a \neq 0$, $b=0$인 경우

➡ 함수가 아니다.

(ⅱ) $a=0$, $b \neq 0$인 경우

➡ 함수이지만 일차함수는 아니다.

(ⅲ) $a \neq 0$, $b \neq 0$인 경우

➡ 일차함수이다.

· 개념 확인하기

· 정답 및 해설 67쪽

1 다음 □ 안에 알맞은 것을 쓰고, 주어진 일차방정식의 그래프를 오른쪽 좌표평면 위에 그리시오.

(1) $x=3$

⇨ 점 ($\boxed{}$, 0)을 지나고, $\boxed{}$축에 평행하게 그린다.

(2) $2x+8=0$

⇨ 점 ($\boxed{}$, 0)을 지나고, $\boxed{}$축에 평행하게 그린다.

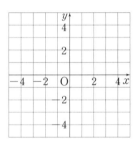

2 다음 □ 안에 알맞은 것을 쓰고, 주어진 일차방정식의 그래프를 오른쪽 좌표평면 위에 그리시오.

(1) $y=-3$

⇨ 점 $(0, \boxed{})$를 지나고, $\boxed{}$축에 평행하게 그린다.

(2) $3y-6=0$

⇨ 점 $(0, \boxed{})$를 지나고, $\boxed{}$축에 평행하게 그린다.

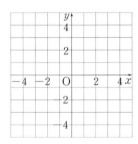

3 다음 점을 지나면서 x축에 평행한 직선의 방정식, y축에 평행한 직선의 방정식을 차례로 구하시오.

(1) $(2, 5)$ (2) $(7, -6)$

예제 1 **좌표축에 평행한(수직인) 직선의 방정식**

다음 |보기|의 일차방정식 중 그 그래프가 좌표축에 평행한 것을 모두 고르시오.

| 보기 |

ㄱ. $5x-6y=0$　　　ㄴ. $2x+3y+1=2x$

ㄷ. $-2y=8$　　　　ㄹ. $2x+3y-4=3y$

ㅁ. $y-x=x-y$　　　ㅂ. $5x-3=0$

[해결 포인트]

• y축에 평행 ➡ $x=$(수)의 꼴

• x축에 평행 ➡ $y=$(수)의 꼴

👆 **한번 더!**

1-1 점 $(-2, 3)$을 지나고, x축에 수직인 직선의 방정식은?

① $x=-2$　　② $x=3$　　③ $y=-2$

④ $y=3$　　　⑤ $3y=-2x$

1-2 일차방정식 $4y+6=a$의 그래프가 오른쪽 그림과 같을 때, 상수 a의 값을 구하시오.

예제 2 **좌표축에 평행한 직선으로 둘러싸인 도형의 넓이**

네 방정식 $x=0$, $y=0$, $x-4=0$, $4y+12=0$의 그래프를 오른쪽 좌표평면 위에 그리고, 이 네 방정식의 그래프로 둘러싸인 도형의 넓이를 구하시오.

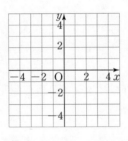

[해결 포인트]

주어진 네 방정식의 그래프로 둘러싸인 도형은 직사각형이므로 가로, 세로의 길이를 각각 구한다.

👆 **한번 더!**

2-1 다음 네 방정식의 그래프로 둘러싸인 도형의 넓이를 구하시오.

$x=1$, 　$2x+6=0$, 　$y-4=0$, 　$y=-1$

III·6

연립방정식의 해와 그래프 (1)

연립방정식 $\begin{cases} ax+by+c=0 \\ a'x+b'y+c'=0 \end{cases}$ 의 해는

두 일차방정식

$ax+by+c=0,\ a'x+b'y+c'=0$

의 그래프, 즉 두 일차함수의 그래프의
교점의 좌표와 같다.

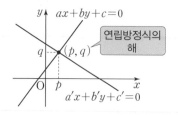

>> 연립방정식의 해
➡ 두 일차방정식의 공통인 해
➡ 두 일차방정식의 그래프의 교점
의 좌표
➡ 두 일차함수의 그래프의 교점의
좌표

연립방정식의 해 $x=p,\ y=q$	⟷	두 일차함수의 그래프의 교점의 좌표 $(p,\ q)$

•개념 확인하기

•정답 및 해설 68쪽

1 오른쪽 그래프를 이용하여 다음 연립방정식의 해를 구하시오.

(1) $\begin{cases} 2x+y=2 \\ x+2y=-5 \end{cases}$
(2) $\begin{cases} 2x+y=2 \\ -x+y=2 \end{cases}$
(3) $\begin{cases} -x+y=2 \\ x+2y=-5 \end{cases}$

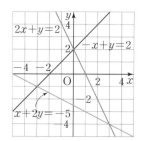

2 다음 연립방정식의 두 일차방정식의 그래프를 각각 좌표평면 위에 그리고, 그 그래프를 이용하여
연립방정식의 해를 구하시오.

(1) $\begin{cases} x+y=4 \\ x-2y=1 \end{cases}$

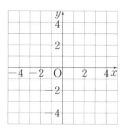

(2) $\begin{cases} x+3y=3 \\ 3x+5y=1 \end{cases}$

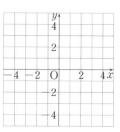

(3) $\begin{cases} x+2y=-3 \\ 3x-y=-2 \end{cases}$

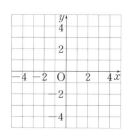

(4) $\begin{cases} 3x+y=3 \\ 4x-y=4 \end{cases}$

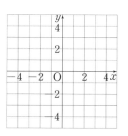

· 예제 1 연립방정식의 해와 그래프의 교점

연립방정식 $\begin{cases} 2x-3y=4 \\ x+y=-3 \end{cases}$ 의
두 일차방정식의 그래프가 오
른쪽 그림과 같을 때, 두 그래
프의 교점의 좌표를 구하시오.

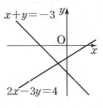

[해결 포인트]
연립방정식의 해는 두 일차방정식의 그래프의 교점의 좌표와 같다.

🖐 한번 더!

1-1 두 일차방정식 $x+y-2=0$, $2x+y+2=0$의
그래프의 교점의 좌표가 (a, b)일 때, $a-b$의 값을 구
하시오.

1-2 두 일차방정식 $5x+2y+1=0$, $7x+5y-3=0$
의 그래프의 교점이 직선 $y=ax+5$ 위의 점일 때, 상
수 a의 값을 구하시오.

· 예제 2 두 직선의 교점을 이용하여 미지수 구하기

연립방정식 $\begin{cases} ax-y=-3 \\ x+by=4 \end{cases}$ 의
두 일차방정식의 그래프가 오
른쪽 그림과 같을 때, 다음 물
음에 답하시오.
　　　　　　(단, a, b는 상수)

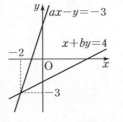

(1) 연립방정식의 해를 구하시오.
(2) a, b의 값을 각각 구하시오.

[해결 포인트]
두 일차방정식의 그래프의 교점의 좌표가 (p, q)이다.
➡ 연립방정식의 해가 $x=p$, $y=q$이다.
➡ 두 일차방정식에 $x=p$, $y=q$를 각각 대입하면 등식이
　모두 성립한다.

🖐 한번 더!

2-1 연립방정식

$\begin{cases} x+ay=-1 \\ bx+y=3 \end{cases}$ 의 두 일차방
정식의 그래프가 오른쪽 그림
과 같을 때, 상수 a, b의 값을
각각 구하시오.

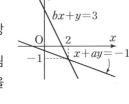

2-2 두 일차방정식 $x+y=4$, $ax-y=2$의 그래프의
교점의 x좌표가 2일 때, 다음 물음에 답하시오.
　　　　　　　　　　　　　　(단, a는 상수)

(1) 두 일차방정식의 그래프의 교점의 y좌표를 구하시오.
(2) a의 값을 구하시오.

예제 3 두 직선의 교점을 지나는 직선의 방정식

두 직선 $y=-x+5$, $y=2x-4$의 교점을 지나고, 기울기가 -2인 직선의 방정식은?

① $y=-2x-8$ ② $y=-2x-6$

③ $y=-2x-4$ ④ $y=-2x+4$

⑤ $y=-2x+8$

[해결 포인트]

연립방정식의 해를 구하여 두 직선의 교점의 좌표를 구한 후

(i) 기울기가 주어졌을 때

➡ 기울기와 교점의 좌표를 이용하여 직선의 방정식을 구한다.

(ii) 직선이 지나는 다른 한 점이 주어졌을 때

➡ 교점과 주어진 점을 지나는 직선의 방정식을 구한다.

한번 더!

3-1 두 직선 $x+y=3$, $y=-4x+6$의 교점을 지나고, x축에 평행한 직선의 방정식은?

① $x=-1$ ② $x=1$ ③ $y=-1$

④ $y=1$ ⑤ $y=2$

3-2 두 일차방정식 $2x+y+5=0$, $x-2y+5=0$의 그래프의 교점과 점 $(-1, -1)$을 지나는 직선의 방정식을 구하시오.

예제 4 세 직선이 한 점에서 만나는 경우

세 직선 $x+y=4$, $x-ay=1$, $4x-5y=7$이 한 점에서 만날 때, 상수 a의 값을 구하시오.

[해결 포인트]

세 직선이 한 점에서 만난다.

➡ 두 직선의 교점을 나머지 한 직선이 지난다.

한번 더!

4-1 일차함수 $y=2x-4$의 그래프가 두 일차방정식 $2x+3y-12=0$, $ax+3y-9=0$의 그래프의 교점을 지날 때, 상수 a의 값을 구하시오.

개념 32 연립방정식의 해와 그래프 (2)

연립방정식 $\begin{cases} ax+by+c=0 \\ a'x+b'y+c'=0 \end{cases}$ 의 해의 개수는 두 일차방정식의 그래프의 교점의 개수와 같다.

두 그래프의 위치 관계	한 점에서 만난다. (교점 1개)	평행하다. (교점 0개)	일치한다. (교점이 무수히 많다.)
두 그래프의 모양	한 점	평행	일치
연립방정식의 해의 개수	한 개	없다.	무수히 많다.
그래프의 특징	기울기가 다르다.	기울기는 같고, y절편은 다르다.	기울기와 y절편이 각각 같다.

참고 연립방정식에서 각 방정식을 일차함수 $y=mx+n$, $y=m'x+n'$의 꼴로 나타낸 후
(i) $m \neq m'$이면 해가 한 개이다.
(ii) $m=m'$, $n \neq n'$이면 해가 없다.
(iii) $m=m'$, $n=n'$이면 해가 무수히 많다.

• 개념 확인하기

• 정답 및 해설 69쪽

1 다음 연립방정식의 두 일차방정식의 그래프를 각각 좌표평면 위에 그리고, 그 그래프를 이용하여 연립방정식의 해의 개수를 구하시오.

(1) $\begin{cases} 2x-y=2 \\ 4x-2y=4 \end{cases}$

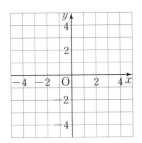

(2) $\begin{cases} 2x-3y=-3 \\ 2x-3y=6 \end{cases}$

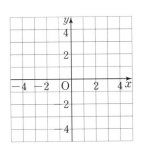

2 다음 □ 안에 알맞은 것을 쓰고, 물음에 답하시오.

(1) 연립방정식 $\begin{cases} ax+y=-2 \\ 3x-4y=4 \end{cases}$ 의 해가 없을 때, 상수 a의 값을 구하시오.

$\begin{cases} ax+y=-2 \\ 3x-4y=4 \end{cases}$ $\xrightarrow[\text{식으로 나타내면}]{y를\ x에\ 대한}$ $\begin{cases} y=-ax-2 \\ \boxed{} \end{cases}$

기울기는 같고, y절편은 달라야 하므로
$-a=\boxed{}$, $-2 \neq -1$ $\quad \therefore a=\boxed{}$

(2) 연립방정식 $\begin{cases} ax+y=-3 \\ 4x-2y=6 \end{cases}$ 의 해가 무수히 많을 때, 상수 a의 값을 구하시오.

$\begin{cases} ax+y=-3 \\ 4x-2y=6 \end{cases}$ $\xrightarrow[\text{식으로 나타내면}]{y를\ x에\ 대한}$ $\begin{cases} y=-ax-3 \\ \boxed{} \end{cases}$

기울기와 y절편이 각각 같아야 하므로
$-a=\boxed{}$, $-3=-3$ $\quad \therefore a=\boxed{}$

• 예제 1 연립방정식의 해의 개수(1)

다음 |보기|의 연립방정식에 대하여 물음에 답하시오.

| 보기 |

ㄱ. $\begin{cases} 2x+4y=4 \\ x+2y=2 \end{cases}$ ㄴ. $\begin{cases} x-y=-2 \\ 2x-2y=-4 \end{cases}$

ㄷ. $\begin{cases} 5x+y=5 \\ 5x-y=5 \end{cases}$ ㄹ. $\begin{cases} x-3y=6 \\ 2x-6y=-12 \end{cases}$

ㅁ. $\begin{cases} -x+y=3 \\ 2x-2y=-6 \end{cases}$ ㅂ. $\begin{cases} 3x+6y=1 \\ x+2y=3 \end{cases}$

(1) 해가 한 개인 연립방정식을 모두 고르시오.

(2) 해가 무수히 많은 연립방정식을 모두 고르시오.

(3) 해가 없는 연립방정식을 모두 고르시오.

[해결 포인트]

연립방정식에서 각 방정식의 그래프인 두 직선이

(i) 한 점에서 만나면 ➡ 연립방정식의 해는 그 교점의 좌표 하나뿐이다.

(ii) 평행하면 ➡ 연립방정식의 해는 없다.

(iii) 일치하면 ➡ 연립방정식의 해는 무수히 많다.

👆 한번 더!

1-1 다음 연립방정식 중 해가 없는 것을 모두 고르면?

(정답 2개)

① $\begin{cases} x-y=-1 \\ 2x-2y=-2 \end{cases}$ ② $\begin{cases} 2x+y=2 \\ 4x+2y=3 \end{cases}$

③ $\begin{cases} 6x-2y=4 \\ 3x-y=2 \end{cases}$ ④ $\begin{cases} x-3y=1 \\ -2x+6y=-1 \end{cases}$

⑤ $\begin{cases} 3x+2y=-1 \\ 9x+6y=-3 \end{cases}$

• 예제 2 연립방정식의 해의 개수(2)

두 일차방정식 $2x-ay=1$, $bx-6y=2$의 그래프의 교점이 무수히 많을 때, 상수 a, b에 대하여 $a+b$의 값을 구하시오.

[해결 포인트]

연립방정식을 이루는 두 일차방정식을 각각 일차함수의 식으로 나타낸 후 기울기와 y절편을 비교한다.

👆 한번 더!

2-1 연립방정식 $\begin{cases} 4x-2y=a \\ bx-4y=-6 \end{cases}$의 해가 존재하지 않도록 하는 상수 a, b의 조건을 각각 구하시오.

---

1   ●○○

다음 중 일차방정식 $x+2y-6=0$의 그래프는?

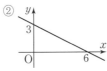

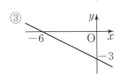

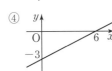

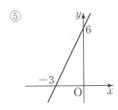

2 중요   ●●○

다음 중 일차방정식 $3x+4y-2=0$의 그래프에 대한 설명으로 옳지 <u>않은</u> 것을 모두 고르면? (정답 2개)

① y절편은 $\frac{1}{2}$이다.

② 점 $(-2, 2)$를 지난다.

③ 제3사분면을 지난다.

④ x의 값이 증가할 때, y의 값은 감소한다.

⑤ 일차함수 $y=\frac{3}{4}x+5$의 그래프와 평행하다.

3   ●●●

일차방정식 $ax+2y+5=0$의 그래프가 점 $(3, -7)$을 지날 때, 이 그래프의 기울기와 y절편을 각각 구하시오. (단, a는 상수)

4   ●●○

두 점 $(-4, -2)$, $(-2, 2)$를 지나는 직선과 일차방정식 $ax+3y-1=0$의 그래프가 서로 평행할 때, 상수 a의 값은?

① 4   ② 2   ③ -2

④ -4 ⑤ -6

5   ●●●

$a>0$, $b<0$일 때, 일차방정식 $ax+y+b=0$의 그래프가 지나지 <u>않는</u> 사분면을 구하시오.

6 중요   ●○○

점 $(6, 4)$를 지나고, x축에 수직인 직선의 방정식은?

① $x-4=0$ ② $y-4=0$

③ $x-6=0$ ⑤ $y-6=0$

④ $4x-6y=0$

7 ●●●

네 직선 $x=-2$, $x+4=0$, $y=k$, $y-3k=0$으로 둘러싸인 도형의 넓이가 12일 때, 양수 k의 값은?

① 1　　　② 2　　　③ 3
④ 4　　　⑤ 50

8 중요 ●○○

두 일차방정식 $x+y=2$, $2x-y=1$의 그래프의 교점의 좌표는?

① $(-2, 1)$　　② $(-1, -1)$　　③ $(1, -2)$
④ $(1, 1)$　　⑤ $(2, 1)$

9 ●●○

오른쪽 그림은 연립방정식
$\begin{cases} 2x+ay=-3 \\ 5x+3y=-2 \end{cases}$ 의 해를 구하기
위해 두 일차방정식의 그래프를
각각 그린 것이다. 두 일차방정
식의 그래프의 교점의 y좌표가
1일 때, 상수 a의 값을 구하시오.

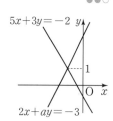

10 ●●○

두 일차방정식 $x-2y=1$, $x+3y=11$의 그래프의 교점을 지나고, x절편이 4인 직선의 y절편은?

① -8　　　② -4　　　③ -2
④ 2　　　⑤ 4

11 ●●●

두 점 $(-1, -3)$, $(2, 6)$을 지나는 직선이 두 직선 $x-y+2=0$, $ax+y+3=0$의 교점을 지난다. 이때 상수 a의 값을 구하시오.

12 ●○○

다음 중 그 그래프가 직선 $y=-4x+3$과 한 점에서 만나는 일차방정식인 것을 모두 고르면? (정답 2개)

① $2y+8x+6=0$　　　② $y-4x-3=0$
③ $-4x-y+3=0$　　　④ $4x-y-3=0$
⑤ $2y+8x-6=0$

13 중요

●●○

다음 |보기|에서 해가 없는 연립방정식을 모두 고른 것은?

| 보기 |

ㄱ. $\begin{cases} x-2y+1=0 \\ 2x-4y+1=0 \end{cases}$ ㄴ. $\begin{cases} x-y=2 \\ 3x-3y=6 \end{cases}$

ㄷ. $\begin{cases} 3x+y=-1 \\ 6x+2y=0 \end{cases}$ ㄹ. $\begin{cases} 2x-3y-4=0 \\ -4x+6y+8=0 \end{cases}$

① ㄱ, ㄴ   ② ㄱ, ㄷ   ③ ㄴ, ㄷ
④ ㄴ, ㄹ   ⑤ ㄷ, ㄹ

14

●●○

연립방정식 $\begin{cases} -x+ay-2=0 \\ 3x+15y+b=0 \end{cases}$ 의 해가 무수히 많을 때, 상수 a, b에 대하여 $a+b$의 값은?

① -3 ② -1 ③ 1
④ 3 ⑤ 6

15

●●●

두 일차방정식 $ax+6y+4=0$, $4x-3y-b=0$의 그래프의 교점이 존재하지 않을 때, 상수 a, b의 조건을 각각 구하시오.

서술형

16

●●○

일차방정식 $2x-ay=6$의 그래프가 오른쪽 그림의 직선과 평행하고, 점 $(4, b)$를 지난다. 이때 a, b의 값을 각각 구하시오. (단, a는 상수이고, 풀이 과정을 자세히 쓰시오.)

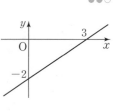

풀이

답

17

●●●

다음 그림의 두 직선 $x-y+3=0$, $2x+y-6=0$과 x축으로 둘러싸인 삼각형 ABC의 넓이를 구하시오.
(단, 풀이 과정을 자세히 쓰시오.)

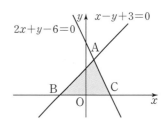

풀이

답

6 · 일차함수와 일차방정식의 관계 단원 정리하기

1 마인드맵으로 개념 구조화!

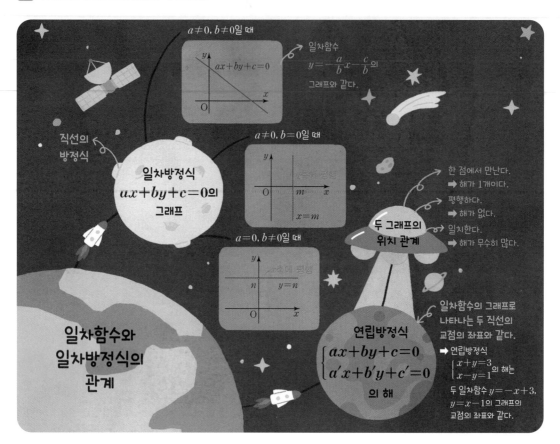

2 OX 문제로 개념 점검!

옳은 것은 ○, 옳지 <u>않은</u> 것은 ✕를 택하시오.

· 정답 및 해설 72쪽

❶ 일차방정식 $x+y+2=0$의 그래프는 일차함수 $y=-x-2$의 그래프와 같다. ○ | ✕

❷ 일차방정식 $x-2y-4=0$의 그래프가 지나지 않는 사분면은 제2사분면이다. ○ | ✕

❸ 일차방정식 $x=2$의 그래프를 좌표평면 위에 나타내면 x축에 평행한 직선이다. ○ | ✕

❹ 두 점 $(-1, 2)$, $(5, 2)$를 지나는 직선은 y축에 수직이다. ○ | ✕

❺ 연립방정식 $\begin{cases} x-y=2 \\ x+y=-2 \end{cases}$의 해는 두 일차함수 $y=x+2$, $y=-x-2$의 그래프의 교점의 좌표와 같다. ○ | ✕

❻ 연립방정식 $\begin{cases} x+y=1 \\ 2x+2y=2 \end{cases}$의 해는 무수히 많다. ○ | ✕

❼ 연립방정식의 해가 없으면 연립방정식을 이루는 두 일차방정식의 그래프의 기울기는 같고, y절편은 다르다. ○ | ✕

MEMO.

MEMO.

수학이 쉬워지는 완벽한 솔루션

완쏠
개념

2022
개정 교육과정
2026년 중2 적용

중등수학

2-1

워크북

메가스터디BOOKS

수학이 쉬워지는 완벽한 솔루션

완쏠 개념

중등수학

2-1

워크북

이 책의 짜임새

반복하여 연습하면 자신감이 UP!

완쏠 개념 중등수학2-1 본책의 필수 개념 각각에 대하여 그 개념에 해당하는 워크북을 바로 반복 연습합니다.

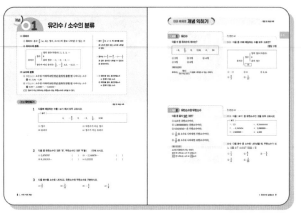

완쏠 "본책"으로
첫 번째 학습

+

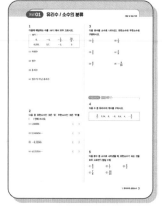

완쏠 "워크북"으로
반복 학습

→

더욱
완벽한
개념 학습

이런 학생들은 워크북을 꼭 풀어 보세요!

✓ 완쏠 본책을 공부한 후, 개념 이해력을 더욱 강화하고 싶다!

✓ 완쏠 본책을 공부한 후, 추가 공부할 과제가 필요하다!

이 책의 차례

유리수 / 소수의 분류

· 정답 및 해설 73쪽

1

다음에 해당하는 수를 | 보기 |에서 모두 고르시오.

┌ 보기 ┤

$$0, \qquad -4, \qquad -\frac{1}{3}, \qquad \frac{10}{5},$$

$$0.233, \qquad 5.7, \qquad -2, \qquad 3$$

(1) 자연수

(2) 정수

(3) 유리수

(4) 정수가 아닌 유리수

2

다음 중 유한소수인 것은 '유', 무한소수인 것은 '무'를
(   ) 안에 쓰시오.

(1) 1.55555   (   )

(2) 2.343434⋯   (   )

(3) −0.12345   (   )

(4) 4.121314⋯   (   )

3

다음 분수를 소수로 나타내고, 유한소수와 무한소수로
구분하시오.

(1) $\frac{1}{2}$ (2) $\frac{1}{3}$

(3) $\frac{4}{5}$ (4) $\frac{3}{8}$

(5) $\frac{6}{7}$ (6) $-\frac{9}{20}$

대표 예제 **한번 더!**

4

다음 수 중 유리수의 개수를 구하시오.

$$\frac{3}{7}, \quad 3.14, \quad 0, \quad -8, \quad 0.4, \quad \pi, \quad -\frac{5}{2}$$

5

다음 분수 중 소수로 나타냈을 때, 유한소수가 되는 것을
모두 고르면? (정답 2개)

① $\frac{8}{5}$ ② $\frac{1}{7}$ ③ $\frac{2}{3}$

④ $\frac{7}{8}$ ⑤ $\frac{10}{23}$

• 정답 및 해설 73쪽

1

다음 중 순환소수인 것은 ○표, 순환소수가 <u>아닌</u> 것은 ×표를 (   ) 안에 쓰시오.

(1) $0.444\cdots$ (   )

(2) $0.2888\cdots$ (   )

(3) $0.83517\cdots$ (   )

(4) $0.243245\cdots$ (   )

(5) $1.353535\cdots$ (   )

(6) $1.234234234\cdots$ (   )

2

다음 순환소수의 순환마디를 구하고, 점을 찍어 간단히 나타내시오.

(1) $0.777\cdots$

(2) $1.3666\cdots$

(3) $0.1545454\cdots$

(4) $2.458458458\cdots$

(5) $5.0264264264\cdots$

(6) $6.767676\cdots$

3

다음 분수를 순환소수로 나타내시오.

(1) $\dfrac{2}{9}$

(2) $\dfrac{4}{11}$

(3) $\dfrac{4}{3}$

(4) $\dfrac{7}{30}$

(5) $\dfrac{2}{37}$

대표 예제 **한번 더!**

4

다음 분수 중 소수로 나타냈을 때, 순환마디가 나머지 넷과 <u>다른</u> 하나는?

① $\dfrac{1}{6}$ ② $\dfrac{5}{12}$ ③ $\dfrac{7}{15}$

④ $\dfrac{11}{18}$ ⑤ $\dfrac{7}{60}$

5

다음 중 순환소수의 표현이 옳지 <u>않은</u> 것을 모두 고르면? (정답 2개)

① $1.333\cdots=1.\dot{3}$

② $2.676767\cdots=2.\dot{6}\dot{7}$

③ $3.434343\cdots=\dot{3}.\dot{4}$

④ $2.3151515\cdots=2.3\dot{1}\dot{5}$

⑤ $1.102102102\cdots=1.\dot{1}0\dot{2}1$

개념 03   유한소수, 순환소수로 나타낼 수 있는 분수

• 정답 및 해설 73쪽

1

다음은 분수의 분모를 10의 거듭제곱으로 고쳐서 유한소수로 나타내는 과정이다. ㈎~㈑에 알맞은 수를 구하시오.

(1) $\dfrac{1}{2}=\dfrac{1\times \boxed{\text{㈎}}}{2\times \boxed{\text{㈏}}}=\dfrac{5}{\boxed{\text{㈐}}}=\boxed{\text{㈑}}$

(2) $\dfrac{3}{2\times 5^2}=\dfrac{3\times \boxed{\text{㈎}}}{2\times 5^2\times \boxed{\text{㈏}}}=\dfrac{6}{\boxed{\text{㈐}}}=\boxed{\text{㈑}}$

(3) $\dfrac{12}{75}=\dfrac{4}{25}=\dfrac{4}{5^2}=\dfrac{4\times \boxed{\text{㈎}}}{5^2\times \boxed{\text{㈏}}}=\dfrac{\boxed{\text{㈐}}}{100}=\boxed{\text{㈑}}$

2

다음 분수 중 유한소수로 나타낼 수 있는 것은 ○표, 유한소수로 나타낼 수 <u>없는</u> 것은 ×표를 ( ) 안에 쓰시오.

(1) $\dfrac{1}{2\times 5^2}$ (   )

(2) $\dfrac{1}{2^2\times 3}$ (   )

(3) $\dfrac{9}{2\times 3\times 5}$ (   )

(4) $\dfrac{15}{2^3\times 3^3}$ (   )

(5) $\dfrac{24}{96}$ (   )

(6) $\dfrac{14}{150}$ (   )

3

다음 분수에 어떤 자연수 □를 곱하여 유한소수로 나타낼 때, □ 안에 들어갈 수 있는 가장 작은 자연수를 구하시오.

(1) $\dfrac{1}{2\times 5\times 7}\times \boxed{}$

(2) $\dfrac{21}{2^2\times 3^2\times 5}\times \boxed{}$

(3) $\dfrac{24}{3^2\times 5\times 11}\times \boxed{}$

(4) $\dfrac{5}{72}\times \boxed{}$

(5) $\dfrac{3}{126}\times \boxed{}$

(6) $\dfrac{9}{660}\times \boxed{}$

대표 예제 한번 더!

4

다음 분수 중 유한소수로 나타낼 수 있는 것을 모두 고르면? (정답 2개)

① $\dfrac{9}{14}$ ② $\dfrac{7}{35}$ ③ $\dfrac{6}{150}$

④ $\dfrac{8}{33}$ ⑤ $\dfrac{5}{30}$

5

분수 $\dfrac{a}{2\times 5^2\times 7\times 11}$ 를 소수로 나타낼 때, 유한소수가 되도록 하는 가장 작은 자연수 a의 값은?

① 7   ② 11   ③ 33
④ 77   ⑤ 111

1. 유리수와 순환소수 5

1

다음은 순환소수를 분수로 나타내는 과정이다. (가)~(다)에 알맞은 수를 구하시오.

(1) $0.\dot{8}$

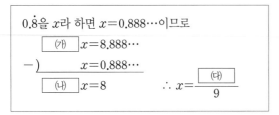

$0.\dot{8}$을 x라 하면 $x=0.888\cdots$이므로

$$\boxed{(가)}\,x=8.888\cdots$$
$$-)\qquad\quad x=0.888\cdots$$
$$\boxed{(나)}\,x=8 \qquad \therefore x=\dfrac{\boxed{(다)}}{9}$$

(2) $0.\dot{2}\dot{5}$

$0.\dot{2}\dot{5}$를 x라 하면 $x=0.252525\cdots$이므로

$$\boxed{(가)}\,x=25.252525\cdots$$
$$-)\qquad\quad x=\ \ 0.252525\cdots$$
$$\boxed{(나)}\,x=25 \qquad \therefore x=\dfrac{\boxed{(다)}}{99}$$

(3) $0.\dot{1}5\dot{3}$

$0.\dot{1}5\dot{3}$을 x라 하면 $x=0.153153\cdots$이므로

$$\boxed{(가)}\,x=153.153153\cdots$$
$$-)\qquad\quad x=\ \ \ 0.153153\cdots$$
$$\boxed{(나)}\,x=153 \qquad \therefore x=\dfrac{\boxed{(다)}}{111}$$

(4) $0.3\dot{2}$

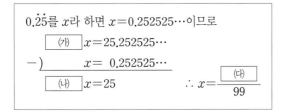

$0.3\dot{2}$를 x라 하면 $x=0.3222\cdots$이므로

$$100\,x=32.222\cdots$$
$$-)\boxed{(가)}\,x=\ \ 3.222\cdots$$
$$\boxed{(나)}\,x=29 \qquad \therefore x=\dfrac{\boxed{(다)}}{90}$$

(5) $0.1\dot{8}\dot{4}$

$0.1\dot{8}\dot{4}$를 x라 하면 $x=0.1848484\cdots$이므로

$$1000\,x=184.848484\cdots$$
$$-)\boxed{(가)}\,x=\ \ \ 1.848484\cdots$$
$$\boxed{(나)}\,x=183 \qquad \therefore x=\dfrac{\boxed{(다)}}{330}$$

(6) $2.37\dot{5}$

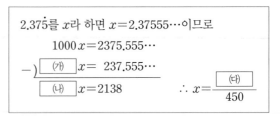

$2.37\dot{5}$를 x라 하면 $x=2.37555\cdots$이므로

$$1000\,x=2375.555\cdots$$
$$-)\boxed{(가)}\,x=\ \ 237.555\cdots$$
$$\boxed{(나)}\,x=2138 \qquad \therefore x=\dfrac{\boxed{(다)}}{450}$$

2

다음은 순환소수를 분수로 나타내는 과정이다. ☐ 안에 알맞은 수를 쓰시오.

(1) $0.\dot{1}=\dfrac{\boxed{}}{9}$

(2) $0.\dot{1}\dot{9}=\dfrac{19}{\boxed{}}$

(3) $1.\dot{6}=\dfrac{16-1}{\boxed{}}=\dfrac{5}{\boxed{}}$

(4) $1.\dot{2}\dot{4}=\dfrac{124-\boxed{}}{99}=\dfrac{\boxed{}}{33}$

(5) $0.1\dot{5}\dot{3}=\dfrac{153-1}{\boxed{}}=\dfrac{76}{\boxed{}}$

(6) $1.7\dot{1}=\dfrac{171-\boxed{}}{90}=\dfrac{\boxed{}}{45}$

(7) $2.1\dot{6}\dot{8}=\dfrac{2168-\boxed{}}{900}=\dfrac{\boxed{}}{225}$

3

다음 순환소수를 분수로 나타내시오.

(1) $2.\dot{2}\dot{1}$ (2) $3.3\dot{5}\dot{8}$

(3) $0.1\dot{2}\dot{3}$ (4) $1.59\dot{3}$

4

유리수와 소수의 관계에 대한 다음 설명 중 옳은 것은 ○표, 옳지 <u>않은</u> 것은 ×표를 (   ) 안에 쓰시오.

(1) 모든 무한소수는 순환소수이다.   (   )

(2) 모든 무한소수는 유리수이다.   (   )

(3) 모든 유한소수는 유리수이다.   (   )

(4) 모든 순환소수는 유리수이다.   (   )

(5) 유한소수가 아닌 소수는 모두 무한소수이다.

(   )

(6) 모든 소수는 분수로 나타낼 수 있다.   (   )

6

다음 중 순환소수를 분수로 나타내는 과정으로 옳지 <u>않은</u> 것을 모두 고르면? (정답 2개)

① $0.4\dot{7} = \dfrac{47-4}{90}$ ② $0.\dot{5}\dot{4} = \dfrac{54}{99}$

③ $0.\dot{5}6\dot{7} = \dfrac{567}{909}$ ④ $0.13\dot{5} = \dfrac{135-13}{900}$

⑤ $2.4\dot{8}\dot{1} = \dfrac{2481-2}{990}$

7

$6.\dot{3} = A + 0.\dot{7}$일 때, A의 값을 순환소수로 나타내시오.

대표 예제 한번 더!

5

다음 중 순환소수를 x라 할 때, 순환소수를 분수로 나타내는 과정에서 $100x - 10x$를 이용하는 것이 가장 편리한 것은?

① $2.\dot{3}\dot{7}$ ② $0.1\dot{7}\dot{5}$ ③ $0.5\dot{6}$

④ $1.4\dot{3}\dot{9}$ ⑤ $3.92\dot{8}$

8

다음 중 옳은 것은?

① 모든 소수는 유리수이다.
② 모든 순환소수는 무한소수이다.
③ 모든 무한소수는 분수로 나타낼 수 있다.
④ 소수는 유한소수와 순환소수로 나눌 수 있다.
⑤ 정수가 아닌 유리수는 모두 유한소수로 나타낼 수 있다.

지수법칙 (지수의 합과 곱)

• 정답 및 해설 75쪽

1

다음 식을 간단히 하시오.

(1) $x^2 \times x^4$

(2) $y \times y^7$

(3) $2^3 \times 2^4$

(4) $3^2 \times 3^8$

(5) $a \times a^3 \times a^4$

(6) $5^2 \times 5^3 \times 5^6$

2

다음 식을 간단히 하시오.

(1) $a^7 \times b^6 \times a^3$

(2) $x^2 \times y^3 \times x^4$

(3) $a \times b \times a^3 \times b^4$

(4) $x^3 \times y^4 \times x^2 \times y^3$

3

다음 식을 간단히 하시오.

(1) $(x^2)^6$

(2) $(y^4)^4$

(3) $(2^5)^2$

(4) $(x^4)^2 \times (x^8)^3$

(5) $(y^3)^5 \times (y^2)^2$

(6) $(a^3)^6 \times a^3 \times (a^2)^2$

대표 예제 한번 더!

4

$3 \times 3^3 \times 3^a = 729$일 때, 자연수 a의 값은?

① 1   ② 2   ③ 3
④ 4   ⑤ 5

5

$(5^a)^2 \times 5^2 = 5^{22}$일 때, 자연수 a의 값을 구하시오.

1

다음 식을 간단히 하시오.

(1) $x^{10} \div x^4$

(2) $x^5 \div x^5$

(3) $x^4 \div x^7$

(4) $2^8 \div 2^3$

(5) $x^6 \div x^2 \div x^3$

(6) $a^5 \div a^2 \div a^4$

2

다음 식을 간단히 하시오.

(1) $(xy)^2$

(2) $(a^2 b^3)^5$

(3) $(3x^2)^3$

(4) $(-3xy^4)^3$

(5) $\left(\dfrac{y}{x^2}\right)^3$

(6) $\left(\dfrac{b^4}{a^3}\right)^2$

(7) $\left(-\dfrac{x^3}{2}\right)^3$

(8) $\left(\dfrac{3a^2}{2b}\right)^2$

3

다음 □ 안에 알맞은 수를 쓰시오.

(1) $2^2 + 2^2 = \square \times 2^2 = 2^{\square+2} = 2^{\square}$

(2) $3^5 + 3^5 + 3^5 = \square \times 3^5 = 3^{\square+5} = 3^{\square}$

(3) $4^3 + 4^3 + 4^3 + 4^3 = \square \times 4^3 = 4^{\square+3} = 4^{\square}$

(4) $5^7 + 5^7 + 5^7 + 5^7 + 5^7 = \square \times 5^7 = 5^{\square+7} = 5^{\square}$

4

$2^3 = A$라 할 때, 다음 □ 안에 알맞은 수를 쓰시오.

(1) $64 = 2^{\square} = (2^3)^{\square} = A^{\square}$

(2) $8^3 = (2^3)^{\square} = A^{\square}$

(3) $16^3 = (2^{\square})^3 = 2^{\square} = (2^3)^{\square} = A^{\square}$

(4) $4^4 = (2^{\square})^4 = 2^{\square} = 2^2 \times 2^{\square} = 4 \times (2^3)^{\square} = 4A^{\square}$

5

다음을 $a \times 10^k (a, k$는 자연수)의 꼴로 나타낼 때, □ 안에 알맞은 수를 쓰시오.

(1) $2^4 \times 5^3 = \square \times 10^3$

(2) $2^7 \times 5^4 - 8 \times 10^{\square}$

(3) $2^7 \times 5^5 = \square \times 10^5$

(4) $2^8 \times 5^9 = 5 \times 10^{\square}$

대표 예제 한번 더!

6

$(y^3)^5 \div (y^2)^3 \div y^4$을 간단히 하시오.

7

$(-2x^a y^6)^2 = 4x^8 y^b$일 때, 자연수 a, b에 대하여 $a+b$의 값을 구하시오.

8

$5^3 + 5^3 + 5^3 + 5^3 + 5^3$을 간단히 하면?

① 5^4　　　② 5^8　　　③ 5^{10}

④ 5^{12}　　　⑤ 5^{15}

9

$3^3 = A$라 할 때, 81^9을 A를 사용하여 나타내면?

① A^3　　　② A^4　　　③ A^9

④ A^{12}　　　⑤ A^{13}

10

$2^7 \times 5^{10}$이 n자리의 자연수일 때, n의 값은?

① 6　　　② 7　　　③ 8

④ 9　　　⑤ 10

1

다음 식을 계산하시오.

(1) $5x \times 2x^2$

(2) $3a^2b^3 \times 2a^3b^4$

(3) $(-4y^2) \times (-3y^3)$

(4) $\left(-\dfrac{2}{3}a^2b\right) \times 6a^3b$

2

다음 식을 계산하시오.

(1) $12y^3 \div 3y$

(2) $2a^4 \div \dfrac{1}{4}a$

(3) $30a^3b^5 \div 6ab^2$

(4) $5xy \div \left(-\dfrac{1}{3}x^3y\right)$

3

다음 식을 계산하시오.

(1) $(6ab^2)^2 \times \left(\dfrac{1}{3}ab\right)^2$

(2) $(2xy^2)^2 \times 4xy^3 \times (-x^2y)^3$

(3) $(3a^2b^3)^2 \div (-ab)^3$

(4) $(x^3y)^2 \div (2xy)^3 \div \dfrac{1}{2}xy^2$

4

다음 □ 안에 알맞은 것을 쓰고, 주어진 식을 계산하시오.

(1) $(-x^2) \times (-8x^3) \div 4x$

$= (-x^2) \times (-8x^3) \times \dfrac{1}{\boxed{}}$

$= (-1) \times (\boxed{}) \times \dfrac{1}{4} \times x^2 \times x^3 \times \dfrac{1}{\boxed{}}$

$= \boxed{}$

(2) $18a^5 \div (-3a)^3 \times 3a$

$= 18a^5 \div (\boxed{}) \times 3a$

$= 18a^5 \times \left(\boxed{}\right) \times 3a$

$= 18 \times \left(\boxed{}\right) \times 3 \times a^5 \times \dfrac{1}{\boxed{}} \times a$

$= \boxed{}$

(3) $(2x^2y)^2 \div 8x^3y^5 \times 5x^4y^3$

$= \boxed{} \times \dfrac{1}{8x^3y^5} \times 5x^4y^3$

$= \boxed{} \times \dfrac{1}{8} \times 5 \times \boxed{} \times \dfrac{1}{x^3y^5} \times x^4y^3$

$= \boxed{}$

(4) $(5x^2y)^2 \times x^3y^4 \div x^4y^3$

(5) $\left(-\dfrac{1}{2}a^2b\right)^3 \times 8ab^3 \div 2a^4b^2$

(6) $15x^2y^3 \div \left(-\dfrac{3}{4}x^3y^2\right) \times 2xy^4$

5

다음을 만족시키는 도형의 넓이를 구하시오.

(1) 밑변의 길이가 $3xy$, 높이가 $6x^2y^3$인 삼각형

(2) 가로의 길이가 $7a^2b^2$, 세로의 길이가 ab^3인 직사각형

6

다음은 오른쪽 그림과 같이 밑면이 한 변의 길이가 $4xy$인 정사각형이고, 부피가 $80x^7y^5$인 직육면체의 높이를 구하는 과정이다. □ 안에 알맞은 것을 쓰시오.

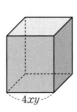

4xy

(직육면체의 부피)=(밑넓이)×(높이)이므로

(높이)=(⬚)÷(밑넓이)

      $=80x^7y^5÷($ ⬚ $)^2$

      $=80x^7y^5÷$ ⬚

      $=$ ⬚

대표 예제 한번 더!

7

$4x^2 \times 3xy \times (-xy)^2 = Ax^By^C$일 때, 자연수 A, B, C의 값을 각각 구하시오.

8

$(-3x^4y^3)^2 ÷ (xy)^3 ÷ 3xy^2 = Ax^By^C$일 때, 자연수 A, B, C에 대하여 $A-B-C$의 값은?

① -2　　　　② -1　　　　③ 1

④ 2　　　　⑤ 3

9

$x=-3$, $y=3$일 때, $15x^3y \times \left(-\dfrac{1}{3}y\right)^2 ÷ 5xy$의 값을 구하시오.

10

밑변의 길이가 $42xy^3$인 평행사변형의 넓이가 $56x^5y^4$일 때, 평행사변형의 높이는?

① $\dfrac{xy^3}{4}$　　　　② $\dfrac{2x^2y^2}{3}$　　　　③ $\dfrac{3x^3y^2}{4}$

④ $\dfrac{7x^4y^2}{8}$　　　　⑤ $\dfrac{4x^4y}{3}$

1

다음 식을 계산하시오.

(1) $(5x+4y)+(3x-2y)$

(2) $(4x-5y)+(-2x+4y)$

(3) $3(-2x+3y)+(5x-4y)$

(4) $(2x-3y+1)+(x-2y-2)$

(5) $2(a+2b+4)+3(2a-3b-1)$

2

다음 식을 계산하시오.

(1) $(4x+3y)-(2x+5y)$

(2) $(2x+4y)-(-x+3y)$

(3) $2(5x-3y)-(4x+y)$

(4) $3(2a-3b)-(-5a-4b)$

(5) $(3x-6y+3)-(2x+3y-3)$

3

다음 식을 계산하시오.

(1) $\left(-\dfrac{1}{2}x+\dfrac{1}{2}y\right)+\left(\dfrac{4}{5}x-\dfrac{3}{5}y\right)$

(2) $\left(\dfrac{4}{3}a+\dfrac{2}{3}b\right)-\left(\dfrac{1}{6}a-\dfrac{3}{4}b\right)$

(3) $\dfrac{x-y}{3}+\dfrac{5x+y}{2}$

(4) $\dfrac{3a-b}{4}-\dfrac{a-3b}{2}$

4

다음 식을 계산하시오.

(1) $5x+\{2y-(2x-3y)\}$

(2) $5a-\{a-3b-(-2a+b)-5\}$

(3) $x-[2x-y+\{x-2(3x-y)\}]$

5

다음 중 이차식인 것은 ○표, 이차식이 <u>아닌</u> 것은 ×표를 ( ) 안에 쓰시오.

(1) $2x^2+4x-3$　　　　　　(　　)

(2) $\dfrac{3}{x^2}-\dfrac{1}{4}$　　　　　　　(　　)

(3) $(x^2+3x+5)-x^2$　　　(　　)

(4) $-4a^2+5a$　　　　　　(　　)

6

다음 식을 계산하시오.

(1) $(x^2+2x)+(2x^2+x-3)$

(2) $(3x^2-2x)+2(2x^2-5x+1)$

(3) $4(-2x^2+4x-3)+2(5x^2-3x+1)$

(4) $(3a^2-2a+5)-(4a^2+2)$

(5) $4(a^2-2a-4)-(-5a^2+3a-7)$

(6) $3(-2x^2+x-5)-2(x^2-2x+3)$

7

다음 식을 계산하시오.

(1) $3x^2-x+6\{x^2-(x+2)\}$

(2) $x^2+2\{x^2-(2x+x^2)+5\}$

대표 예제 한번 더!

8

$\dfrac{-3x+y}{4}-\dfrac{2x-5y}{3}=ax+by$일 때, 상수 a, b에 대하여 $a+b$의 값을 구하시오.

9

$(x^2-3x+5)+3(4x^2+2x+1)$을 계산했을 때, x^2의 계수와 상수항의 합을 구하시오.

1
다음 식을 전개하시오.

(1) $2x(4x+1)$

(2) $a(5a-2)$

(3) $(2x+5y) \times 3x$

(4) $(3a-2b) \times 4a$

(5) $-2x(x-3y)$

(6) $(a+3b) \times (-3a)$

(7) $3x(x+2y-4)$

(8) $(5a-3b+1) \times 2a$

(9) $-2y(-x+5y-6)$

(10) $(-2a+4b-5) \times (-4a)$

2
다음 식을 계산하시오.

(1) $3x^2-2x+2x(x+4)$

(2) $2a^2-4a-3a(2a-1)$

(3) $x(2x-3y)-2x(4y-3x)$

(4) $4a(3a-2b)+a(a-6b)$

(5) $2x(6y+3x)-3y\left(\dfrac{4}{3}x-2y\right)$

(6) $-2a\left(-3a+\dfrac{1}{2}b\right)+a(4a-2b)$

3
다음 식을 계산하시오.

(1) $(4a^2+8a) \div 2a$

(2) $(8x^2-10x) \div (-2x)$

(3) $(6ab-3a) \div 3a$

(4) $(9xy-15y) \div (-3y)$

(5) $(12x^2y^3-8x^3y^2)\div 4xy$

(6) $(4ab+3a)\div \dfrac{a}{2}$

(7) $(-2x^2+x)\div \dfrac{1}{3}x$

(8) $(18xy-6xy^2)\div \dfrac{3}{2}y$

(9) $(3a^2b-9ab^2)\div \left(-\dfrac{3}{5}b\right)$

(10) $(10x^2y^4-15xy^2)\div \dfrac{5}{6}xy^2$

(5) $(8x^2y+12xy-4y)\div \dfrac{4}{3}y$

(6) $(6a^3b+2a^2b-4ab)\div \left(-\dfrac{2}{5}a\right)$

대표 예제 **한번 더!**

5

$4x(2x+y-2)$의 전개식에서 x^2의 계수를 a, $-5x(x+2y-3)$의 전개식에서 xy의 계수를 b라 할 때, $a+b$의 값을 구하시오.

4

다음 식을 계산하시오.

(1) $(2x^4+6x^3y+4x)\div 2x$

(2) $(3y^3+15y^2-12xy)\div 3y$

(3) $(20a^2b-15ab^2+10b)\div (-5b)$

(4) $(-21x^3+6x^2-9x)\div \dfrac{3}{2}x$

6

$\dfrac{-2a^3b+8a^2b^2+10ab^2}{2ab}$ 을 계산했을 때, ab의 계수와 b의 계수의 합을 구하시오.

•정답 및 해설 79쪽

1

다음 식을 계산하시오.

(1) $x(x+3)+(x^3y-4x^2y)\div xy$

(2) $2a(1-5b)+(9a^2b-3a^2)\div 3a$

(3) $(x^3y-3xy)\div x+(6x^2y^3-9y^3)\div 3y^2$

(4) $-a(3a+5)+(a^2+2ab)\div \dfrac{a}{4}$

(5) $(6x^2+4x)\div(-2x)+(x-5)\div \dfrac{1}{3x}$

(6) $(-2a^2+a)\div \dfrac{1}{3}a+(a^3-2a)\div \left(-\dfrac{1}{2}a\right)$

2

다음 식을 계산하시오.

(1) $3x(-x+2)-x(x+1)$

(2) $ab(2a+b)-a(2ab-b^2)$

(3) $-4x(x+3)-(12x^2-8x)\div(-4x)$

(4) $(10a^2-6a)\div 2a-(3a^2-5a^2b)\div a$

(5) $(16x^2y-8xy^2)\div(-4xy)-(15x^2-6x)\div 3x$

(6) $-3a(a-4)-(8a^2b+12ab-4b)\div \dfrac{2}{3}b$

3

다음 식을 계산하시오.

(1) $(4x^3y+6xy^2)\div \dfrac{1}{2}x\times 4y$

(2) $\left(\dfrac{4}{3}a^4b^2-2a^3\right)\div(-2a)^2\times(-b)$

4

다음을 만족시키는 도형의 넓이를 구하시오.

(1) 밑변의 길이가 $4xy$, 높이가 $7x+5y$인 삼각형
(2) 가로의 길이가 $5b$, 세로의 길이가 $5a+b^2$인 직사각형

5

다음은 오른쪽 그림과 같이 밑변의 길이가 $2xy$, 넓이가 $6x^2y+8xy^2$인 삼각형의 높이를 구하는 과정이다. □ 안에 알맞은 것을 쓰시오.

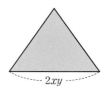

(삼각형의 넓이)$=\dfrac{1}{2}\times$(밑변의 길이)$\times$(높이)이므로

(높이)$=($ ☐ $)\times 2\div$(밑변의 길이)

$=(6x^2y+8xy^2)\times 2\div$ ☐

$=$ ☐

6

다음은 오른쪽 그림과 같이 세로의 길이가 $3b$, 넓이가 $24ab-12b^2$인 직사각형의 가로의 길이를 구하는 과정이다. ☐ 안에 알맞은 것을 쓰시오.

> (직사각형의 넓이)＝(가로의 길이)×(세로의 길이)
> 이므로
> (가로의 길이)＝(직사각형의 넓이)÷(☐)
> $=(24ab-12b^2)÷$☐
> ＝☐

7

다음은 오른쪽 그림과 같이 높이가 $4x$, 넓이가 $16x^2+8x$인 평행사변형의 밑변의 길이를 구하는 과정이다. ☐ 안에 알맞은 것을 쓰시오.

> (평행사변형의 넓이)＝(밑변의 길이)×(높이)이므로
> (밑변의 길이)＝(평행사변형의 넓이)÷(☐)
> $=(16x^2+8x)÷$☐
> ＝☐

8

다음은 오른쪽 그림과 같이 밑면이 한 변의 길이가 $3xy$인 정사각형이고, 부피가 $36x^3y^2+27x^3y^3$인 직육면체의 높이를 구하는 과정이다. ☐ 안에 알맞은 것을 쓰시오.

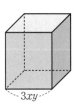

> (직육면체의 부피)＝(밑넓이)×(높이)이므로
> (높이)＝(☐)÷(밑넓이)
> $=(36x^3y^2+27x^3y^3)÷($☐$)^2$
> $=(36x^3y^2+27x^3y^3)÷$☐
> ＝☐

대표 예제 한번 더!

9

$(4a^4b^2-8a^3b^4)÷(2ab)^2-(a-2b^2)×4a$를 계산했을 때, a^2의 계수를 구하시오.

10

오른쪽 그림은 밑면이 가로의 길이가 $3a$, 세로의 길이가 $2b$인 직사각형이고, 부피가 $12a^2b+24ab^2$인 사각기둥이다. 이 사각기둥의 높이를 구하시오.

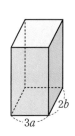

1

다음 중 부등식인 것은 ○표, 부등식이 <u>아닌</u> 것은 ×표를 ( ) 안에 쓰시오.

(1) $2x+1=5$ (   )

(2) $4 > -1$ (   )

(3) $3x+2=-x$ (   )

(4) $x \leq 3$ (   )

(5) $5x-3 < 2$ (   )

(6) $3x-y+4$ (   )

2

다음 문장을 부등식으로 나타낼 때, ○ 안에 알맞은 부등호를 쓰시오.

(1) x는 -1보다 크거나 같다.   ⇨ $x \bigcirc -1$

(2) x는 4 초과이다.   ⇨ $x \bigcirc 4$

(3) x는 2보다 크지 않다.   ⇨ $x \bigcirc 2$

(4) x는 -5보다 작다.   ⇨ $x \bigcirc -5$

(5) x는 3 미만이다.   ⇨ $x \bigcirc 3$

3

다음 문장을 부등식으로 나타내시오.

(1) x의 2배에서 5를 빼면 9보다 작다.

(2) 학생 8명이 x원씩 낸 금액의 합은 15000원을 넘지 않는다.

(3) 진우의 10년 후의 나이는 현재 나이 x세의 3배보다 많다.

(4) 한 개에 300원인 사탕 x개와 한 개에 900원인 과자 2개의 가격은 6000원 이상이다.

4

다음 중 [ ] 안의 수가 주어진 부등식의 해인 것은 ○표, 해가 <u>아닌</u> 것은 ×표를 ( ) 안에 쓰시오.

(1) $3x+1 > 5$ [3]   (   )

(2) $-2x+5 \leq 0$ [2]   (   )

(3) $2x-7 < 1$ [3]   (   )

(4) $-x-3 \leq 2x$ [-1]   (   )

(5) $-x+7 \geq 3x+3$ [2]   (   )

(6) $2(x+3) < -1$ [-2]   (   )

5

x의 값이 -2, -1, 0, 1, 2일 때, 주어진 부등식의 해를 구하려고 한다. 다음 표를 완성하고, 부등식의 해를 구하시오.

(1) $x+5<4$

x의 값	좌변	우변	참, 거짓
-2			
-1			
0			
1			
2			

(2) $-2x+1\geq1$

x의 값	좌변	우변	참, 거짓
-2			
-1			
0			
1			
2			

(3) $3(x-1)>-1$

x의 값	좌변	우변	참, 거짓
-2			
-1			
0			
1			
2			

대표 예제 **한번 더!**

6

다음 | 보기 | 중 문장을 부등식으로 나타낼 때, $2x-3<16$이 되는 것을 고르시오.

┤ 보기 ├

ㄱ. x의 2배에서 3을 빼면 16보다 크지 않다.

ㄴ. 한 봉지에 x개씩 들어 있는 사탕 두 봉지에서 사탕 3개를 꺼내 먹었을 때, 남은 사탕의 개수는 16개보다 적다.

ㄷ. x장이 한 묶음인 색종이 세 묶음에서 색종이 2장을 친구에게 주었을 때, 남은 색종이의 수는 16장보다 적다.

7

x의 값이 5보다 작은 자연수일 때, 부등식 $2x+4\leq3x+1$의 해의 개수를 구하시오.

1

$a < b$일 때, 다음 $\bigcirc$ 안에 알맞은 부등호를 쓰시오.

(1) $a+4 \bigcirc b+4$

(2) $a-2 \bigcirc b-2$

(3) $5a \bigcirc 5b$

(4) $-3a \bigcirc -3b$

(5) $a \div 4 \bigcirc b \div 4$

(6) $a \div (-6) \bigcirc b \div (-6)$

2

$a > b$일 때, 다음 $\bigcirc$ 안에 알맞은 부등호를 쓰시오.

(1) $-2a+3 \bigcirc -2b+3$

(2) $4+3a \bigcirc 4+3b$

(3) $\dfrac{1}{2}a+1 \bigcirc \dfrac{1}{2}b+1$

(4) $-\dfrac{3}{4}a-5 \bigcirc -\dfrac{3}{4}b-5$

3

다음 $\bigcirc$ 안에 알맞은 부등호를 쓰시오.

(1) $a-3 > b-3 \ \Rightarrow \ a \bigcirc b$

(2) $2a \leq 2b \ \Rightarrow \ a \bigcirc b$

(3) $-3a+2 > -3b+2 \ \Rightarrow \ a \bigcirc b$

(4) $\dfrac{a}{5}-4 \geq \dfrac{b}{5}-4 \ \Rightarrow \ a \bigcirc b$

4

$x > 1$일 때, 주어진 식의 값의 범위를 구하시오.

(1) $2x+5$

(2) $-4x+7$

대표 예제 한번 더!

5

$a+3 \geq b+3$일 때, 다음 중 옳지 <u>않은</u> 것은?

① $2a \geq 2b$ 　　　② $-a+3 \geq -b+3$

③ $a \div 3 \geq b \div 3$ 　　④ $a-3 \geq b-3$

⑤ $3a+2 \geq 3b+2$

6

$-5 < x \leq -2$일 때, $10-x$의 값의 범위를 구하시오.

개념 **13** 일차부등식의 풀이

1

다음 중 일차부등식인 것은 ○표, 일차부등식이 <u>아닌</u> 것은 ×표를 ( ) 안에 쓰시오.

(1) $4-3x<1$ ( )

(2) $8+2>7$ ( )

(3) $4x+3=11$ ( )

(4) $x+6\leq3x+2$ ( )

(5) $x^2-5x+1\geq x^2$ ( )

(6) $2x+4\leq2x+7$ ( )

2

다음 수직선 위에 나타낸 x의 값의 범위를 부등식으로 나타내시오.

(1)

(2)
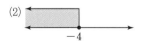

3

다음은 일차부등식을 푸는 과정이다. □ 안에 알맞은 수를 쓰시오.

(1) $x\geq4x-3$

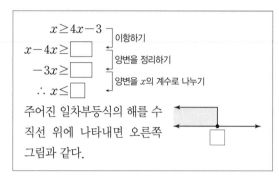

주어진 일차부등식의 해를 수직선 위에 나타내면 오른쪽 그림과 같다.

(2) $4x-1<2x-5$

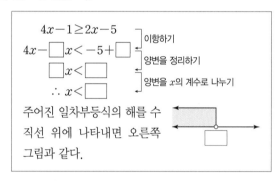

주어진 일차부등식의 해를 수직선 위에 나타내면 오른쪽 그림과 같다.

4

다음 일차부등식을 풀고, 그 해를 수직선 위에 나타내시오.

(1) $x+5>2$

(2) $2x\leq6$

(3) $4x-9<7$

(4) $-x-1\leq4$

(5) $x+8\geq-3x$

(6) $2x+3>5x-6$

6

일차부등식 $3x-5>-x+7$의 해는 $x>a$이고, 일차부등식 $2+5x\geq3x-4$의 해는 $x\geq b$이다. 상수 a, b에 대하여 $a+b$의 값을 구하시오.

7

x에 대한 일차부등식 $x-4\leq a-4x$의 해를 수직선 위에 나타내면 다음 그림과 같을 때, 상수 a의 값은?

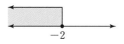

① -20 ② -14 ③ -10
④ 10 ⑤ 20

대표 예제 한번 더!

5

다음 중 일차부등식인 것을 모두 고르면? (정답 2개)

① $2+4>3$
② $3x>2$
③ $2x-1<7x$
④ $x^2+4x\leq2+3x$
⑤ $3(x+2)-x\geq1+2x$

8

$a<0$일 때, x에 대한 일차부등식 $ax-5a>0$의 해는?

① $x>-\dfrac{1}{5}$ ② $x>\dfrac{1}{5}$ ③ $x<\dfrac{1}{5}$
④ $x>5$ ⑤ $x<5$

• 정답 및 해설 83쪽

1

다음 □ 안에 알맞은 수를 쓰고, 주어진 일차부등식을 푸시오.

(1) $2(x-3)>2$

⇨ 분배법칙을 이용하여 괄호를 풀면

$\square x-\square>2$, $\square x>8$

∴ $x>\square$

(2) $0.3x-1.2<6$

⇨ 주어진 부등식의 양변에 $\square$를 곱하면

$\square x-12<\square$, $\square x<72$

∴ $x<\square$

(3) $\dfrac{1}{2}x-\dfrac{1}{8}\geq\dfrac{1}{4}x$

⇨ 주어진 부등식의 양변에 분모의 최소공배수인 $\square$를 곱하면

$\square x-1\geq\square x$, $\square x\geq1$

∴ $x\geq\square$

(4) $0.1x+2>\dfrac{1}{6}x+1$

⇨ 소수를 분수로 바꾸면

$\square x+2>\dfrac{1}{6}x+1$

이 부등식의 양변에 분모의 최소공배수인 $\square$를 곱하면

$\square x+60>\square x+30$, $\square x>-30$

∴ $x<\square$

(5) $0.2x-3<0.4(x+1)$

(6) $\dfrac{x-3}{2}\geq\dfrac{3x-4}{5}$

대표 예제 한번 더!

2

다음 일차부등식을 만족시키는 정수 x의 최댓값은?

$$5(x-1)<x+3$$

① -2 　② -1 　③ 0

④ 1 　⑤ 2

3

일차부등식 $2x-0.6<0.5x-0.1$을 풀면?

① $x<\dfrac{1}{3}$ 　② $x>\dfrac{1}{3}$ 　③ $x<1$

④ $x>1$ 　⑤ $x<\dfrac{3}{2}$

4

일차부등식 $\dfrac{1-x}{3}\leq\dfrac{x-6}{2}$의 해가 $x\geq a$일 때, 상수 a의 값은?

① 2 　② 4 　③ 6

④ 8 　⑤ 10

일차부등식의 활용

• 정답 및 해설 83쪽

1

다음은 어떤 자연수를 3배 한 후 4를 뺀 수가 11보다 작을 때, 어떤 자연수 중 가장 큰 수를 구하는 과정이다. ☐ 안에 알맞은 것을 쓰시오.

> ❶ 어떤 자연수를 x라 하자.
> ❷ 어떤 자연수를 3배 한 후 4를 뺀 수는 ☐ 이고,
>   이 수가 11보다 작으므로
>   일차부등식을 세우면
>   ☐ < 11
> ❸ 이 일차부등식을 풀면 $x <$ ☐
>   따라서 어떤 자연수 중 가장 큰 수는 ☐ 이다.
> ❹ ☐ 를 3배 한 후 4를 뺀 수는 8이고, 이 수는 11보다 작으므로 문제의 뜻에 맞는다.

2

다음은 어떤 자연수를 5배 한 후 7을 뺀 수가 어떤 자연수에 9를 더한 수보다 클 때, 어떤 자연수 중 가장 작은 수를 구하는 과정이다. ☐ 안에 알맞은 것을 쓰시오.

> ❶ 어떤 자연수를 x라 하자.
> ❷ 어떤 자연수를 5배 한 후 7을 뺀 수는 ☐ 이고,
>   이 수가 어떤 자연수에 9를 더한 수 $x+9$보다 크므로
>   일차부등식을 세우면
>   ☐ $> x+9$
> ❸ 이 일차부등식을 풀면 $x >$ ☐
>   따라서 어떤 자연수 중 가장 작은 수는 ☐ 이다.
> ❹ ☐ 를 5배 한 후 7을 뺀 수는 18이고, 이 수는 ☐ 에 9를 더한 수인 14보다 크므로 문제의 뜻에 맞는다.

3

현재 어머니의 나이는 49세, 아들의 나이는 15세이다. 다음은 어머니의 나이가 아들의 나이의 3배 이하가 되는 것은 몇 년 후부터인지 구하는 과정이다. ☐ 안에 알맞은 것을 쓰시오.

> ❶ x년 후에 어머니의 나이가 아들의 나이의 3배 이하가 된다고 하자.
> ❷ x년 후에 어머니의 나이는 (☐)세이고,
>   아들의 나이는 (☐)세이므로
>   일차부등식을 세우면
>   ☐ $\leq 3($ ☐ $)$
> ❸ 이 일차부등식을 풀면 $x \geq$ ☐
>   따라서 어머니의 나이가 아들의 나이의 3배 이하가 되는 것은 ☐ 년 후부터이다.
> ❹ ☐ 년 후에 어머니와 아들의 나이는 각각 51세, 17세이고, $51 = 3 \times 17$이므로 문제의 뜻에 맞는다.

4

다음은 1000원짜리 초콜릿과 700원짜리 과자를 합하여 15개를 사고 12000원 이하로 지출하려고 할 때, 1000원짜리 초콜릿은 최대 몇 개까지 살 수 있는지 구하는 과정이다. ☐ 안에 알맞은 것을 쓰시오.

> ❶ 1000원짜리 초콜릿을 x개 산다고 하자.
> ❷ 1000원짜리 초콜릿을 x개 사면 700원짜리 과자는 (☐)개 살 수 있고, 초콜릿과 과자를 사는 데 지출한 금액이 12000원 이하이어야 하므로
>   일차부등식을 세우면
>   ☐ ≤ 12000
> ❸ 이 일차부등식을 풀면 $x \leq$ ☐
>   따라서 1000원짜리 초콜릿은 최대 ☐ 개까지 살 수 있다.
> ❹ 1000원짜리 초콜릿을 ☐ 개 사면
> $1000 \times$ ☐ $+ 700 \times (15 -$ ☐ $) = 12000$(원)이므로 문제의 뜻에 맞는다.

5

어느 미술관의 입장료는 5명까지 1인당 3000원이고, 5명을 초과하면 초과된 사람 1인당 2500원이다. 다음은 25000원 이하의 비용으로 미술관에 입장하려면 최대 몇 명까지 입장할 수 있는지 구하는 과정이다. ☐ 안에 알맞은 것을 쓰시오.

❶ 미술관에 x명이 입장한다고 하자.
❷ x명이 입장하면 5명을 초과된 사람 수는
  (☐)명이므로
  일차부등식을 세우면
  $3000 \times 5 + 2500(☐) \leq 25000$
❸ 이 일차부등식을 풀면 $x \leq$ ☐
  따라서 최대 ☐명까지 입장할 수 있다.
❹ ☐명의 입장료는 $15000 + 2500 \times$ ☐ $= 25000$(원)
  이므로 문제의 뜻에 맞는다.

6

지금까지 형의 예금액은 18000원, 동생의 예금액은 12000원이다. 다음은 앞으로 매월 형은 1000원씩, 동생은 2000원씩 예금할 때, 동생의 예금액이 형의 예금액보다 처음으로 많아지는 것은 지금으로부터 몇 개월 후인지 구하는 과정이다. ☐ 안에 알맞은 것을 쓰시오.

❶ x개월 후에 동생의 예금액이 형의 예금액보다 많아진다고 하자.
❷ x개월 후에 형의 예금액은 $(18000 + 1000x)$원이고, 동생의 예금액은 (☐)원이므로
  일차부등식을 세우면
  $18000 + 1000x <$ ☐
❸ 이 일차부등식을 풀면 $x >$ ☐
  따라서 동생의 예금액이 형의 예금액보다 처음으로 많아지는 것은 지금으로부터 ☐개월 후이다.
❹ ☐개월 후에 형과 동생의 예금액은 각각 25000원, 26000원이고, $25000 < 26000$이므로 문제의 뜻에 맞는다.

7

세로의 길이가 14 cm인 직사각형이 있다. 다음은 이 직사각형의 둘레의 길이가 48 cm 이상일 때, 가로의 길이는 최소 몇 cm인지 구하는 과정이다. ☐ 안에 알맞은 것을 쓰시오.

❶ 가로의 길이를 x cm라 하자.
❷ 직사각형의 둘레의 길이가 48 cm 이상이므로
  일차부등식을 세우면
  $2(☐ + 14) \geq 48$
❸ 이 일차부등식을 풀면 $x \geq$ ☐
  따라서 가로의 길이는 최소 ☐ cm이다.
❹ 가로의 길이가 ☐ cm일 때, 직사각형의 둘레의 길이는 $2 \times (☐ + 14) = 48$(cm)이므로 문제의 뜻에 맞는다.

8

오른쪽 그림과 같이 윗변의 길이가 5 cm, 높이가 3 cm인 사다리꼴이 있다. 다음은 이 사다리꼴의 넓이가 18 cm² 이하일 때, 아랫변의 길이는 최대 몇 cm인지 구하는 과정이다. ☐ 안에 알맞은 것을 쓰시오.

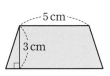

❶ 아랫변의 길이를 x cm라 하자.
❷ 사다리꼴의 넓이가 18 cm² 이하이므로
  일차부등식을 세우면
  $\frac{1}{2} \times (5 + ☐) \times 3 \leq 18$
❸ 이 일차부등식을 풀면 $x \leq$ ☐
  따라서 아랫변의 길이는 최대 ☐ cm이다.
❹ 아랫변의 길이가 ☐ cm일 때, 사다리꼴의 넓이는
  $\frac{1}{2} \times (5 + ☐) \times 3 = 18$(cm²)이므로 문제의 뜻에 맞는다.

9

다음은 높이가 7 cm인 삼각형의 넓이가 42 cm² 이상일 때, 밑변의 길이는 최소 몇 cm인지 구하는 과정이다. □ 안에 알맞은 것을 쓰시오.

---
❶ 밑변의 길이를 x cm라 하자.

❷ 삼각형의 넓이가 42 cm² 이상이므로
일차부등식을 세우면

$\dfrac{1}{2} \times \boxed{} \times 7 \geq 42$

❸ 이 일차부등식을 풀면 $x \geq \boxed{}$
따라서 밑변의 길이는 최소 $\boxed{}$ cm이다.

❹ 밑변의 길이가 $\boxed{}$ cm일 때, 삼각형의 넓이는
$\dfrac{1}{2} \times \boxed{} \times 7 = 42\,(\text{cm}^2)$이므로 문제의 뜻에 맞는다.

10

집 근처 옷 가게에서 한 켤레에 1500원인 양말이 인터넷 쇼핑몰에서는 한 켤레에 900원이라 한다. 인터넷 쇼핑몰에서 양말을 구입하면 배송비가 2500원일 때, 양말을 최소 몇 켤레 사는 경우에 인터넷 쇼핑몰을 이용하는 것이 더 유리한지 구하려고 한다. 다음 물음에 답하시오.

(1) 양말을 x켤레 산다고 할 때, 다음 표를 완성하시오.

	집 근처 옷 가게	인터넷 쇼핑몰
가격(원)	$1500x$	
배송비(원)	0	
전체 금액(원)	$1500x$	

(2) 일차부등식을 세우시오.

(3) (2)에서 세운 일차부등식을 푸시오.

(4) 양말을 최소 몇 켤레 사는 경우에 인터넷 쇼핑몰을 이용하는 것이 더 유리한지 구하시오.

11

산책로를 따라 산책을 하는데 갈 때는 시속 3 km로 걷고, 올 때는 같은 길을 시속 5 km로 걸어서 2시간 이내로 산책을 마치려고 한다. 최대 몇 km 떨어진 지점까지 갔다 올 수 있는지 구하려고 할 때, 다음 물음에 답하시오.

(1) x km 떨어진 지점까지 갔다 온다고 할 때, 다음 표를 완성하시오.

	갈 때	올 때
거리	x km	
속력	시속 3 km	
시간		

(2) 일차부등식을 세우시오.

(3) (2)에서 세운 일차부등식을 푸시오.

(4) 최대 몇 km 떨어진 지점까지 갔다 올 수 있는지 구하시오.

12

선착장에서 배가 출발하기 전까지 1시간의 여유가 있어 시장에서 물건을 사 오려고 한다. 선착장과 시장을 시속 4 km로 걸어서 왕복하고 물건을 사는 데 10분이 걸린다고 할 때, 선착장에서 몇 km 이내의 시장까지 다녀올 수 있는지 구하려고 한다. 다음 물음에 답하시오.

(1) 선착장에서 x km 떨어진 시장에 다녀온다고 할 때, 다음 표를 완성하시오.

	갈 때	물건을 살 때	올 때
거리	x km		
속력	시속 4 km		
시간		$\dfrac{10}{60}$시간	

(2) 일차부등식을 세우시오.

(3) (2)에서 세운 일차부등식을 푸시오.

(4) 선착장으로부터 몇 km 이내의 시장까지 다녀올 수 있는지 구하시오.

대표 예제 한번더! 👆

13

연속하는 세 자연수의 합이 114보다 작을 때, 이와 같은 수 중 가장 큰 세 자연수를 구하시오.

14

한 개에 500원 하는 귤과 한 개에 700원 하는 사과를 합하여 12개를 사려고 한다. 전체 가격이 8000원을 넘지 않으려면 사과는 최대 몇 개까지 살 수 있는지 구하시오.

15

지금까지 은수는 12000원, 준기는 15000원을 저금하였다. 다음 달부터 매월 은수는 3000원씩, 준기는 2000원씩 저금한다면 은수의 저금액이 준기의 저금액보다 처음으로 많아지는 것은 지금으로부터 몇 개월 후인가?

① 3개월 후   ② 4개월 후   ③ 5개월 후
④ 6개월 후   ⑤ 7개월 후

16

가로의 길이가 세로의 길이보다 8 cm만큼 긴 직사각형이 있다. 이 직사각형의 둘레의 길이가 72 cm 이상일 때, 세로의 길이는 최소 몇 cm인지 구하시오.

17

어느 박물관의 입장권은 한 사람당 2000원인데, 30명 단체 입장권을 구입하면 한 사람당 1500원이다. 최소 몇 명일 때 30명 단체 입장권을 구입하는 것이 더 유리한가?

(단, 30명 미만이어도 30명 단체 입장권을 살 수 있다.)

① 20명   ② 21명   ③ 22명
④ 23명   ⑤ 24명

18

집에서 23 km 떨어진 서점에 가는데 자전거를 타고 시속 16 km로 가다가 도중에 자전거가 고장 나서 그 지점부터 시속 8 km로 뛰어갔더니 집에서 출발한 지 1시간 30분 이내에 서점에 도착하였다. 이때 뛰어간 거리는 최대 몇 km인지 구하시오.

1
다음 중 미지수가 2개인 일차방정식인 것은 ○표, 미지수가 2개인 일차방정식이 <u>아닌</u> 것은 ×표를 ( ) 안에 쓰시오.

(1) $x+5$　　　　　　　　　　　(　)

(2) $2x-y=0$　　　　　　　　　(　)

(3) $x^2+y^2=0$　　　　　　　　(　)

(4) $4y-x=3$　　　　　　　　　(　)

(5) $4x+y^2+2=0$　　　　　　　(　)

(6) $3x-y+4$　　　　　　　　　(　)

(7) $\dfrac{x}{2}-\dfrac{y}{5}=1$　　　　　　　　　(　)

(8) $2x+y=2(x+y)-1$　　　　(　)

2
다음 문장을 |보기|와 같이 미지수가 2개인 일차방정식으로 나타내시오.

┌── 보기 ├──────────────────────
x의 7배와 y의 4배의 합은 30이다. ⇨ $7x+4y=30$
└───────────────────────────

(1) 축구 경기에서 승현이가 x골, 주영이가 y골을 넣어 모두 6골을 넣었다.

(2) 800원짜리 음료수 x개와 1500원짜리 과자 y개의 가격의 합은 13000원이다.

(3) 토끼 x마리와 오리 y마리의 다리의 수의 합은 28개이다.

(4) 수경이는 국어 시험에서 3점짜리 문제 x개와 4점짜리 문제 y개를 맞혀서 92점을 받았다.

(5) 가로의 길이가 $x\,\mathrm{cm}$, 세로의 길이가 $y\,\mathrm{cm}$인 직사각형의 둘레의 길이는 40 cm이다.

3
다음 순서쌍 (x,y) 중 일차방정식 $x+3y=-1$의 해인 것은 ○표, 해가 <u>아닌</u> 것은 ×표를 ( ) 안에 쓰시오.

(1) $(2,\,1)$　　　　　　　　　　(　)

(2) $(5,\,-2)$　　　　　　　　　(　)

(3) $(-4,\,1)$　　　　　　　　　(　)

(4) $(3,\,-1)$　　　　　　　　　(　)

(5) $(-1,\,0)$　　　　　　　　　(　)

(6) $\left(\dfrac{1}{2},\,-\dfrac{1}{2}\right)$　　　　　　　(　)

4

x, y의 값이 자연수일 때, 다음 일차방정식에 대하여 표를 완성하고, 일차방정식의 해를 순서쌍 (x, y)로 나타내시오.

(1) $x+y=3$

x	1	2	3
y			

(2) $2x+y=5$

x	1	2	3
y			

(3) $3x+y=8$

x	1	2	3
y			

(4) $x+4y=5$

x			
y	1	2	3

대표 예제 한번 더!

5

다음 | 보기 | 중 미지수가 2개인 일차방정식인 것을 모두 고른 것은?

| 보기 |

ㄱ. $3x-4y=0$ ㄴ. $x+2y=2y-5$

ㄷ. $6x=1-xy$ ㄹ. $3(x-y)=x$

① ㄱ, ㄷ   ② ㄱ, ㄹ   ③ ㄴ, ㄷ
④ ㄴ, ㄹ   ⑤ ㄷ, ㄹ

6

다음 표에서 미지수가 2개인 일차방정식이 있는 칸을 모두 색칠했을 때 나타나는 알파벳을 말하시오.

$x-3y=-1$	$x+\dfrac{1}{y}=2$	$(x+1)-2y$
$\dfrac{x}{3}+y=3$	$x+y^2+y=1$	$x+y+1=y-x$
$x+y^2+y=y^2$	$\dfrac{x}{2}+\dfrac{y}{3}=\dfrac{1}{6}$	$y=x-y$

7

다음 일차방정식 중 $(2, 1)$을 해로 갖지 <u>않는</u> 것을 모두 고르면? (정답 2개)

① $3x-2y=1$ ② $2x-4y=0$
③ $5x-3y=7$ ④ $-2x+y=-3$
⑤ $x-3y=2$

8

x, y에 대한 일차방정식 $ax-5y+2=0$의 한 해가 $x=-3$, $y=4$일 때, 상수 a의 값은?

① -8 ② -6 ③ -4
④ -2 ⑤ 2

1

다음 연립방정식 중 $x=1$, $y=2$가 해인 것은 ○표, 해가 <u>아닌</u> 것은 ×표를 ( ) 안에 쓰시오.

(1) $\begin{cases} x+y=3 \\ x+2y=5 \end{cases}$ ( )

(2) $\begin{cases} 3x+y=6 \\ -2x+3y=4 \end{cases}$ ( )

(3) $\begin{cases} x+3y=7 \\ 2x+y=4 \end{cases}$ ( )

2

다음 연립방정식 중 $x=2$, $y=-1$이 해인 것은 ○표, 해가 <u>아닌</u> 것은 ×표를 ( ) 안에 쓰시오.

(1) $\begin{cases} -x+y=3 \\ 3x+4y=-2 \end{cases}$ ( )

(2) $\begin{cases} 2x+3y=1 \\ -3x-2y=-4 \end{cases}$ ( )

(3) $\begin{cases} x+3y=-1 \\ -2x+y=5 \end{cases}$ ( )

3

x, y의 값이 자연수일 때, 다음 연립방정식의 해를 구하시오. (단, ㉠, ㉡의 해는 순서쌍 (x, y)로 나타낸다.)

(1) $\begin{cases} x+y=5 \quad \cdots ㉠ \\ 2x+y=6 \quad \cdots ㉡ \end{cases}$

　㉠의 해: _____

　㉡의 해: _____

　⇨ 연립방정식의 해: $x=\boxed{}$, $y=\boxed{}$

(2) $\begin{cases} 2x+y=5 \quad \cdots ㉠ \\ x-y=1 \quad \cdots ㉡ \end{cases}$

　㉠의 해: _____

　㉡의 해: _____

　⇨ 연립방정식의 해: $x=\boxed{}$, $y=\boxed{}$

대표 예제 **한번 더!**

4

다음 연립방정식 중 해가 $x=-2$, $y=1$인 것을 모두 고르면? (정답 2개)

① $\begin{cases} -x+y=3 \\ 3x+4y=-2 \end{cases}$ 　② $\begin{cases} x+y=-1 \\ x+2y=4 \end{cases}$

③ $\begin{cases} x-y=3 \\ x+y=-1 \end{cases}$ 　④ $\begin{cases} 2x+3y=1 \\ -3x-2y=-4 \end{cases}$

⑤ $\begin{cases} x+3y=1 \\ -2x+y=5 \end{cases}$

5

연립방정식 $\begin{cases} ax+2y=7 \\ x-by=6 \end{cases}$ 의 해가 $x=1$, $y=5$일 때, 상수 a, b의 값을 각각 구하시오.

개념 18 연립방정식의 풀이

1

다음은 연립방정식을 대입법으로 푸는 과정이다. (가)~(다)에 알맞은 것을 구하시오.

(1) $\begin{cases} y=3x-2 & \cdots \ \unicode{x1D4D8} \\ 4x-y=5 & \cdots \ \unicode{x24C1} \end{cases}$

> ㉠을 ㉡에 대입하면
> $4x-(\ \boxed{\text{(가)}}\ )=5$　∴ $x=\boxed{\text{(나)}}$
> $x=\boxed{\text{(나)}}$ 를 ㉠에 대입하면 $y=\boxed{\text{(다)}}$
> 따라서 주어진 연립방정식의 해는
> $x=\boxed{\text{(나)}}$, $y=\boxed{\text{(다)}}$

(2) $\begin{cases} y=4x-3 & \cdots \ ㉠ \\ y=3x+1 & \cdots \ ㉡ \end{cases}$

> ㉠을 ㉡에 대입하면
> $\boxed{\text{(가)}}=3x+1$　∴ $x=\boxed{\text{(나)}}$
> $x=\boxed{\text{(나)}}$ 를 ㉠에 대입하면 $y=\boxed{\text{(다)}}$
> 따라서 주어진 연립방정식의 해는
> $x=\boxed{\text{(나)}}$, $y=\boxed{\text{(다)}}$

2

다음 연립방정식을 대입법으로 푸시오.

(1) $\begin{cases} x=y+5 \\ 2x-3y=7 \end{cases}$

(2) $\begin{cases} x=3y+1 \\ x=2y-1 \end{cases}$

(3) $\begin{cases} 3x+y=13 \\ x-2y=-5 \end{cases}$

3

다음은 연립방정식을 가감법으로 푸는 과정이다. (가)~(라)에 알맞은 것을 구하시오.

(1) $\begin{cases} x+4y=8 & \cdots \ ㉠ \\ 2x-4y=13 & \cdots \ ㉡ \end{cases}$

> ㉠+㉡을 하면
> $3x=\boxed{\text{(가)}}$　∴ $x=\boxed{\text{(나)}}$
> $x=\boxed{\text{(나)}}$ 를 ㉠에 대입하면
> $4y=\boxed{\text{(다)}}$　∴ $y=\boxed{\text{(라)}}$
> 따라서 주어진 연립방정식의 해는
> $x=\boxed{\text{(나)}}$, $y=\boxed{\text{(라)}}$

(2) $\begin{cases} x+y=5 & \cdots \ ㉠ \\ 2x-3y=-10 & \cdots \ ㉡ \end{cases}$

> y를 없애기 위하여 ㉠× $\boxed{\text{(가)}}$ 를 하면
> $3x+3y=15$　$\cdots \ ㉢$
> ㉡+㉢을 하면
> $5x=\boxed{\text{(나)}}$　∴ $x=\boxed{\text{(다)}}$
> $x=\boxed{\text{(다)}}$ 를 ㉠에 대입하면 $y=\boxed{\text{(라)}}$
> 따라서 주어진 연립방정식의 해는
> $x=\boxed{\text{(다)}}$, $y=\boxed{\text{(라)}}$

4

다음 연립방정식을 가감법으로 푸시오.

(1) $\begin{cases} 3x-y=3 \\ x+y=5 \end{cases}$

(2) $\begin{cases} x-2y=-3 \\ 2x-3y=-3 \end{cases}$

(3) $\begin{cases} 5x-3y=-1 \\ 3x+4y=11 \end{cases}$

대표 예제 한번 더! 👆

5

연립방정식 $\begin{cases} y=-2x \\ 3x-2y=14 \end{cases}$ 의 해가 $x=a$, $y=b$일 때, $a+b$의 값을 구하시오.

7

다음 연립방정식을 푸시오.

$$\begin{cases} 9x-4y=14 \\ 7x-2y=12 \end{cases}$$

6

연립방정식 $\begin{cases} x-3y=2 \\ x+2y=a+y \end{cases}$ 를 만족시키는 x의 값이 y의 값보다 4만큼 클 때, 상수 a의 값은?

① -3 ② -1 ③ 1

④ 3 ⑤ 6

8

연립방정식 $\begin{cases} 2x-3y=a \\ x+y=5 \end{cases}$ 의 해가 일차방정식 $3x-y=3$ 을 만족시킬 때, 상수 a의 값을 구하시오.

1

다음 연립방정식을 푸시오.

(1) $\begin{cases} 2(x+2y)-3y=5 \\ 2x-(x+y)=1 \end{cases}$

(2) $\begin{cases} x+2(x+y)=-1 \\ 4(x-3)-3y=-2 \end{cases}$

(3) $\begin{cases} 0.2x-0.6y=1.8 \\ 0.3x+0.2y=0.5 \end{cases}$

(4) $\begin{cases} 0.2x+0.5y=-1 \\ 0.4x+0.25y=1 \end{cases}$

(5) $\begin{cases} \dfrac{x}{4}+y=2 \\ \dfrac{x}{3}+\dfrac{y}{2}=1 \end{cases}$

(6) $\begin{cases} \dfrac{3}{2}x+\dfrac{3}{4}y=1 \\ \dfrac{2}{3}x+\dfrac{4}{5}y=2 \end{cases}$

2

다음 연립방정식을 푸시오.

(1) $\begin{cases} \dfrac{x}{5}+\dfrac{y}{4}=1 \\ 0.4x+0.3y=1.6 \end{cases}$

(2) $\begin{cases} 0.3x-0.4y=-2.3 \\ \dfrac{x}{5}+2y=3 \end{cases}$

(3) $\begin{cases} \dfrac{1}{2}x-\dfrac{1}{6}y=-3 \\ 2(x-y)=-8-y \end{cases}$

(4) $\begin{cases} \dfrac{x}{2}-\dfrac{y}{5}=1 \\ \dfrac{x-y}{7}=2 \end{cases}$

3

다음은 방정식을 푸는 과정이다. □ 안에 알맞은 것을 쓰시오.

(1) $\overline{4x+2y}=\underline{x-1}=\overline{4y+8}$

위 방정식을 연립방정식으로 나타내면

$\begin{cases} \boxed{}=4y+8 \\ \boxed{}=4y+8 \end{cases}$

따라서 주어진 연립방정식의 해는

$x=\boxed{}$, $y=\boxed{}$

(2) $\overline{3x+y}=\underline{2x+3y}=7$

위 방정식을 연립방정식으로 나타내면

$\begin{cases} \boxed{}=7 \\ \boxed{}=7 \end{cases}$

따라서 주어진 연립방정식의 해는

$x=\boxed{}$, $y=\boxed{}$

4

다음 방정식을 푸시오.

⑴ $5x-6y=9x+2y=-9y+7$

⑵ $2x-2y-6=4x+3y-2=x+y+3$

⑶ $x+y=2x-y=6$

⑷ $x+2y=2x+5y=2$

대표 예제 한번 더!

5

연립방정식 $\begin{cases} 5(x+y)-3y=-8 \\ 2x-3(x-y)=5 \end{cases}$ 의 해가 $x=a,\ y=b$ 일 때, ab의 값을 구하시오.

6

연립방정식 $\begin{cases} 0.3x-0.2y=0.5 \\ 0.1x+0.4y=1.1 \end{cases}$ 을 만족시키는 $x,\ y$에 대하여 $x+y$의 값을 구하시오.

7

다음 연립방정식의 해는?

$$\begin{cases} \dfrac{1}{2}x+\dfrac{1}{5}y=\dfrac{4}{5} \\ \dfrac{1}{3}x-\dfrac{1}{4}y=-1 \end{cases}$$

① $x=-2,\ y=2$ ② $x=-1,\ y=3$

③ $x=0,\ y=4$ ④ $x=1,\ y=5$

⑤ $x=2,\ y=6$

8

방정식 $7x-3y=4(x-y)=3x-2y-7$의 해가 $x=a,\ y=b$일 때, $a+b$의 값을 구하시오.

1

다음을 만족시키는 연립방정식을 | 보기 |에서 모두 고르시오.

┌ 보기 ┐

ㄱ. $\begin{cases} x-y=3 \\ 2x-2y=6 \end{cases}$　　ㄴ. $\begin{cases} x-3y=-2 \\ 3x+5y=22 \end{cases}$

ㄷ. $\begin{cases} 2x-y=5 \\ 4x-2y=10 \end{cases}$　　ㄹ. $\begin{cases} 3x+2y=7 \\ 9x+6y=18 \end{cases}$

ㅁ. $\begin{cases} 3x+2y=7 \\ 6x+4y=15 \end{cases}$　　ㅂ. $\begin{cases} x+3y=7 \\ 2x+y=4 \end{cases}$

ㅅ. $\begin{cases} -2x+5y=3 \\ -8x+20y=15 \end{cases}$　　ㅇ. $\begin{cases} x-\dfrac{1}{3}y=4 \\ 3x-y=12 \end{cases}$

(1) 해가 무수히 많은 연립방정식

(2) 해가 없는 연립방정식

(3) 해가 한 개인 연립방정식

2

다음은 연립방정식 $\begin{cases} x+y=5 \\ ax+2y=10 \end{cases}$ 의 해가 무수히 많을 때, 상수 a의 값을 구하는 과정이다. □ 안에 알맞은 수를 쓰시오.

$\begin{cases} x+y=5 & \cdots \ \text{㉠} \\ ax+2y=10 \end{cases}$ 에서 ㉠$\times$□를 하면

$\begin{cases} 2x+2y=10 \\ ax+2y=10 \end{cases}$

이 연립방정식의 해가 무수히 많으므로

$a=$□

3

다음은 연립방정식 $\begin{cases} 3x+ay=12 \\ x-2y=2 \end{cases}$ 의 해가 없을 때, 상수 a의 값을 구하는 과정이다. □ 안에 알맞은 수를 쓰시오.

$\begin{cases} 3x+ay=12 \\ x-2y=2 & \cdots \ \text{㉠} \end{cases}$ 에서 ㉠$\times$□를 하면

$\begin{cases} 3x+ay=12 \\ 3x-6y=6 \end{cases}$

이 연립방정식의 해가 없으므로

$a=$□

대표 예제 **한번 더!**

4

연립방정식 $\begin{cases} -3x+y=2 \\ -15x+ay=10 \end{cases}$ 의 해가 무수히 많을 때, 상수 a의 값을 구하시오.

5

연립방정식 $\begin{cases} x+ay=6 \\ 2x-4y=10 \end{cases}$ 의 해가 없을 때, 상수 a의 값을 구하시오.

1

다음은 합이 20, 차가 4인 두 자연수를 구하는 과정이다. □ 안에 알맞은 것을 쓰시오.

> ❶ 두 수 중 큰 수를 x, 작은 수를 y라 하자.
> ❷ 큰 수와 작은 수의 합이 20이므로
> $x+y=20$
> 큰 수와 작은 수의 차가 4이므로
> $\boxed{}=4$
> 연립방정식을 세우면 $\begin{cases} x+y=20 \\ \boxed{}=4 \end{cases}$
> ❸ 이 연립방정식을 풀면 $x=\boxed{}$, $y=\boxed{}$
> 따라서 큰 수는 $\boxed{}$, 작은 수는 $\boxed{}$이다.
> ❹ $\boxed{}+8=20$이고, $\boxed{}-8=4$이므로 문제의 뜻에 맞는다.

2

다음은 각 자리의 숫자의 합이 11인 두 자리의 자연수에서 십의 자리의 숫자와 일의 자리의 숫자를 바꾼 수는 처음 수보다 9만큼 클 때, 처음 수를 구하는 과정이다. □ 안에 알맞은 것을 쓰시오.

> ❶ 처음 수의 십의 자리의 숫자를 x, 일의 자리의 숫자를 y라 하자.
> ❷ 각 자리의 숫자의 합이 11이므로
> $x+y=11$
> 십의 자리의 숫자와 일의 자리의 숫자를 바꾼 수는 처음 수보다 9만큼 크므로
> $\boxed{}=(10x+y)+9$
> 연립방정식을 세우면
> $\begin{cases} x+y=11 \\ \boxed{}=(10x+y)+9 \end{cases}$
> ❸ 이 연립방정식을 풀면 $x=\boxed{}$, $y=\boxed{}$
> 따라서 처음 수는 $\boxed{}$이다.
> ❹ 바꾼 수는 $\boxed{}$, 처음 수는 $\boxed{}$이고,
> $\boxed{}=\boxed{}+9$이므로 문제의 뜻에 맞는다.

3

다음은 현재 삼촌과 소민이의 나이의 차는 28세이고, 8년 후에는 삼촌의 나이가 소민이의 나이의 3배가 된다고 할 때, 현재 삼촌과 소민이의 나이를 각각 구하는 과정이다. □ 안에 알맞은 것을 쓰시오.

> ❶ 현재 삼촌의 나이를 x세, 소민이의 나이를 y세라 하자.
> ❷ 현재 삼촌과 소민이의 나이의 차가 28세이므로
> $\boxed{}=28$
> 8년 후에 삼촌의 나이가 소민이의 나이의 3배가 되므로 $x+8=\boxed{}(y+8)$
> 연립방정식을 세우면 $\begin{cases} \boxed{}=28 \\ x+8=\boxed{}(y+8) \end{cases}$
> ❸ 이 연립방정식을 풀면 $x=\boxed{}$, $y=\boxed{}$
> 따라서 현재 삼촌의 나이는 $\boxed{}$세, 소민이의 나이는 $\boxed{}$세이다.
> ❹ $\boxed{}-6=28$이고, $\boxed{}+8=\boxed{}\times(6+8)$이므로 문제의 뜻에 맞는다.

4

다음은 한 자루에 300원인 연필과 한 자루에 600원인 색연필을 합하여 13자루를 사고 6300원을 지불하였을 때, 연필과 색연필을 각각 몇 자루씩 샀는지 구하는 과정이다. □ 안에 알맞은 것을 쓰시오.

> ❶ 연필을 x자루, 색연필을 y자루 샀다고 하자.
> ❷ 연필과 색연필을 합하여 13자루를 샀으므로
> $x+\boxed{}=13$
> 연필과 색연필을 사고 6300원을 지불하였으므로
> $\boxed{}+600y=6300$
> 연립방정식을 세우면 $\begin{cases} x+\boxed{}=13 \\ \boxed{}+600y=6300 \end{cases}$
> ❸ 이 연립방정식을 풀면 $x=\boxed{}$, $y=\boxed{}$
> 따라서 연필은 $\boxed{}$자루, 색연필은 $\boxed{}$자루 샀다.
> ❹ $5+\boxed{}=13$이고, $300\times5+600\times\boxed{}=6300$이므로 문제의 뜻에 맞는다.

5

다음은 자전거와 자동차가 합하여 17대이고, 바퀴의 수가 모두 52개일 때, 자전거와 자동차가 각각 몇 대인지 구하는 과정이다. ☐ 안에 알맞은 것을 쓰시오.

(단, 자전거의 바퀴는 2개, 자동차의 바퀴는 4개이다.)

> ❶ 자전거를 x대, 자동차를 y대라 하자.
> ❷ 자전거와 자동차가 합하여 17대이므로
> ☐ $=17$
> 자전거와 자동차의 바퀴의 수가 모두 52개이므로
> ☐ $=52$
> 연립방정식을 세우면 $\begin{cases} \boxed{} = 17 \\ \boxed{} = 52 \end{cases}$
> ❸ 이 연립방정식을 풀면 $x=\boxed{}$, $y=\boxed{}$
> 따라서 자전거는 ☐대, 자동차는 ☐대이다.
> ❹ $8+\boxed{}=17$이고, $2\times 8 + 4 \times \boxed{} = 52$이므로 문제의 뜻에 맞는다.

6

다음은 어느 박물관의 어른 2명과 어린이 5명의 입장료가 13500원이고, 어른 1명과 어린이 3명의 입장료가 7500원일 때, 어른 1명의 입장료와 어린이 1명의 입장료를 각각 구하는 과정이다. ☐ 안에 알맞은 것을 쓰시오.

> ❶ 어른 1명의 입장료를 x원, 어린이 1명의 입장료를 y원이라 하자.
> ❷ 어른 2명과 어린이 5명의 입장료가 13500원이므로
> $2x+5y=13500$
> 어른 1명과 어린이 3명의 입장료가 7500원이므로
> ☐ $=7500$
> 연립방정식을 세우면 $\begin{cases} 2x+5y=13500 \\ \boxed{} = 7500 \end{cases}$
> ❸ 이 연립방정식을 풀면 $x=\boxed{}$, $y=\boxed{}$
> 따라서 어른 1명의 입장료는 ☐원, 어린이 1명의 입장료는 ☐원이다.
> ❹ $2\times 3000 + 5 \times \boxed{} = 13500$이고,
> $3000 + 3 \times \boxed{} = 7500$이므로 문제의 뜻에 맞는다.

7

다음은 세로의 길이가 가로의 길이보다 4 cm만큼 긴 직사각형의 둘레의 길이가 48 cm일 때, 가로와 세로의 길이를 각각 구하는 과정이다. ☐ 안에 알맞은 것을 쓰시오.

> ❶ 가로의 길이를 x cm, 세로의 길이를 y cm라 하자.
> ❷ 세로의 길이가 가로의 길이보다 4 cm만큼 길므로
> $y=\boxed{}$
> 직사각형의 둘레의 길이가 48 cm이므로
> ☐ $(x+y)=48$
> 연립방정식을 세우면 $\begin{cases} y=\boxed{} \\ \boxed{}(x+y)=48 \end{cases}$
> ❸ 이 연립방정식을 풀면 $x=\boxed{}$, $y=\boxed{}$
> 따라서 가로의 길이는 ☐ cm, 세로의 길이는 ☐ cm이다.
> ❹ $14=\boxed{}+4$이고, $2\times(\boxed{}+14)=48$이므로 문제의 뜻에 맞는다.

8

다음은 윗변의 길이가 아랫변의 길이보다 2 cm만큼 짧은 사다리꼴의 높이가 5 cm, 넓이가 40 cm²일 때, 윗변과 아랫변의 길이를 각각 구하는 과정이다. ☐ 안에 알맞은 것을 쓰시오.

> ❶ 윗변의 길이를 x cm, 아랫변의 길이를 y cm라 하자.
> ❷ 윗변의 길이가 아랫변의 길이보다 2 cm만큼 짧으므로 $x=\boxed{}$
> 사다리꼴의 넓이가 40 cm²이므로
> $\frac{1}{2}\times(x+\boxed{})\times 5 = 40$
> 연립방정식을 세우면 $\begin{cases} x=\boxed{} \\ \frac{1}{2}\times(x+\boxed{})\times 5 = 40 \end{cases}$
> ❸ 이 연립방정식을 풀면 $x=\boxed{}$, $y=\boxed{}$
> 따라서 윗변의 길이는 ☐ cm, 아랫변의 길이는 ☐ cm이다.
> ❹ $7=\boxed{}-2$이고, $\frac{1}{2}\times(7+\boxed{})\times 5 = 40$이므로 문제의 뜻에 맞는다.

9

현지와 민수가 함께 하면 4일 걸리는 일을 현지가 혼자 2일 동안 하고, 나머지를 민수가 혼자 8일 동안 하여 마쳤다. 이 일을 민수가 혼자 하여 마칠 때, 다음 물음에 답하시오.

(1) 전체 일의 양을 1로 놓고, 현지와 민수가 하루 동안 할 수 있는 일의 양을 각각 x, y라 할 때, 다음 표를 완성하시오.

	현지	민수
현지와 민수가 각각 하루 동안 할 수 있는 일의 양	x	y
현지와 민수가 각각 4일 동안 할 수 있는 일의 양	$4x$	$4y$
현지가 2일, 민수가 8일 동안 각각 할 수 있는 일의 양		

(2) 연립방정식을 세우시오.

(3) (2)에서 세운 연립방정식을 푸시오.

(4) 이 일을 민수가 혼자 한다면 며칠이 걸리는지 구하시오.

10

집에서 6 km 떨어진 체육관까지 가는데 처음에는 시속 4 km로 걷다가 도중에 시속 8 km로 뛰었더니 총 1시간이 걸렸을 때, 다음 물음에 답하시오.

(1) 걸어간 거리를 x km, 뛰어간 거리를 y km라 할 때, 다음 표를 완성하시오.

	걸어갈 때	뛰어갈 때	전체
거리	x km	y km	
속력	시속 4 km		
시간	$\dfrac{x}{4}$시간		

(2) 연립방정식을 세우시오.

(3) (2)에서 세운 연립방정식을 푸시오.

(4) 걸어간 거리와 뛰어간 거리는 각각 몇 km인지 구하시오.

11

등산을 하는데 올라갈 때는 시속 3 km로 걷고, 내려올 때는 시속 5 km로 걸었다. 내려온 길이 올라간 길보다 2 km 더 길고, 총 2시간이 걸렸을 때, 다음 물음에 답하시오.

(1) 올라간 거리를 x km, 내려온 거리를 y km라 할 때, 다음 표를 완성하시오.

	올라갈 때	내려올 때
거리	x km	y km
속력	시속 3 km	
시간		

(2) 연립방정식을 세우시오.

(3) (2)에서 세운 연립방정식을 푸시오.

(4) 올라간 거리와 내려온 거리는 각각 몇 km인지 구하시오.

12

민주와 수연이는 학교에서 출발하여 학원까지 가는데 민주가 먼저 분속 50 m로 걸어간 지 8분 후에 수연이가 자전거를 타고 분속 250 m로 학원을 향해 출발하여 학원에 동시에 도착하였을 때, 다음 물음에 답하시오.

(1) 민주가 걸린 시간을 x분, 수연이가 걸린 시간을 y분이라 할 때, 다음 표를 완성하시오.

	민주	수연
속력	분속 50 m	
시간	x분	y분
거리	$50x$ m	

(2) 연립방정식을 세우시오.

(3) (2)에서 세운 연립방정식을 푸시오.

(4) 민주가 학교에서 출발하여 학원까지 가는 데 걸린 시간은 몇 분인지 구하시오.

대표 예제 한번데!

13

두 수의 합은 34이고, 큰 수의 2배에서 작은 수의 3배를 빼면 8일 때, 두 수의 차를 구하시오.

14

한 개에 400원인 사탕과 한 개에 900원인 초콜릿을 합하여 14개를 사고 9600원을 지불하였다. 이때 사탕과 초콜릿을 각각 몇 개씩 샀는지 구하시오.

15

길이가 90 cm인 줄을 한 번 잘라 두 개로 나누었더니 긴 줄의 길이가 짧은 줄의 길이의 3배보다 2 cm만큼 길다고 한다. 이때 긴 줄의 길이는 몇 cm인지 구하시오.

16

희영이와 지민이가 같이 하면 6일 만에 끝낼 수 있는 일을 희영이가 혼자 3일 동안 하고 나머지를 지민이가 혼자 8일 동안 하여 끝냈다. 이 일을 희영이가 혼자 하면 며칠이 걸리는지 구하시오.

17

준우가 공원에 가는데 갈 때는 시속 8 km로 뛰고, 올 때는 다른 길을 시속 6 km로 뛰었다. 갈 때와 올 때 뛴 거리의 합이 25 km이고, 총 3시간 30분이 걸렸다고 한다. 준우가 갈 때 뛴 거리는 몇 km인지 구하시오.

18

유진이가 집을 나서고 9분 후에 민서가 유진이를 따라 집을 나섰다. 유진이는 분속 50 m로 걷고, 민서는 분속 200 m로 달릴 때, 유진이가 출발한 지 몇 분 후에 두 사람이 만나게 되는지 구하시오.

함수와 함숫값

• 정답 및 해설 93쪽

1

자연수 x보다 작은 자연수의 개수를 y개라 할 때, 다음 물음에 답하시오.

(1) 다음 표를 완성하시오.

x	1	2	3	4	5	⋯
y						⋯

(2) x의 값이 변함에 따라 y의 값이 오직 하나씩 대응하는지 말하시오.

(3) y가 x의 함수인지 말하시오.

2

절댓값이 자연수 x인 정수를 y라 할 때, 다음 물음에 답하시오.

(1) 다음 표를 완성하시오.

x	1	2	3	4	5	⋯
y						⋯

(2) x의 값이 변함에 따라 y의 값이 오직 하나씩 대응하는지 말하시오.

(3) y가 x의 함수인지 말하시오.

3

한 개에 $10\,\mathrm{g}$인 나무토막 x개의 전체 무게를 $y\,\mathrm{g}$이라 할 때, 다음 물음에 답하시오.

(1) 다음 표를 완성하시오.

x	1	2	3	4	5	⋯
y						⋯

(2) x의 값이 변함에 따라 y의 값이 오직 하나씩 대응하는지 말하시오.

(3) y가 x의 함수인지 말하시오.

4

함수 $f(x)=-2x$에 대하여 다음 함숫값을 구하시오.

(1) $f(1)$　　　　　(2) $f\left(-\dfrac{1}{4}\right)$

5

함수 $f(x)=\dfrac{4}{x}$에 대하여 다음 함숫값을 구하시오.

(1) $f(-4)$　　　　　(2) $f\left(\dfrac{1}{2}\right)$

대표 예제 **한번 더!**

6

다음 중 y가 x의 함수인 것을 모두 고르면? (정답 2개)

① 자연수 x의 배수 y
② 자연수 x와 서로소인 수 y
③ 자연수 x보다 작은 소수 y
④ 한 개에 300원인 사탕 x개의 전체 가격 y원
⑤ 밑변의 길이가 $x\,\mathrm{cm}$이고, 높이가 $7\,\mathrm{cm}$인 삼각형의 넓이 $y\,\mathrm{cm}^2$

7

함수 $f(x)=5x$에 대하여 다음 중 옳지 <u>않은</u> 것을 모두 고르면? (정답 2개)

① $f(-2)=-10$　　　② $f(-1)=5$
③ $f(0)=0$　　　④ $f(1)+f(3)=20$
⑤ $f(-3)+f(2)=-25$

1

다음 중 y가 x에 대한 일차함수인 것은 ○표, 일차함수가 <u>아닌</u> 것은 ×표를 (   ) 안에 쓰시오.

(1) $y=5x$　　　　　　　　　　　　（　　）

(2) $y=3x-1$　　　　　　　　　　　（　　）

(3) $y=1$　　　　　　　　　　　　　（　　）

(4) $y=x^2-1$　　　　　　　　　　　（　　）

(5) $x-2y=4$　　　　　　　　　　　（　　）

(6) $y=\dfrac{x}{3}+2$　　　　　　　　　（　　）

(7) $y=x-(3+x)$　　　　　　　　　（　　）

(8) $y=\dfrac{4}{x}$　　　　　　　　　　　（　　）

2

다음에서 y를 x에 대한 식으로 나타내고, y가 x에 대한 일차함수인 것은 ○표, 일차함수가 <u>아닌</u> 것은 ×표를 (   ) 안에 쓰시오.

(1) 올해 x세인 아버지의 5년 후의 나이 y세　（　　）

(2) 시속 $x\,\mathrm{km}$로 달리는 자동차가 $300\,\mathrm{km}$를 가는 데 걸린 시간 y시간　　　　　　　　　（　　）

(3) 한 개에 3000원인 물건 x개를 사고 10000원을 냈을 때의 거스름돈 y원　　　　　　（　　）

(4) $15\,\mathrm{L}$의 물이 들어 있는 물통에 1분에 $2\,\mathrm{L}$씩 물을 넣을 때, x분 후 물통에 들어 있는 물의 양 $y\,\mathrm{L}$

（　　）

3

일차함수 $y=3x-2$에 대하여 다음을 구하시오.

(1) $f(0)$　　　　　　(2) $f(1)$

(3) $f(-2)$　　　　　(4) $f\left(-\dfrac{1}{3}\right)$

대표 예제 한번 더!

4

다음 |보기| 중 y가 x에 대한 일차함수인 것의 개수는?

보기
ㄱ. $y=6x$　　　　　ㄴ. $xy=4$
ㄷ. $x+y=5$　　　　ㄹ. $x^2+2x=2x^2+y$

① 0개　　　　② 1개　　　　③ 2개
④ 3개　　　　⑤ 4개

5

다음 중 y가 x에 대한 일차함수인 것을 모두 고르면?

(정답 2개)

① 한 개에 1000원인 아이스크림 1개와 한 개에 x원인 과자 3개의 가격은 y원이다.

② 하루에 $x\,\mathrm{mL}$씩 y일 동안 마신 우유의 양은 $1000\,\mathrm{mL}$이다.

③ 시속 $5\,\mathrm{km}$로 x시간 동안 걸어간 거리는 $y\,\mathrm{km}$이다.

④ 한 모서리의 길이가 $x\,\mathrm{cm}$인 정육면체의 부피는 $y\,\mathrm{cm}^3$이다.

⑤ 밑변의 길이가 $x\,\mathrm{cm}$, 높이가 $y\,\mathrm{cm}$인 삼각형의 넓이는 $10\,\mathrm{cm}^2$이다.

6

일차함수 $f(x)=ax+1$에 대하여 $f(3)=2$일 때, 상수 a의 값을 구하시오.

1

두 일차함수 $y=2x$와 $y=2x-3$에 대하여 다음 물음에 답하시오.

(1) 다음 표를 완성하시오.

x	$\cdots$	-2	-1	0	1	2	$\cdots$
$y=2x$	$\cdots$						$\cdots$
$y=2x-3$	$\cdots$						$\cdots$

(2) 일차함수 $y=2x-3$의 그래프를 다음 좌표평면 위에 그리시오.

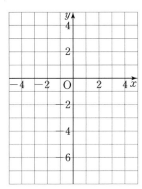

2

다음 일차함수의 그래프는 일차함수 $y=3x$의 그래프를 y축의 방향으로 얼마만큼 평행이동한 것인지 구하시오.

(1) $y=3x-3$

(2) $y=3x+5$

(3) $y=3x-\dfrac{1}{4}$

(4) $y=3x+\dfrac{1}{2}$

대표 예제 한번 더!

3

다음 일차함수의 그래프를 y축의 방향으로 [ ] 안의 수만큼 평행이동한 그래프가 나타내는 일차함수의 식을 구하시오.

(1) $y=-3x$ $[-2]$

(2) $y=-\dfrac{2}{3}x$ $[6]$

(3) $y=-x+1$ $[-5]$

(4) $y=5x-4$ $[2]$

4

다음 중 일차함수 $y=3x-2$의 그래프 위의 점이 <u>아닌</u> 것을 모두 고르면? (정답 2개)

① $(1,\ 1)$ ② $(2,\ 5)$ ③ $(-1,\ -5)$

④ $\left(\dfrac{1}{3},\ 1\right)$ ⑤ $(0,\ -2)$

일차함수의 그래프의 절편과 기울기

1

주어진 일차함수의 그래프를 보고 다음을 구하시오.

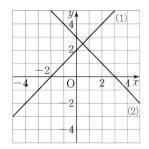

(1) ① x축과 만나는 점의 좌표: _____

                   x절편: _____

② y축과 만나는 점의 좌표: _____

                   y절편: _____

(2) ① x축과 만나는 점의 좌표: _____

                   x절편: _____

② y축과 만나는 점의 좌표: _____

                   y절편: _____

2

다음 일차함수의 그래프의 x절편과 y절편을 각각 구하시오.

(1) $y = x + 2$

(2) $y = -3x + 6$

(3) $y = \dfrac{1}{3}x + 2$

(4) $y = 5x - 10$

3

다음 일차함수의 그래프의 기울기를 구하시오.

(1) $y = x + 3$

(2) $y = 3x + \dfrac{1}{2}$

(3) $y = -5x + 2$

(4) $y = 4 - \dfrac{2}{3}x$

4

다음 □ 안에 알맞은 수를 쓰고, 주어진 일차함수의 그래프의 기울기를 구하시오.

(1)
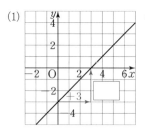

(2)
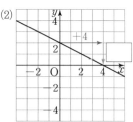

5

일차함수의 그래프의 x절편과 y절편이 다음과 같을 때, 그 그래프를 좌표평면 위에 그리시오.

(1) x절편: 1, y절편: 4

(2) x절편: -3, y절편: 2

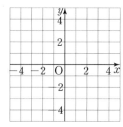
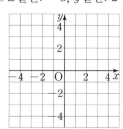

6

일차함수의 그래프의 기울기와 y절편이 다음과 같을 때, 그 그래프를 좌표평면 위에 그리시오.

(1) 기울기: 2, y절편: -1

(2) 기울기: $-\dfrac{3}{2}$, y절편: 3

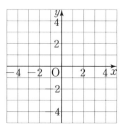
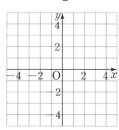

•정답 및 해설 95쪽

7

일차함수 $y = -4x - 8$의 그래프의 x절편을 a, y절편을 b라 할 때, ab의 값을 구하시오.

8

일차함수 $y = x - 4$의 그래프와 x축 및 y축으로 둘러싸인 도형의 넓이를 구하시오.

9

다음 일차함수 중 x의 값이 2만큼 증가할 때, y의 값이 4만큼 감소하는 것을 모두 고르면? (정답 2개)

① $y = -2x + 1$ ② $y = -4x + 5$

③ $y = -\dfrac{1}{2}x + 7$ ④ $y = 2x + 3$

⑤ $y = -2(x + 2)$

10

두 점 $(-2, k)$, $(5, 6)$을 지나는 일차함수의 그래프의 기울기가 2일 때, k의 값을 구하시오.

11

세 점 $(1, 0)$, $(3, 3)$, $(-1, k)$가 한 직선 위에 있을 때, k의 값을 구하시오.

12

다음 중 일차함수 $y = \dfrac{1}{2}x - 1$의 그래프는?

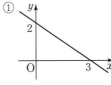
①

②

③

④

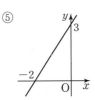
⑤

일차함수의 그래프의 성질

1

아래 그림의 일차함수의 그래프 중 다음을 만족시키는 것을 모두 고르시오.

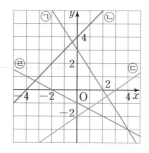

(1) x의 값이 증가할 때, y의 값도 증가하는 직선

(2) 기울기가 음수인 직선

(3) y축과 양의 부분에서 만나는 직선

(4) y절편이 음수인 직선

2

일차함수 $y=ax+b$의 그래프가 다음 그림과 같을 때, a, b의 부호를 각각 구하시오.

(1)

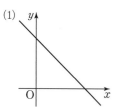

(2)

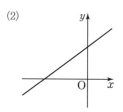

(3)

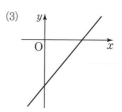

(4)

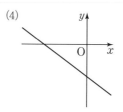

3

다음 두 일차함수의 그래프가 평행한 것은 '평', 일치하는 것은 '일'을 (   ) 안에 쓰시오.

(1) $y=-3x+1$, $y=-3x+5$　　　　　　(　　　)

(2) $y=5x-2$, $y=5x+3$　　　　　　　　(　　　)

(3) $y=\dfrac{2}{3}x+2$, $y=\dfrac{2}{3}(x+3)$　　　　(　　　)

(4) $y=-4x+7$, $y=-4x+\dfrac{3}{2}$　　　　(　　　)

(5) $y=-\dfrac{4}{5}x+2$, $y=-0.8x+2$　　　(　　　)

4

다음 |보기|의 일차함수의 그래프에 대하여 물음에 답하시오.

┤ 보기 ├

ㄱ. $y=4x-2$ ㄴ. $y=-\dfrac{1}{2}x+1$

ㄷ. $y=4(x-2)$ ㄹ. $y=2x+1$

ㅁ. $y=-0.5x+1$ ㅂ. $y=-\dfrac{2}{3}x+4$

(1) 평행한 것끼리 짝 지으시오.

(2) 일치하는 것끼리 짝 지으시오.

(3) 오른쪽 그림의 일차함수의 그래프와 평행한 것을 고르시오

(4) 오른쪽 그림의 일차함수의 그래프와 일치하는 것을 고르시오.

대표 예제 한번 더! 👆

5

다음 중 일차함수 $y=\dfrac{4}{3}x+4$의 그래프에 대한 설명으로 옳지 <u>않은</u> 것은?

① x절편은 -3, y절편은 4이다.

② 기울기는 $\dfrac{4}{3}$이다.

③ x의 값이 증가하면 y의 값도 증가한다.

④ 오른쪽 아래로 향하는 직선이다.

⑤ 점 $(-6, -4)$를 지난다.

6

$a>0$, $b<0$일 때, 다음 중 일차함수 $y=ax+b$의 그래프로 알맞은 것은?

①   ②   ③

④   ⑤

7

다음 일차함수의 그래프 중 일차함수 $y=-\dfrac{1}{2}x+2$의 그래프와 평행하지 <u>않은</u> 것은?

① $y=3-\dfrac{1}{2}x$ ② $y=-\dfrac{1}{2}x-3$

③ $y=\dfrac{-x+2}{2}$ ④ $y=-\dfrac{1}{2}(2x-1)$

⑤ $y=-\dfrac{1}{2}(x+1)$

8

두 일차함수 $y=3x+b$와 $y=ax+2$의 그래프가 일치할 때, 상수 a, b에 대하여 $a+b$의 값을 구하시오.

개념 27 일차함수의 식 구하기

1

다음과 같은 직선을 그래프로 하는 일차함수의 식을 구하시오.

(1) 기울기가 3이고, y절편이 -2인 직선

(2) 기울기가 -4이고, y축과 점 $(0, 5)$에서 만나는 직선

(3) x의 값이 4만큼 증가할 때 y의 값은 2만큼 증가하고, y절편이 -1인 직선

(4) x의 값이 3만큼 증가할 때 y의 값은 5만큼 감소하고, y축과 점 $(0, 2)$에서 만나는 직선

(5) 일차함수 $y=2x-3$의 그래프와 평행하고, y절편이 $-\dfrac{1}{2}$인 직선

2

다음은 기울기가 2이고, 점 $(1, 3)$을 지나는 직선을 그래프로 하는 일차함수의 식을 구하는 과정이다. □ 안에 알맞은 것을 쓰시오.

기울기가 2이므로 구하는 일차함수의 식을
$y=\boxed{}x+b$로 놓는다.
이 그래프가 점 $(1, 3)$을 지나므로
$y=\boxed{}x+b$에 $x=1$, $y=\boxed{}$를 대입하여 정리하면
$b=\boxed{}$
따라서 구하는 일차함수의 식은
$y=\boxed{}$

3

다음과 같은 직선을 그래프로 하는 일차함수의 식을 구하시오.

(1) 기울기가 -2이고, 점 $(1, 2)$를 지나는 직선

(2) 기울기가 4이고, 점 $(-2, -9)$를 지나는 직선

(3) x의 값이 2만큼 증가할 때 y의 값은 8만큼 감소하고, 점 $(3, -5)$를 지나는 직선

(4) x의 값이 4만큼 증가할 때 y의 값은 10만큼 증가하고, 점 $(2, 8)$을 지나는 직선

(5) 일차함수 $y=2x-1$의 그래프와 평행하고, 점 $(2, -1)$을 지나는 직선

4

다음은 두 점 $(1, 3)$, $(2, 7)$을 지나는 직선을 그래프로 하는 일차함수의 식을 구하는 과정이다. □ 안에 알맞은 것을 쓰시오.

두 점 $(1, 3)$, $(2, 7)$을 지나므로
$(기울기)=\dfrac{7-\boxed{}}{2-1}=\boxed{}$
구하는 일차함수의 식을 $y=\boxed{}x+b$로 놓는다.
이 그래프가 점 $(1, 3)$을 지나므로
$y=\boxed{}x+b$에 $x=1$, $y=\boxed{}$를 대입하여 정리하면
$b=\boxed{}$
따라서 구하는 일차함수의 식은
$y=\boxed{}$

• 정답 및 해설 96쪽

5

다음 두 점을 지나는 직선의 기울기와 그 직선을 그래프로 하는 일차함수의 식을 각각 구하시오.

(1) $(2, 2)$, $(1, 5)$

직선의 기울기:

일차함수의 식:

(2) $(3, -1)$, $(7, 1)$

직선의 기울기:

일차함수의 식:

(3) $(0, -2)$, $(2, 6)$

직선의 기울기:

일차함수의 식:

(4) $(-1, 0)$, $(1, -8)$

직선의 기울기:

일차함수의 식:

6

다음은 x절편이 -2, y절편이 6인 직선을 그래프로 하는 일차함수의 식을 구하는 과정이다. □ 안에 알맞은 것을 쓰시오.

x절편이 -2, y절편이 6이면 두 점 ($\boxed{}$, 0),
(0, $\boxed{}$)를 지나므로

(기울기)$=\dfrac{\boxed{}-0}{0-(-2)}=\boxed{}$

따라서 구하는 일차함수의 식은

$y=\boxed{}$

7

x절편, y절편이 다음과 같은 직선의 기울기와 그 직선을 그래프로 하는 일차함수의 식을 각각 구하시오.

(1) x절편: 4, y절편: -2

직선의 기울기:

일차함수의 식:

(2) x절편: -3, y절편: -3

직선의 기울기:

일차함수의 식:

(3) x절편: 1, y절편: -5

직선의 기울기:

일차함수의 식:

(4) x절편: -2, y절편: 7

직선의 기울기:

일차함수의 식:

8

일차함수 $y=-2x+4$의 그래프와 평행하고, 일차함수 $y=-\dfrac{2}{3}x+3$의 그래프와 y절편이 같은 직선을 그래프로 하는 일차함수의 식을 구하시오.

9

일차함수 $y=3x-4$의 그래프와 평행하고 점 $(2, 1)$을 지나는 직선을 그래프로 하는 일차함수의 식은?

① $y=3x-5$

② $y=3x+1$

③ $y=2x-3$

④ $y=2x+1$

⑤ $y=-3x+7$

10

두 점 $(-2, 5)$, $(1, -4)$를 지나는 일차함수의 그래프의 기울기를 a, x절편을 b, y절편을 c라 할 때, abc의 값을 구하시오.

11

x절편이 8이고, 일차함수 $y=-x-4$의 그래프와 y축 위에서 만나는 직선을 그래프로 하는 일차함수의 식을 구하시오.

1

길이가 10 cm인 어떤 용수철에 무게가 같은 추를 한 개 매달 때마다 용수철의 길이가 3 cm씩 늘어난다고 한다. 다음은 용수철에 매달려 있는 추의 개수가 4개일 때, 용수철의 길이를 구하는 과정이다. □ 안에 알맞은 것을 쓰시오.

> ❶ 추를 x개 매달았을 때의 용수철의 길이를 y cm라 하자.
> ❷ 추를 한 개 매달 때마다 용수철의 길이가 3 cm씩 늘어나므로 y를 x에 대한 식으로 나타내면
> $y=\boxed{}$
> ❸ 이 일차함수의 식에 $x=\boxed{}$를 대입하면
> $y=\boxed{}$
> 따라서 용수철에 매달려 있는 추의 개수가 4개일 때, 용수철의 길이는 $\boxed{}$ cm이다.
> ❹ 용수철에 매달려 있는 추의 개수가 4개일 때, 용수철의 길이는 $10+3\times4=\boxed{}$ (cm)이므로 문제의 뜻에 맞는다.

2

지면으로부터 높이가 1 km 높아질 때마다 기온이 6 ℃씩 내려간다고 한다. 다음은 지면의 기온이 15 ℃일 때, 기온이 −3 ℃인 지점의 지면으로부터 높이를 구하는 과정이다. □ 안에 알맞은 것을 쓰시오.

> ❶ 지면으로부터 높이가 x km인 곳의 기온을 y ℃라 하자.
> ❷ 높이가 1 km 높아질 때마다 기온이 6 ℃씩 내려가므로 y를 x에 대한 식으로 나타내면
> $y=\boxed{}$
> ❸ 이 일차함수의 식에 $y=\boxed{}$를 대입하면
> $x=\boxed{}$
> 따라서 기온이 −3 ℃인 지점의 지면으로부터의 높이는 $\boxed{}$ km이다.
> ❹ 지면으로부터 높이가 $\boxed{}$ km일 때, 기온은 $15-6\times\boxed{}=-3$ (℃)이므로 문제의 뜻에 맞는다.

대표 예제 **한번 더!** 👆

3

하루에 0.2 mm씩 자라는 식물이 있다. 현재 이 식물의 길이가 25 cm일 때, 20일 후 식물의 길이는 몇 cm인지 구하시오.

4

진홍이는 6000 m 단축마라톤 대회에 참가하여 분속 200 m로 달리고 있다. 출발선에서 출발한 지 x분 후 진홍이의 위치에서 결승선까지의 거리를 y m라 할 때, y를 x에 대한 식으로 나타내시오.

5

오른쪽 그림과 같은 직사각형 ABCD에서 점 P가 점 A를 출발하여 변 AB를 따라 점 B까지 매초 0.2 cm의 속력으로 움직

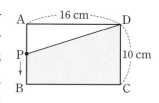

인다. 사다리꼴 PBCD의 넓이가 96 cm²가 되는 것은 점 P가 점 A를 출발한 지 몇 초 후인지 구하시오.

1

다음 일차방정식을 일차함수 $y=ax+b$의 꼴로 나타내시오. (단, a, b는 상수)

(1) $-2x+y+5=0$

(2) $x+3y+6=0$

(3) $3x-y-4=0$

(4) $4x+2y-8=0$

(5) $-x+4y+12=0$

(6) $-10x+5y-15=0$

2

다음 일차방정식의 그래프의 x절편, y절편을 각각 구하고, 이를 이용하여 그 그래프를 좌표평면 위에 그리시오.

(1) $x-y+1=0$

x절편: _____

y절편: _____

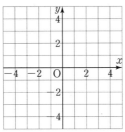

(2) $x+2y-4=0$

x절편: _____

y절편: _____

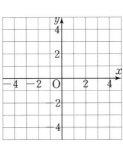

(3) $-3x-3y+9=0$

x절편: _____

y절편: _____

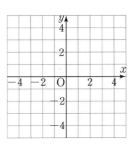

대표 예제 **한번 더!**

3

일차방정식 $3x-5y-9=0$의 그래프가 점 $(k,\ k+1)$을 지날 때, k의 값을 구하시오.

4

다음 일차함수 중 그 그래프가 일차방정식 $2x-3y+9=0$의 그래프와 같은 것은?

① $y=-2x-9$ ② $y=-2x+9$

③ $y=\dfrac{2}{3}x-3$ ④ $y=\dfrac{2}{3}x+3$

⑤ $y=3x-2$

1

다음 □ 안에 알맞은 것을 쓰고, 주어진 일차방정식의 그래프를 좌표평면 위에 그리시오.

(1) $x=2$

➡ 점 (□, 0)을 지나고, □축에 평행하게 그린다.

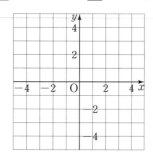

(2) $3x+3=0$

➡ 점 (□, 0)을 지나고, □축에 평행하게 그린다.

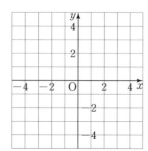

2

다음 □ 안에 알맞은 것을 쓰고, 주어진 일차방정식의 그래프를 좌표평면 위에 그리시오.

(1) $y=1$

➡ 점 (0, □)를 지나고, □축에 평행하게 그린다.

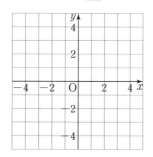

(2) $2y+4=0$

➡ 점 (0, □)를 지나고, □축에 평행하게 그린다.

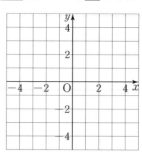

3

다음 점을 지나면서 x축에 평행한 직선의 방정식, y축에 평행한 직선의 방정식을 차례로 구하시오.

(1) $(1, 4)$

(2) $(-2, 3)$

대표 예제 한번 더!

4

다음 |보기|의 일차방정식 중 그 그래프가 x축에 평행한 것을 모두 고르시오.

| 보기 |

ㄱ. $2x=4$ ㄴ. $3y+4=0$

ㄷ. $4y=8$ ㄹ. $2x-1=0$

5

네 방정식 $x=-1$, $y=2$, $x=4$, $y=5$의 그래프로 둘러싸인 도형의 넓이를 구하시오.

1

아래 그래프를 이용하여 다음 연립방정식의 해를 구하시오.

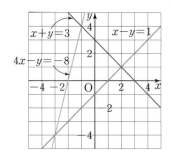

(1) $\begin{cases} x+y=3 \\ x-y=1 \end{cases}$

(2) $\begin{cases} 4x-y=-8 \\ x-y=1 \end{cases}$

(3) $\begin{cases} x+y=3 \\ 4x-y=-8 \end{cases}$

2

다음 연립방정식의 두 일차방정식의 그래프를 각각 좌표평면 위에 그리고, 그 그래프를 이용하여 연립방정식의 해를 구하시오.

(1) $\begin{cases} 2x+y=1 \\ x-2y=3 \end{cases}$

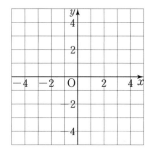

(2) $\begin{cases} x+2y=4 \\ 3x-2y=4 \end{cases}$

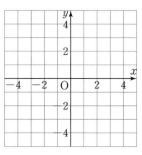

대표 예제 한번 더!

3

두 일차방정식 $2x-y=3$, $3x+2y=8$의 그래프의 교점의 좌표를 구하시오.

4

연립방정식 $\begin{cases} x+ay=-1 \\ x+by-4 \end{cases}$

의 두 일차방정식의 그래프가 오른쪽 그림과 같을 때, 상수 a, b의 값을 각각 구하시오.

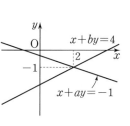

5

두 직선 $y=-2x-3$, $y=3x+7$의 교점과 점 $(-1, 4)$를 지나는 직선의 방정식을 구하시오.

6

세 일차방정식 $x+y=4$, $-2x+3y=7$, $4x+ay=-2$의 그래프가 한 점에서 만날 때, 상수 a의 값을 구하시오.

1

다음 연립방정식의 두 일차방정식의 그래프를 각각 좌표평면 위에 그리고, 그 그래프를 이용하여 연립방정식의 해의 개수를 구하시오.

(1) $\begin{cases} 2x+y=-4 \\ 2x-4y=6 \end{cases}$

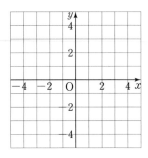

(2) $\begin{cases} 2x+y=-3 \\ 2x+y=3 \end{cases}$

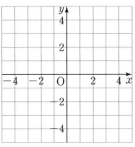

(3) $\begin{cases} 2x-3y=-6 \\ 4x-6y=-12 \end{cases}$

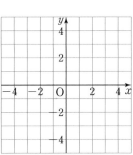

2

다음 □ 안에 알맞은 것을 쓰고, 물음에 답하시오.

(1) 연립방정식 $\begin{cases} ax+y=1 \\ -4x+2y=6 \end{cases}$ 의 해가 없을 때, 상수 a의 값을 구하시오.

$\begin{cases} ax+y=1 \\ -4x+2y=6 \end{cases}$ $\xrightarrow[\text{식으로 나타내면}]{y를 \ x에 \ 대한}$ $\begin{cases} y=-ax+1 \\ \boxed{} \end{cases}$

해가 없으려면 기울기는 같고, y절편은 달라야 하므로

$-a=\boxed{}$, $1 \ne 3$ $\therefore a=\boxed{}$

(2) 연립방정식 $\begin{cases} -8x+6y=12 \\ ax+3y=6 \end{cases}$ 의 해가 무수히 많을 때, 상수 a의 값을 구하시오.

$\begin{cases} -8x+6y=12 \\ ax+3y=6 \end{cases}$ $\xrightarrow[\text{식으로 나타내면}]{y를 \ x에 \ 대한}$ $\begin{cases} y=\frac{4}{3}x+2 \\ \boxed{} \end{cases}$

해가 무수히 많으려면 기울기와 y절편이 각각 같아야 하므로

$\frac{4}{3}=\boxed{}$, $2=2$ $\therefore a=\boxed{}$

대표 예제 **한번 더!**

3

다음 연립방정식 중 해가 없는 것을 모두 고르면?

(정답 2개)

① $\begin{cases} x+y=2 \\ 2x+2y=-1 \end{cases}$ ② $\begin{cases} x-3y=0 \\ 3x-y=0 \end{cases}$

③ $\begin{cases} 4x-y=1 \\ 8x-2y=2 \end{cases}$ ④ $\begin{cases} -4x-8y=24 \\ x+2y=-6 \end{cases}$

⑤ $\begin{cases} 3x-4y=1 \\ 6x-8y=-1 \end{cases}$

4

연립방정식 $\begin{cases} -2x+ay=8 \\ 4x-6y=b \end{cases}$ 의 해가 무수히 많도록 하는 상수 a, b의 값은?

① $a=-6$, $b=-3$ ② $a=-6$, $b=8$

③ $a=-3$, $b=-16$ ④ $a=3$, $b=-16$

⑤ $a=3$, $b=-3$

MEMO.

MEMO.

메가스터디 중등 학습 시리즈

내용 문의 02-6984-6901

수학이 쉬워지는 완벽한 솔루션
완쏠 개념

메가스터디BOOKS

내용 문의 02-6984-6901 | 구입 문의 02-6984-6868,9 | www.megastudybooks.com

메가스터디BOOKS

수능까지 이어지는 **독해 기본기를 잡아라!**

메가스터디
중학 국어 독해

*예비중~중3

*예비중~예비고

*예비중~예비고

중학 국어 문학·비문학 독해 필수 코스!

비문학 사회, 과학 개념 독해	하루 2지문, 20일 완성! 중등 사회, 과학 개념을 활용한 지문 독해 연습
문학 필수개념 독해	하루 2개념, 18일 완성! 101개 문학 필수개념 집중 학습
비문학 독해	하루 2지문, 3주 완성! 범교과 지문, 어휘 특화 코너로 비문학 마스터

www.**Mbest**.co.kr 온라인 유료 동영상 강의 진행

메가스터디BOOKS

엠베스트 장풍쌤이 알려주는 과학 백점 비법

백신 과학 Best

| 학기별 기본서 | 영역별 통합 기본서 |

엠베스트 과학 대표
장풍 선생님 집필·강의

중등 1~3학년
1, 2학기
(전 6권)

중등 1~3학년
물리학
화학
생명과학
지구과학
(전 4권)

중등 과학 내신 완벽 대비!

백신 과학
학기별 기본서

· 이해하기 쉽고 자세한 개념 정리

· 교과서 탐구문제, 자료 수록

· 학교 시험 빈출 대표 유형 선별 &
  실전 문제로 내신 완벽 대비

중1, 2, 3 과정을 한 권에!

백신 과학
영역별 통합 기본서

· 교과 핵심 개념과 중요 탐구로 개념 이해

· 개념 맞춤형 집중 문제로 개념 마스터

· 단계별 학교 기출·서술형 문제로
  학교 시험 실전 완벽 대비

메가스터디BOOKS

메가스터디북스 중등 시리즈

수능까지 이어지는 중학 국어 독해 기본서

메가스터디 중학 국어 독해　예비 중1~예비 고1

사회·과학 개념 독해	하루 2지문, 20일 완성! 중등 사회·과학 개념을 활용한 지문 독해 연습
비문학 독해	하루 2지문, 3주 완성! 범교과 지문·어휘 특화 코너로 비문학 마스터
문학 필수개념 독해	하루 2개념, 18일 완성! 101개 문학 필수개념 집중 학습

사회·과학 개념　　　1~3권　　　1~3권

수학 숙제만 제대로 해도 성적이 오른다!

수학숙제　예비 중1~중3

- 어떤 교재, 교과서와도 병행 사용이 가능한 만능 교재
- 중~중하위권 학생들도 혼공 가능한 부담제로 난이도·분량
- 단원별, 서술형 테스트 문제로 학교 내신 완벽 대비

전 학년 1, 2학기(6종)

하루 1장, 10주에 완성하는 기초 영문법과 구문

메가스터디 중학영어 1일 1문법　예비 중1~중1
메가스터디 고등영어 1일 1구문　중3~예비 고1

- 1권으로 완성하는 중학 기초 영문법과 고교 필수 구문
- <개념 Preview → 요일별 개념 학습 → Weekly Test → 개념 Review>의 단계로 빈틈없는 개념 학습
- 하루 1장씩, 10주 완성이 가능한 가벼운 학습 분량

문법, 구문 (2종)

엠베스트 장풍쌤이 알려주는 과학 백점 비법

백신 과학 학기별/영역별 통합 기본서　예비 중1~중3

| 학기별 | - 학교 시험 빈출 대표 유형 선별 & 실전 문제로 중등 과학 내신 완벽 대비 |
| 영역별 | - 단기간에 중 1, 2, 3 과학 전 과정을 영역별로 완벽 마스터 |

엠베스트 장풍 선생님 집필·강의

전 학년 1, 2학기(6종)　물리학, 화학, 생명과학, 지구과학 (4종)

메가스터디 중등 학습 시리즈

공부는 스스로 해야 실력이 됩니다. 아무리 뛰어난 스타강사도, 아무리 좋은 참고서도 학습자의 실력을 바로 높여 줄 수는 없습니다.
내가 무엇을 공부하고 있는지, 아는 것과 모르는 것은 무엇인지 스스로 인지하고 학습할 때 진짜 실력이 만들어집니다.
메가스터디북스는 스스로 하는 공부, 내가스터디를 응원합니다.
메가스터디북스는 여러분의 내가스터디를 돕는 좋은 책을 만듭니다.

진짜 공부 챌린지 내!/가/스/터/디

메가스터디BOOKS

내용 문의 02-6984-6901 | 구입 문의 02-6984-6868,9 | www.megastudybooks.com

53410
ISBN 979-11-297-1211-0
값 17,500원

KC마크는 이 제품이 공통안전기준에 적합
하였음을 의미합니다.

2022
개정 교육과정
2026년 중2 적용

수학이 쉬워지는 완벽한 솔루션

완쏠 개념

중등수학

2-1

정답 및 해설

메가스터디BOOKS

수학이 쉬워지는 완벽한 솔루션

완쏠 개념

중등수학

2-1

정답 및 해설

1 유리수와 순환소수

개념 01 유리수 / 소수의 분류 ·8~9쪽

개념 확인하기

1 (1) 4, 0, −5　(2) 0, −5

(3) $4, -\dfrac{8}{5}, 0, -5, \dfrac{1}{9}, 0.56$　(4) $-\dfrac{8}{5}, \dfrac{1}{9}, 0.56$

2 (1) 유　(2) 무　(3) 무　(4) 유

3 (1) 0.285714···, 무한소수

(2) 0.272727···, 무한소수

(3) −1.25, 유한소수

(4) 0.875, 유한소수

대표 예제로 개념 익히기

예제**1** ④　　　　　　　**1-1** ③, ⑤

예제**2** ⑤

2-1 ㄱ, ㄴ, ㄷ, ㅂ　　**2-2** ①, ④

개념 02 순환소수 ·10~11쪽

개념 확인하기

1 (1) ○　(2) ×　(3) ×　(4) ○　(5) ○　(6) ×

2 (1) 순환마디: 5, $1.\dot{5}$　(2) 순환마디: 06, $1.\dot{0}\dot{6}$

(3) 순환마디: 739, $-2.\dot{7}3\dot{9}$　(4) 순환마디: 23, $0.1\dot{2}\dot{3}$

(5) 순환마디: 274, $4.\dot{2}7\dot{4}$　(6) 순환마디: 8, $3.56\dot{8}$

3 풀이 참조

대표 예제로 개념 익히기

예제**1** ㄱ, ㄷ

1-1 (1) 2개　(2) 1개　　**1-2** ③

예제**2** ①, ⑤

2-1 ⑤　　　　　**2-2** (1) $0.\dot{1}3\dot{5}$　(2) 3개　(3) 1

개념 03 유한소수, 순환소수로 나타낼 수 있는 분수 ·12~13쪽

개념 확인하기

1 (1) (가) 2^2, (나) 2^2, (다) 100, (라) 0.04

(2) (가) 5^3, (나) 5^3, (다) 1000, (라) 0.125

(3) (가) 5^2, (나) 5^2, (다) 175, (라) 0.175

2 (1) ×　(2) ×　(3) ○　(4) ×　(5) ○　(6) ○

3 (1) 3　(2) 13　(3) 11　(4) 21

대표 예제로 개념 익히기

예제**1** ㄱ, ㄹ, ㅂ

1-1 ③　　　　　**1-2** 4개

예제**2** 7

2-1 ②, ④　　　　**2-2** 14

개념 04 순환소수의 분수 표현 ·15~17쪽

개념 확인하기

1 (1) (가) 10, (나) 9, (다) 7　(2) (가) 100, (나) 99, (다) 7

(3) (가) 10, (나) 90, (다) 23　(4) (가) 100, (나) 900, (다) 304

2 (1) 2　(2) 99, 11　(3) 9, 3　(4) 2, 999, 333

(5) 42, 4, 19　(6) 34, 990, 495

3 (1) ○　(2) ○　(3) ×　(4) ×　(5) ×　(6) ○　(7) ○

대표 예제로 개념 익히기

예제**1** ④

1-1 ③　　　　　　　**1-2** ④

예제**2** ②, ④

2-1 ②, ⑤　　　　　　**2-2** 90

예제**3** $0.8\dot{3}$

3-1 $x = \dfrac{5}{3}$　　　　　**3-2** ②

예제**4** ③　　　　　　　**4-1** ㄷ, ㅁ

실전 문제로 단원 마무리하기 ·18~20쪽

1 ③	**2** ④	**3** ①, ⑤	**4** 5	**5** ③
6 ③	**7** 4개	**8** 11	**9** ②	**10** ④
11 ③, ⑤	**12** $\dfrac{3}{2}$	**13** ③	**14** $0.2\dot{1}$	**15** ②
16 ㄴ, ㄹ	**17** ⑤	**18** 6개		
19 (1) 99　(2) 17　(3) $0.\dot{1}\dot{7}$				

OX 문제로 개념 점검! ·21쪽

❶ ○　❷ ×　❸ ○　❹ ×　❺ ○　❻ ○　❼ ×

2 식의 계산

개념 05 지수법칙 (지수의 합과 곱) ·24~25쪽

개념 확인하기

1 (1) x^{11}　(2) y^8　(3) 3^{12}　(4) 5^{15}　(5) a^{12}　(6) 2^{13}

2 (1) $a^{10}b^7$　(2) $x^{10}y^9$　(3) a^6b^7　(4) x^5y^4

3 (1) x^{18}　(2) y^{24}　(3) 3^{27}　(4) 5^{30}

4 (1) a^{17}　(2) x^{14}　(3) a^{25}　(4) x^{26}　(5) b^{18}　(6) y^{23}

대표 예제로 개념 익히기

예제**1** ③

1-1 ④　　　　　　　**1-2** 2

예제**2** ③　　　　　　　**2-1** $x^{22}y^4$

2-2 24　　　　　　　**2-3** 10

개념 06 지수법칙 (지수의 차와 분배) ·27~29쪽

개념 확인하기

1 (1) x^3 (2) 1 (3) $\dfrac{1}{x^3}$ (4) $3^2(=9)$

(5) 1 (6) $\dfrac{1}{7^2}\left(=\dfrac{1}{49}\right)$ (7) a^3 (8) $\dfrac{1}{a^8}$

2 (1) a^3b^3 (2) x^9y^3 (3) $32a^{10}$ (4) $9x^4y^6$

(5) $\dfrac{a^6}{b^6}$ (6) $\dfrac{x^6}{y^8}$ (7) $\dfrac{a^{12}}{16}$ (8) $\dfrac{y^6}{125x^{12}}$

(9) $-a^5$ (10) $-\dfrac{a^3}{8}$ (11) $64x^{30}$ (12) $\dfrac{x^{12}}{y^4}$

3 (1) 2, 1, 4 (2) 3, 1, 5 (3) 4, 1, 6 (4) 5, 1, 3

4 (1) 4, 2, 2 (2) 4, 4 (3) 3, 6, 3, 3 (4) 3, 9, 4, 4

5 (1) 2 (2) 7

대표 예제로 개념 익히기

예제**1** ②, ⑤   **1-1** ㄱ, ㅁ

1-2 4   **1-3** 4배

예제**2** ②

2-1 (1) $-32x^{10}y^5$ (2) $-\dfrac{27b^6}{a^3}$

2-2 61

예제**3** 8

3-1 ②   **3-2** $\dfrac{4}{3}$

예제**4** (1) 2^{30} (2) 10

4-1 ③   **4-2** 3

예제**5** (1) 8×10^6 (2) 7자리   **5-1** ④

개념 07 단항식의 곱셈과 나눗셈 ·31~33쪽

개념 확인하기

1 (1) $12x^3$ (2) $10a^2b^3$ (3) $-12xy$

(4) $-12a^3b$ (5) $3x^3y^3$ (6) $18a^4b^3$

2 (1) $\dfrac{4}{x}$ (2) $25a$ (3) $-9x$ (4) $-2a^2b$

(5) $2xy^2$ (6) $4a^4b^5$

3 (1) $4xy^2$, -1, xy^2, $2x^2y$

(2) $-8a^6b^3$, $-\dfrac{1}{8a^6b^3}$, a^6b^3, $-2b$ (3) $18x^2$ (4) $\dfrac{2a}{b}$

(5) $-3x^3$ (6) $6ab^2$ (7) $-4x^4y^4$ (8) $-5a^2b^3$

4 직사각형의 넓이, $6a^2b$, $7a^2b^2$

대표 예제로 개념 익히기

예제**1** ③, ⑤

1-1 $-27x^6y^9$ **1-2** 55

예제**2** $-\dfrac{2}{x}$

2-1 ㄴ, ㄹ   **2-2** $-2xy^3$

예제**3** ㄴ, ㄹ

3-1 ①, ④   **3-2** 69

예제**4** $\dfrac{2xy^2}{5}$

4-1 $9ab$ **4-2** (1) $24a^4b^5$ (2) $6a^2b^2$

개념 08 다항식의 덧셈과 뺄셈 ·34~35쪽

개념 확인하기

1 (1) $7a-9b$ (2) $8x-4y$ (3) $2x-2y-4$

(4) $-a+b+1$ (5) $a+\dfrac{1}{4}b$ (6) $\dfrac{x+5y}{12}$

2 (1) $4x+3y$ (2) $7a-2b-7$

3 (1) × (2) ○ (3) × (4) ○

4 (1) $5x^2+x+8$ (2) $3a^2+a+2$

대표 예제로 개념 익히기

예제**1** ③

1-1 ③, ⑤   **1-2** $-6x+2$

예제**2** ④

2-1 $\dfrac{1}{4}$ **2-2** $\dfrac{7}{6}$

개념 09 다항식과 단항식의 곱셈과 나눗셈 ·36~37쪽

개념 확인하기

1 (1) $3xy+15x$ (2) $-2a^2-ab$

(3) $-8ab-12b^2+20b$ (4) $-5x^2-10xy+5x$

2 (1) $5x^2-21x$ (2) a^2-9a

(3) $7x^2-9xy$ (4) $a^2-6ab-6b^2$

3 (1) $2a-4$ (2) $-2x-6$ (3) $10ab-2b^2$

(4) $-24xy-16y$ (5) $2a^2-4ab+1$ (6) $-3a^2b-6a-9$

대표 예제로 개념 익히기

예제**1** ②, ⑤   **1-1** 6

1-2 120   **1-3** (1) $10xy-3x^2$ (2) 17

예제**2** -20

2-1 ④   **2-2** 2

개념 10 다항식과 단항식의 혼합 계산 ·38~39쪽

개념 확인하기

1 (1) $3x+1$ (2) $7x^2-x$ (3) $7a^2-3ab$

(4) $-5a-3b$ (5) $8ab-6a$ (6) $7x^2y+x$

2 (1) $4ab+24b$ (2) $-6x^3y+12x^2y^2$

3 직육면체의 부피, $2xy$, $4x^2y^2$, $3x+8y$

대표 예제로 개념 익히기

예제**1** -6

1-1 1   **1-2** 72

예제2 $24xy^2+18y^3$

2-1 $\dfrac{2}{3}ab-1$　　　　　　**2-2** $15x^2+12xy+4x^2y$

실전 문제로 단원 마무리하기

•40~42쪽

1 6	**2** ④	**3** ④	**4** 10	**5** 4
6 ③	**7** ⑤	**8** $24x^9y^7$		
9 $A=xy^2$, $B=xy$, $C=x^4y$		**10** 5		**11** $16x^4y^3$
12 ①	**13** ③	**14** $5x^2+5x-9$		
15 $4x^2+7x+1$		**16** ②, ④	**17** ④	**18** ②
19 $-4a+3b$		**20** $6ab^2-3ab+3a$		
21 16		**22** 10배		

OX 문제로 개념 짐검!

•43쪽

❶ × ❷ ○ ❸ ○ ❹ × ❺ × ❻ ○ ❼ × ❽ ×

3 일차부등식

개념 1 부등식과 그 해

•46~47쪽

개념 확인하기

1 (1) ○ (2) × (3) × (4) ○ (5) ○ (6) ×

2 (1) $3x+5>9$ (2) $5x\leq12000$ (3) $4x<20$
　(4) $300+400x\geq2000$

3 (1) ○ (2) × (3) × (4) ○ (5) × (6) ○

대표 예제로 개념 익히기

예제1 ②, ④　　　　　　**1-1** ③

예제2 (1) -2, -1 (2) -2, -1, 0

2-1 ①, ⑤　　　　　　**2-2** -3

개념 2 부등식의 성질

•48~49쪽

개념 확인하기

1 (1) < (2) < (3) < (4) < (5) >
　(6) > (7) < (8) < (9) >

2 풀이 참조

3 (1) 빈칸은 풀이 참조, $5x-2>8$
　(2) 빈칸은 풀이 참조, $-3x+1<-5$

대표 예제로 개념 익히기

예제1 ⑤

1-1 ②　　　　　　**1-2** ㄱ, ㄹ

예제2 1

2-1 $-5<1-2x\leq-1$　　**2-2** ③

개념 13 일차부등식의 풀이

•50~52쪽

개념 확인하기

1 (1) ○ (2) × (3) ○ (4) × (5) × (6) ○

2 (1) 15, 15, -3,

　(2) 4, 10, 6, 12, 2,

3 (1) $x\leq-2$,  (2) $x>5$,

대표 예제로 개념 익히기

예제1 ①, ⑤　　　　　　**1-1** ㄱ, ㄷ, ㅂ

예제2 ③

2-1 ③　　　　　　**2-2** 2개

예제3 ③

3-1 (1) $x<\dfrac{a+9}{5}$ (2) 11　**3-2** 0

예제4 ④

4-1 $x\geq15$　　　　　　**4-2** ③

개념 14 여러 가지 일차부등식의 풀이

•53~54쪽

개념 확인하기

1 풀이 참조

2 (1) $x>5$ (2) $x\geq-6$ (3) $x>4$
　(4) $x>3$ (5) $x\leq14$ (6) $x<-8$

대표 예제로 개념 익히기

예제1 ⑤

1-1 ③　　　　　　**1-2** -7

예제2 -3　　　　　　**2-1** ①

예제3 10　　　　　　**3-1** ③

개념 15 일차부등식의 활용

•55~58쪽

개념 확인하기

1 풀이 참조
2 풀이 참조

대표 예제로 개념 익히기

예제1 5

1-1 95점　　　　　　**1-2** 9, 10

예제2 (1) $1200+200x\leq2500$ (2) 6개

2-1 ①　　　　　　**2-2** 6명

예제3 6개월 후　　　　**3-1** 21개월 후

예제4 11 cm

4-1 6 cm   **4-2** 13 cm

예제5 ④

5-1 (1) $1000x > 800x + 1800$ (2) 10개

예제6 24 km

6-1 1200 m   **6-2** 4 km

실전 문제로 단원 마무리하기
•59~62쪽

1 ③, ⑤	**2** ④		**3** ④		**4** 3개	**5** ⑤	
6 ③	**7** ㄱ, ㄴ, ㄹ				**8** ⑤	**9** ⑤	
10 ③	**11** ②	**12** 1, 2, 3			**13** ③		
14 $x \le -10$		**15** ③	**16** 6일	**17** 40주 후			
18 11개	**19** ④		**20** 280 g	**21** $-7 < A \le 1$			
22 -2	**23** 11	**24** 3개					

OX 문제로 개념 점검!
•63쪽

❶ × ❷ ○ ❸ ○ ❹ × ❺ ○ ❻ × ❼ ○

4 연립일차방정식

개념16 미지수가 2개인 일차방정식
•66~67쪽

개념 확인하기

1 (1) × (2) ○ (3) × (4) × (5) ○ (6) ×

2 풀이 참조

대표 예제로 개념 익히기

예제1 ㄴ, ㄹ   **1-1** T

예제2 ⑤   **2-1** ⑤

예제3 (1) 2 (2) -1

3-1 2   **3-2** ④

개념17 미지수가 2개인 연립일차방정식
•68~69쪽

개념 확인하기

1 (1) × (2) ○ (3) ○

2 풀이 참조

3 (1) $x=2, y=2$ (2) $x=3, y=1$

대표 예제로 개념 익히기

예제1 ①, ④

1-1 ㄱ, ㄹ   **1-2** ④

예제2 $a=1, b=2$

2-1 $a=-1, b=-1$ **2-2** $a=-2, k=\dfrac{1}{3}$

개념18 연립방정식의 풀이
•71~73쪽

개념 확인하기

1 (1) ㈎ $2x-5$, ㈏ 2, ㈐ -1

   (2) ㈎ $2y+3$, ㈏ 2, ㈐ 7

2 (1) $x=2, y=1$ (2) $x=2, y=6$ (3) $x=4, y=-1$

   (4) $x=-3, y=1$ (5) $x=1, y=2$ (6) $x=3, y=-3$

3 (1) ㈎ 2, ㈏ 20, ㈐ 4, ㈑ -2

   (2) ㈎ 3, ㈏ 2, ㈐ 1, ㈑ 1

4 (1) $x=-4, y=-5$ (2) $x=2, y=1$ (3) $x=2, y=-1$

   (4) $x=3, y=-1$ (5) $x=-1, y=1$ (6) $x=-1, y=3$

대표 예제로 개념 익히기

예제1 ④

1-1 10   **1-2** ⑤

예제2 (1) $x=2y$

   (2) 연립방정식 $\begin{cases} x-3y=-1 \\ x=2y \end{cases}$, 해: $x=2, y=1$

   (3) 1

2-1 -3

예제3 ②

3-1 -1 **3-2** ①

예제4 (1) $x=1, y=-3$ (2) 5

4-1 11

개념19 여러 가지 연립방정식의 풀이
•74~76쪽

개념 확인하기

1 풀이 참조

2 (1) 풀이 참조 (2) 풀이 참조

   (3) $x=2, y=1$ (4) $x=-1, y=1$

대표 예제로 개념 익히기

예제1 ⑤

1-1 2   **1-2** ④

예제2 ①

2-1 -1 **2-2** ③

예제3 ④

3-1 $x=1, y=-3$ **3-2** 2

예제4 $x=2, y=-1$

4-1 ②   **4-2** -2

개념20 해가 특수한 연립방정식
•77~78쪽

개념 확인하기

1 빈칸은 풀이 참조, (1) ㄱ, ㄷ (2) ㄴ, ㄹ (3) ㅁ

2 2, 6

3 3, 9

대표 예제로 개념 익히기

예제1 ㄷ, ㅁ

1-1 해가 무수히 많다.   **1-2** 3

예제2 ④

2-1 ㄴ, ㄹ   **2-2** −4

개념 21 연립방정식의 활용   •79~82쪽

개념 확인하기

1 풀이 참조

2 풀이 참조

대표 예제로 개념 익히기

예제1 큰 수: 21, 작은 수: 8

1-1 42

1-2 지수: 16세, 동생: 13세

예제2 (1) $\begin{cases} x+y=5 \\ 200x+800y=2800 \end{cases}$ (2) 지우개: 2개, 펜: 3개

2-1 어른: 8명, 어린이: 7명

2-2 1200원

예제3 $196\,\text{cm}^2$

3-1 (1) 가로의 길이: 5 cm, 세로의 길이: 3 cm

      (2) $15\,\text{cm}^2$

3-2 5 cm

예제4 18일

4-1 20일   **4-2** 12시간

예제5 (1) $\begin{cases} x+y=7 \\ \dfrac{x}{4}+\dfrac{y}{2}=2 \end{cases}$

      (2) 뛴 거리: 6 km, 걸은 거리: 1 km

5-1 고속 도로: 120 km, 일반 국도: 25 km

5-2 560 m

예제6 16분

6-1 30분   **6-2** 50초 후

실전 문제로 단원 마무리하기   •83~86쪽

1 ③	**2** ⑤	**3** ④	**4** 2개	**5** ④
6 2	**7** ⑤	**8** 7	**9** 3	**10** 14

11 $x=-3$, $y=2$ **12** $x=4$, $y=1$ **13** ④

14 ④   **15** 8

16 복숭아: 36개, 144문, 자두: 64개, 128문

17 6 cm   **18** ①

19 자전거: 5 km, 버스: 105 km   **20** 9

21 5

22 (1) $\begin{cases} x+y=16 \\ 10y+x=(10x+y)+18 \end{cases}$

      (2) $x=7$, $y=9$ (3) 79

23 20분

OX 문제로 개념 점검!   •87쪽

❶ ○   ❷ ×   ❸ ○   ❹ ×   ❺ ○   ❻ ×

---

5 일차함수와 그 그래프

개념 22 함수와 함숫값   •90~91쪽

개념 확인하기

1 표는 풀이 참조

   (1) 하나씩 대응한다.   (2) 함수이다.

2 표는 풀이 참조

   (1) 하나씩 대응하지 않는다.   (2) 함수가 아니다.

3 (1) 4   (2) 1   (3) 0   (4) −8

4 (1) 1   (2) −9   (3) −3   (4) 6

대표 예제로 개념 익히기

예제1 ②

1-1 ③   **1-2** ④

예제2 −1

2-1 ⑤   **2-2** (1) 5   (2) −15

개념 23 일차함수   •92~93쪽

개념 확인하기

1 (1) ○ (2) × (3) × (4) ○ (5) × (6) ○ (7) ○ (8) ×

2 (1) $y=x^2$, ×   (2) $y=600x$, ○   (3) $y=\dfrac{20}{x}$, ×

   (4) $y=300-20x$, ○

3 (1) 3   (2) 7   (3) −3   (4) 4

대표 예제로 개념 익히기

예제1 ③   **1-1** ㄷ

예제2 ⑤   **2-1** ④

예제3 14   **3-1** −6

개념 24 일차함수 $y=ax+b$의 그래프   •94~95쪽

개념 확인하기

1 (1) 풀이 참조   (2) 4, y, 4, 그래프는 풀이 참조

2 (1) 1, 그래프는 풀이 참조   (2) −3, 그래프는 풀이 참조

대표 예제로 개념 익히기

예제1 ④

1-1 (1) $y=4x+5$ (2) $y=-3x-1$

(3) $y=2x+1$ (4) $y=-\dfrac{2}{5}x+4$

1-2 4

예제2 ⑤

2-1 ②, ⑤   2-2 9

개념 25 일차함수의 그래프의 절편과 기울기 ·97~100쪽

개념 확인하기

1 (1) ① $(-3, 0)$, -3 ② $(0, 3)$, 3

(2) ① $(-4, 0)$, -4 ② $(0, -2)$, -2

2 (1) 0, -3, 0, 0, -3, 6 (2) x절편: 3, y절편: 9

(3) x절편: $\dfrac{8}{5}$, y절편: -8 (4) x절편: -8, y절편: -2

3 (1) 2 (2) -1 (3) $\dfrac{2}{5}$ (4) $-\dfrac{1}{3}$

4 풀이 참조

5 (1) 1 (2) -1 (3) -2 (4) $-\dfrac{3}{8}$

6 풀이 참조   7 풀이 참조

대표 예제로 개념 익히기

예제1 ④

1-1 -50 1-2 (1) 8 (2) -10

예제2 (1) A$(-6, 0)$, B$(0, 3)$ (2) 9

2-1 25   2-2 $-\dfrac{3}{4}$

예제3 ④

3-1 10   3-2 $-\dfrac{4}{3}$

예제4 10

4-1 ③   4-2 $\dfrac{4}{3}$

예제5 (1) 직선 AB의 기울기: $\dfrac{k-5}{3}$,

직선 AC의 기울기: -2

(2) -1

5-1 ①   5-2 2

예제6 ④

6-1 ①   6-2 제3사분면

개념 26 일차함수의 그래프의 성질 ·102~104쪽

개념 확인하기

1 (1) ㄴ, ㄷ (2) ㄱ, ㄹ (3) ㄱ, ㄴ (4) ㄷ, ㄹ

2 (1) >, > (2) <, < (3) >, < (4) <, >

3 (1) 평 (2) 일 (3) 평 (4) 일

4 (1) ㄱ과 ㅅ (2) ㄷ과 ㅂ (3) ㅁ (4) ㄴ

대표 예제로 개념 익히기

예제1 ⑤

1-1 ㄴ, ㄹ   1-2 (1) ㄴ, ㄹ (2) ㄱ

예제2 (1) $a>0$, $b<0$ (2) 제3사분면

2-1 제1사분면   2-2 제1, 2, 3사분면

예제3 (1) ㄴ (2) ㄷ

3-1 ⑤   3-2 ④

예제4 (1) $a=-4$, $b\neq-9$ (2) $a=-4$, $b=-9$

4-1 ③   4-2 -1

개념 27 일차함수의 식 구하기 ·106~108쪽

개념 확인하기

1 (1) $y=4x+3$ (2) $y=-\dfrac{1}{2}x-1$ (3) $y=3x-2$

(4) $y=-2x+\dfrac{1}{4}$ (5) $y=x-5$ (6) $y=-5x+1$

2 (1) $y=-4x+3$ (2) $y=2x+13$

(3) $y=-3x-2$ (4) $y=-4x-5$

3 풀이 참조

4 (1) $y=4x-8$ (2) $y=\dfrac{1}{6}x+1$

(3) $y=5x+5$ (4) $y=-3x+6$

대표 예제로 개념 익히기

예제1 $y=2x-3$

1-1 $y=\dfrac{2}{3}x+3$ 1-2 -1

예제2 $y=-2x-2$

2-1 $y=-\dfrac{4}{5}x-5$ 2-2 1

예제3 $-\dfrac{5}{2}$

3-1 $y=x+2$ 3-2 -5

예제4 ③

4-1 $y=2x+4$ 4-2 4

개념 28 일차함수의 활용 ·109~110쪽

개념 확인하기

1 풀이 참조   2 풀이 참조

대표 예제로 개념 익히기

예제1 20.9 cm   1-1 11 cm

예제2 40 km   2-1 140 km

예제3 32 cm²

3-1 (1) $y=48-3x$ (2) 30 cm²

1 4개	**2** 8	**3** ③	**4** ②	**5** 1
6 ②, ④	**7** 3	**8** 3	**9** ④	**10** 12
11 ②	**12** ④	**13** 제1, 2, 3사분면		
14 $a=-3$, $b\neq4$	**15** $-\dfrac{3}{2}$	**16** 10	**17** 5	
18 ④	**19** ③	**20** 21개	**21** 6	**22** -5
23 3	**24** (1) $y=-\dfrac{1}{12}x+45$　(2) 32 L			

OX 문제로 개념 점검!　　　　　　　•115쪽

❶○　❷×　❸×　❹○　❺○　❻×　❼○

6 일차함수와 일차방정식의 관계

개념 29　일차함수와 일차방정식의 관계　•118~119쪽

개념 확인하기

1 (1) $y=-3x-6$　(2) $y=-\dfrac{1}{4}x+\dfrac{1}{2}$

　(3) $y=\dfrac{2}{5}x+2$　(4) $y=\dfrac{1}{2}x-4$

2 (1) x절편: 2, y절편: -4
　　그래프는 풀이 참조
　(2) x절편: 3, y절편: 2
　　그래프는 풀이 참조
　(3) x절편: 4, y절편: -3
　　그래프는 풀이 참조

대표 예제로 개념 익히기

예제**1** ⑤

1-1 -2　　　　　　**1-2** 1

예제**2** ㄱ과 ㄹ, ㄴ과 ㄷ

2-1 $-\dfrac{1}{2}$　　　　　　**2-2** 지원, 민수

개념 30　일차방정식 $x=m$, $y=n$의 그래프　•120~121쪽

개념 확인하기

1 풀이 참조　　　　　　**2** 풀이 참조

3 (1) $y=5$, $x=2$　(2) $y=-6$, $x=7$

대표 예제로 개념 익히기

예제**1** ㄴ, ㄷ, ㄹ, ㅂ

1-1 ①　　　　　　**1-2** 2

예제**2** 그래프는 풀이 참조, 12

2-1 20

개념 31　연립방정식의 해와 그래프 (1)　•122~124쪽

개념 확인하기

1 (1) $x=3$, $y=-4$　(2) $x=0$, $y=2$

　(3) $x=-3$, $y=-1$

2 (1) 그래프는 풀이 참조, 해: $x=3$, $y=1$

　(2) 그래프는 풀이 참조, 해: $x=-3$, $y=2$

　(3) 그래프는 풀이 참조, 해: $x=-1$, $y=-1$

　(4) 그래프는 풀이 참조, 해: $x=1$, $y=0$

대표 예제로 개념 익히기

예제**1** $(-1, -2)$

1-1 -10　　　　　　**1-2** 3

예제**2** (1) $x=-2$, $y=-3$　(2) $a=3$, $b=-2$

2-1 $a=3$, $b=2$　　　　**2-2** (1) 2　(2) 2

예제**3** ⑤

3-1 ⑤　　　　　　**3-2** $y=-x-2$

예제**4** 2　　　　　　**4-1** 1

개념 32　연립방정식의 해와 그래프 (2)　•125~126쪽

개념 확인하기

1 (1) 그래프는 풀이 참조, 해가 무수히 많다.
　(2) 그래프는 풀이 참조, 해가 없다.

2 (1) $y=\dfrac{3}{4}x-1$, $\dfrac{3}{4}$, $-\dfrac{3}{4}$ / $a=-\dfrac{3}{4}$

　(2) $y=2x-3$, 2, -2 / $a=-2$

대표 예제로 개념 익히기

예제**1** (1) ㄷ　(2) ㄱ, ㄴ, ㅁ　(3) ㄹ, ㅂ

1-1 ②, ④

예제**2** 7　　　　　　**2-1** $a\neq-3$, $b=8$

실전 문제로 단원 마무리하기　　　　　•127~129쪽

1 ②	**2** ③, ⑤	**3** 기울기: $-\dfrac{3}{2}$, y절편: $-\dfrac{5}{2}$		
4 ⑤	**5** 제3사분면	**6** ③	**7** ③	
8 ④	**9** -1	**10** ①	**11** -6	**12** ②, ④
13 ②	**14** ③	**15** $a=-8$, $b\neq2$		
16 $a=3$, $b=\dfrac{2}{3}$	**17** 12			

OX 문제로 개념 점검!　　　　　　•130쪽

❶○　❷○　❸×　❹○　❺×　❻○　❼○

1 유리수와 순환소수

개념 01 유리수 / 소수의 분류 ·3쪽

1 (1) $\dfrac{10}{5}$, 3

(2) 0, -4, $\dfrac{10}{5}$, -2, 3

(3) 0, -4, $-\dfrac{1}{3}$, $\dfrac{10}{5}$, 0.233, 5.7, -2, 3

(4) $-\dfrac{1}{3}$, 0.233, 5.7

2 (1) 유 (2) 무 (3) 유 (4) 무

3 (1) 0.5, 유한소수 (2) 0.333…, 무한소수

(3) 0.8, 유한소수 (4) 0.375, 유한소수

(5) 0.857142…, 무한소수 (6) -0.45, 유한소수

4 6개 **5** ①, ④

개념 02 순환소수 ·4쪽

1 (1) ○ (2) ○ (3) × (4) × (5) ○ (6) ○

2 (1) 순환마디: 7, $0.\dot{7}$ (2) 순환마디: 6, $1.3\dot{6}$

(3) 순환마디: 54, $0.1\dot{5}\dot{4}$ (4) 순환마디: 458, $2.\dot{4}5\dot{8}$

(5) 순환마디: 264, $5.0\dot{2}6\dot{4}$ (6) 순환마디: 76, $6.\dot{7}\dot{6}$

3 (1) $0.\dot{2}$ (2) $0.\dot{3}\dot{6}$ (3) $1.\dot{3}$ (4) $0.2\dot{3}$ (5) $0.05\dot{4}$

4 ④ **5** ③, ⑤

개념 03 유한소수, 순환소수로 나타낼 수 있는 분수 ·5쪽

1 (1) (가) 5, (나) 5, (다) 10, (라) 0.5

(2) (가) 2, (나) 2, (다) 100, (라) 0.06

(3) (가) 2^2, (나) 2^2, (다) 16, (라) 0.16

2 (1) ○ (2) × (3) ○ (4) × (5) ○ (6) ×

3 (1) 7 (2) 3 (3) 33 (4) 9 (5) 21 (6) 11

4 ②, ③ **5** ④

개념 04 순환소수의 분수 표현 ·6~7쪽

1 (1) (가) 10, (나) 9, (다) 8

(2) (가) 100, (나) 99, (다) 25

(3) (가) 1000, (나) 999, (다) 17

(4) (가) 10, (나) 90, (다) 29

(5) (가) 10, (나) 990, (다) 61

(6) (가) 100, (나) 900, (다) 1069

2 (1) 1 (2) 99 (3) 9, 3 (4) 1, 41

(5) 990, 495 (6) 17, 77 (7) 216, 488

3 (1) $\dfrac{73}{33}$ (2) $\dfrac{3355}{999}$ (3) $\dfrac{61}{495}$ (4) $\dfrac{239}{150}$

4 (1) × (2) × (3) ○ (4) ○ (5) ○ (6) ×

5 ③ **6** ③, ⑤

7 $5.\dot{5}$ **8** ②

2 식의 계산

개념 05 지수법칙 (지수의 합과 곱) ·8쪽

1 (1) x^6 (2) y^8 (3) 2^7 (4) 3^{10} (5) a^8 (6) 5^{11}

2 (1) $a^{10}b^6$ (2) x^6y^3 (3) a^4b^5 (4) x^5y^7

3 (1) x^{12} (2) y^{16} (3) 2^{10} (4) x^{32} (5) y^{19} (6) a^{25}

4 ② **5** 10

개념 06 지수법칙 (지수의 차와 분배) ·9~10쪽

1 (1) x^6 (2) 1 (3) $\dfrac{1}{x^3}$ (4) 2^5 (5) x (6) $\dfrac{1}{a}$

2 (1) x^2y^2 (2) $a^{10}b^{15}$ (3) $27x^6$ (4) $-27x^3y^{12}$

(5) $\dfrac{y^3}{x^6}$ (6) $\dfrac{b^8}{a^6}$ (7) $-\dfrac{x^9}{8}$ (8) $\dfrac{9a^4}{4b^2}$

3 (1) 2, 1, 3 (2) 3, 1, 6 (3) 4, 1, 4 (4) 5, 1, 8

4 (1) 6, 2, 2 (2) 3, 3 (3) 4, 12, 4, 4 (4) 2, 8, 6, 2, 2

5 (1) 2 (2) 4 (3) 4 (4) 8

6 y^5 **7** 16

8 ① **9** ④

10 ⑤

개념 07 단항식의 곱셈과 나눗셈 ·11~12쪽

1 (1) $10x^3$ (2) $6a^5b^7$ (3) $12y^5$ (4) $-4a^5b^2$

2 (1) $4y^2$ (2) $8a^3$ (3) $5a^2b^3$ (4) $-\dfrac{15}{x^2}$

3 (1) $4a^4b^6$ (2) $-16x^9y^{10}$ (3) $-9ab^3$ (4) $\dfrac{x^2}{4y^3}$

4 (1) $4x$, -8, x, $2x^4$

(2) $-27a^3$, $-\dfrac{1}{27a^3}$, $-\dfrac{1}{27}$, a^3, $-2a^3$

(3) $4x^4y^2$, 4, x^4y^2, $\dfrac{5}{2}x^5$

(4) $25x^3y^3$ (5) $-\dfrac{1}{2}a^3b^4$ (6) $-40y^5$

5 (1) $9x^3y^4$ (2) $7a^3b^5$

6 직육면체의 부피, $4xy$, $16x^2y^2$, $5x^5y^3$

7 $A=12$, $B=5$, $C=3$

8 ① **9** 27

10 ⑤

개념 08 **다항식의 덧셈과 뺄셈** ·13~14쪽

1 (1) $8x+2y$ (2) $2x-y$ (3) $-x+5y$
(4) $3x-5y-1$ (5) $8a-5b+5$

2 (1) $2x-2y$ (2) $3x+y$ (3) $6x-7y$
(4) $11a-5b$ (5) $x-9y+6$

3 (1) $\dfrac{3}{10}x-\dfrac{1}{10}y$ (2) $\dfrac{7}{6}a+\dfrac{17}{12}b$
(3) $\dfrac{17x+y}{6}$ (4) $\dfrac{a+5b}{4}$

4 (1) $3x+5y$ (2) $2a+4b+5$ (3) $4x-y$

5 (1) ○ (2) × (3) × (4) ○

6 (1) $3x^2+3x-3$ (2) $7x^2-12x+2$
(3) $2x^2+10x-10$ (4) $-a^2-2a+3$
(5) $9a^2-11a-9$ (6) $-8x^2+7x-21$

7 (1) $9x^2-7x-12$ (2) $x^2-4x+10$

8 $\dfrac{1}{2}$ **9** 21

개념 09 **다항식과 단항식의 곱셈과 나눗셈** ·15~16쪽

1 (1) $8x^2+2x$ (2) $5a^2-2a$ (3) $6x^2+15xy$
(4) $12a^2-8ab$ (5) $-2x^2+6xy$ (6) $-3a^2-9ab$
(7) $3x^2+6xy-12x$ (8) $10a^2-6ab+2a$
(9) $2xy-10y^2+12y$ (10) $8a^2-16ab+20a$

2 (1) $5x^2+6x$ (2) $-4a^2-a$ (3) $8x^2-11xy$
(4) $13a^2-14ab$ (5) $6x^2+8xy+6y^2$ (6) $10a^2-3ab$

3 (1) $2a+4$ (2) $-4x+5$ (3) $2b-1$ (4) $-3x+5$
(5) $3xy^2-2x^2y$ (6) $8b+6$ (7) $-6x+3$
(8) $12x-4xy$ (9) $-5a^2+15ab$ (10) $12xy^2-18$

4 (1) x^3+3x^2y+2 (2) $y^2+5y-4x$ (3) $-4a^2+3ab-2$
(4) $-14x^2+4x-6$ (5) $6x^2+9x-3$
(6) $-15a^2b-5ab+10b$

5 -2 **6** 9

개념 10 **다항식과 단항식의 혼합 계산** ·17~18쪽

1 (1) $2x^2-x$ (2) $a-7ab$ (3) $3x^2y-6y$
(4) $-3a^2-a+8b$ (5) $3x^2-18x-2$
(6) $-2a^2-6a+7$

2 (1) $-4x^2+5x$ (2) $2ab^2$ (3) $-4x^2-9x-2$
(4) $2a+5ab-3$ (5) $-9x+2y+2$
(6) $-15a^2-6a+6$

3 (1) $32x^2y^2+48y^3$ (2) $-\dfrac{a^2b^3}{3}+\dfrac{ab}{2}$

4 (1) $14x^2y+10xy^2$ (2) $25ab+5b^3$

5 삼각형의 넓이, $2xy$, $6x+8y$

6 세로의 길이, $3b$, $8a-4b$

7 높이, $4x$, $4x+2$

8 직육면체의 부피, $3xy$, $9x^2y^2$, $4x+3xy$

9 -3 **10** $2a+4b$

3 일차부등식

개념 11 **부등식과 그 해** ·19~20쪽

1 (1) × (2) ○ (3) × (4) ○ (5) ○ (6) ×

2 (1) $\geq$ (2) $>$ (3) $\leq$ (4) $<$ (5) $<$

3 (1) $2x-5<9$ (2) $8x\leq15000$ (3) $x+10>3x$
(4) $300x+1800\geq6000$

4 (1) ○ (2) × (3) ○ (4) ○ (5) × (6) ×

5 풀이 참조

6 ㄴ **7** 2개

개념 12 **부등식의 성질** ·21쪽

1 (1) $<$ (2) $<$ (3) $<$ (4) $>$ (5) $<$ (6) $>$

2 (1) $<$ (2) $>$ (3) $>$ (4) $<$

3 (1) $>$ (2) $\leq$ (3) $<$ (4) $\geq$

4 (1) $2x+5>7$ (2) $-4x+7<3$

5 ② **6** $12\leq10-x<15$

개념 13 **일차부등식의 풀이** ·22~23쪽

1 (1) ○ (2) × (3) × (4) ○ (5) ○ (6) ×

2 (1) $x>3$ (2) $x\leq-4$

3 (1) -3, -3, 1 / 그림: 1
(2) 2, 1, 2, -4, -2 / 그림: -2

4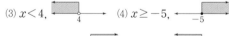
(1) $x>-3$,   (2) $x\leq3$,
(3) $x<4$,   (4) $x\geq-5$,
(5) $x\geq-2$,   (6) $x<3$,

5 ②, ③ **6** 0

7 ② **8** ⑤

개념 14 **여러 가지 일차부등식의 풀이** ·24쪽

1 (1) 2, 6, 2, 4 (2) 10, 3, 60, 3, 24
(3) 8, 4, 2, $\dfrac{1}{2}$ (4) $\dfrac{1}{10}$, 30, 3, 5, -2, 15
(5) $x>-17$ (6) $x\leq-7$

2 ④　　　　　　　**3** ①

4 ②

개념 15 일차부등식의 활용　　•25~28쪽

1 $3x-4$, $3x-4$, 5, 4, 4

2 $5x-7$, $5x-7$, 4, 5, 5, 5

3 $49+x$, $15+x$, $49+x$, $15+x$, 2, 2, 2

4 $15-x$, $1000x+700(15-x)$, 5, 5, 5, 5, 5

5 $x-5$, $x-5$, 9, 9, 9, 4

6 $12000+2000x$, $12000+2000x$, 6, 7, 7

7 x, 10, 10, 10, 10

8 x, 7, 7, 7, 7

9 x, 12, 12, 12, 12

10 (1) 풀이 참조　(2) $1500x>900x+2500$

　　(3) $x>\dfrac{25}{6}$　(4) 5켤레

11 (1) 풀이 참조　(2) $\dfrac{x}{3}+\dfrac{x}{5}\leq2$

　　(3) $x\leq\dfrac{15}{4}$　(4) $\dfrac{15}{4}$ km

12 (1) 풀이 참조　(2) $\dfrac{x}{4}+\dfrac{10}{60}+\dfrac{x}{4}\leq1$

　　(3) $x\leq\dfrac{5}{3}$　(4) $\dfrac{5}{3}$ km

13 36, 37, 38　　　　**14** 10개

15 ②　　　　　　　　**16** 14 cm

17 ④　　　　　　　　**18** 1 km

4 연립일차방정식

개념 16 미지수가 2개인 일차방정식　　•29~30쪽

1 (1) × (2) ○ (3) × (4) ○

　　(5) × (6) × (7) ○ (8) ×

2 (1) $x+y=6$ (2) $800x+1500y=13000$

　　(3) $4x+2y=28$ (4) $3x+4y=92$

　　(5) $2(x+y)=40$

3 (1) × (2) ○ (3) ○ (4) × (5) ○ (6) ○

4 풀이 참조　　　　　**5** ②

6 ㄴ　　　　　　　　**7** ①, ⑤

8 ②

개념 17 미지수가 2개인 연립일차방정식　　•31쪽

1 (1) ○　(2) ×　(3) ○

2 (1) ×　(2) ○　(3) ×

3 (1) ㉠의 해: $(1, 4)$, $(2, 3)$, $(3, 2)$, $(4, 1)$

　　㉡의 해: $(1, 4)$, $(2, 2)$

　　⇨ 연립방정식의 해: $x=1$, $y=4$

　　(2) ㉠의 해: $(1, 3)$, $(2, 1)$

　　㉡의 해: $(2, 1)$, $(3, 2)$, $(4, 3)$, …

　　⇨ 연립방정식의 해: $x=2$, $y=1$

4 ①, ⑤

5 $a=-3$, $b=-1$

개념 18 연립방정식의 풀이　　•32~33쪽

1 (1) ㈎ $3x-2$, ㈏ 3, ㈐ 7

　　(2) ㈎ $4x-3$, ㈏ 4, ㈐ 13

2 (1) $x=8$, $y=3$

　　(2) $x=-5$, $y=-2$

　　(3) $x=3$, $y=4$

3 (1) ㈎ 21, ㈏ 7, ㈐ 1, ㈑ $\dfrac{1}{4}$

　　(2) ㈎ 3, ㈏ 5, ㈐ 1, ㈑ 4

4 (1) $x=2$, $y=3$　(2) $x=3$, $y=3$　(3) $x=1$, $y=2$

5 -2　　　　　　　**6** ⑤

7 $x=2$, $y=1$　　　　**8** -5

개념 19 여러 가지 연립방정식의 풀이　　•34~35쪽

1 (1) $x=2$, $y=1$　(2) $x=1$, $y=-2$

　　(3) $x=3$, $y=-2$　(4) $x=5$, $y=-4$

　　(5) $x=0$, $y=2$　(6) $x=-1$, $y=\dfrac{10}{3}$

2 (1) $x=\dfrac{5}{2}$, $y=2$　(2) $x=-5$, $y=2$

　　(3) $x=-10$, $y=-12$　(4) $x=-6$, $y=-20$

3 (1) $4x+2y$, $x-1$, 1, -2

　　(2) $3x+y$, $2x+3y$, 2, 1

4 (1) $x=2$, $y=-1$　(2) $x=3$, $y=-2$

　　(3) $x=4$, $y=2$　(4) $x=6$, $y=-2$

5 -2　　　　　　　**6** 5

7 ③　　　　　　　　**8** 2

개념 20 해가 특수한 연립방정식　　•36쪽

1 (1) ㄱ, ㄷ, ㅇ (2) ㄹ, ㅁ, ㅅ (3) ㄴ, ㅂ

2 2, 2　　　　　　　**3** 3, -6

4 5　　　　　　　　　**5** -2

•37~40쪽

1 풀이 참조   **2** 풀이 참조
3 풀이 참조   **4** 풀이 참조
5 풀이 참조   **6** 풀이 참조
7 풀이 참조   **8** 풀이 참조

9 (1) $2x$, $8y$ (2) $\begin{cases} 4x+4y=1 \\ 2x+8y=1 \end{cases}$

(3) $x=\dfrac{1}{6}$, $y=\dfrac{1}{12}$ (4) 12일

10 (1) 풀이 참조

(2) $\begin{cases} x+y=6 \\ \dfrac{x}{4}+\dfrac{y}{8}=1 \end{cases}$

(3) $x=2$, $y=4$

(4) 걸어간 거리: 2 km, 뛰어간 거리: 4 km

11 (1) 풀이 참조

(2) $\begin{cases} y=x+2 \\ \dfrac{x}{3}+\dfrac{y}{5}=2 \end{cases}$

(3) $x=3$, $y=5$

(4) 올라간 거리: 3 km, 내려온 거리: 5 km

12 (1) 풀이 참조

(2) $\begin{cases} x=y+8 \\ 50x=250y \end{cases}$

(3) $x=10$, $y=2$

(4) 10분

13 10
14 사탕: 6개, 초콜릿: 8개
15 68 cm   **16** 15일
17 16 km   **18** 12분 후

---

5 일차함수와 그 그래프

•41쪽

1 (1) 풀이 참조
(2) 하나씩 대응한다.
(3) 함수이다.
2 (1) 풀이 참조
(2) 하나씩 대응하지 않는다.
(3) 함수가 아니다.
3 (1) 풀이 참조
(2) 하나씩 대응한다.
(3) 함수이다.

---

4 (1) -2 (2) $\dfrac{1}{2}$ **5** (1) -1 (2) 8

6 ④, ⑤   **7** ②, ⑤

•42쪽

1 (1) ○ (2) ○ (3) × (4) × (5) ○ (6) ○ (7) × (8) ×

2 (1) $y=x+5$, ○   (2) $y=\dfrac{300}{x}$, ×

(3) $y=10000-3000x$, ○   (4) $y=15+2x$, ○

3 (1) -2 (2) 1   (3) -8 (4) -3
4 ③   **5** ①, ③

6 $\dfrac{1}{3}$

•43쪽

1 (1) 풀이 참조   (2) 풀이 참조

2 (1) -3 (2) 5   (3) $-\dfrac{1}{4}$ (4) $\dfrac{1}{2}$

3 (1) $y=-3x-2$ (2) $y=-\dfrac{2}{3}x+6$

(3) $y=-x-4$ (4) $y=5x-2$

4 ②, ④

•44~45쪽

1 (1) ① $(-2, 0)$, -2 ② $(0, 2)$, 2
(2) ① $(3, 0)$, 3   ② $(0, 3)$, 3
2 (1) x절편: -2, y절편: 2   (2) x절편: 2, y절편: 6
(3) x절편: -6, y절편: 2   (4) x절편: 2, y절편: -10

3 (1) 1   (2) 3   (3) -5 (4) $-\dfrac{2}{3}$

4 (1) $+3$, 기울기: 1   (2) -2, 기울기: $-\dfrac{1}{2}$

5 풀이 참조   **6** 풀이 참조
7 16   **8** 8
9 ①, ⑤   **10** -8
11 -3 **12** ④

•46~47쪽

1 (1) ㉃, ㉄   (2) ㉠, ㉆   (3) ㉠, ㉃   (4) ㉄, ㉆
2 (1) $a<0$, $b>0$ (2) $a>0$, $b>0$
(3) $a>0$, $b<0$ (4) $a<0$, $b<0$
3 (1) 평   (2) 평   (3) 일   (4) 평   (5) 일
4 (1) ㄱ과 ㄷ   (2) ㄴ과 ㅁ   (3) ㄹ   (4) ㅂ
5 ④   **6** ③
7 ④   **8** 5

개념 27 일차함수의 식 구하기 •48~49쪽

1 (1) $y=3x-2$ (2) $y=-4x+5$

(3) $y=\dfrac{1}{2}x-1$ (4) $y=-\dfrac{5}{3}x+2$

(5) $y=2x-\dfrac{1}{2}$

2 $2, 2, 3, 1, 2x+1$

3 (1) $y=-2x+4$ (2) $y=4x-1$ (3) $y=-4x+7$

(4) $y=\dfrac{5}{2}x+3$ (5) $y=2x-5$

4 $3, 4, 4, 4, 3, -1, 4x-1$

5 (1) $-3, y=-3x+8$ (2) $\dfrac{1}{2}, y=\dfrac{1}{2}x-\dfrac{5}{2}$

(3) $4, y=4x-2$ (4) $-4, y=-4x-4$

6 $-2, 6, 6, 3, 3x+6$

7 (1) $\dfrac{1}{2}, y=\dfrac{1}{2}x-2$ (2) $-1, y=-x-3$

(3) $5, y=5x-5$ (4) $\dfrac{7}{2}, y=\dfrac{7}{2}x+7$

8 $y=-2x+3$ **9** ①

10 -1 **11** $y=\dfrac{1}{2}x-4$

개념 28 일차함수의 활용 •50쪽

1 $10+3x, 4, 22, 22, 22$

2 $15-6x, -3, 3, 3, 3, 3$

3 $25.4\,\text{cm}$

4 $y=6000-200x$

5 40초 후

6 일차함수와 일차방정식의 관계

개념 29 일차함수와 일차방정식의 관계 •51쪽

1 (1) $y=2x-5$ (2) $y=-\dfrac{1}{3}x-2$

(3) $y=3x-4$ (4) $y=-2x+4$

(5) $y=\dfrac{1}{4}x-3$ (6) $y=2x+3$

2 그래프는 풀이 참조

(1) x절편: -1, y절편: 1

(2) x절편: 4, y절편: 2

(3) x절편: 3, y절편: 3

3 -7

4 ④

개념 30 일차방정식 $x=m$, $y=n$의 그래프 •52쪽

1 그래프는 풀이 참조

(1) $2, y$ (2) $-1, y$

2 그래프는 풀이 참조

(1) $1, x$ (2) $-2, x$

3 (1) $y=4, x=1$

(2) $y=3, x=-2$

4 ㄴ, ㄷ

5 15

개념 31 연립방정식의 해와 그래프 (1) •53쪽

1 (1) $x=2, y=1$

(2) $x=-3, y=-4$

(3) $x=-1, y=4$

2 (1) 그래프는 풀이 참조 / 연립방정식의 해: $x=1, y=-1$

(2) 그래프는 풀이 참조 / 연립방성식의 헤: $x=2, y=1$

3 $(2, 1)$ **4** $a=3, b=-2$

5 $y=3x+7$ **6** -2

개념 32 연립방정식의 해와 그래프 (2) •54쪽

1 (1) 그래프는 풀이 참조

연립방정식의 해의 개수: 1개

(2) 그래프는 풀이 참조

연립방정식의 해의 개수: 해가 없다.

(3) 그래프는 풀이 참조

연립방정식의 해의 개수: 해가 무수히 많다.

2 (1) $y=2x+3, 2, -2 \,/\, a=-2$

(2) $y=-\dfrac{a}{3}x+2, -\dfrac{a}{3}, -4 \,/\, a=-4$

3 ①, ⑤ **4** ④

정답 및 해설

1 유리수와 순환소수

개념 01 유리수 / 소수의 분류 ·8~9쪽

· 개념 확인하기

1 답 (1) 4, 0, -5 (2) 0, -5 (3) 4, $-\dfrac{8}{5}$, 0, -5, $\dfrac{1}{9}$, 0.56

(4) $-\dfrac{8}{5}$, $\dfrac{1}{9}$, 0.56

2 답 (1) 유 (2) 무 (3) 무 (4) 유

3 답 (1) 0.285714⋯, 무한소수 (2) 0.272727⋯, 무한소수
(3) -1.25, 유한소수 (4) 0.875, 유한소수

(1) $\dfrac{2}{7}=2\div7=0.285714\cdots$이므로 무한소수이다.

(2) $\dfrac{3}{11}=3\div11=0.272727\cdots$이므로 무한소수이다.

(3) $-\dfrac{5}{4}=-(5\div4)=-1.25$이므로 유한소수이다.

(4) $\dfrac{7}{8}=7\div8=0.875$이므로 유한소수이다.

(대표 예제로 개념 익히기)

예제 1 답 ④

$\pi(=3.141592\cdots)$는 유리수가 아니다.

따라서 유리수는 -6, $\dfrac{1}{3}$, 0, 2.16, 24의 5개이다.

1-1 답 ③, ⑤

㈎에 해당하는 수는 정수가 아닌 유리수이고, 정수가 아닌 유리수는 ③, ⑤이다.

예제 2 답 ⑤

④ $\dfrac{1}{13}=1\div13=0.076923\cdots$이므로 $\dfrac{1}{13}$을 소수로 나타내면 무한소수이다.

⑤ $\dfrac{5}{27}=5\div27=0.185185185\cdots$이므로 $\dfrac{5}{27}$를 소수로 나타내면 무한소수이다.

따라서 옳지 않은 것은 ⑤이다.

2-1 답 ㄱ, ㄴ, ㄷ, ㅂ

2-2 답 ①, ④

① $\dfrac{7}{3}=7\div3=2.333\cdots$이므로 무한소수이다.

② $\dfrac{9}{4}=9\div4=2.25$이므로 유한소수이다.

③ $-\dfrac{2}{5}=-(2\div5)=-0.4$이므로 유한소수이다.

④ $\dfrac{5}{6}=5\div6=0.8333\cdots$이므로 무한소수이다.

⑤ $\dfrac{2}{25}=2\div25=0.08$이므로 유한소수이다.

따라서 무한소수가 되는 것은 ①, ④이다.

개념 02 순환소수 ·10~11쪽

· 개념 확인하기

1 답 (1) ○ (2) × (3) × (4) ○ (5) ○ (6) ×

2 답 (1) 순환마디: 5, $1.\dot{5}$ (2) 순환마디: 06, $1.\dot{0}\dot{6}$
(3) 순환마디: 739, $-2.\dot{7}3\dot{9}$ (4) 순환마디: 23, $0.1\dot{2}\dot{3}$
(5) 순환마디: 274, $4.\dot{2}7\dot{4}$ (6) 순환마디: 8, $3.56\dot{8}$

3 답

분수	소수	순환마디	순환소수의 표현
|보기| $\dfrac{1}{3}$	0.333⋯	3	$0.\dot{3}$
$\dfrac{4}{15}$	0.2666⋯	6	$0.2\dot{6}$
$\dfrac{2}{11}$	0.181818⋯	18	$0.\dot{1}\dot{8}$
$\dfrac{8}{27}$	0.296296296⋯	296	$0.\dot{2}9\dot{6}$
$\dfrac{1}{33}$	0.030303⋯	03	$0.\dot{0}\dot{3}$

(대표 예제로 개념 익히기)

예제 1 답 ㄱ, ㄷ

ㄴ. 0.111⋯ ⇨ 1

ㄹ. 3.045045045⋯ ⇨ 045

ㅁ. 1.0678678678⋯ ⇨ 678

따라서 옳은 것은 ㄱ, ㄷ이다.

1-1 답 (1) 2개 (2) 1개

(1) 2.606060⋯의 순환마디는 60이고, 순환마디를 이루는 숫자는 6, 0의 2개이다.

(2) 5.1444⋯의 순환마디는 4이고, 순환마디를 이루는 숫자는 4의 1개이다.

1-2 답 ③

① $\dfrac{1}{75}=0.01333\cdots$이므로 순환마디는 3이다.

② $\dfrac{7}{12}=0.58333\cdots$이므로 순환마디는 3이다.

③ $\dfrac{67}{33}=2.030303\cdots$이므로 순환마디는 03이다.

④ $\dfrac{8}{15}=0.5333\cdots$이므로 순환마디는 3이다.

⑤ $\dfrac{19}{30}=0.6333\cdots$이므로 순환마디는 3이다.

따라서 순환마디가 나머지 넷과 다른 하나는 ③이다.

예제 2 답 ①, ⑤

② $5.040404\cdots=5.\dot{0}\dot{4}$

③ $-1.341341341\cdots=-1.\dot{3}4\dot{1}$

④ $1.8555\cdots=1.8\dot{5}$

따라서 옳은 것은 ①, ⑤이다.

오개념 바로잡기

① 0.343434⋯, ⑤ 3.9868686⋯에 점을 찍어 간단히 나타내기

(×) ① 0.343434⋯의 순환마디는 43이므로 0.3$\dot{4}\dot{3}$이다.

⑤ 3.9868686⋯의 순환마디는 8686이므로 3.9$\dot{8}68\dot{6}$이다.

(○) ① 0.343434⋯의 순환마디는 34이므로 0.$\dot{3}\dot{4}$이다.

⑤ 3.9868686⋯의 순환마디는 86이므로 3.9$\dot{8}\dot{6}$이다.

➡ 순환마디는 소수점 아래에서 처음으로 되풀이되는 한 부분이고, 점을 찍어 나타낼 때는 순환마디의 양 끝의 숫자 위에 점을 찍어 나타내야 해!

2-1 답 ⑤

⑤ $1.231231231\cdots=1.\dot{2}3\dot{1}$

2-2 답 (1) $0.\dot{1}3\dot{5}$ (2) 3개 (3) 1

(1) $\dfrac{5}{37}=0.135135135\cdots$이므로 $0.\dot{1}3\dot{5}$이다.

(2) 순환마디는 135이므로 순환마디를 이루는 숫자는 1, 3, 5의 3개이다.

(3) $100=3\times33+1$이므로 소수점 아래 100번째 자리의 숫자는 순환마디의 첫 번째 숫자인 1이다.

개념 03 유한소수, 순환소수로 나타낼 수 있는 분수 ·12~13쪽

· 개념 확인하기

1 답 (1) (가) 2^2, (나) 2^2, (다) 100, (라) 0.04

(2) (가) 5^3, (나) 5^3, (다) 1000, (라) 0.125

(3) (가) 5^2, (나) 5^2, (다) 175, (라) 0.175

2 답 (1) ✕ (2) ✕ (3) ○

(4) ✕ (5) ○ (6) ○

기약분수로 나타냈을 때, 분모의 소인수가 2 또는 5뿐이면 유한소수로 나타낼 수 있다.

(2) $\dfrac{3}{2\times3^2\times5}=\dfrac{1}{2\times3\times5}$ ⇨ 유한소수로 나타낼 수 없다.

(3) $\dfrac{22}{2^2\times11}=\dfrac{1}{2}$ ⇨ 유한소수로 나타낼 수 있다.

(4) $\dfrac{2}{75}=\dfrac{2}{3\times5^2}$ ⇨ 유한소수로 나타낼 수 없다.

(5) $\dfrac{21}{70}=\dfrac{3}{10}=\dfrac{3}{2\times5}$ ⇨ 유한소수로 나타낼 수 있다.

(6) $\dfrac{6}{30}=\dfrac{1}{5}$ ⇨ 유한소수로 나타낼 수 있다.

3 답 (1) 3 (2) 13 (3) 11 (4) 21

기약분수의 분모에 있는 2 또는 5 이외의 소인수의 배수를 곱하면 유한소수로 나타낼 수 있다.

(3) $\dfrac{9}{3\times5\times11}=\dfrac{3}{5\times11}$에서 분모의 11을 없애야 하므로

11의 배수를 곱해야 한다.

따라서 구하는 가장 작은 자연수는 11이다.

(4) $\dfrac{2}{2^2\times3\times7}=\dfrac{1}{2\times3\times7}$에서 분모의 3과 7을 없애야 하므로

3과 7의 최소공배수인 21의 배수를 곱해야 한다.

따라서 구하는 가장 작은 자연수는 21이다.

대표 예제로 개념 익히기

예제 1 답 ㄱ, ㄹ, ㅂ

ㄱ. $\dfrac{7}{8}=\dfrac{7}{2^3}$

ㄴ. $\dfrac{8}{120}=\dfrac{1}{15}=\dfrac{1}{3\times5}$

ㄷ. $\dfrac{35}{420}=\dfrac{1}{12}=\dfrac{1}{2^2\times3}$

ㄹ. $\dfrac{28}{140}=\dfrac{1}{5}$

ㅁ. $\dfrac{52}{2^2\times5\times13^2}=\dfrac{1}{5\times13}$

ㅂ. $\dfrac{22}{2^3\times5^2\times11}=\dfrac{1}{2^2\times5^2}$

따라서 유한소수로 나타낼 수 있는 것은 ㄱ, ㄹ, ㅂ이다.

오개념 바로잡기

ㄹ. 분수 $\dfrac{28}{140}$을 유한소수로 나타낼 수 있는지 판단하기

(×) $\dfrac{28}{140}=\dfrac{28}{2^2\times5\times7}$과 같이 기약분수로 나타내지 않고 분모를 소인수분해하여 분모에 2 또는 5 이외의 소인수인 7이 있다고 생각한다.

(○) $\dfrac{28}{140}=\dfrac{1}{5}$과 같이 기약분수로 나타낸 후, 분모에 2 또는 5 이외의 소인수가 있는지 확인한다.

➡ 유한소수로 나타낼 수 있는 분수를 찾을 때, 주어진 분수는 반드시 기약분수로 나타낸 후 분모를 소인수분해해야 해!

1-1 답 ③

③ $\dfrac{33}{2\times5\times11}=\dfrac{3}{2\times5}$이므로 유한소수로 나타낼 수 있다.

⑤ $\dfrac{3}{2\times3^2\times5}=\dfrac{1}{2\times3\times5}$이므로 유한소수로 나타낼 수 없다.

따라서 유한소수로 나타낼 수 있는 것은 ③이다.

1-2 답 4개

$\dfrac{1}{6}=\dfrac{1}{2\times3}$, $\dfrac{2}{6}=\dfrac{1}{3}$, $\dfrac{3}{6}=\dfrac{1}{2}$, $\dfrac{4}{6}=\dfrac{2}{3}$, $\dfrac{5}{6}=\dfrac{5}{2\times3}$

따라서 순환소수로 나타낼 수 있는 분수는 $\dfrac{1}{6}$, $\dfrac{2}{6}$, $\dfrac{4}{6}$, $\dfrac{5}{6}$의 4개이다.

예제 2 답 7

분수 $\dfrac{a}{2^2\times5\times7}$가 유한소수가 되려면 기약분수로 나타냈을 때, 분모의 소인수가 2 또는 5뿐이어야 하므로 a는 7의 배수이어야 한다.

따라서 a의 값이 될 수 있는 가장 작은 자연수는 7이다.

2-1 답 ②, ④

분수 $\dfrac{a}{2\times3\times5}$가 유한소수가 되려면 기약분수로 나타냈을 때, 분모의 소인수가 2 또는 5뿐이어야 하므로 a는 3의 배수이어야 한다.

따라서 a의 값이 될 수 있는 수는 ②, ④이다.

2-2 답 14

$\dfrac{12}{420}\times a=\dfrac{1}{35}\times a=\dfrac{1}{5\times7}\times a$가 유한소수가 되려면 a는 7의 배수이어야 한다.

따라서 a의 값이 될 수 있는 가장 작은 두 자리의 자연수는 $7\times2=14$

개념 04 순환소수의 분수 표현 ·15~17쪽

• 개념 확인하기

1 답 (1) (가) 10, (나) 9, (다) 7
　　　(2) (가) 100, (나) 99, (다) 7
　　　(3) (가) 10, (나) 90, (다) 23
　　　(4) (가) 100, (나) 900, (다) 304

2 답 (1) 2　(2) 99, 11　(3) 9, 3　(4) 2, 999, 333
　　　(5) 42, 4, 19　(6) 34, 990, 495

(3) $7.\dot{6}=\dfrac{76-7}{\boxed{9}}=\dfrac{69}{9}=\dfrac{23}{\boxed{3}}$

(4) $2.3\dot{8}\dot{4}=\dfrac{2384-\boxed{2}}{\boxed{999}}=\dfrac{2382}{999}=\dfrac{794}{\boxed{333}}$

(5) $0.4\dot{2}=\dfrac{\boxed{42}-\boxed{4}}{90}=\dfrac{38}{90}=\dfrac{\boxed{19}}{45}$

(6) $3.4\dot{9}\dot{2}=\dfrac{3492-\boxed{34}}{\boxed{990}}=\dfrac{3458}{990}=\dfrac{1729}{\boxed{495}}$

3 답 (1) ○　(2) ○　(3) ×　(4) ×　(5) ×　(6) ○　(7) ○

(3) 모든 순환소수는 유리수이다.

(4) 순환소수가 아닌 무한소수는 유리수가 아니다.

(5) $\dfrac{1}{3}$은 정수가 아닌 유리수이지만 $\dfrac{1}{3}=0.333\cdots$이므로 유한소수로 나타낼 수 없다.

대표 예제로 개념 익히기

예제 1 답 ④

④ 1129

1-1 답 ③

③ 135

1-2 답 ④

$x=2.5373737\cdots$이므로

$\quad\quad 1000x=2537.373737\cdots$

$-)\quad\ \ 10x=\ \ \ 25.373737\cdots$

$\quad\quad\ \ 990x=2512$

$\therefore x=\dfrac{2512}{990}=\dfrac{1256}{495}$

따라서 가장 편리한 식은 ④이다.

예제 2 답 ②, ④

① $0.\dot{5}\dot{4}=\dfrac{54}{99}=\dfrac{6}{11}$

② $3.3\dot{7}=\dfrac{337-33}{90}=\dfrac{304}{90}=\dfrac{152}{45}$

③ $3.5\dot{7}\dot{8}=\dfrac{3578-35}{990}=\dfrac{3543}{990}=\dfrac{1181}{330}$

④ $15.\dot{1}\dot{5}=\dfrac{1515-15}{99}=\dfrac{1500}{99}=\dfrac{500}{33}$

⑤ $12.\dot{8}=\dfrac{128-12}{9}=\dfrac{116}{9}$

따라서 옳지 않은 것은 ②, ④이다.

2-1 답 ②, ⑤

① $0.\dot{1}\dot{5}=\dfrac{15}{99}$

③ $1.2\dot{3}=\dfrac{123-12}{90}$

④ $1.\dot{6}=\dfrac{16-1}{9}$

따라서 옳은 것은 ②, ⑤이다.

2-2 답 90

$0.\dot{2}\dot{7}=\dfrac{27}{99}=\dfrac{3}{11}$이므로 $a=3$

$0.6\dot{3}=\dfrac{63-6}{90}=\dfrac{57}{90}=\dfrac{19}{30}$이므로 $b=30$

$\therefore ab=3\times30=90$

예제 3 답 $0.8\dot{3}$

$0.\dot{2}\dot{8}=A-0.\dot{5}$에서 $\dfrac{28}{99}=A-\dfrac{5}{9}$

$\therefore A=\dfrac{28}{99}+\dfrac{5}{9}=\dfrac{28}{99}+\dfrac{55}{99}=\dfrac{83}{99}=0.\dot{8}\dot{3}$

3-1 답 $x=\dfrac{5}{3}$

$0.41\dot{6}=\dfrac{416-41}{900}=\dfrac{375}{900}=\dfrac{5}{12}$, $1.25=\dfrac{125}{100}=\dfrac{5}{4}$이므로

$x-0.41\dot{6}=1.25$에서 $x-\dfrac{5}{12}=\dfrac{5}{4}$

$\therefore x=\dfrac{5}{4}+\dfrac{5}{12}=\dfrac{15}{12}+\dfrac{5}{12}=\dfrac{20}{12}=\dfrac{5}{3}$

3-2 답 ②

$0.\dot{3}\dot{1}=\dfrac{31}{99}=31\times\dfrac{1}{99}$이므로

$\square=\dfrac{1}{99}=0.\dot{0}\dot{1}$

예제 4 답 ③

① 모든 순환소수는 분수로 나타낼 수 있다.

② 유리수는 유한소수 또는 순환소수로 나타낼 수 있다.

④ 순환소수가 아닌 무한소수는 유리수가 아니다.

⑤ 무한소수 중에는 순환소수가 아닌 무한소수도 있다.

따라서 옳은 것은 ③이다.

4-1 답 ㄷ, ㅁ

ㄷ. 순환소수는 유한소수로 나타낼 수 없지만 유리수이다.

ㅁ. 순환소수 $0.\dot{3}$을 기약분수로 나타내면 $\dfrac{3}{9}=\dfrac{1}{3}$이므로 분모에 2 또는 5 이외의 소인수 3이 있다.

실전 문제로 **단원 마무리하기**
·18~20쪽

1 ③	**2** ④	**3** ①, ⑤	**4** 5	**5** ③
6 ③	**7** 4개	**8** 11	**9** ②	**10** ④
11 ③, ⑤	**12** $\dfrac{3}{2}$	**13** ③	**14** $0.2\dot{1}$	**15** ②
16 ㄴ, ㄹ	**17** ⑤			

서술형

18 6개	**19** (1) 99 (2) 17 (3) $0.\dot{1}\dot{7}$	

1 답 ③

③ $0.0\dot{8}$은 순환소수이므로 무한소수이다.

즉, 유한소수가 아니다.

2 답 ④

순환마디를 이루는 숫자의 개수를 구하면

① $\dfrac{1}{9}=0.111\cdots=0.\dot{1}$ ⇨ 1개

② $\dfrac{3}{11}=0.272727\cdots=0.\dot{2}\dot{7}$ ⇨ 2개

③ $\dfrac{8}{15}=0.5333\cdots=0.5\dot{3}$ ⇨ 1개

④ $\dfrac{16}{111}=0.144144144\cdots=0.\dot{1}4\dot{4}$ ⇨ 3개

⑤ $\dfrac{3}{198}=0.0151515\cdots=0.0\dot{1}\dot{5}$ ⇨ 2개

따라서 순환마디를 이루는 숫자의 개수가 가장 많은 것은 ④이다.

3 답 ①, ⑤

② $2.0333\cdots=2.0\dot{3}$

③ $0.090909\cdots=0.\dot{0}\dot{9}$

④ $0.484848\cdots=0.\dot{4}\dot{8}$

따라서 옳은 것은 ①, ⑤이다.

4 답 5

$\dfrac{5}{11}=0.454545\cdots=0.\dot{4}\dot{5}$이고, $0.\dot{4}\dot{5}$의 순환마디는 45이므로 순환마디를 이루는 숫자는 4, 5의 2개이다.

이때 $50=2\times25$이므로 소수점 아래 50번째 자리의 숫자는 순환마디의 두 번째 숫자인 5이다.

5 답 ③

$\dfrac{21}{140}=\dfrac{\boxed{3}}{20}=\dfrac{3}{2^{\boxed{2}}\times5}=\dfrac{\boxed{3}\times\boxed{5}}{2^{\boxed{2}}\times5\times\boxed{5}}$

$=\dfrac{15}{\boxed{100}}=\boxed{0.15}$

따라서 □ 안에 들어갈 수로 옳지 않은 것은 ③이다.

6 답 ③

① $\dfrac{3}{75}=\dfrac{1}{25}=\dfrac{1}{5^2}$이므로 유한소수로 나타낼 수 있다.

③ $\dfrac{21}{18}=\dfrac{7}{6}=\dfrac{7}{2\times3}$이므로 유한소수로 나타낼 수 없다.

⑤ $\dfrac{9}{2\times3^2\times5^3}=\dfrac{1}{2\times5^3}$이므로 유한소수로 나타낼 수 있다.

따라서 유한소수로 나타낼 수 없는 것은 ③이다.

7 답 4개

(i) 일요일, 월요일의 칸에서 생기는 분수는

$\dfrac{5}{12}=\dfrac{5}{2^2\times3}$, $\dfrac{6}{13}$

이므로 유한소수로 나타낼 수 없다.

(ii) 화요일의 칸에서 생기는 분수는

$$\frac{7}{14} = \frac{1}{2}$$

이므로 유한소수로 나타낼 수 있다.

(iii) 수요일부터 토요일까지의 칸에서 생기는 분수는

$$\frac{1}{8} = \frac{1}{2^3}, \ \frac{8}{15} = \frac{8}{3 \times 5}, \ \frac{2}{9} = \frac{2}{3^2}, \ \frac{9}{16} = \frac{9}{2^4}, \ \frac{3}{10} = \frac{3}{2 \times 5},$$

$$\frac{10}{17}, \ \frac{4}{11}, \ \frac{11}{18} = \frac{11}{2 \times 3^2}$$

이므로 이 중 유한소수로 나타낼 수 있는 것은 $\dfrac{1}{8}, \dfrac{9}{16}, \dfrac{3}{10}$ 이다.

따라서 (i)~(iii)에서 유한소수로 나타낼 수 있는 분수는 $\dfrac{7}{14}, \dfrac{1}{8},$ $\dfrac{9}{16}, \dfrac{3}{10}$ 의 4개이다.

8 답 11

$\dfrac{a}{180} = \dfrac{a}{2^2 \times 3^2 \times 5}$ 가 유한소수가 되려면 a는 3^2, 즉 9의 배수이어야 한다.

이때 a는 가장 작은 자연수이므로 $a=9$

$\dfrac{a}{180} = \dfrac{9}{180} = \dfrac{1}{20}$ 이므로 $b=20$

$\therefore b - a = 20 - 9 = 11$

9 답 ②

주어진 순환소수를 x라 할 때, 이 순환소수를 분수로 나타내는 과정에서 이용할 수 있는 가장 편리한 식은 다음과 같다.

① $100x - x$ ② $1000x - x$
③ $100x - 10x$ ④ $1000x - 100x$
⑤ $1000x - 10x$

따라서 $1000x - x$를 이용하는 것이 가장 편리한 것은 ②이다.

10 답 ④

④, ⑤ $x = 8.9424242\cdots$에서

$1000x = 8942.424242\cdots, \ 10x = 89.424242\cdots$

$1000x - 10x = 8853$이므로

$990x = 8853$

$\therefore x = \dfrac{8853}{990} = \dfrac{2951}{330}$

따라서 옳지 않은 것은 ④이다.

11 답 ③, ⑤

② $1.\dot{3} = \dfrac{13-1}{9} = \dfrac{12}{9} = \dfrac{4}{3}$

③ $0.0\dot{7} = \dfrac{7}{90}$

④ $0.\dot{4}\dot{8} = \dfrac{48}{99} = \dfrac{16}{33}$

⑤ $0.15\dot{2} = \dfrac{152-1}{990} = \dfrac{151}{990}$

따라서 옳지 않은 것은 ③, ⑤이다.

12 답 $\dfrac{3}{2}$

$5.\dot{4}\dot{5} = \dfrac{545-5}{99} = \dfrac{540}{99} = \dfrac{60}{11}$이므로 $a = \dfrac{11}{60}$

$0.1\dot{2} = \dfrac{12-1}{90} = \dfrac{11}{90}$이므로 $b = \dfrac{90}{11}$

$\therefore ab = \dfrac{11}{60} \times \dfrac{90}{11} = \dfrac{3}{2}$

13 답 ③

$0.\dot{3}7\dot{9} = \dfrac{379}{999} = 379 \times \dfrac{1}{999}$이므로

$\square = \dfrac{1}{999} = 0.\dot{0}0\dot{1}$

14 답 $0.2\dot{1}$

$0.1\dot{5} = \dfrac{15-1}{90} = \dfrac{14}{90} = \dfrac{7}{45}$이므로 $\dfrac{11}{30}$보다 $0.1\dot{5}$만큼 작은 수를 순환소수로 나타내면

$\dfrac{11}{30} - 0.1\dot{5} = \dfrac{11}{30} - \dfrac{7}{45} = \dfrac{33}{90} - \dfrac{14}{90} = \dfrac{19}{90} = 0.2\dot{1}$

15 답 ②

$0.\dot{x} = \dfrac{x}{9}, \ 0.\dot{8} = \dfrac{8}{9}$이므로

$\dfrac{2}{5} < 0.\dot{x} < 0.\dot{8}$에서 $\dfrac{2}{5} < \dfrac{x}{9} < \dfrac{8}{9}$

이 식의 각 변의 분모를 통분하면

$\dfrac{18}{45} < \dfrac{5x}{45} < \dfrac{40}{45}$ $\therefore 18 < 5x < 40$

따라서 구하는 한 자리의 자연수 x는 4, 5, 6, 7의 4개이다.

16 답 ㄴ, ㄹ

순환소수가 아닌 무한소수는 유리수가 아니다.

따라서 유리수가 아닌 것은 ㄴ, ㄹ이다.

17 답 ⑤

① 무한소수 중 순환소수는 유리수이다.

② 순환소수가 아닌 무한소수는 분수로 나타낼 수 없다.

③ 모든 유리수는 분수로 나타낼 수 있다.

④ 분모의 소인수가 2 또는 5뿐인 기약분수는 유한소수로 나타낼 수 있다.

⑤ 정수가 아닌 유리수를 소수로 나타내면 유한소수 또는 순환소수가 된다.

따라서 옳은 것은 ⑤이다.

18 답 6개

$$\frac{14}{50 \times x} = \frac{7}{25 \times x} = \frac{7}{5^2 \times x} \qquad \cdots \text{(i)}$$

이 분수가 유한소수가 되려면 x는 소인수가 2 또는 5뿐이거나 7의 약수이거나 이들의 곱으로 이루어진 수이어야 한다. $\cdots$ (ii)

따라서 x의 값이 될 수 있는 한 자리의 자연수는 1, 2, 4, 5, 7, 8의 6개이다. $\cdots$ (iii)

채점 기준	배점
(i) $\dfrac{14}{50\times x}$를 기약분수로 고친 후 분모를 소인수분해하기	30 %
(ii) 유한소수가 되도록 하는 x의 조건 구하기	40 %
(iii) x의 값이 될 수 있는 한 자리의 자연수의 개수 구하기	30 %

19 답 (1) 99 (2) 17 (3) $0.\dot{1}\dot{7}$

(1) 현우는 분모를 제대로 보았으므로

$0.\dot{1}\dot{3}=\dfrac{13}{99}$에서 처음 기약분수의 분모는 99이다.

$\therefore a=99$ ··· (i)

(2) 혜인이는 분자를 제대로 보았으므로

$0.1\dot{8}=\dfrac{18-1}{90}=\dfrac{17}{90}$에서 처음 기약분수의 분자는 17이다.

$\therefore b=17$ ··· (ii)

(3) $\dfrac{b}{a}=\dfrac{17}{99}=0.\dot{1}\dot{7}$ ··· (iii)

채점 기준	배점
(i) a의 값 구하기	40 %
(ii) b의 값 구하기	40 %
(iii) 기약분수 $\dfrac{b}{a}$를 순환소수로 나타내기	20 %

OX 문제로 개념 점검! ·21쪽

❶ ○ ❷ × ❸ ○ ❹ × ❺ ○ ❻ ○ ❼ ×

❷ $\dfrac{2}{2^2\times3^2\times5^2}=\dfrac{1}{2\times3^2\times5^2}$이므로 유한소수로 나타낼 수 없다.

❹ 정수가 아닌 유리수는 유한소수 또는 순환소수로 나타낼 수 있다.

❼ $3.141592\cdots$는 순환소수가 아닌 무한소수이므로 유리수가 아니다.

---

2 식의 계산

개념 05 지수법칙 (지수의 합과 곱) ·24~25쪽

· 개념 확인하기

1 답 (1) x^{11} (2) y^8 (3) 3^{12} (4) 5^{15} (5) a^{12} (6) 2^{13}

(1) $x^2\times x^9=x^{2+9}=x^{11}$

(2) $y^3\times y^5=y^{3+5}=y^8$

(3) $3^4\times3^8=3^{4+8}=3^{12}$

(4) $5^6\times5^9=5^{6+9}=5^{15}$

(5) $a^8\times a\times a^3=a^{8+1+3}=a^{12}$

(6) $2^3\times2^8\times2^2=2^{3+8+2}=2^{13}$

2 답 (1) $a^{10}b^7$ (2) $x^{10}y^9$ (3) a^6b^7 (4) x^5y^4

(1) $a^4\times a^6\times b^7=a^{4+6}\times b^7=a^{10}b^7$

(2) $x^3\times y^9\times x^7=x^3\times x^7\times y^9-x^{3+7}\times y^9=x^{10}y^9$

(3) $a^5\times b\times a\times b^6=a^5\times a\times b\times b^6=a^{5+1}\times b^{1+6}=a^6b^7$

(4) $x^2\times y^3\times x^3\times y=x^2\times x^3\times y^3\times y=x^{2+3}\times y^{3+1}=x^5y^4$

3 답 (1) x^{18} (2) y^{24} (3) 3^{27} (4) 5^{30}

(1) $(x^2)^9=x^{2\times9}=x^{18}$

(2) $(y^3)^8=y^{3\times8}=y^{24}$

(3) $(3^3)^9=3^{3\times9}=3^{27}$

(4) $(5^5)^6=5^{5\times6}=5^{30}$

4 답 (1) a^{17} (2) x^{14} (3) a^{25} (4) x^{26} (5) b^{18} (6) y^{23}

(1) $a^3\times(a^7)^2=a^3\times a^{14}=a^{3+14}=a^{17}$

(2) $(x^3)^4\times x^2=x^{12}\times x^2=x^{12+2}=x^{14}$

(3) $(a^5)^3\times(a^2)^5=a^{15}\times a^{10}=a^{15+10}=a^{25}$

(4) $(x^4)^2\times(x^3)^6=x^8\times x^{18}=x^{8+18}=x^{26}$

(5) $b\times(b^3)^3\times(b^2)^4=b\times b^9\times b^8=b^{1+9+8}=b^{18}$

(6) $(y^5)^3\times y^2\times(y^3)^2=y^{15}\times y^2\times y^6=y^{15+2+6}=y^{23}$

(대표 예제로 개념 익히기)

예제 **1** 답 ③

③ $a^4\times a^4=a^8$

1-1 답 ④

$8\times2^5=2^3\times2^5=2^8$ $\therefore x=8$

1-2 답 2

$3^a\times3^3=243$에서 $3^{a+3}=3^5$이므로

$a+3=5$ $\therefore a=2$

예제 2 **답** ③

$$x^2 \times (y^5)^2 \times (x^3)^4 \times y = x^2 \times y^{10} \times x^{12} \times y$$
$$= x^2 \times x^{12} \times y^{10} \times y = x^{14}y^{11}$$

2-1 **답** $x^{22}y^4$

$$(x^3)^4 \times (y^2)^2 \times (x^2)^5 = x^{12} \times y^4 \times x^{10}$$
$$= x^{12} \times x^{10} \times y^4 = x^{22}y^4$$

✎ 오개념 바로잡기

$(x^3)^4 \times (y^2)^2 \times (x^2)^5$을 간단히 하기

$\overset{(\times)}{\longrightarrow}$ $(x^3)^4 = x^{3+4}$

$\overset{(\times)}{\longrightarrow}$ $(x^3)^4 = x^{3^4}$

$\overset{(\bigcirc)}{\longrightarrow}$ $(x^3)^4 \times (y^2)^2 \times (x^2)^5 = x^{12} \times y^4 \times x^{10} = x^{12} \times x^{10} \times y^4$

계산 과정에서 $x^{12} \times x^{10} \times y^4$을 간단히 하기

$\overset{(\times)}{\longrightarrow}$ $x^{12} \times x^{10} = x^{12 \times 10}$

$\overset{(\times)}{\longrightarrow}$ $x^{10} \times y^4 = (xy)^{10 \times 4}$

$\overset{(\bigcirc)}{\longrightarrow}$ $x^{12} \times x^{10} \times y^4 = x^{22}y^4$

➡ 지수법칙을 외우기만 하면 공식을 잘못 적용하기 쉬우므로 원리를 이해하여 지수법칙을 정확하게 적용할 수 있어야 해!

2-2 **답** 24

$64^3 = (2^6)^3 = 2^{18}$이므로

$x = 6$, $y = 18$

$\therefore x + y = 6 + 18 = 24$

2-3 **답** 10

30분마다 박테리아 수가 2배씩 증가하므로 한 시간마다 그 수는 $2 \times 2 = 2^2$(배)씩 증가한다.

따라서 박테리아 한 마리가 5시간 후 $(2^2)^5$마리가 되므로

$(2^2)^5 = 2^{10}$ $\therefore k = 10$

개념 **06** 지수법칙 (지수의 차와 분배) ·27~29쪽

• 개념 확인하기

1 **답** (1) x^3 (2) 1 (3) $\dfrac{1}{x^3}$ (4) $3^2(=9)$

(5) 1 (6) $\dfrac{1}{7^2}\left(=\dfrac{1}{49}\right)$ (7) a^3 (8) $\dfrac{1}{a^8}$

(1) $x^5 \div x^2 = x^{5-2} = x^3$

(2) $x^9 \div x^9 = 1$

(3) $x^2 \div x^5 = \dfrac{1}{x^{5-2}} = \dfrac{1}{x^3}$

(4) $3^8 \div 3^6 = 3^{8-6} = 3^2(=9)$

(5) $5^7 \div 5^7 = 1$

(6) $7^6 \div 7^8 = \dfrac{1}{7^{8-6}} = \dfrac{1}{7^2}\left(=\dfrac{1}{49}\right)$

(7) $a^9 \div a^4 \div a^2 = a^{9-4} \div a^2 = a^5 \div a^2 = a^{5-2} = a^3$

(8) $a^4 \div a^3 \div a^9 = a^{4-3} \div a^9 = a \div a^9 = \dfrac{1}{a^{9-1}} = \dfrac{1}{a^8}$

2 **답** (1) a^3b^3 (2) x^9y^3 (3) $32a^{10}$ (4) $9x^4y^6$ (5) $\dfrac{a^6}{b^6}$ (6) $\dfrac{x^6}{y^8}$

(7) $\dfrac{a^{12}}{16}$ (8) $\dfrac{y^6}{125x^{12}}$ (9) $-a^5$ (10) $-\dfrac{a^3}{8}$ (11) $64x^{30}$ (12) $\dfrac{x^{12}}{y^4}$

(1) $(ab)^3 = a^3b^3$

(2) $(x^3y)^3 = (x^3)^3 \times y^3 = x^9y^3$

(3) $(2a^2)^5 = 2^5 \times (a^2)^5 = 32a^{10}$

(4) $(3x^2y^3)^2 = 3^2 \times (x^2)^2 \times (y^3)^2 = 9x^4y^6$

(5) $\left(\dfrac{a}{b}\right)^6 = \dfrac{a^6}{b^6}$

(6) $\left(\dfrac{x^3}{y^4}\right)^2 = \dfrac{(x^3)^2}{(y^4)^2} = \dfrac{x^6}{y^8}$

(7) $\left(\dfrac{a^3}{2}\right)^4 = \dfrac{(a^3)^4}{2^4} = \dfrac{a^{12}}{16}$

(8) $\left(\dfrac{y^2}{5x^4}\right)^3 = \dfrac{(y^2)^3}{5^3 \times (x^4)^3} = \dfrac{y^6}{125x^{12}}$

(9) $(-a)^5 = \{(-1) \times a\}^5$
$= (-1)^5 \times a^5 = -a^5$

(10) $\left(-\dfrac{a}{2}\right)^3 = \left\{(-1) \times \dfrac{a}{2}\right\}^3$
$= (-1)^3 \times \dfrac{a^3}{2^3} = -\dfrac{a^3}{8}$

(11) $(-2x^5)^6 = (-2)^6 \times (x^5)^6 = 64x^{30}$

(12) $\left(-\dfrac{x^3}{y}\right)^4 = \left\{(-1) \times \dfrac{x^3}{y}\right\}^4$
$= (-1)^4 \times \dfrac{(x^3)^4}{y^4} = \dfrac{x^{12}}{y^4}$

3 **답** (1) 2, 1, 4 (2) 3, 1, 5 (3) 4, 1, 6 (4) 5, 1, 3

4 **답** (1) 4, 2, 2 (2) 4, 4 (3) 3, 6, 3, 3 (4) 3, 9, 4, 4

5 **답** (1) 2 (2) 7

(1) $2^6 \times 5^5 = 2 \times 2^5 \times 5^5 = 2 \times (2 \times 5)^5 = \boxed{2} \times 10^5$

(2) $2^9 \times 5^7 = 2^2 \times 2^7 \times 5^7 = 2^2 \times (2 \times 5)^7 = 4 \times 10^{\boxed{7}}$

(대표 예제로 **개념 익히기**)

예제 1 **답** ②, ⑤

② $a^{12} \div a^4 = a^{12-4} = a^8$

⑤ $a^6 \div a^3 \div a^3 = a^{6-3} \div a^3 = a^3 \div a^3 = 1$

1-1 **답** ㄱ, ㅁ

$a^9 \div (a^3)^2 = a^9 \div a^6 = a^{9-6} = a^3$

ㄱ. $a^8 \div a^5 = a^{8-5} = a^3$

ㄴ. $a^6 \div a^9 = \dfrac{1}{a^{9-6}} = \dfrac{1}{a^3}$

ㄷ. $a^{12} \div a^{10} \div a^2 = a^{12-10} \div a^2 = a^2 \div a^2 = 1$

ㄹ. $a^6 \div (a^3 \div a^2) = a^6 \div a^{3-2} = a^6 \div a = a^{6-1} = a^5$

ㅁ. $(a^5)^2 \div a^7 = a^{10} \div a^7 = a^{10-7} = a^3$

ㅂ. $(a^9)^2 \div (a^4)^3 = a^{18} \div a^{12} = a^{18-12} = a^6$

따라서 $a^9 \div (a^3)^2$과 계산 결과가 같은 것은 ㄱ, ㅁ이다.

✏️ 오개념 바로잡기

ㄹ. $a^6 \div (a^3 \div a^2)$을 간단히 하기

$\xrightarrow{(\times)}$ $a^6 \div (a^3 \div a^2) = a^6 \div a^3 \div a^2 = a^{6-3} \div a^2$
$\qquad\qquad\qquad = a^3 \div a^2 = a^{3-2} = 1$

$\xrightarrow{(\bigcirc)}$ $a^6 \div (a^3 \div a^2) = a^6 \div a^{3-2} = a^6 \div a = a^{6-1} = a^5$

➡ 괄호가 있으면 괄호 안을 먼저 계산해야 해!

1-2 답 4

$2^{15} \div 2^{3a} \div 2^2 = 2^{15-3a} \div 2^2 = 2^{15-3a-2} = 2$이므로
$\qquad\qquad\qquad\qquad\qquad\quad \llcorner_{2=2^1}$
$15-3a-2=1$, $3a=12$ $\qquad \therefore a=4$

1-3 답 4배

$(3 \times 2^6) \div (3 \times 2^4) = \dfrac{3 \times 2^6}{3 \times 2^4} = 2^2 = 4$(배)

예제 **2** 답 ②

① $(-ab^2)^3 = (-1)^3 \times a^3 \times (b^2)^3 = -a^3b^6$

③ $(-a^5b^2)^4 = (-1)^4 \times (a^5)^4 \times (b^2)^4 = a^{20}b^8$

④ $\left(\dfrac{x^2}{2}\right)^5 = \dfrac{(x^2)^5}{2^5} = \dfrac{x^{10}}{32}$

⑤ $\left(-\dfrac{2x^2}{3}\right)^3 = (-1)^3 \times \dfrac{2^3 \times (x^2)^3}{3^3} = -\dfrac{8x^6}{27}$

따라서 옳은 것은 ②이다.

2-1 답 (1) $-32x^{10}y^5$ (2) $-\dfrac{27b^6}{a^3}$

(1) $(-2x^2y)^5 = (-2)^5 \times (x^2)^5 \times y^5 = -32x^{10}y^5$

(2) $\left(-\dfrac{3b^2}{a}\right)^3 = (-1)^3 \times \dfrac{3^3 \times (b^2)^3}{a^3} = -\dfrac{27b^6}{a^3}$

✏️ 오개념 바로잡기

(1) $(-2x^2y)^5$을 간단히 하기

$\xrightarrow{(\times)}$ $(-2x^2y)^5 = -32x^2y$

$\xrightarrow{(\times)}$ $(-2x^2y)^5 = -10x^2y$, $(-2x^2y)^5 = -2x^{10}y^5$

$\xrightarrow{(\bigcirc)}$ $(-2x^2y)^5 = (-2)^5 \times (x^2)^5 \times y^5 = -32x^{10}y^5$

➡ $(-a)^n$은 $(-1)^n \times a^n$이고, -1의 거듭제곱에서 지수가 짝수이면 $+1$, 지수가 홀수이면 -1임에 주의해야 해!

2-2 답 61

$\left(\dfrac{7x^6}{y^5}\right)^a = \dfrac{7^a x^{6a}}{y^{5a}} = \dfrac{bx^{12}}{y^c}$이므로

$7^a = b$, $6a = 12$, $5a = c$

따라서 $a=2$, $b=7^2=49$, $c=5 \times 2 = 10$이므로

$a+b+c = 2+49+10 = 61$

예제 **3** 답 8

$3^4 + 3^4 + 3^4 = 3 \times 3^4 = 3^5$이므로 $m=5$

$3^2 \times 3^2 \times 3^2 = 3^6 = (3^2)^3 = 9^3$이므로 $n=3$

$\therefore m+n = 5+3 = 8$

3-1 답 ②

$4^4 \times 4^4 \times 4^4 = 4^{12}$이므로 $a=12$

$4^4 + 4^4 + 4^4 + 4^4 = 4 \times 4^4 = 4^5$이므로 $b=5$

$\therefore a-b = 12-5 = 7$

3-2 답 $\dfrac{4}{3}$

$\dfrac{3^5+3^5}{9^2+9^2+9^2} \times \dfrac{2^6+2^6}{4^3+4^3+4^3} = \dfrac{2 \times 3^5}{3 \times 9^2} \times \dfrac{2 \times 2^6}{3 \times 4^3}$

$\qquad\qquad = \dfrac{2 \times 3^5}{3 \times (3^2)^2} \times \dfrac{2 \times 2^6}{3 \times (2^2)^3}$

$\qquad\qquad = \dfrac{2 \times 3^5}{3^5} \times \dfrac{2^7}{3 \times 2^6}$

$\qquad\qquad = 2 \times \dfrac{2}{3} = \dfrac{4}{3}$

예제 **4** 답 (1) 2^{30} (2) 10

(1) $32^6 = (2^5)^6 = 2^{30}$

(2) $32^6 = 2^{30} = (2^3)^{10} = A^{10}$

$\qquad \therefore k=10$

4-1 답 ③

$27^5 = (3^3)^5 = (3^5)^3 = A^3$

4-2 답 3

$45 = 3^2 \times 5$이므로

$45^5 = (3^2 \times 5)^5 = 3^{10} \times 5^5 = (3^5)^2 \times 5 \times 5^4$

$\qquad = A^2 \times 5 \times B = 5A^2B$

따라서 $x=2$, $y=1$이므로

$x+y = 2+1 = 3$

예제 **5** 답 (1) 8×10^6 (2) 7자리

(1) $2^9 \times 5^6 = 2^3 \times 2^6 \times 5^6$

$\qquad\qquad = 2^3 \times (2 \times 5)^6$

$\qquad\qquad = 8 \times 10^6$

(2) $8 \times 10^6 = 8000000$

따라서 $2^9 \times 5^6$은 7자리의 자연수이다.

참고 $2^9 \times 5^6 = 8 \times 10^6$이므로 $2^9 \times 5^6$의 자릿수는 $1+6=7$(자리)

5-1 답 ④

$2^6 \times 5^8 = 2^6 \times 5^2 \times 5^6 = 5^2 \times (2 \times 5)^6$

$\qquad\qquad = 25 \times 10^6 = 25000000$

따라서 $2^6 \times 5^8$은 8자리의 자연수이므로

$n=8$

참고 $2^6 \times 5^8 = 25 \times 10^6$이므로 $2^6 \times 5^8$의 자릿수는 $2+6=8$(자리)

· 개념 확인하기

1 답 (1) $12x^3$ (2) $10a^2b^3$ (3) $-12xy$

(4) $-12a^3b$ (5) $3x^3y^3$ (6) $18a^4b^3$

(1) $4x \times 3x^2 = 4 \times 3 \times x \times x^2 = 12x^3$

(2) $5a^2b \times 2b^2 = 5 \times 2 \times a^2b \times b^2 = 10a^2b^3$

(3) $(-6x) \times 2y = (-6) \times 2 \times x \times y = -12xy$

(4) $3ab \times (-4a^2) = 3 \times (-4) \times ab \times a^2 = -12a^3b$

(5) $(-9xy^2) \times \left(-\dfrac{1}{3}x^2y\right) = (-9) \times \left(-\dfrac{1}{3}\right) \times xy^2 \times x^2y = 3x^3y^3$

(6) $2a^2b \times (-3ab)^2 = 2a^2b \times 9a^2b^2 = 2 \times 9 \times a^2b \times a^2b^2$
$= 18a^4b^3$

2 답 (1) $\dfrac{4}{x}$ (2) $25a$ (3) $-9x$ (4) $-2a^2b$

(5) $2xy^2$ (6) $4a^4b^5$

(1) $12x \div 3x^2 = \dfrac{12x}{3x^2} = \dfrac{4}{x}$

(2) $15a^3 \div \dfrac{3}{5}a^2 = 15a^3 \times \dfrac{5}{3a^2} = 25a$

(3) $(-6xy) \div \dfrac{2}{3}y = (-6xy) \times \dfrac{3}{2y} = -9x$

(4) $10a^2b^3 \div (-5b^2) = -\dfrac{10a^2b^3}{5b^2} = -2a^2b$

(5) $(-8x^2y^3) \div (-4xy) = \dfrac{-8x^2y^3}{-4xy} = 2xy^2$

(6) $4a^2b^3 \div \left(\dfrac{1}{ab}\right)^2 = 4a^2b^3 \div \dfrac{1}{a^2b^2} = 4a^2b^3 \times a^2b^2 = 4a^4b^5$

3 답 (1) $4xy^2$, -1, xy^2, $2x^2y$

(2) $-8a^6b^3$, $-\dfrac{1}{8a^6b^3}$, a^6b^3, $-2b$

(3) $18x^2$ (4) $\dfrac{2a}{b}$ (5) $-3x^3$

(6) $6ab^2$ (7) $-4x^4y^4$ (8) $-5a^2b^3$

(3) $12xy \times 3x^2 \div 2xy = 12xy \times 3x^2 \times \dfrac{1}{2xy} = 18x^2$

(4) $8a^2b \div 6ab^3 \times \dfrac{3}{2}b = 8a^2b \times \dfrac{1}{6ab^3} \times \dfrac{3}{2}b = \dfrac{2a}{b}$

(5) $9x^3y \times (-x) \div 3xy = 9x^3y \times (-x) \times \dfrac{1}{3xy} = -3x^3$

(6) $27a^2b \div (-9a) \times (-2b) = 27a^2b \times \left(-\dfrac{1}{9a}\right) \times (-2b)$
$= 6ab^2$

(7) $16x^3y^2 \times 2x^2y^3 \div (-8xy) = 16x^3y^2 \times 2x^2y^3 \times \left(-\dfrac{1}{8xy}\right)$
$= -4x^4y^4$

(8) $12ab^2 \div \dfrac{6}{5}a^4b \times \left(-\dfrac{1}{2}a^5b^2\right) = 12ab^2 \times \dfrac{5}{6a^4b} \times \left(-\dfrac{1}{2}a^5b^2\right)$
$= -5a^2b^3$

4 답 직사각형의 넓이, $6a^2b$, $7a^2b^2$

(직사각형의 넓이)=(가로의 길이)×(세로의 길이)이므로
(세로의 길이)=(직사각형의 넓이)÷(가로의 길이)
$= 42a^4b^3 \div \boxed{6a^2b} = \dfrac{42a^4b^3}{6a^2b} = \boxed{7a^2b^2}$

《 대표 예제로 **개념 익히기** 》

예제 1 답 ③, ⑤

③ $4x^5 \times (-x)^3 = 4x^5 \times (-x^3) = -4x^8$

④ $\dfrac{2}{5}x^3 \times (-5x)^2 = \dfrac{2}{5}x^3 \times 25x^2 = 10x^5$

⑤ $(-2a^2b)^3 \times 8a^4b^2 = -8a^6b^3 \times 8a^4b^2 = -64a^{10}b^5$

따라서 옳지 않은 것은 ③, ⑤이다.

1-1 답 $-27x^6y^9$

$(-xy)^3 \times (3xy^2)^3 = (-x^3y^3) \times 27x^3y^6 = -27x^6y^9$

1-2 답 55

$3x^Ay \times (-2x^2y)^4 = 3x^Ay \times 16x^8y^4$
$= 48x^{A+8}y^5 = Bx^{10}y^C$

따라서 $48=B$, $A+8=10$, $5=C$이므로
$A=2$, $B=48$, $C=5$
$\therefore A+B+C = 2+48+5 = 55$

예제 2 답 $-\dfrac{2}{x}$

$24xy^3 \div (-4x^2y) \div 3y^2 = 24xy^3 \times \left(-\dfrac{1}{4x^2y}\right) \times \dfrac{1}{3y^2}$
$= -\dfrac{2}{x}$

2-1 답 ㄴ, ㄹ

ㄱ. $3a \div (-2ab^2)^2 = 3a \div 4a^2b^4 = \dfrac{3a}{4a^2b^4} = \dfrac{3}{4ab^4}$

ㄴ. $16ab \div (-2b^2) = -\dfrac{16ab}{2b^2} = -\dfrac{8a}{b}$

ㄷ. $\dfrac{9}{4}a^4b^3 \div (-3ab^3)^2 = \dfrac{9}{4}a^4b^3 \div 9a^2b^6$
$= \dfrac{9}{4}a^4b^3 \times \dfrac{1}{9a^2b^6} = \dfrac{a^2}{4b^3}$

ㄹ. $(-2a^2b)^2 \div 2ab^3 \div 16a^5 = 4a^4b^2 \div 2ab^3 \div 16a^5$
$= 4a^4b^2 \times \dfrac{1}{2ab^3} \times \dfrac{1}{16a^5} = \dfrac{1}{8a^2b}$

따라서 옳은 것은 ㄴ, ㄹ이다.

2-2 답 $-2xy^3$

$(-15x^2y^5) \times \boxed{} = 30x^3y^8$이므로

$\boxed{} = 30x^3y^8 \div (-15x^2y^5) = -\dfrac{30x^3y^8}{15x^2y^5} = -2xy^3$

참고 세 단항식 A, B, C에 대하여
(1) $A \times B = C$ ⇨ $A = C \div B$
(2) $A \div B = C$ ⇨ $A = C \times B$
(3) $B \div A = C$ ⇨ $A = B \div C$

예제 3 답 ㄴ, ㄹ

ㄱ. $8ab^2 \div 4a^2b^2 \times 3b = 8ab^2 \times \dfrac{1}{4a^2b^2} \times 3b = \dfrac{6b}{a}$

ㄴ. $(a^2b)^3 \times \left(-\dfrac{1}{3}ab\right)^2 \div \dfrac{b^2}{6a} = a^6b^3 \times \dfrac{1}{9}a^2b^2 \times \dfrac{6a}{b^2}$
$\qquad\qquad = \dfrac{2}{3}a^9b^3$

ㄷ. $12x^3 \div (-2x^2y) \times (-3xy)^2 = 12x^3 \times \left(-\dfrac{1}{2x^2y}\right) \times 9x^2y^2$
$\qquad\qquad = -54x^3y$

ㄹ. $\left(-\dfrac{1}{2}x\right)^2 \times 9y \div \left(-\dfrac{1}{4}xy\right) = \dfrac{1}{4}x^2 \times 9y \times \left(-\dfrac{4}{xy}\right)$
$\qquad\qquad = -9x$

따라서 옳은 것은 ㄴ, ㄹ이다.

3-1 답 ①, ④

① $6ab \div 3a \times b = 6ab \times \dfrac{1}{3a} \times b = 2b^2$

② $(-ab^2) \times 9a^2 \div 3ab = (-ab^2) \times 9a^2 \times \dfrac{1}{3ab} = -3a^2b$

③ $32xy^2 \times (-xy)^3 \div (4x^2y)^2 = 32xy^2 \times (-x^3y^3) \div 16x^4y^2$
$\qquad\qquad = 32xy^2 \times (-x^3y^3) \times \dfrac{1}{16x^4y^2}$
$\qquad\qquad = -2y^3$

④ $24a^2b^2 \div (-6ab^2)^2 \times 3a^2b^3 = 24a^2b^2 \div 36a^2b^4 \times 3a^2b^3$
$\qquad\qquad = 24a^2b^2 \times \dfrac{1}{36a^2b^4} \times 3a^2b^3$
$\qquad\qquad = 2a^2b$

⑤ $(-6x^2y)^2 \div \left(\dfrac{y}{2x}\right)^2 \times \left(-\dfrac{x^2}{3y}\right)^3 = 36x^4y^2 \div \dfrac{y^2}{4x^2} \times \left(-\dfrac{x^6}{27y^3}\right)$
$\qquad\qquad = 36x^4y^2 \times \dfrac{4x^2}{y^2} \times \left(-\dfrac{x^6}{27y^3}\right)$
$\qquad\qquad = -\dfrac{16x^{12}}{3y^3}$

따라서 옳지 않은 것은 ①, ④이다.

3-2 답 69

$(6x^Ay)^2 \div \left(\dfrac{3x}{y}\right)^2 \times (-2xy)^4 = 36x^{2A}y^2 \div \dfrac{9x^2}{y^2} \times 16x^4y^4$
$\qquad\qquad = 36x^{2A}y^2 \times \dfrac{y^2}{9x^2} \times 16x^4y^4$
$\qquad\qquad = 64x^{2A+2}y^8$
$\qquad\qquad = Bx^{12}y^8$

따라서 $64 = B$, $2A+2 = 12$이므로
$A = 5$, $B = 64$
∴ $A + B = 5 + 64 = 69$

예제 4 답 $\dfrac{2xy^2}{5}$

$10\pi x^7y^4 = \pi \times (5x^3y)^2 \times (높이)$이므로
$10\pi x^7y^4 = 25\pi x^6y^2 \times (높이)$
∴ $(높이) = 10\pi x^7y^4 \div 25\pi x^6y^2$
$\qquad = \dfrac{10\pi x^7y^4}{25\pi x^6y^2} = \dfrac{2xy^2}{5}$

4-1 답 $9ab$

$12\pi a^3b^5 = \dfrac{1}{3} \times \pi \times (2ab^2)^2 \times (높이)$이므로
$12\pi a^3b^5 = \dfrac{4}{3}\pi a^2b^4 \times (높이)$
∴ $(높이) = 12\pi a^3b^5 \div \dfrac{4}{3}\pi a^2b^4$
$\qquad = 12\pi a^3b^5 \times \dfrac{3}{4\pi a^2b^4}$
$\qquad = 9ab$

4-2 답 (1) $24a^4b^5$ (2) $6a^2b^2$

(1) $(삼각형의 넓이) = \dfrac{1}{2} \times 6ab^3 \times 8a^3b^2 = 24a^4b^5$

(2) 직사각형의 넓이가 $24a^4b^5$이므로
$24a^4b^5 = (가로의 길이) \times 4a^2b^3$
∴ $(가로의 길이) = 24a^4b^5 \div 4a^2b^3 = \dfrac{24a^4b^5}{4a^2b^3} = 6a^2b^2$

개념 **08** **다항식의 덧셈과 뺄셈** •34~35쪽

• 개념 확인하기

1 답 (1) $7a-9b$ (2) $8x-4y$ (3) $2x-2y-4$
(4) $-a+b+1$ (5) $a+\dfrac{1}{4}b$ (6) $\dfrac{x+5y}{12}$

(1) $(5a-3b)+(2a-6b) = 5a-3b+2a-6b$
$\qquad = 5a+2a-3b-6b$
$\qquad = 7a-9b$

(2) $(6x-3y)-(-2x+y) = 6x-3y+2x-y$
$\qquad = 6x+2x-3y-y$
$\qquad = 8x-4y$

(3) $3(-x+2y-3)+(5x-8y+5)$
$\qquad = -3x+6y-9+5x-8y+5$
$\qquad = -3x+5x+6y-8y-9+5$
$\qquad = 2x-2y-4$

(4) $(5a-b+3)-2(3a-b+1)$
$\qquad = 5a-b+3-6a+2b-2$
$\qquad = 5a-6a-b+2b+3-2$
$\qquad = -a+b+1$

(5) $\left(\dfrac{1}{5}a-\dfrac{1}{2}b\right)+\left(\dfrac{4}{5}a+\dfrac{3}{4}b\right)=\dfrac{1}{5}a-\dfrac{1}{2}b+\dfrac{4}{5}a+\dfrac{3}{4}b$

$\qquad\qquad\qquad\qquad\qquad=\dfrac{1}{5}a+\dfrac{4}{5}a-\dfrac{2}{4}b+\dfrac{3}{4}b$

$\qquad\qquad\qquad\qquad\qquad=a+\dfrac{1}{4}b$

(6) $\dfrac{x-y}{3}-\dfrac{x-3y}{4}=\dfrac{4(x-y)-3(x-3y)}{12}$

$\qquad\qquad\qquad=\dfrac{4x-4y-3x+9y}{12}$

$\qquad\qquad\qquad=\dfrac{4x-3x-4y+9y}{12}$

$\qquad\qquad\qquad=\dfrac{x+5y}{12}\left(=\dfrac{1}{12}x+\dfrac{5}{12}y\right)$

2 답 (1) $4x+3y$ (2) $7a-2b-7$

(1) $5x-\{3x-(2x+3y)\}=5x-(3x-2x-3y)$

$\qquad\qquad\qquad\qquad=5x-(x-3y)$

$\qquad\qquad\qquad\qquad=5x-x+3y$

$\qquad\qquad\qquad\qquad=4x+3y$

(2) $5a+b-\{7-(2a-3b)\}=5a+b-(7-2a+3b)$

$\qquad\qquad\qquad\qquad=5a+b-7+2a-3b$

$\qquad\qquad\qquad\qquad=5a+2a+b-3b-7$

$\qquad\qquad\qquad\qquad=7a-2b-7$

3 답 (1) $\times$ (2) $\bigcirc$ (3) $\times$ (4) $\bigcirc$

(3) x^2이 분모에 있으므로 다항식이 아니다.

　 따라서 이차식이 아니다.

(4) $(a^3-5a^2+4)-a^3=a^3-5a^2+4-a^3=-5a^2+4$이므로

　 이차식이다.

4 답 (1) $5x^2+x+8$ (2) $3a^2+a+2$

(1) $(7x^2+2x+3)+(-2x^2-x+5)$

$\quad=7x^2+2x+3-2x^2-x+5$

$\quad=5x^2+x+8$

(2) $(6a^2-5a+2)-3(a^2-2a)$

$\quad=6a^2-5a+2-3a^2+6a$

$\quad=3a^2+a+2$

대표 예제로 개념 익히기

예제 1 답 ③

$\left(\dfrac{7}{2}x-\dfrac{1}{3}y\right)-\left(\dfrac{1}{2}x+\dfrac{5}{3}y\right)=\dfrac{7}{2}x-\dfrac{1}{3}y-\dfrac{1}{2}x-\dfrac{5}{3}y$

$\qquad\qquad\qquad\qquad\qquad=3x-2y$

따라서 $a=3$, $b=-2$이므로

$a-b=3-(-2)=5$

1-1 답 ③, ⑤

① $(4a+6b)+(2a-5b)=4a+6b+2a-5b$

$\qquad\qquad\qquad\qquad=6a+b$

② $(-a-2b)-(3a-b)=-a-2b-3a+b$

$\qquad\qquad\qquad\qquad=-4a-b$

③ $(3x+4y-2)+(2x-5y+3)=3x+4y-2+2x-5y+3$

$\qquad\qquad\qquad\qquad\qquad\quad=5x-y+1$

④ $\left(\dfrac{1}{2}x+\dfrac{1}{3}y\right)-\left(\dfrac{1}{3}x-\dfrac{1}{2}y\right)=\dfrac{1}{2}x+\dfrac{1}{3}y-\dfrac{1}{3}x+\dfrac{1}{2}y$

$\qquad\qquad\qquad\qquad\qquad=\dfrac{3}{6}x-\dfrac{2}{6}x+\dfrac{2}{6}y+\dfrac{3}{6}y$

$\qquad\qquad\qquad\qquad\qquad=\dfrac{1}{6}x+\dfrac{5}{6}y$

⑤ $\dfrac{2x+y}{3}+\dfrac{x-2y}{5}=\dfrac{5(2x+y)+3(x-2y)}{15}$

$\qquad\qquad\qquad\qquad=\dfrac{10x+5y+3x-6y}{15}$

$\qquad\qquad\qquad\qquad=\dfrac{13x-y}{15}=\dfrac{13}{15}x-\dfrac{1}{15}y$

따라서 옳은 것은 ③, ⑤이다.

1-2 답 $-6x+2$

$x+5y-\{(7x+3y-1)-(-2y+1)\}$

$=x+5y-(7x+3y-1+2y-1)$

$=x+5y-(7x+5y-2)$

$=x+5y-7x-5y+2$

$=-6x+2$

예제 2 답 ④

$4(x^2-2x+5)-2(3x^2-x-2)$

$=4x^2-8x+20-6x^2+2x+4$

$=-2x^2-6x+24$

따라서 x^2의 계수는 -2, x의 계수는 -6이므로 구하는 합은

$-2+(-6)=-8$

2-1 답 $\dfrac{1}{4}$

$\left(x^2-\dfrac{3}{5}x+\dfrac{1}{2}\right)-\left(\dfrac{1}{2}x^2-2x+\dfrac{3}{4}\right)$

$=x^2-\dfrac{3}{5}x+\dfrac{1}{2}-\dfrac{1}{2}x^2+2x-\dfrac{3}{4}$

$=\dfrac{1}{2}x^2+\dfrac{7}{5}x-\dfrac{1}{4}$

따라서 x^2의 계수는 $\dfrac{1}{2}$, 상수항은 $-\dfrac{1}{4}$이므로 구하는 합은

$\dfrac{1}{2}+\left(-\dfrac{1}{4}\right)=\dfrac{2}{4}-\dfrac{1}{4}=\dfrac{1}{4}$

2-2 답 $\dfrac{7}{6}$

$\dfrac{x^2-5x+3}{2}+\dfrac{3x^2+4x}{3}=\dfrac{3(x^2-5x+3)+2(3x^2+4x)}{6}$

$\qquad\qquad\qquad\qquad=\dfrac{3x^2-15x+9+6x^2+8x}{6}$

$\qquad\qquad\qquad\qquad=\dfrac{9x^2-7x+9}{6}$

$\qquad\qquad\qquad\qquad=\dfrac{3}{2}x^2-\dfrac{7}{6}x+\dfrac{3}{2}$

따라서 $a=\dfrac{3}{2}$, $b=-\dfrac{7}{6}$, $c=\dfrac{3}{2}$이므로

$a-b-c=\dfrac{3}{2}-\left(-\dfrac{7}{6}\right)-\dfrac{3}{2}=\dfrac{7}{6}$

개념 09 다항식과 단항식의 곱셈과 나눗셈 · 36~37쪽

· 개념 확인하기

1 답 (1) $3xy+15x$ (2) $-2a^2-ab$
(3) $-8ab-12b^2+20b$ (4) $-5x^2-10xy+5x$

(1) $3x(y+5)=3x\times y+3x\times 5$
$\qquad\qquad =3xy+15x$

(2) $(2a+b)\times(-a)=2a\times(-a)+b\times(-a)$
$\qquad\qquad\qquad =-2a^2-ab$

(3) $(-2a-3b+5)\times 4b=-2a\times 4b-3b\times 4b+5\times 4b$
$\qquad\qquad\qquad\qquad =-8ab-12b^2+20b$

(4) $-5x(x+2y-1)$
$\quad =-5x\times x-5x\times 2y-5x\times(-1)$
$\quad =-5x^2-10xy+5x$

2 답 (1) $5x^2-21x$ (2) a^2-9a (3) $7x^2-9xy$
(4) $a^2-6ab-6b^2$

(1) $x^2-x+4x(x-5)=x^2-x+4x^2-20x$
$\qquad\qquad\qquad\qquad =5x^2-21x$

(2) $6a^2+a-5a(a+2)=6a^2+a-5a^2-10a$
$\qquad\qquad\qquad\qquad =a^2-9a$

(3) $2x(x-2y)+5x(x-y)=2x^2-4xy+5x^2-5xy$
$\qquad\qquad\qquad\qquad =7x^2-9xy$

(4) $a(a-5b)-2b\left(\dfrac{1}{2}a+3b\right)=a^2-5ab-ab-6b^2$
$\qquad\qquad\qquad\qquad\qquad =a^2-6ab-6b^2$

3 답 (1) $2a-4$ (2) $-2x-6$ (3) $10ab-2b^2$
(4) $-24xy-16y$ (5) $2a^2-4ab+1$ (6) $-3a^2b-6a-9$

(1) $(6a^2-12a)\div 3a=\dfrac{6a^2-12a}{3a}$
$\qquad\qquad\qquad =\dfrac{6a^2}{3a}-\dfrac{12a}{3a}=2a-4$

(2) $(4x^2+12x)\div(-2x)=\dfrac{4x^2+12x}{-2x}$
$\qquad\qquad\qquad\qquad =\dfrac{4x^2}{-2x}+\dfrac{12x}{-2x}=-2x-6$

(3) $(25a^2b-5ab^2)\div\dfrac{5}{2}a=(25a^2b-5ab^2)\times\dfrac{2}{5a}$
$\qquad\qquad\qquad\qquad =25a^2b\times\dfrac{2}{5a}-5ab^2\times\dfrac{2}{5a}$
$\qquad\qquad\qquad\qquad =10ab-2b^2$

(4) $(12x^2y+8xy)\div\left(-\dfrac{1}{2}x\right)$
$\quad =(12x^2y+8xy)\times\left(-\dfrac{2}{x}\right)$
$\quad =12x^2y\times\left(-\dfrac{2}{x}\right)+8xy\times\left(-\dfrac{2}{x}\right)$
$\quad =-24xy-16y$

(5) $(-6a^2b+12ab^2-3b)\div(-3b)$
$\quad =\dfrac{-6a^2b+12ab^2-3b}{-3b}$
$\quad =\dfrac{-6a^2b}{-3b}+\dfrac{12ab^2}{-3b}-\dfrac{3b}{-3b}$
$\quad =2a^2-4ab+1$

(6) $(2a^2b^2+4ab+6b)\div\left(-\dfrac{2}{3}b\right)$
$\quad =(2a^2b^2+4ab+6b)\times\left(-\dfrac{3}{2b}\right)$
$\quad =2a^2b^2\times\left(-\dfrac{3}{2b}\right)+4ab\times\left(-\dfrac{3}{2b}\right)+6b\times\left(-\dfrac{3}{2b}\right)$
$\quad =-3a^2b-6a-9$

대표 예제로 개념 익히기

예제 1 답 ②, ⑤
① $9x(2x+3)=18x^2+27x$
③ $-a(a-b-3)=-a^2+ab+3a$
④ $xy(x-y+4)=x^2y-xy^2+4xy$
따라서 옳은 것은 ②, ⑤이다.

1-1 답 6
$-2x(-xy+4x-6)=2x^2y-8x^2+12x$
$\qquad\qquad\qquad\qquad =Ax^2y+Bx^2+Cx$
따라서 $A=2$, $B=-8$, $C=12$이므로
$A+B+C=2+(-8)+12=6$

1-2 답 120
$-6x(x+2y-4)=-6x^2-12xy+24x$에서
xy의 계수는 -12이므로
$a=-12$
$5x(-2x-y+3)=-10x^2-5xy+15x$에서
x^2의 계수는 -10이므로
$b=-10$
$\therefore ab=-12\times(-10)=120$

1-3 답 (1) $10xy-3x^2$ (2) 17
(1) $4xy-3x(x-2y)=4xy-3x^2+6xy$
$\qquad\qquad\qquad\quad =10xy-3x^2$
(2) $x=1$, $y=2$일 때, 주어진 식의 값은
$10xy-3x^2=10\times 1\times 2-3\times 1^2$
$\qquad\qquad\quad =20-3=17$

예제 2 답 -20

$(9x^3y - 3x^2y + 6xy) \div \left(-\dfrac{3}{5}xy\right)$

$= (9x^3y - 3x^2y + 6xy) \times \left(-\dfrac{5}{3xy}\right)$

$= -15x^2 + 5x - 10$

$= Ax^2 + Bx + C$

따라서 $A = -15$, $B = 5$, $C = -10$이므로

$A + B + C = -15 + 5 + (-10) = -20$

2-1 답 ④

① $(-9x^2 + 24xy) \div 3x$

$= \dfrac{-9x^2 + 24xy}{3x}$

$= -3x + 8y$

② $(2x^3y + 16xy^2) \div 2xy$

$= \dfrac{2x^3y + 16xy^2}{2xy}$

$= x + 8y$

③ $(4a^3b - 8a^4b^2) \div 4a^2b$

$= \dfrac{4a^3b - 8a^4b^2}{4a^2b}$

$= a - 2a^2b$

④ $(8x^2y - 2xy^2 + 4y) \div \dfrac{2}{7}y$

$= (8x^2y - 2xy^2 + 4y) \times \dfrac{7}{2y}$

$= 28x^2 - 7xy + 14$

⑤ $(6x^2y - 15xy^2) \div \left(-\dfrac{3}{2}xy\right)$

$= (6x^2y - 15xy^2) \times \left(-\dfrac{2}{3xy}\right)$

$= -4x + 10y$

따라서 옳지 않은 것은 ④이다.

✏️ 오개념 바로잡기

④ $(8x^2y - 2xy^2 + 4y) \div \dfrac{2}{7}y$를 계산하기

$\xrightarrow{(\times)}$ $(8x^2y - 2xy^2 + 4y) \div \dfrac{2}{7}y = (8x^2y - 2xy^2 + 4y) \times \dfrac{7}{2}y$

$\xrightarrow{(\bigcirc)}$ $(8x^2y - 2xy^2 + 4y) \div \dfrac{2}{7}y = (8x^2y - 2xy^2 + 4y) \times \dfrac{7}{2y}$

➡ 역수를 이용하여 나눗셈을 곱셈으로 고쳐서 계산할 때, $\dfrac{2}{7}y$의 역수를 계수의 역수만 생각하여 $\dfrac{7}{2}y$인 것으로 생각해선 안 되고, $\dfrac{7}{2y}$로 나타내야 해.

2-2 답 2

$\dfrac{6x^2y^3 - 2xy^2 + 10x^2}{2xy} = 3xy^2 - y + \dfrac{5x}{y}$

따라서 xy^2의 계수는 3, y의 계수는 -1이므로 구하는 합은 $3 + (-1) = 2$

개념 10 **다항식과 단항식의 혼합 계산** ·38~39쪽

· 개념 확인하기

1 답 (1) $3x + 1$　(2) $7x^2 - x$
　　(3) $7a^2 - 3ab$　(4) $-5a - 3b$
　　(5) $8ab - 6a$　(6) $7x^2y + x$

(1) $(2x^2 + 3x) \div x + (3x^2 - 6x) \div 3x$

$= \dfrac{2x^2 + 3x}{x} + \dfrac{3x^2 - 6x}{3x}$

$= 2x + 3 + x - 2$

$= 3x + 1$

(2) $x(5x + 3) + (x^3y - 2x^2y) \div \dfrac{1}{2}xy$

$= 5x^2 + 3x + (x^3y - 2x^2y) \times \dfrac{2}{xy}$

$= 5x^2 + 3x + 2x^2 - 4x$

$= 7x^2 - x$

(3) $(3a^3b - 2a^2b^2) \div (-ab) + 5a(2a - b)$

$= \dfrac{3a^3b - 2a^2b^2}{-ab} + 10a^2 - 5ab$

$= -3a^2 + 2ab + 10a^2 - 5ab$

$= 7a^2 - 3ab$

(4) $(9a^2 + 3ab) \div 3a - (4ab + 2b^2) \div \dfrac{1}{2}b$

$= \dfrac{9a^2 + 3ab}{3a} - (4ab + 2b^2) \times \dfrac{2}{b}$

$= 3a + b - 8a - 4b$

$= -5a - 3b$

(5) $5a(2b - 1) - (6a^2b^2 + 3a^2b) \div 3ab$

$= 10ab - 5a - \dfrac{6a^2b^2 + 3a^2b}{3ab}$

$= 10ab - 5a - 2ab - a$

$= 8ab - 6a$

(6) $(-3x^2y^2 + xy) \div \left(-\dfrac{1}{4}y\right) - 5x(xy - 1)$

$= (-3x^2y^2 + xy) \times \left(-\dfrac{4}{y}\right) - 5x^2y + 5x$

$= 12x^2y - 4x - 5x^2y + 5x$

$= 7x^2y + x$

2 답 (1) $4ab + 24b$
　　(2) $-6x^3y + 12x^2y^2$

(1) $(a^2 + 6a) \div \dfrac{5}{4}a \times 5b = (a^2 + 6a) \times \dfrac{4}{5a} \times 5b$

$= \dfrac{4a + 24}{5} \times 5b$

$= 4ab + 24b$

(2) $9x^3y^2 \div \left(-\dfrac{3}{2}xy\right) \times (x - 2y) = 9x^3y^2 \times \left(-\dfrac{2}{3xy}\right) \times (x - 2y)$

$= -6x^2y(x - 2y)$

$= -6x^3y + 12x^2y^2$

3 답 직육면체의 부피, $2xy$, $4x^2y^2$, $3x+8y$

(직육면체의 부피)=(밑넓이)×(높이)이므로

(높이)=(직육면체의 부피)÷(밑넓이)

$=(12x^3y^2+32x^2y^3)÷(2xy)^2$

$=(12x^3y^2+32x^2y^3)÷4x^2y^2$

$=\dfrac{12x^3y^2+32x^2y^3}{4x^2y^2}$

$=3x+8y$

대표 예제로 **개념 익히기**

예제 1 답 -6

$(3x-9)\times\dfrac{xy}{3}+\dfrac{4x^2y-12x^3y}{2x}=x^2y-3xy+2xy-6x^2y$

$\qquad\qquad\qquad\qquad\qquad\qquad=-5x^2y-xy$

$\qquad\qquad\qquad\qquad\qquad\qquad=Ax^2y+Bxy$

따라서 $A=-5$, $B=-1$이므로

$A+B=-5+(-1)=-6$

1-1 답 1

$x(4x+5y)-(12x^2y+6x^3)÷3x$

$=x(4x+5y)-\dfrac{12x^2y+6x^3}{3x}$

$=4x^2+5xy-4xy-2x^2$

$=2x^2+xy=ax^2+bxy$

따라서 $a=2$, $b=1$이므로

$a-b=2-1=1$

1-2 답 72

$(2x+4y)\times\left(-\dfrac{3}{2}x\right)-(6x^2y-3x^3)÷\dfrac{1}{3}x$

$=-3x^2-6xy-(6x^2y-3x^3)\times\dfrac{3}{x}$

$=-3x^2-6xy-18xy+9x^2$

$=6x^2-24xy$

따라서 $x=2$, $y=-1$일 때, 주어진 식의 값은

$6x^2-24xy=6\times2^2-24\times2\times(-1)$

$\qquad\qquad=24+48$

$\qquad\qquad=72$

예제 2 답 $24xy^2+18y^3$

(사다리꼴의 넓이)

$=\dfrac{1}{2}\times\{(윗변의 길이)+(아랫변의 길이)\}\times(높이)$

$=\dfrac{1}{2}\times\{(2x+y)+(6x+5y)\}\times6y^2$

$=\dfrac{1}{2}\times(8x+6y)\times6y^2$

$=(4x+3y)\times6y^2$

$=24xy^2+18y^3$

2-1 답 $\dfrac{2}{3}ab-1$

(밑넓이)$=\dfrac{1}{2}\times4ab\times3b^2=6ab^3$이므로 → 밑면인 직각삼각형의 넓이

$4a^2b^4-6ab^3=6ab^3\times(높이)$

$∴ (높이)=(4a^2b^4-6ab^3)÷6ab^3$

$\qquad\qquad=\dfrac{4a^2b^4-6ab^3}{6ab^3}$

$\qquad\qquad=\dfrac{2}{3}ab-1$

2-2 답 $15x^2+12xy+4x^2y$

(텃밭의 넓이)

$=(땅의 넓이)-(집의 넓이)$

$=7x(5x+4y)-(7x-3x)(5x+4y-xy)$

$=35x^2+28xy-4x(5x+4y-xy)$

$=35x^2+28xy-20x^2-16xy+4x^2y$

$=15x^2+12xy+4x^2y$

실전 문제로 **단원 마무리하기** ·40~42쪽

1 6	**2** ④	**3** ④	**4** 10	**5** 4
6 ③	**7** ⑤	**8** $24x^9y^7$		
9 $A=xy^2$, $B=xy$, $C=x^4y$		**10** 5		**11** $16x^4y^3$
12 ①	**13** ③	**14** $5x^2+5x-9$		
15 $4x^2+7x+1$		**16** ②, ④	**17** ④	**18** ②
19 $-4a+3b$		**20** $6ab^2-3ab+3a$		

서술형

21 16   **22** 10배

1 답 6

$5^2\times25^2=5^2\times(5^2)^2=5^2\times5^4=5^{2+4}=5^6$이므로

$n=6$

2 답 ④

① $x^3\times x^□=x^9$에서 $3+□=9$ $∴ □=6$

② $(x^□)^3=x^{15}$에서 $□\times3=15$ $∴ □=5$

③ $x^□÷x^4=x^5$에서 $□-4=5$ $∴ □=9$

④ $x^6÷x^9=\dfrac{1}{x^□}$에서 $9-6=□$ $∴ □=3$

⑤ $(x^2y^□)^2=x^4y^{12}$에서 $□\times2=12$ $∴ □=6$

따라서 □ 안에 들어갈 수가 가장 작은 것은 ④이다.

3 답 ④

① $a^6÷(a^5÷a^2)=a^6÷a^3=a^{6-3}=a^3$

② $a^8÷(a^3\times a^2)=a^8÷a^5=a^{8-5}=a^3$

③ $a^2\times(a^6÷a^5)=a^2\times a=a^3$

④ $(a^6)^2 \div (a^2)^3 = a^{12} \div a^6 = a^{12-6} = a^6$

⑤ $(a^7)^3 \div (a^3)^4 \div a^6 = a^{21} \div a^{12} \div a^6 = a^{21-12} \div a^6$
$= a^9 \div a^6 = a^{9-6} = a^3$

따라서 계산 결과가 나머지 넷과 다른 하나는 ④이다.

4 답 10

$\left(\dfrac{2x^a}{y}\right)^b = \dfrac{2^b x^{ab}}{y^b} = \dfrac{8x^{12}}{y^c}$ 이므로

$2^b = 8 = 2^3$ 에서 $b = 3$

$ab = 12$ 에서 $3a = 12$ $\quad \therefore a = 4$

$b = c$ 에서 $c = 3$

$\therefore a+b+c = 3+4+3 = 10$

5 답 4

신문지 한 장을 반으로 접으면 그 두께는 처음의 2배가 되므로
신문지 한 장을 5번 접으면 그 두께는 처음의 2^5배가 된다.
또 신문지 한 장을 3번 접으면 그 두께는 처음의 2^3배가 된다.
따라서 5번 접은 신문지의 두께는 3번 접은 신문지의 두께의
$2^5 \div 2^3 = 2^{5-3} = 2^2 = 4$(배)이므로
$a = 4$

6 답 ③

① $2^2 + 2^2 = 2 \times 2^2 = 2^3$

② $4^5 + 4^5 = 2 \times 4^5 = 2 \times (2^2)^5 = 2 \times 2^{10} = 2^{11}$

③ $2^{10} + 2^{10} = 2 \times 2^{10} = 2^{11}$

④ $3^2 + 3^2 + 3^2 = 3 \times 3^2 = 3^3$

⑤ $5^5 \times 5^5 \times 5^5 = 5^{5+5+5} = 5^{15}$

따라서 옳지 않은 것은 ③이다.

7 답 ⑤

$A = 3^{x+1} = 3 \times 3^x$ 이므로 $3^x = \dfrac{A}{3}$

$\therefore 81^x = (3^4)^x = (3^x)^4 = \left(\dfrac{A}{3}\right)^4 = \dfrac{A^4}{81}$

8 답 $24x^9 y^7$

$(-2x^2 y)^3 \times 3x^2 y^3 \times (-xy) = -8x^6 y^3 \times 3x^2 y^3 \times (-xy)$
$= 24x^9 y^7$

9 답 $A = xy^2$, $B = xy$, $C = x^4 y$

$x^2 y^3 \times C = x^6 y^4$ 이므로

$C = x^6 y^4 \div x^2 y^3 = \dfrac{x^6 y^4}{x^2 y^3} = x^4 y$

$B \times x^3 = C$ 이므로

$B = C \div x^3 = x^4 y \div x^3 = \dfrac{x^4 y}{x^3} = xy$

$A \times B = x^2 y^3$ 이므로

$A = x^2 y^3 \div B = x^2 y^3 \div xy = \dfrac{x^2 y^3}{xy} = xy^2$

10 답 5

$\dfrac{5}{6} a^2 b^4 \times (-ab^3) \div \left(-\dfrac{2}{3}ab\right) = \dfrac{5}{6} a^2 b^4 \times (-ab^3) \times \left(-\dfrac{3}{2ab}\right)$
$= \dfrac{5}{4} a^2 b^6$

따라서 $a = 2$, $b = -1$일 때, 주어진 식의 값은

$\dfrac{5}{4} a^2 b^6 = \dfrac{5}{4} \times 2^2 \times (-1)^6 = \dfrac{5}{4} \times 4 \times 1 = 5$

11 답 $16x^4 y^3$

$\boxed{} \div (-8x^2 y^3) \times 3xy^2 = -6x^3 y^2$ 이므로

$\boxed{} = -6x^3 y^2 \div 3xy^2 \times (-8x^2 y^3)$
$= -6x^3 y^2 \times \dfrac{1}{3xy^2} \times (-8x^2 y^3)$
$= 16x^4 y^3$

12 답 ①

$\dfrac{x-4y}{3} - \dfrac{3x+y}{2} = \dfrac{2(x-4y) - 3(3x+y)}{6}$
$= \dfrac{2x-8y-9x-3y}{6}$
$= \dfrac{-7x-11y}{6}$
$= -\dfrac{7}{6}x - \dfrac{11}{6}y = ax + by$

따라서 $a = -\dfrac{7}{6}$, $b = -\dfrac{11}{6}$이므로

$a+b = -\dfrac{7}{6} + \left(-\dfrac{11}{6}\right) = -\dfrac{18}{6} = -3$

13 답 ③

$(3a^2 + a - 4) - (-7a^2 - 4a + 5)$
$= 3a^2 + a - 4 + 7a^2 + 4a - 5$
$= 10a^2 + 5a - 9$

따라서 a^2의 계수는 10, 상수항은 -9이므로 구하는 합은
$10 + (-9) = 1$

14 답 $5x^2 + 5x - 9$

어떤 식을 A라 하면

$A - (x^2 + 3x - 5) = 3x^2 - x + 1$

$\therefore A = 3x^2 - x + 1 + (x^2 + 3x - 5)$
$= 4x^2 + 2x - 4$

따라서 바르게 계산한 식은
$4x^2 + 2x - 4 + (x^2 + 3x - 5) = 5x^2 + 5x - 9$

15 답 $4x^2 + 7x + 1$

$5x - 2\{x - (3x^2 + 2x) + x^2\} + 1$
$= 5x - 2(x - 3x^2 - 2x + x^2) + 1$
$= 5x - 2(-2x^2 - x) + 1$
$= 5x + 4x^2 + 2x + 1$
$= 4x^2 + 7x + 1$

16 답 ②, ④

① $xy(x-4y)=x^2y-4xy^2$

③ $x^2(x^3+5)=x^5+5x^2$

⑤ $xy(-5x+y-1)=-5x^2y+xy^2-xy$

따라서 옳은 것은 ②, ④이다.

17 답 ④

$(21x^2-15xy)\div\left(-\dfrac{3}{2}x\right)=(21x^2-15xy)\times\left(-\dfrac{2}{3x}\right)$

$\qquad\qquad\qquad\qquad\qquad\quad =-14x+10y$

18 답 ②

$-x(4x-1)+(5x^2+3x)\div x=-4x^2+x+\dfrac{5x^2+3x}{x}$

$\qquad\qquad\qquad\qquad\qquad\quad =-4x^2+x+5x+3$

$\qquad\qquad\qquad\qquad\qquad\quad =-4x^2+6x+3$

따라서 $x=2$일 때, 주어진 식의 값은

$-4x^2+6x+3=-4\times2^2+6\times2+3$

$\qquad\qquad\qquad\quad =-16+12+3=-1$

19 답 $-4a+3b$

$\dfrac{4ab-2a^2}{2a}-\dfrac{3a^2b-ab^2}{ab}=2b-a-3a+b$

$\qquad\qquad\qquad\qquad\qquad\quad =-4a+3b$

20 답 $6ab^2-3ab+3a$

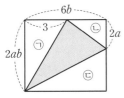

(색칠한 부분의 넓이)

$=$(직사각형의 넓이)$-$(㉠의 넓이)$-$(㉡의 넓이)$-$(㉢의 넓이)

$=6b\times2ab-\dfrac{1}{2}\times3\times2ab-\dfrac{1}{2}\times6b\times(2ab-2a)$

$\qquad\qquad\qquad\qquad\qquad\qquad -\dfrac{1}{2}\times(6b-3)\times2a$

$=12ab^2-3ab-6ab^2+6ab-6ab+3a$

$=6ab^2-3ab+3a$

21 답 16

$4^4\times3\times5^9=(2^2)^4\times3\times5^9=2^8\times3\times5^9$

$\qquad\qquad\quad =2^8\times3\times5\times5^8=3\times5\times2^8\times5^8$

$\qquad\qquad\quad =(3\times5)\times(2\times5)^8$

$\qquad\qquad\quad =15\times10^8=1500000000$ $\qquad\qquad$ …(i)

따라서 $4^4\times3\times5^9$은 10자리의 자연수이므로

$n=10$ $\qquad\qquad\qquad\qquad\qquad\qquad\qquad\qquad$ …(ii)

또 각 자리의 숫자의 합은 $1+5=6$이므로

$m=6$ $\qquad\qquad\qquad\qquad\qquad\qquad\qquad\qquad$ …(iii)

$\therefore m+n=6+10=16$ $\qquad\qquad\qquad\qquad\qquad$ …(iv)

채점 기준	배점
(i) $a\times10^k$의 꼴로 나타내기	50 %
(ii) n의 값 구하기	20 %
(iii) m의 값 구하기	20 %
(iv) $m+n$의 값 구하기	10 %

22 답 10배

(원기둥의 부피)$=\pi\times(4ab^2)^2\times5a^3b$

$\qquad\qquad\qquad =\pi\times16a^2b^4\times5a^3b$

$\qquad\qquad\qquad =80\pi a^5b^5$ $\qquad\qquad\qquad\qquad$ …(i)

(원뿔의 부피)$=\dfrac{1}{3}\times\pi\times(2a^2b)^2\times6ab^3$

$\qquad\qquad\qquad =\dfrac{1}{3}\times\pi\times4a^4b^2\times6ab^3$

$\qquad\qquad\qquad =8\pi a^5b^5$ $\qquad\qquad\qquad\qquad$ …(ii)

따라서 원기둥의 부피는 원뿔의 부피의

$80\pi a^5b^5\div8\pi a^5b^5=\dfrac{80\pi a^5b^5}{8\pi a^5b^5}=10$(배)이다. $\quad$ …(iii)

채점 기준	배점
(i) 원기둥의 부피 구하기	40 %
(ii) 원뿔의 부피 구하기	40 %
(iii) 원기둥의 부피는 원뿔의 부피의 몇 배인지 구하기	20 %

OX 문제로 개념 점검! ·43쪽

❶ × ❷ ○ ❸ ○ ❹ × ❺ × ❻ ○ ❼ × ❽ ×

❶ $x^2\times y^2\times x^4\times y^3=x^6y^5$

❹ $2x^3-(x^2-3x+1)=2x^3-x^2+3x-1$이므로 이차식이 아니다.

❺ $4x(-2x+3y-5)=-8x^2+12xy-20x$

❼ $(a^2+5a+3)-(-2a^2+a-4)$

$=a^2+5a+3+2a^2-a+4$

$=3a^2+4a+7$

❽ $3x(x-2y)-(2x^3-5x^2y)\div x$

$=3x^2-6xy-\dfrac{2x^3-5x^2y}{x}$

$=3x^2-6xy-2x^2+5xy$

$=x^2-xy$

3 일차부등식

개념 11 부등식과 그 해
•46~47쪽

•개념 확인하기

1 답 (1) ○ (2) × (3) × (4) ○ (5) ○ (6) ×

2 답 (1) $3x+5>9$ (2) $5x\leq12000$ (3) $4x<20$
(4) $300+400x\geq2000$

(1) x의 3배에 5를 더하면 / 9보다 / 크다.
　　$\underline{3x+5}$　　　$\underline{>}$　$\underline{9}$

(2) 한 자루에 x원인 펜 5자루의 가격은 / 12000원 / 이하이다.
　　　$\underline{5x}$　　　　　　$\underline{\leq}$　$\underline{12000}$

(3) 한 변의 길이가 x cm인 정사각형의 둘레의 길이는 / 20 cm
　　　　　　　$\underline{4x}$　　　　　　　$\underline{<}$　$\underline{20}$
보다 / 짧다.

(4) 무게가 300 g인 가방에 한 권당 400 g인 책을 x권 넣으면 전체
　　　　　　$\underline{300+400x}$
무게는 / 2000 g / 이상이다.
　　　$\underline{\geq}$　$\underline{2000}$

3 답 (1) ○ (2) × (3) × (4) ○ (5) × (6) ○

주어진 부등식에 [ ] 안의 수를 대입했을 때, 참이 되면 그 수는 부등식의 해이고 거짓이 되면 그 수는 부등식의 해가 아니다.

(1) $x=-1$을 주어진 부등식에 대입하면
(좌변)$=3\times(-1)+5=2$, (우변)$=-1$이고
(좌변)>(우변)이므로 참이다.
따라서 -1은 부등식 $3x+5\geq-1$의 해이다.

(2) $x=1$을 주어진 부등식에 대입하면
(좌변)$=4\times1+5=9$, (우변)$=-2$이고
(좌변)>(우변)이므로 거짓이다.
따라서 1은 부등식 $4x+5\leq-2$의 해가 아니다.

(3) $x=-2$를 주어진 부등식에 대입하면
(좌변)$=2-4\times(-2)=10$, (우변)$=-3$이고
(좌변)>(우변)이므로 거짓이다.
따라서 -2는 부등식 $2-4x<-3$의 해가 아니다.

(4) $x=2$를 주어진 부등식에 대입하면
(좌변)$=1-5\times2=-9$, (우변)$=-6$이고
(좌변)<(우변)이므로 참이다.
따라서 2는 부등식 $1-5x<-6$의 해이다.

(5) $x=-3$을 주어진 부등식에 대입하면
(좌변)$=5\times(-3+1)=-10$, (우변)$=1$이고
(좌변)<(우변)이므로 거짓이다.
따라서 -3은 부등식 $5(x+1)>1$의 해가 아니다.

(6) $x=3$을 주어진 부등식에 대입하면
(좌변)$=-2\times3+9=3$, (우변)$=3$이고
(좌변)$=$(우변)이므로 참이다.
따라서 3은 부등식 $-2x+9\leq3$의 해이다.

대표 예제로 개념 익히기

예제 1 답 ②, ④
② $-2<x<6$ 　　　　　　 ④ $6x>15$

1-1 답 ③
① $3x-4\leq2x+6$ 　　　　② $300-10x\leq20$
④ $2(4+x)\leq12$ 　　　　　⑤ $5a>20$
따라서 부등식으로 옳게 나타낸 것은 ③이다.

예제 2 답 (1) -2, -1 (2) -2, -1, 0
(1) 부등식 $4-3x\geq7$에서
$x=-2$일 때, $4-3\times(-2)>7$ (참)
$x=-1$일 때, $4-3\times(-1)=7$ (참)
$x=0$일 때, $4-3\times0<7$ (거짓)
$x=1$일 때, $4-3\times1<7$ (거짓)
$x=2$일 때, $4-3\times2<7$ (거짓)
따라서 주어진 부등식의 해는 -2, -1이다.

(2) 부등식 $4x<x+3$에서
$x=-2$일 때, (좌변)$=4\times(-2)=-8$,
(우변)$=-2+3=1$이므로 $-8<1$ (참)
$x=-1$일 때, (좌변)$=4\times(-1)=-4$,
(우변)$=-1+3=2$이므로 $-4<2$ (참)
$x=0$일 때, (좌변)$=4\times0=0$,
(우변)$=0+3=3$이므로 $0<3$ (참)
$x=1$일 때, (좌변)$=4\times1=4$,
(우변)$=1+3=4$이므로 $4=4$ (거짓)
$x=2$일 때, (좌변)$=4\times2=8$,
(우변)$=2+3=5$이므로 $8>5$ (거짓)
따라서 주어진 부등식의 해는 -2, -1, 0이다.

오개념 바로잡기

(1) $4-3x\geq7$의 해 구하기

$\xrightarrow{(\times)}$ $x=-1$이면 $4-3\times(-1)=7$, 즉 $7>7$이 성립하지 않으므로 주어진 부등식은 거짓이다.
따라서 -1은 주어진 부등식의 해가 아니다.

$\xrightarrow{(\bigcirc)}$ $x=-1$이면 $4-3\times(-1)=7$, 즉 $7=7$이 성립하므로 주어진 부등식은 참이다.
따라서 -1은 주어진 부등식의 해이다.

➡ 부등식에서 $a\geq b$는 $a>b$ 또는 $a=b$를 나타내므로
$a\geq b$는 $a>b$ 또는 $a=b$ 중 하나만 성립해도 참이 돼!

2-1 답 ①, ⑤

$x=2$를 주어진 부등식에 대입하면

① $2x-1\le3$에서 $2\times2-1=3$ (참)

② $3x-4>6$에서 $3\times2-4<6$ (거짓)

③ $5x-11>0$에서 $5\times2-11<0$ (거짓)

④ $\dfrac{x}{3}\ge1$에서 $\dfrac{2}{3}<1$ (거짓)

⑤ $-x+8\le4x$에서 $-2+8<4\times2$ (참)

따라서 $x=2$일 때, 참인 것은 ①, ⑤이다.

2-2 답 -3

부등식 $2x-3<x-2$에서

$x=-2$일 때, (좌변)$=2\times(-2)-3=-7$,

(우변)$=-2-2=-4$이므로 $-7<-4$ (참)

$x=-1$일 때, (좌변)$=2\times(-1)-3=-5$,

(우변)$=-1-2=-3$이므로 $-5<-3$ (참)

$x=0$일 때, (좌변)$=2\times0-3=-3$,

(우변)$=0-2=-2$이므로 $-3<-2$ (참)

$x=1$일 때, (좌변)$=2\times1-3=-1$,

(우변)$=1-2=-1$이므로 $-1<-1$ (거짓)

따라서 주어진 부등식의 해는 -2, -1, 0이므로 구하는 합은

$-2+(-1)+0=-3$

개념 **12** 부등식의 성질 ·48~49쪽

·개념 확인하기

1 답 (1) $<$ (2) $<$ (3) $<$ (4) $<$ (5) $>$
　　　 (6) $>$ (7) $<$ (8) $<$ (9) $>$

$a<b$일 때

(1) 양변에 3을 더하면 $a+3\,\boxed{<}\,b+3$

(2) 양변에서 5를 빼면 $a-5\,\boxed{<}\,b-5$

(3) 양변에 $\dfrac{3}{5}$을 곱하면 $\dfrac{3}{5}a\,\boxed{<}\,\dfrac{3}{5}b$

(4) 양변을 2로 나누면 $a\div2\,\boxed{<}\,b\div2$

(5) 양변에 -4를 곱하면 $-4a\,\boxed{>}\,-4b$

(6) 양변을 -5로 나누면 $a\div(-5)\,\boxed{>}\,b\div(-5)$

(7) 양변에 3을 곱하면 $3a<3b$　…㉠

　　㉠의 양변에 1을 더하면 $3a+1\,\boxed{<}\,3b+1$

(8) 양변에 $\dfrac{1}{4}$을 곱하면 $\dfrac{a}{4}<\dfrac{b}{4}$　…㉠

　　㉠의 양변에서 2를 빼면 $\dfrac{a}{4}-2\,\boxed{<}\,\dfrac{b}{4}-2$

(9) 양변에 -2를 곱하면 $-2a>-2b$　…㉠

　　㉠의 양변에 6을 더하면 $-2a+6\,\boxed{>}\,-2b+6$

2 답 풀이 참조

(1) $a+5<b+5$ ┐ 양변에서 $\boxed{5}$를 뺀다.

　　$\therefore a\,\boxed{<}\,b$

(2) $-4a\ge-4b$ ┐ 양변을 $\boxed{-4}$로 나눈다.

　　$\therefore a\,\boxed{\le}\,b$

3 답 (1) 빈칸은 풀이 참고, $\boxed{\cdots}$ $\boxed{}>0$

　　　　 (2) 빈칸은 풀이 참조, $-3x+1<-5$

(1) $x>2$의 양변에 5를 곱하면 $5x>\boxed{10}$

　　$5x>\boxed{10}$의 양변에서 2를 빼면

　　$5x-2>\boxed{8}$

(2) $x>2$의 양변에 -3을 곱하면 $-3x<\boxed{-6}$

　　$-3x<\boxed{-6}$의 양변에 1을 더하면

　　$-3x+1<\boxed{-5}$

대표 예제로 **개념 익히기**

예제 1 답 ⑤

⑤ $a\le b$일 때, 양변에 $-\dfrac{2}{5}$를 곱하면

$$-\dfrac{2}{5}a\ge-\dfrac{2}{5}b\qquad\cdots㉠$$

㉠의 양변에 -1을 더하면

$$-1-\dfrac{2}{5}a\ge-1-\dfrac{2}{5}b$$

1-1 답 ②

② $a-5>b-5$

1-2 답 ㄱ, ㄹ

$-2a\ge-2b$의 양변을 -2로 나누면 $a\le b$

ㄱ. $a\le b$의 양변에 11을 더하면

　　$a+11\le b+11$

ㄹ. $a\le b$의 양변에 -3을 곱하면 $-3a\ge-3b$　…㉠

　　㉠의 양변에 4를 더하면 $4-3a\ge4-3b$

예제 2 답 1

$-1<x\le2$의 각 변에 -5를 곱하면

$-10\le-5x<5$　…㉠

㉠의 각 변에 3을 더하면

$-7\le-5x+3<8$

따라서 $a\le-5x+3<b$이므로 $a=-7$, $b=8$

$\therefore a+b=-7+8=1$

2-1 답 $-5<1-2x\le-1$

$1\le x<3$의 각 변에 -2를 곱하면

$-6<-2x\le-2$　…㉠

㉠의 각 변에 1을 더하면

$-5<1-2x\le-1$

2-2 답 ③

$-1 < x \leq 1$의 각 변에 3을 곱하면 $-3 < 3x \leq 3$ ··· ㉠

㉠의 각 변에서 1을 빼면 $-4 < 3x - 1 \leq 2$

따라서 $3x-1$의 값이 될 수 있는 것은 ③이다.

개념 13 일차부등식의 풀이
·50~52쪽

·개념 확인하기

1 답 (1) ○ (2) × (3) ○ (4) × (5) × (6) ○

(1) 정리하면 $2x-9 > 0$이므로 일차부등식이다.

(2) 정리하면 $-1 \leq 0$이므로 부등식이지만 일차부등식은 아니다.

(3) 정리하면 $x+8 \geq 0$이므로 일차부등식이다.

(4) 정리하면 $2 > 0$이므로 부등식이지만 일차부등식은 아니다.

(5) $2x^2+x-1$은 일차식이 아니므로 일차부등식이 아니다.

(6) 정리하면 $1+x > 0$이므로 일차부등식이다.

2 답 (1) 15, 15, -3,

(2) 4, 10, 6, 12, 2,

3 답 (1) $x \leq -2$, (2) $x > 5$,

(1) $5x+1 \leq -9$에서 $5x \leq -9-1$

$5x \leq -10$ ∴ $x \leq -2$

(2) $6x-3 > 7+4x$에서 $6x-4x > 7+3$

$2x > 10$ ∴ $x > 5$

대표 예제로 개념 익히기

예제 1 답 ①, ⑤

① 정리하면 $2x-9 \geq 0$이므로 일차부등식이다.

② 정리하면 $8x-3=0$이므로 일차방정식이다.
즉, 일차부등식이 아니다.

③ 정리하면 $1 > 0$이므로 부등식이지만 일차부등식은 아니다.

④ 정리하면 $-x^2+x-3 \leq 0$이므로 부등식이지만
$-x^2+x-3$은 일차식이 아니므로 일차부등식은 아니다.

⑤ 정리하면 $x \geq 0$이므로 일차부등식이다.

따라서 일차부등식인 것은 ①, ⑤이다.

1-1 답 ㄱ, ㄷ, ㅂ

ㄱ. 정리하면 $3x-4 \leq 0$이므로 일차부등식이다.

ㄴ. 정리하면 $13 \geq 0$이므로 부등식이지만 일차부등식은 아니다.

ㄷ. 정리하면 $-4x-5 < 0$이므로 일차부등식이다.

ㄹ. 정리하면 $3x-3=0$이므로 일차방정식이다.
즉, 일차부등식이 아니다.

ㅁ. x^2-x+5는 일차식이 아니므로 일차부등식이 아니다.

ㅂ. 정리하면 $-x+5 < 0$이므로 일차부등식이다.

따라서 일차부등식인 것은 ㄱ, ㄷ, ㅂ이다.

예제 2 답 ③

$3x \leq 8-x$에서 $3x+x \leq 8$

$4x \leq 8$ ∴ $x \leq 2$

따라서 주어진 일차부등식의 해를 수직선 위에 바르게 나타낸 것은 ③이다.

2-1 답 ③

$4x+5 \geq 2x-7$에서 $4x-2x \geq -7-5$

$2x \geq -12$ ∴ $x \geq -6$

따라서 주어진 일차부등식의 해를 수직선 위에 바르게 나타낸 것은 ③이다.

2-2 답 2개

$6+2x > 8x-12$에서 $2x-8x < -12-6$

$-6x > -18$ ∴ $x < 3$

따라서 주어진 일차부등식을 만족시키는 자연수 x는 1, 2의 2개이다.

예제 3 답 ③

$2x-a \geq 3$에서 $2x \geq a+3$

∴ $x \geq \dfrac{a+3}{2}$

주어진 부등식의 해가 $x \geq 2$이므로 $\dfrac{a+3}{2}=2$

$a+3=4$ ∴ $a=1$

3-1 답 (1) $x < \dfrac{a+9}{5}$ (2) 11

(1) $5x-a < 9$에서 $5x < a+9$ ∴ $x < \dfrac{a+9}{5}$

(2) 주어진 부등식의 해가 $x < 4$이므로 $\dfrac{a+9}{5}=4$

$a+9=20$ ∴ $a=11$

3-2 답 0

$x+1 < a$에서 $x < a-1$

$2-x > x+4$에서 $-2x > 2$ ∴ $x < -1$

주어진 두 부등식의 해가 서로 같으므로

$a-1=-1$ ∴ $a=0$

예제 4 답 ④

$ax+3 > 5$에서 $ax > 2$

이때 $a < 0$이므로 $x < \dfrac{2}{a}$

4-1 답 $x \geq 15$

$ax \geq 15a$에서 $a>0$이므로 $x \geq 15$

4-2 답 ③

$2-ax<1$에서 $-ax<-1$

이때 $a<0$에서 $-a>0$이므로 $x<\dfrac{1}{a}$

개념14 여러 가지 일차부등식의 풀이 ·53~54쪽

• 개념 확인하기

1 답 풀이 참조

(1) 분배법칙을 이용하여 괄호를 풀면

$2-\boxed{2}x+4x\leq 8$, $\boxed{2}x\leq 6$

∴ $x\leq \boxed{3}$

(2) 주어진 부등식의 양변에 $\boxed{10}$을 곱하면

$\boxed{3}x-21>x-\boxed{3}$, $\boxed{2}x>18$

∴ $x>\boxed{9}$

(3) 주어진 부등식의 양변에 분모의 최소공배수인 $\boxed{6}$을 곱하면

$\boxed{14}-x\leq \boxed{6}x$, $\boxed{-7}x\leq -14$

∴ $x\geq \boxed{2}$

(4) 소수를 분수로 바꾸면 $\boxed{\dfrac{7}{10}}x+1\geq \dfrac{2}{3}x$

이 부등식의 양변에 분모의 최소공배수인 $\boxed{30}$을 곱하면

$\boxed{21}x+30\geq \boxed{20}x$ ∴ $x\geq \boxed{-30}$

2 답 (1) $x>5$ (2) $x\geq -6$ (3) $x>4$

　　 (4) $x>3$ (5) $x\leq 14$ (6) $x<-8$

(1) $x-3<2(x-4)$에서 $x-3<2x-8$

$-x<-5$ ∴ $x>5$

(2) $6(x+3)\geq 2(x-4)+2$에서

$6x+18\geq 2x-8+2$

$4x\geq -24$ ∴ $x\geq -6$

(3) $-0.6x+2.4<0.1x-0.4$의 양변에 10을 곱하면

$-6x+24<x-4$, $-7x<-28$ ∴ $x>4$

(4) $0.1x>0.27+0.01x$의 양변에 100을 곱하면

$10x>27+x$, $9x>27$ ∴ $x>3$

(5) $0.5x+\dfrac{9}{4}\leq \dfrac{3}{8}x+4$, 즉 $\dfrac{1}{2}x+\dfrac{9}{4}\leq \dfrac{3}{8}x+4$의 양변에 분모의

최소공배수인 8을 곱하면

$4x+18\leq 3x+32$ ∴ $x\leq 14$

(6) $\dfrac{2x-5}{3}>\dfrac{3x-4}{4}$의 양변에 분모의 최소공배수인 12를 곱하면

$4(2x-5)>3(3x-4)$, $8x-20>9x-12$

$-x>8$ ∴ $x<-8$

(대표 예제로 **개념 익히기**)

예제 1 답 ⑤

$3x-10\leq 2-5(x-4)$에서

$3x-10\leq 2-5x+20$

$8x\leq 32$ ∴ $x\leq 4$

따라서 주어진 일차부등식의 해를 수직선 위에 바르게 나타낸 것은 ⑤이다.

1-1 답 ③

$3(x-4)\geq 4(x+2)-6x$에서

$3x-12\geq 4x+8-6x$

$5x\geq 20$ ∴ $x\geq 4$

1-2 답 -7

$2(x-3)-5(x+2)\leq 5$에서

$2x-6-5x-10\leq 5$

$-3x\leq 21$ ∴ $x\geq -7$

따라시 주어진 일차부등식의 해 중 가장 작은 정수는 -7이다.

예제 2 답 -3

$0.3x-0.04\geq 0.2x-0.34$의 양변에 100을 곱하면

$30x-4\geq 20x-34$, $10x\geq -30$ ∴ $x\geq -3$

∴ $a=-3$

2-1 답 ①

$0.8(1-x)\leq -0.4x+1.6$의 양변에 10을 곱하면

$8(1-x)\leq -4x+16$

$8-8x\leq -4x+16$

$-4x\leq 8$ ∴ $x\geq -2$

> ✏️ 오개념 바로잡기
>
> **부등식 $0.8(1-x)\leq -0.4x+1.6$의 계수를 정수로 바꾸기**
>
> (×) 양변에 10을 곱할 때, $8(1-x)\leq -0.4x+1.6$과 같이 좌변에만 곱하는 경우
>
> (×) 양변에 10을 곱할 때, $8(1-x)\leq -4x+1.6$과 같이 양변의 모든 항에 곱하지 않는 경우
>
> (○) $8(1-x)\leq -4x+16$
>
> ➡ 계수가 소수이거나 분수인 부등식에서 양변에 적당한 수를 곱하여 계수를 정수로 바꿀 때는 좌변과 우변에 있는 모든 항에 빠짐없이 곱해야 해!

예제 3 답 10

$\dfrac{x-1}{3}-\dfrac{1}{2}<\dfrac{x}{6}$의 양변에 분모의 최소공배수인 6을 곱하면

$2(x-1)-3<x$, $2x-2-3<x$ ∴ $x<5$

따라서 주어진 부등식을 참이 되게 하는 자연수 x의 값은 1, 2, 3, 4이므로 구하는 합은

$1+2+3+4=10$

3-1 답 ③

$\dfrac{x-2}{2} > \dfrac{7}{10}x - \dfrac{6}{5}$ 의 양변에 분모의 최소공배수인 10을 곱하면

$5(x-2) > 7x - 12$, $5x - 10 > 7x - 12$

$-2x > -2$ ∴ $x < 1$

·개념 확인하기

1 답 풀이 참조

❶ 어떤 자연수를 x라 하자.

❷ 어떤 자연수에 2를 더한 후 3배 한 수는 $\boxed{3(x+2)}$이고, 이 수가 18보다 크므로 일차부등식을 세우면 $\boxed{3(x+2)} > 18$이다.

❸ 이 일차부등식을 풀면

$3x + 6 > 18$, $3x > 12$ ∴ $x > \boxed{4}$

따라서 어떤 자연수 중 가장 작은 수는 $\boxed{5}$이다.

❹ $\boxed{5}$에 2를 더한 후 3배 한 수는 21이고, 이 수는 18보다 크므로 문제의 뜻에 맞는다.

2 답 풀이 참조

❶ 900원짜리 아이스크림을 x개 산다고 하자.

❷ 아이스크림을 합하여 20개를 사므로 500원짜리 아이스크림은 $(\boxed{20-x})$개 살 수 있고, 두 종류 아이스크림을 사는 데 지출한 금액이 14000원 이하이어야 하므로 일차부등식을 세우면 $\boxed{900x+500(20-x)} \leq 14000$이다.

❸ 이 일차부등식을 풀면

$900x + 10000 - 500x \leq 14000$

$400x \leq 4000$ ∴ $x \leq \boxed{10}$

따라서 900원짜리 아이스크림은 최대 $\boxed{10}$개까지 살 수 있다.

❹ 900원짜리 아이스크림을 $\boxed{10}$개 사면

$900 \times \boxed{10} + 500 \times (20-10) = 14000$(원)이므로 문제의 뜻에 맞는다.

대표 예제로 개념 익히기

예제 1 답 5

어떤 정수를 x라 하면

$2(x+3) \leq 5x - 9$에서 $2x + 6 \leq 5x - 9$

$-3x \leq -15$ ∴ $x \geq 5$

따라서 구하는 가장 작은 수는 5이다.

1-1 답 95점

네 번째 수학 시험에서 x점을 받는다고 하면

$\dfrac{92+86+87+x}{4} \geq 90$에서

$265 + x \geq 360$ ∴ $x \geq 95$

따라서 네 번째 수학 시험에서 최소 95점을 받아야 한다.

1-2 답 9, 10

연속하는 두 자연수 중 작은 수를 x라 하면 큰 수는 $x+1$이므로

$x + (x+1) \leq 19$에서

$2x + 1 \leq 19$, $2x \leq 18$ ∴ $x \leq 9$

따라서 구하는 가장 큰 두 자연수는 9, 10이다.

예제 2 답 (1) $1200 + 200x \leq 2500$ (2) 6개

(1) 초콜릿의 개수가 x개이므로

$150 \times 8 + 200x \leq 2500$에서

$1200 + 200x \leq 2500$

(2) (1)에서 $200x \leq 1300$ ∴ $x \leq \dfrac{13}{2} (=6.5)$

따라서 초콜릿은 최대 6개까지 살 수 있다.

2-1 답 ①

쿠키의 개수를 x개라 하면

$300x + 2000 < 50000$에서

$300x < 48000$ ∴ $x < 160$

따라서 쿠키는 최대 159개까지 살 수 있다.

2-2 답 6명

어른이 x명 입장한다고 하면 어린이는 $(18-x)$명이 입장할 수 있으므로

$3000x + 1000(18-x) \leq 30000$에서

$3000x + 18000 - 1000x \leq 30000$

$2000x \leq 12000$ ∴ $x \leq 6$

따라서 어른은 최대 6명까지 입장할 수 있다.

예제 3 답 6개월 후

x개월 후에 민호의 저금액은 $(5000+500x)$원, 진우의 저금액은 $(3000+900x)$원이므로 x개월 후에 민호의 저금액이 진우의 저금액보다 적어진다고 하면

$5000 + 500x < 3000 + 900x$에서

$-400x < -2000$ ∴ $x > 5$

따라서 민호의 저금액이 진우의 저금액보다 처음으로 적어지는 것은 지금으로부터 6개월 후이다.

3-1 답 21개월 후

x개월 후에 혜리의 예금액은 $(20000+3000x)$원, 동생의 예금액은 $(30000+2500x)$원이므로 x개월 후에 혜리의 예금액이 동생의 예금액보다 많아진다고 하면

$20000 + 3000x > 30000 + 2500x$에서

$500x > 10000$ ∴ $x > 20$

따라서 혜리의 예금액이 동생의 예금액보다 처음으로 많아지는 것은 지금으로부터 21개월 후이다.

예제 4 답 11 cm

사다리꼴의 아랫변의 길이를 x cm라 하면

$\dfrac{1}{2} \times (5+x) \times 7 \geq 56$에서

$5+x \geq 16$ $\therefore x \geq 11$

따라서 사다리꼴의 아랫변의 길이는 최소 11 cm이어야 한다.

4-1 답 6 cm

삼각형의 높이를 x cm라 하면

$\dfrac{1}{2} \times 8 \times x \geq 24$에서

$4x \geq 24$ $\therefore x \geq 6$

따라서 삼각형의 높이는 최소 6 cm이다.

4-2 답 13 cm

직사각형의 세로의 길이를 x cm라 하면

$2(9+x) \leq 44$에서

$9+x \leq 22$ $\therefore x \leq 13$

따라서 직사각형의 세로의 길이는 최대 13 cm이다.

예제 5 답 ④

한 달에 x곡을 다운로드한다고 하면

$600x > 10000$ $\therefore x > \dfrac{50}{3} (=16.6\cdots)$

따라서 한 달에 최소 17곡을 다운로드해야 정액제로 결제하는 것이
더 유리하다.

5-1 답 (1) $1000x > 800x + 1800$ (2) 10개

(1) 우유를 x개 사므로

  $1000x > 800x + 1800$

(2) (1)에서 $200x > 1800$ $\therefore x > 9$

  따라서 우유를 최소 10개 사야 할인 마트에서 사는 것이 더 유
  리하다.

예제 6 답 24 km

집에서 자전거가 고장 난 지점까지의 거리를 x km라 하면

	자전거를 타고 갈 때	걸어갈 때
거리	x km	$(25-x)$ km
속력	시속 16 km	시속 2 km
시간	$\dfrac{x}{16}$시간	$\dfrac{25-x}{2}$시간

(자전거를 타고 간 시간)+(걸어간 시간)≤ 2(시간)이므로

$\dfrac{x}{16} + \dfrac{25-x}{2} \leq 2$에서 $x+8(25-x) \leq 32$, $x+200-8x \leq 32$

$-7x \leq -168$ $\therefore x \geq 24$

따라서 자전거가 고장 난 지점은 집에서 최소 24 km 떨어진 지점
이다.

6-1 답 1200 m

집에서 x m 떨어진 지점까지 갔다 온다고 하면

	갈 때	올 때
거리	x m	x m
속력	분속 30 m	분속 40 m
시간	$\dfrac{x}{30}$분	$\dfrac{x}{40}$분

(갈 때 걸린 시간)+(올 때 걸린 시간)≥ 70(분)이므로

$\dfrac{x}{30} + \dfrac{x}{40} \geq 70$에서 $4x+3x \geq 8400$

$7x \geq 8400$ $\therefore x \geq 1200$

따라서 집에서 최소 1200 m 떨어진 지점까지 갔다 올 수 있다.

6-2 답 4 km

x km 떨어진 지점까지 올라갔다 내려온다고 하면

	갈 때	쉴 때	올 때
거리	x km		x km
속력	시속 2 km		시속 3 km
시간	$\dfrac{x}{2}$시간	$\dfrac{40}{60}$시간	$\dfrac{x}{3}$시간

(갈 때 걸린 시간)+(쉴 때 걸린 시간)+(올 때 걸린 시간)≤ 4(시간)
이므로

$\dfrac{x}{2} + \dfrac{40}{60} + \dfrac{x}{3} \leq 4$, 즉 $\dfrac{x}{2} + \dfrac{2}{3} + \dfrac{x}{3} \leq 4$에서

$3x+4+2x \leq 24$, $5x \leq 20$

$\therefore x \leq 4$

따라서 최대 4 km 떨어진 지점까지 올라갔다 내려올 수 있다.

실전 문제로 단원 마무리하기
·59~62쪽

1 ③, ⑤	**2** ④	**3** ④	**4** 3개	**5** ⑤
6 ③	**7** ㄱ, ㄴ, ㄹ		**8** ⑤	**9** ⑤
10 ③	**11** ②	**12** 1, 2, 3		**13** ③
14 $x \leq -10$		**15** ③	**16** 6일	**17** 40주 후
18 11개	**19** ④	**20** 280 g		

서술형

21 $-7 < A \leq 1$		**22** -2	**23** 11	**24** 3개

1 답 ③, ⑤

①, ④ 일차방정식

② 일차식

따라서 부등식인 것은 ③, ⑤이다.

2 답 ④

④ 매분 x m로 걸어서 30분 동안 이동한 거리는 900 m 미만이다.

  $\Rightarrow 30x < 900$

3 답 ④

주어진 부등식에 [ ] 안의 수를 대입하면

① $2 \times 2 - 5 = -1 < 7$ (참)

② $4 - (-1) = 5 > 1$ (참)

③ (좌변)$= 4 \times 3 = 12$, (우변)$= 2 \times 3 + 4 = 10$이므로
  $12 > 10$ (참)

④ (좌변)$= 5 \times 0 + 3 = 3$, (우변)$= 4 \times 0 + 2 = 2$이므로
  $3 > 2$ (거짓)

⑤ (좌변)$= 2 \times (-2) - 3 = -7$, (우변)$= -2 - 1 = -3$이므로
  $-7 < -3$ (참)

따라서 [ ] 안의 수가 주어진 부등식의 해가 아닌 것은 ④이다.

4 답 3개

$-3 < x \leq 1$인 정수 x의 값은 $-2, -1, 0, 1$이다.

부등식 $3x + 5 \geq 2x + 4$에서

$x = -2$일 때, $3 \times (-2) + 5 < 2 \times (-2) + 4$ (거짓)

$x = -1$일 때, $3 \times (-1) + 5 = 2 \times (-1) + 4$ (참)

$x = 0$일 때, $3 \times 0 + 5 > 2 \times 0 + 4$ (참)

$x = 1$일 때, $3 \times 1 + 5 > 2 \times 1 + 4$ (참)

따라서 주어진 부등식의 해는 $-1, 0, 1$의 3개이다.

5 답 ⑤

① $a \leq b$에서 $2a \leq 2b$
  $\therefore 2a + 1 \leqcirc 2b + 1$

② $a \leq b$에서 $\frac{5}{6}a \leq \frac{5}{6}b$
  $\therefore \frac{5}{6}a - 3 \leqcirc \frac{5}{6}b - 3$

③ $a \geq b$에서 $-a \leq -b$
  $\therefore -a - 4 \leqcirc -b - 4$

④ $a - 5 \leq b - 5$에서 $a \leqcirc b$

⑤ $-3a + 1 \leq -3b + 1$에서 $-3a \leq -3b$
  $\therefore a \geqcirc b$

따라서 ○ 안에 들어갈 부등호의 방향이 나머지 넷과 다른 하나는 ⑤이다.

6 답 ③

③, ⑤ $a < 0$, $b > 0$이므로 $a < b$ ··· ㉠

㉠의 양변에 c를 곱하면 $c < 0$이므로 $ac > bc$

㉠의 양변을 c로 나누면 $c < 0$이므로 $\frac{a}{c} > \frac{b}{c}$

④ $b > 0$, $c < 0$이므로 $b > c$

양변에 a를 곱하면 $a < 0$이므로 $ab < ac$

따라서 옳지 않은 것은 ③이다.

7 답 ㄱ, ㄴ, ㄹ

ㄱ. $1600x + 2000 \leq 10000$ $\therefore 1600x - 8000 \leq 0$

ㄴ. $1 + 2x > 15$ $\therefore 2x - 14 > 0$

ㄷ. $x^2 < 100$ $\therefore x^2 - 100 < 0$

ㄹ. $5x \leq 25$ $\therefore 5x - 25 \leq 0$

따라서 일차부등식인 것은 ㄱ, ㄴ, ㄹ이다.

8 답 ⑤

수직선 위에 나타낸 해를 부등식으로 나타내면 $x > -4$이다.

① $-4x > 16$의 양변을 -4로 나누면 $x < -4$

② $\frac{x}{3} > -12$의 양변에 3을 곱하면 $x > -36$

③ $-\frac{1}{4}x < -1$의 양변에 -4를 곱하면 $x > 4$

④ $x - 3 > -1$의 양변에 3을 더하면 $x > 2$

⑤ $-2x < 8$의 양변을 -2로 나누면 $x > -4$

따라서 일차부등식 중 그 해를 수직선 위에 나타낸 것이 주어진 그림과 같은 것은 ⑤이다.

9 답 ⑤

① $x - 10 > -x$에서 $2x > 10$ $\therefore x > 5$

② $-3x + 6 < -9$에서 $-3x < -15$ $\therefore x > 5$

③ $-2x - 3 > -3x + 2$에서 $x > 5$

④ $4x - 1 > 3x + 4$에서 $x > 5$

⑤ $2x - 4 < 4x + 6$에서 $-2x < 10$ $\therefore x > -5$

따라서 일차부등식 중 해가 나머지 넷과 다른 하나는 ⑤이다.

10 답 ③

$4x + 5 > x - 7$에서 $3x > -12$ $\therefore x > -4$

이 부등식의 해가 $x > a$이므로 $a = -4$

$-4x - 1 \leq x + 9$에서 $-5x \leq 10$ $\therefore x \geq -2$

따라서 부등식 $ax - 1 \leq x + 9$를 만족시키는 x의 최솟값은 -2이다.

11 답 ②

$3x + a \geq 5$에서 $3x \geq -a + 5$ $\therefore x \geq \frac{-a + 5}{3}$

이 부등식이 해가 $x \geq 4$이므로 $\frac{-a + 5}{3} = 4$

$-a + 5 = 12$ $\therefore a = -7$

12 답 1, 2, 3

$(a - 1)x > 4a - 4$에서 $(a - 1)x > 4(a - 1)$

이때 $a < 1$에서 $a - 1 < 0$이므로

$x < \frac{4(a - 1)}{a - 1}$ $\therefore x < 4$

따라서 주어진 일차부등식을 만족시키는 자연수 x의 값은 1, 2, 3이다.

13 답 ③

$4(x - 3) \leq 2(5 - x) - 3$에서

$4x - 12 \leq 10 - 2x - 3$

$6x \le 19$ $\therefore x \le \dfrac{19}{6} (=3.16\cdots)$

따라서 주어진 부등식을 참이 되게 하는 자연수 x는 1, 2, 3의 3개이다.

14 답 $x \le -10$

$\dfrac{x+1}{3} \le \dfrac{x-2}{4}$ 의 양변에 12를 곱하면

$4(x+1) \le 3(x-2)$

$4x+4 \le 3x-6$ $\therefore x \le -10$

15 답 ③

$0.5x-2 < \dfrac{1}{3}(x-3)$, 즉 $\dfrac{1}{2}x-2 < \dfrac{1}{3}(x-3)$ 의 양변에 분모의 최소공배수인 6을 곱하면

$3x-12 < 2(x-3)$

$3x-12 < 2x-6$ $\therefore x < 6$

따라서 주어진 일차부등식의 해를 수직선 위에 바르게 나타낸 것은 ③이다.

16 답 6일

맑은 날을 x일이라 하면 비오는 날은 $(15-x)$일이므로

$35x+10(15-x) \ge 300$ 에서

$25x+150 \ge 300$

$25x \ge 150$ $\therefore x \ge 6$

따라서 맑은 날은 최소 6일이다.

17 답 40주 후

x주 후에 주영이가 모은 전체 금액이 50000원 이상이 된다고 하면

$26000+600x \ge 50000$ 에서

$600x \ge 24000$ $\therefore x \ge 40$

따라서 주영이가 모은 전체 금액이 처음으로 50000원 이상이 되는 것은 지금으로부터 40주 후이다.

18 답 11개

과자를 x개 산다고 하면

$1000x > 800x+2000$ 에서

$200x > 2000$ $\therefore x > 10$

따라서 과자를 최소 11개 사야 대형 마트에서 사는 것이 더 유리하다.

19 답 ④

버스가 고속 도로를 달린 거리를 x km라 하면

	고속 도로를 달릴 때	일반 국도를 달릴 때
거리	x km	$(120-x)$ km
속력	시속 100 km	시속 60 km
시간	$\dfrac{x}{100}$ 시간	$\dfrac{120-x}{60}$ 시간

약속 시간이 오전 9시 30분이므로 1시간 30분 이내에 도착했다.

즉, (고속 도로를 달린 시간)＋(일반 국도를 달린 시간)$\le \dfrac{3}{2}$(시간)

이므로

$\dfrac{x}{100}+\dfrac{120-x}{60} \le \dfrac{3}{2}$ 에서

$3x+5(120-x) \le 450$, $3x+600-5x \le 450$

$-2x \le -150$ $\therefore x \ge 75$

따라서 버스가 고속 도로를 달린 거리는 최소 75 km이다.

20 답 280 g

고구마를 x g 먹는다고 하면

$\dfrac{98}{100} \times 100 + \dfrac{90}{100}x \le 350$ 에서

$98+0.9x \le 350$

$0.9x \le 252$ $\therefore x \le 280$

따라서 고구마는 최대 280 g까지 먹을 수 있다.

참고 식품 A의 100 g당 열량이 a kcal일 때

⇨ (식품 A의 1 g당 열량)$=\dfrac{a}{100}$ kcal

21 답 $-7 < A \le 1$

$-9 < x \le 3$ 의 각 변에 2를 곱하면

$-18 < 2x \le 6$ … ㉠ … (i)

㉠의 각 변에서 3을 빼면

$-21 < 2x-3 \le 3$ … ㉡ … (ii)

㉡의 각 변을 3으로 나누면

$-7 < \dfrac{2x-3}{3} \le 1$

$\therefore -7 < A \le 1$ … (iii)

채점 기준	배점
(i) $2x$의 값의 범위 구하기	30 %
(ii) $2x-3$의 값의 범위 구하기	30 %
(iii) A의 값의 범위 구하기	40 %

22 답 -2

$ax+3 < 2x-5$ 에서 $(a-2)x < -8$ … ㉠

이때 주어진 일차부등식의 해가 $x > 2$이므로

$a-2 < 0$ … (i)

따라서 ㉠의 양변을 $a-2$로 나누면 $x > \dfrac{-8}{a-2}$ 이므로

$\dfrac{-8}{a-2} = 2$ … (ii)

$-8 = 2a-4$, $2a = -4$

$\therefore a = -2$ … (iii)

채점 기준	배점
(i) 일차부등식을 간단히 하고, x의 계수의 부호 결정하기	40 %
(ii) 주어진 해와 구한 해가 같음을 이용하여 a의 값을 구하는 식 세우기	40 %
(iii) a의 값 구하기	20 %

23 답 11

$1.1x < 6(1+0.1x)$에서

$1.1x < 6+0.6x$ ··· (i)

이 부등식의 양변에 10을 곱하면

$11x < 60+6x$

$5x < 60$ ∴ $x < 12$

따라서 주어진 일차부등식을 만족시키는 자연수 x의 최댓값은 11이다. ··· (ii)

채점 기준	배점
(i) 일차부등식의 해 구하기	60 %
(ii) 주어진 일차부등식을 만족시키는 자연수 x의 최댓값 구하기	40 %

24 답 3개

아이스크림을 x개 산다고 하면 초콜릿은 $(13-x)$개를 살 수 있으므로

$900(13-x)+1000x \le 12000$에서 ··· (i)

$11700-900x+1000x \le 12000$

$100x \le 300$ ∴ $x \le 3$ ··· (ii)

따라서 아이스크림은 최대 3개까지 살 수 있다. ··· (iii)

채점 기준	배점
(i) 일차부등식 세우기	40 %
(ii) 일차부등식의 해 구하기	40 %
(iii) 아이스크림은 최대 몇 개까지 살 수 있는지 구하기	20 %

OX 문제로 개념 점검! · 63쪽

❶ $2x+3=1$은 일차방정식이다.

즉, 부등식이 아니다.

❷ $x=2$를 $1+2x>3$에 대입하면

$1+2\times2=5>3$ (참)

따라서 2는 부등식 $1+2x>3$의 해이다.

❹ 부등식의 양변에 같은 음수를 곱하거나 양변을 같은 음수로 나누면 부등호의 방향은 바뀐다.

❺ $a<b$에서 $-3a>-3b$ ∴ $2-3a>2-3b$

❻ $3-3x>x-5$에서

$-4x>-8$ ∴ $x<2$

따라서 주어진 일차부등식을 만족시키는 자연수 x의 개수는 1의 1개이다.

---

4 연립일차방정식

개념 16 미지수가 2개인 일차방정식 · 66~67쪽

· 개념 확인하기

1 답 (1) × (2) ○ (3) × (4) × (5) ○ (6) ×

(1) 등식이 아니므로 일차방정식이 아니다.

(3) 미지수가 1개인 일차방정식이다.

(4) y의 차수가 2이므로 일차방정식이 아니다.

(6) 식을 정리하면 $2y-2=0$이므로 미지수가 1개인 일차방정식이다.

2 답 풀이 참조

(1) $2x+y=12$에 $x=1$, 2, 3, 4, 5, 6을 차례로 대입하면 y의 값은 다음과 같다.

x	1	2	3	4	5	6
y	10	8	6	4	2	0

x, y의 값이 자연수이므로 주어진 일차방정식의 해는 $(1, 10)$, $(2, 8)$, $(3, 6)$, $(4, 4)$, $(5, 2)$

(2) $x+5y=30$에 $y=1$, 2, 3, 4, 5, 6을 차례로 대입하면 x의 값은 다음과 같다.

x	25	20	15	10	5	0
y	1	2	3	4	5	6

x, y의 값이 자연수이므로 주어진 일차방정식의 해는 $(25, 1)$, $(20, 2)$, $(15, 3)$, $(10, 4)$, $(5, 5)$

대표 예제로 개념 익히기

예제 1 답 ㄴ, ㄹ

ㄱ. 미지수가 1개인 일차방정식이다.

ㄷ. x의 차수가 2이므로 일차방정식이 아니다.

ㄹ. 식을 정리하면 $9x+2y-3=0$이므로 미지수가 2개인 일차방정식이다.

따라서 미지수가 2개인 일차방정식인 것은 ㄴ, ㄹ이다.

1-1 답 ㅜ

$\frac{1}{x}+y=1$은 분모에 x가 있으므로 일차방정식이 아니다.

$x^2+y+1=0$은 x의 차수가 2이므로 일차방정식이 아니다.

$3x-(y+2)$는 등식이 아니므로 일차방정식이 아니다.

$x^2+x+y=x^2$을 정리하면 $x+y=0$이므로 미지수가 2개인 일차방정식이다.

$x+y=x-y$를 정리하면 $2y=0$이므로 미지수가 1개인 일차방정식이다.

따라서 미지수가 2개인 일차방정식이 있는 칸을 모두 색칠하면 다음과 같고, 이때 나타나는 알파벳은 'T'이다.

$x+\dfrac{y}{2}=2x$	$x-3y=5$	$y=-x+2$
$\dfrac{1}{x}+y=1$	$\dfrac{x}{2}+\dfrac{y}{3}=5$	$x^2+y+1=0$
$3x-(y+2)$	$x^2+x+y=x^2$	$x+y=x-y$

🖊 오개념 바로잡기

미지수가 2개인 일차방정식 찾기

(×) → $x^2+x+y=x^2$은 x^2항이 있으므로 일차방정식이 아니다.
　　$x+y=x-y$는 미지수가 2개이므로 미지수가 2개인 일차방정식이다.

(○) → $x^2+x+y=x^2$을 정리하면 $x+y=0$이므로 미지수가 2개인 일차방정식이다.
　　$x+y=x-y$를 정리하면 $2y=0$이므로 미지수가 1개인 일차방정식이다.

➡ 미지수가 2개인 일차방정식을 찾을 때는 먼저 식을 간단히 정리한 후, 미지수의 개수와 방정식의 차수로 판단하자!

예제2 답 ⑤

$x=1$, $y=-3$을 주어진 일차방정식에 대입하여 등식이 성립하는 것을 찾는다.
① $1+2\times(-3)\neq5$ 　② $2\times1-(-3)\neq-1$
③ $-3\neq3\times1+8$ 　④ $4\times1-(-3)\neq1$
⑤ $5\times1+(-3)=2$
따라서 순서쌍 $(1, -3)$이 해인 것은 ⑤이다.

2-1 답 ⑤

⑤ $x=5$, $y=-10$을 $4x+y=9$에 대입하면
$4\times5+(-10)\neq9$

예제3 답 (1) 2 (2) -1

(1) $x=2$, $y=1$을 $4x-6y=a$에 대입하면
$8-6=a$ 　∴ $a=2$
(2) $x=2$, $y=1$을 $2x+ay=3$에 대입하면
$4+a=3$ 　∴ $a=-1$

3-1 답 2

$x=-1$, $y=3$을 $x+ay=5$에 대입하면
$-1+3a=5$
$3a=6$ 　∴ $a=2$

3-2 답 ④

$x=a$, $y=7$을 $2x-y+5=0$에 대입하면
$2a-7+5=0$
$2a=2$ 　∴ $a=1$

개념 **17** **미지수가 2개인 연립일차방정식** ·68~69쪽

·개념 확인하기

1 답 (1) ✕ (2) ○ (3) ○

$x=2$, $y=-3$을 주어진 연립방정식의 두 방정식에 각각 대입하여 두 방정식이 모두 참이면 해가 $x=2$, $y=-3$이다.

(1) $\begin{cases} 5\times2+(-3)=7 \\ 3\times2+2\times(-3)\neq5 \end{cases}$

(2) $\begin{cases} 2-2\times(-3)=8 \\ 3\times2+(-3)=3 \end{cases}$

(3) $\begin{cases} 6\times2+2\times(-3)=6 \\ -2-2\times(-3)=4 \end{cases}$

2 답 풀이 참조

(1) ㉠의 해:

x	1	2	3
y	5	3	1

㉡의 해:

x	1	2	3
y	3	2	1

따라서 위의 표에서 ㉠, ㉡을 동시에 만족시키는 순서쌍 (x, y)는 $(3, 1)$이므로 주어진 연립방정식의 해는 $x=3$, $y=1$이다.

(2) ㉠의 해:

x	1	2	3	4
y	10	7	4	1

㉡의 해:

x	2	3	4	…
y	2	4	6	…

따라서 위의 표에서 ㉠, ㉡을 동시에 만족시키는 순서쌍 (x, y)는 $(3, 4)$이므로 주어진 연립방정식의 해는 $x=3$, $y=4$이다.

3 답 (1) $x=2$, $y=2$ (2) $x=3$, $y=1$

(1) $\begin{cases} x+3y=8 & \cdots ㉠ \\ 2x+y=6 & \cdots ㉡ \end{cases}$ 에서 x, y가 자연수이므로 일차방정식 ㉠, ㉡의 해를 구하면 다음 표와 같다.

㉠의 해:

x	2	5
y	2	1

㉡의 해:

x	1	2
y	4	2

따라서 위의 표에서 ㉠, ㉡을 동시에 만족시키는 해는 $(2, 2)$이므로 주어진 연립방정식의 해는 $x=2$, $y=2$이다.

(2) $\begin{cases} x+y=4 & \cdots ㉠ \\ x-y=2 & \cdots ㉡ \end{cases}$ 에서 x, y가 자연수이므로 일차방정식 ㉠, ㉡의 해를 구하면 다음 표와 같다.

㉠의 해:

x	1	2	3
y	3	2	1

©의 해:

x	3	4	5	$\cdots$
y	1	2	3	$\cdots$

따라서 위의 표에서 ㉠, ㉡을 동시에 만족시키는 해는 $(3, 1)$
이므로 주어진 연립방정식의 해는 $x=3$, $y=1$이다.

대표 예제로 **개념 익히기**

예제 1 답 ①, ④

$x=2$, $y=-1$을 주어진 연립방정식의 두 방정식에 각각 대입
하면

① $\begin{cases} 2-(-1)=3 \\ 2+(-1)=1 \end{cases}$ ② $\begin{cases} 4\times2+(-1)\neq5 \\ 2+3\times(-1)=-1 \end{cases}$

③ $\begin{cases} 3\times2-4\times(-1)\neq-1 \\ 5\times2+2\times(-1)\neq7 \end{cases}$ ④ $\begin{cases} 3\times2-(-1)=7 \\ 7\times2+2\times(-1)=12 \end{cases}$

⑤ $\begin{cases} 2\times2-(-1)=5 \\ 2-2\times(-1)\neq1 \end{cases}$

따라서 해가 $x=2$, $y=-1$인 것은 ①, ④이다.

1-1 답 ㄱ, ㄹ

$x=-3$, $y=2$를 주어진 연립방정식의 두 방정식에 각각 대입
하면

ㄱ. $\begin{cases} -3-2=-5 \\ 2\times(-3)-2=-8 \end{cases}$ ㄴ. $\begin{cases} -3+2=-1 \\ -3+2\times2\neq2 \end{cases}$

ㄷ. $\begin{cases} -3-3\times2\neq9 \\ 2\times(-3)+2=-4 \end{cases}$ ㄹ. $\begin{cases} -3+4\times2=5 \\ -3-5\times2=-13 \end{cases}$

따라서 해가 $x=-3$, $y=2$인 연립방정식은 ㄱ, ㄹ이다.

1-2 답 ④

① $\begin{cases} -2+5\neq5 \\ 2\times(-2)+5\neq8 \end{cases}$ ② $\begin{cases} 1+2\neq5 \\ 2\times1+2\neq8 \end{cases}$

③ $\begin{cases} 2+4\neq5 \\ 2\times2+4=8 \end{cases}$ ④ $\begin{cases} 3+2=5 \\ 2\times3+2=8 \end{cases}$

⑤ $\begin{cases} 6+(-4)\neq5 \\ 2\times6+(-4)=8 \end{cases}$

따라서 주어진 연립방정식의 해인 것은 ④이다.

예제 2 답 $a=1$, $b=2$

$x=-1$, $y=3$을 $ax+2y=5$에 대입하면
$-a+6=5$ $\quad\therefore a=1$

$x=-1$, $y=3$을 $3x+by=3$에 대입하면
$-3+3b=3$, $3b=6$ $\quad\therefore b=2$

2-1 답 $a=-1$, $b=-1$

$x=2$, $y=3$을 $ax+2y=4$에 대입하면
$2a+6=4$, $2a=-2$ $\quad\therefore a=-1$

$x=2$, $y=3$을 $4x+by=5$에 대입하면
$8+3b=5$, $3b=-3$ $\quad\therefore b=-1$

2-2 답 $a=-2$, $k=\dfrac{1}{3}$

$x=-\dfrac{1}{3}$, $y=k$를 $x-2y=-1$에 대입하면

$-\dfrac{1}{3}-2k=-1$, $-2k=-\dfrac{2}{3}$ $\quad\therefore k=\dfrac{1}{3}$

따라서 $x=-\dfrac{1}{3}$, $y=\dfrac{1}{3}$을 $ax+y=1$에 대입하면

$-\dfrac{1}{3}a+\dfrac{1}{3}=1$, $-\dfrac{1}{3}a=\dfrac{2}{3}$ $\quad\therefore a=-2$

개념 18 연립방정식의 풀이

•71~73쪽

• 개념 확인하기

1 답 (1) (가) $2x-5$, (나) 2, (다) -1
(2) (가) $2y+3$, (나) 2, (다) 7

(1) ㉠을 ㉡에 대입하면
$5x+3(\boxed{2x-5})=7$, $5x+6x-15=7$
$11x=22$ $\quad\therefore x=\boxed{2}$
$x=\boxed{2}$를 ㉠에 대입하면
$y=4-5=\boxed{-1}$
따라서 주어진 연립방정식의 해는
$x=\boxed{2}$, $y=\boxed{-1}$

(2) ㉠에서 x를 y에 대한 식으로 나타내면
$x=\boxed{2y+3}$ $\cdots$ ㉢
㉢을 ㉡에 대입하면
$2(\boxed{2y+3})-3y=8$, $4y+6-3y=8$
$\therefore y=\boxed{2}$
$y=\boxed{2}$를 ㉢에 대입하면 $x=4+3=\boxed{7}$
따라서 주어진 연립방정식의 해는
$x=\boxed{7}$, $y=\boxed{2}$

2 답 (1) $x=2$, $y=1$ (2) $x=2$, $y=6$
(3) $x=4$, $y=-1$ (4) $x=-3$, $y=1$
(5) $x=1$, $y=2$ (6) $x=3$, $y=-3$

(1) $\begin{cases} x=2y & \cdots ㉠ \\ x+4y=6 & \cdots ㉡ \end{cases}$ 에서 ㉠을 ㉡에 대입하면

$2y+4y=6$, $6y=6$ $\quad\therefore y=1$
$y=1$을 ㉠에 대입하면 $x=2$
따라서 주어진 연립방정식의 해는
$x=2$, $y=1$

(2) $\begin{cases} y=3x & \cdots ㉠ \\ 2x+y=10 & \cdots ㉡ \end{cases}$ 에서 ㉠을 ㉡에 대입하면

$2x+3x=10$, $5x=10$ $\quad\therefore x=2$
$x=2$를 ㉠에 대입하면 $y=6$
따라서 주어진 연립방정식의 해는
$x=2$, $y=6$

(3) $\begin{cases} 2x-y=9 & \cdots \text{㉠} \\ x=4y+8 & \cdots \text{㉡} \end{cases}$ 에서 ㉡을 ㉠에 대입하면

$2(4y+8)-y=9,\ 8y+16-y=9$

$7y=-7$ $\therefore y=-1$

$y=-1$을 ㉡에 대입하면 $x=-4+8=4$

따라서 주어진 연립방정식의 해는

$x=4,\ y=-1$

(4) $\begin{cases} 3x+4y=-5 & \cdots \text{㉠} \\ y=2x+7 & \cdots \text{㉡} \end{cases}$ 에서 ㉡을 ㉠에 대입하면

$3x+4(2x+7)=-5,\ 3x+8x+28=-5$

$11x=-33$ $\therefore x=-3$

$x=-3$을 ㉡에 대입하면 $y=-6+7=1$

따라서 주어진 연립방정식의 해는

$x=-3,\ y=1$

(5) $\begin{cases} x=-2y+5 & \cdots \text{㉠} \\ x=3y-5 & \cdots \text{㉡} \end{cases}$ 에서 ㉠을 ㉡에 대입하면

$-2y+5=3y-5,\ -5y=-10$ $\therefore y=2$

$y=2$를 ㉠에 대입하면 $x=-4+5=1$

따라서 주어진 연립방정식의 해는

$x=1,\ y=2$

(6) $\begin{cases} y=-3x+6 & \cdots \text{㉠} \\ y=2x-9 & \cdots \text{㉡} \end{cases}$ 에서 ㉠을 ㉡에 대입하면

$-3x+6=2x-9,\ -5x=-15$ $\therefore x=3$

$x=3$을 ㉠에 대입하면 $y=-9+6=-3$

따라서 주어진 연립방정식의 해는

$x=3,\ y=-3$

3 답 (1) ㈎ 2, ㈏ 20, ㈐ 4, ㈑ -2

(2) ㈎ 3, ㈏ 2, ㈐ 1, ㈑ 1

(1) y를 없애기 위하여 ㉡$\times$ $\boxed{2}$ 를 하면

$4x+2y=12$ $\cdots \text{㉢}$

㉠$+$㉢을 하면

$5x=\boxed{20}$ $\therefore x=\boxed{4}$

$x=\boxed{4}$를 ㉡에 대입하면

$8+y=6$ $\therefore y=\boxed{-2}$

따라서 주어진 연립방정식의 해는

$x=\boxed{4},\ y=\boxed{-2}$

(2) x를 없애기 위하여 ㉠$\times$ $\boxed{3}$, ㉡$\times$ $\boxed{2}$ 를 하면

$\begin{cases} 6x+15y=21 & \cdots \text{㉢} \\ 6x-4y=2 & \cdots \text{㉣} \end{cases}$

㉢$-$㉣을 하면 $19y=19$ $\therefore y=\boxed{1}$

$y=\boxed{1}$을 ㉠에 대입하면

$2x+5=7,\ 2x=2$ $\therefore x=\boxed{1}$

따라서 주어진 연립방정식의 해는

$x=\boxed{1},\ y=\boxed{1}$

참고 (1)에서 x를 없애기 위해 ㉠$\times 2-$㉡을 해도 결과는 같고,
(2)에서 y를 없애기 위해 ㉠$\times 2+$㉡$\times 5$를 해도 결과는 같다.

4 답 (1) $x=-4,\ y=-5$ (2) $x=2,\ y=1$

(3) $x=2,\ y=-1$ (4) $x=3,\ y=-1$

(5) $x=-1,\ y=1$ (6) $x=-1,\ y=3$

(1) $\begin{cases} 2x-5y=17 & \cdots \text{㉠} \\ 2x+3y=-23 & \cdots \text{㉡} \end{cases}$

㉠$-$㉡을 하면 $-8y=40$ $\therefore y=-5$

$y=-5$를 ㉠에 대입하면

$2x+25=17,\ 2x=-8$ $\therefore x=-4$

따라서 주어진 연립방정식의 해는

$x=-4,\ y=-5$

(2) $\begin{cases} 6x+y=13 & \cdots \text{㉠} \\ 5x-y=9 & \cdots \text{㉡} \end{cases}$

㉠$+$㉡을 하면 $11x=22$ $\therefore x=2$

$x=2$를 ㉠에 대입하면

$12+y=13$ $\therefore y=1$

따라서 주어진 연립방정식의 해는

$x=2,\ y=1$

(3) $\begin{cases} 3x-4y=10 & \cdots \text{㉠} \\ -3x+8y=-14 & \cdots \text{㉡} \end{cases}$

㉠$+$㉡을 하면 $4y=-4$ $\therefore y=-1$

$y=-1$을 ㉠에 대입하면

$3x+4=10,\ 3x=6$ $\therefore x=2$

따라서 주어진 연립방정식의 해는

$x=2,\ y=-1$

(4) $\begin{cases} 5x+2y=13 & \cdots \text{㉠} \\ x+2y=1 & \cdots \text{㉡} \end{cases}$

㉠$-$㉡을 하면 $4x=12$ $\therefore x=3$

$x=3$을 ㉡에 대입하면

$3+2y=1,\ 2y=-2$ $\therefore y=-1$

따라서 주어진 연립방정식의 해는

$x=3,\ y=-1$

(5) $\begin{cases} -4x+y=5 & \cdots \text{㉠} \\ 5x+2y=-3 & \cdots \text{㉡} \end{cases}$

㉠$\times 2-$㉡을 하면

$-13x=13$ $\therefore x=-1$

$x=-1$을 ㉠에 대입하면

$4+y=5$ $\therefore y=1$

따라서 주어진 연립방정식의 해는

$x=-1,\ y=1$

(6) $\begin{cases} 5x+3y=4 & \cdots \text{㉠} \\ -2x+y=5 & \cdots \text{㉡} \end{cases}$

㉠$-$㉡$\times 3$을 하면

$11x=-11$ $\therefore x=-1$

$x=-1$을 ㉡에 대입하면

$2+y=5$ $\therefore y=3$

따라서 주어진 연립방정식의 해는

$x=-1,\ y=3$

예제 1 답 ④

$$\begin{cases} x=-2y+5 & \cdots \text{㉠} \\ x+4y=3 & \cdots \text{㉡} \end{cases}$$ 에서 ㉠을 ㉡에 대입하면

$(-2y+5)+4y=3$, $2y=-2$

$\therefore y=-1$

$y=-1$을 ㉠에 대입하면 $x=2+5=7$

따라서 주어진 연립방정식의 해는

$x=7$, $y=-1$

1-1 답 10

$$\begin{cases} y=x-3 & \cdots \text{㉠} \\ 2x-3y=4 & \cdots \text{㉡} \end{cases}$$ 에서 ㉠을 ㉡에 대입하면

$2x-3(x-3)=4$, $2x-3x+9=4$

$-x=-5$ $\therefore x=5$

$x=5$를 ㉠에 대입하면 $y=5-3=2$

따라서 $a=5$, $b=2$이므로

$ab=5 \times 2=10$

✏️ 오개념 바로잡기

$$\begin{cases} y=x-3 & \cdots \text{㉠} \\ 2x-3y=4 & \cdots \text{㉡} \end{cases}$$ 에서 ㉠을 ㉡에 대입하기

$\xrightarrow{(\times)}$ 대입할 때 ㉠의 x항에만 -3을 곱하면

$2x-3x-3=4$, $-x=7$ $\therefore x=-7$

$\xrightarrow{(\bigcirc)}$ 대입하는 식을 괄호로 묶어서 대입하면

$2x-3(x-3)=4$, $-x=-5$ $\therefore x=5$

➡ 문자에 식을 대입할 때는 대입하는 식을 괄호로 묶어서 대입하고, 괄호를 풀 때는 부호에 주의해야 해!

1-2 답 ⑤

$$\begin{cases} y=-2x+4 & \cdots \text{㉠} \\ 3x+2y=5 & \cdots \text{㉡} \end{cases}$$ 에서 ㉠을 ㉡에 대입하면

$3x+2(-2x+4)=5$, $3x-4x+8=5$

$-x=-3$ $\therefore x=3$

$x=3$을 ㉠에 대입하면 $y=-6+4=-2$

즉, $x=3$, $y=-2$를 각 일차방정식에 대입하여 등식이 성립하는 것을 찾는다.

① $3+2 \times (-2) \neq 1$　　② $3 \times 3-2 \times (-2) \neq 10$

③ $2 \times 3-7 \times (-2) \neq 5$　④ $-3+4 \times (-2) \neq 5$

⑤ $5 \times 3+3 \times (-2)=9$

따라서 주어진 연립방정식과 해가 같은 것은 ⑤이다.

예제 2 답 (1) $x=2y$

(2) 연립방정식: $\begin{cases} x-3y=-1 \\ x=2y \end{cases}$, 해: $x=2$, $y=1$

(3) 1

(1) x의 값이 y의 값의 2배이므로 $x=2y$

(2) $$\begin{cases} x-3y=-1 & \cdots \text{㉠} \\ x=2y & \cdots \text{㉡} \end{cases}$$ 에서 ㉡을 ㉠에 대입하면

$2y-3y=-1$ $\therefore y=1$

$y=1$을 ㉡에 대입하면 $x=2 \times 1=2$

(3) $x=2$, $y=1$을 ㉡에 대입하면

$3 \times 2+2 \times 1=9-a$

$8=9-a$ $\therefore a=1$

2-1 답 -3

x의 값이 y의 값의 3배이므로 $x=3y$

즉, 주어진 연립방정식의 해는 연립방정식

$$\begin{cases} x=3y & \cdots \text{㉠} \\ 2x+5y=-11 & \cdots \text{㉡} \end{cases}$$ 의 해와 같다.

㉠을 ㉡에 대입하면 $6y+5y=-11$, $11y=-11$

$\therefore y=-1$

$y=-1$을 ㉠에 대입하면 $x=3 \times (-1)=-3$

따라서 $x=-3$, $y=-1$을 $4x+ay=-9$에 대입하면

$-12-a=-9$ $\therefore a=-3$

예제 3 답 ②

$$\begin{cases} x+2y=5 & \cdots \text{㉠} \\ 3x-y=-6 & \cdots \text{㉡} \end{cases}$$

㉠$+$㉡$\times 2$를 하면 $7x=-7$ $\therefore x=-1$

$x=-1$을 ㉡에 대입하면

$-3-y=-6$ $\therefore y=3$

따라서 주어진 연립방정식의 해는

$x=-1$, $y=3$

3-1 답 -1

$$\begin{cases} 5x-2y=16 & \cdots \text{㉠} \\ 2x+3y=-5 & \cdots \text{㉡} \end{cases}$$

㉠$\times 3+$㉡$\times 2$를 하면 $19x=38$ $\therefore x=2$

$x=2$를 ㉠에 대입하면

$10-2y=16$, $-2y=6$ $\therefore y=-3$

따라서 $a=2$, $b=-3$이므로

$a+b=2+(-3)=-1$

✏️ 오개념 바로잡기

$$\begin{cases} 5x-2y=16 & \cdots \text{㉠} \\ 2x+3y=-5 & \cdots \text{㉡} \end{cases}$$ 에서 ㉠$\times 3$, ㉡$\times 2$를 하기

$\xrightarrow{(\times)}$ $\begin{cases} 15x-6y=16 \\ 4x+6y=-5 \end{cases}$

$\xrightarrow{(\bigcirc)}$ $\begin{cases} 15x-6y=48 \\ 4x+6y=-10 \end{cases}$

➡ 두 일차방정식의 양변에 적당한 수를 곱할 때, 빠뜨린 항 없이 모든 항에 곱해야 올바른 답을 구할 수 있음에 유의해야 해!

3-2 답 ①

① ㉠×2−㉡×3을 하면 $-19y=19$, 즉 x가 없어진다.

참고 ⑤ ㉠×5+㉡×2를 하면 $19x=57$, 즉 y가 없어진다.

예제 4 답 (1) $x=1$, $y=-3$ (2) 5

(1) $\begin{cases} 3x-2y=9 & \cdots ㉠ \\ x-2y=7 & \cdots ㉡ \end{cases}$

㉠−㉡을 하면 $2x=2$ ∴ $x=1$

$x=1$을 ㉡에 대입하면

$1-2y=7$, $-2y=6$ ∴ $y=-3$

(2) $x=1$, $y=-3$을 $ax+y=2$에 대입하면

$a-3=2$ ∴ $a=5$

4-1 답 11

$\begin{cases} y-x=3 \\ 4x-y=-9 \end{cases}$ 에서 $\begin{cases} x-y=-3 & \cdots ㉠ \\ 4x-y=-9 & \cdots ㉡ \end{cases}$

㉠−㉡을 하면

$-3x=6$ ∴ $x=-2$

$x=-2$를 ㉠에 대입하면

$-2-y=-3$ ∴ $y=1$

따라서 $x=-2$, $y=1$을 $y=5x+a$에 대입하면

$1=-10+a$ ∴ $a=11$

개념 19 **여러 가지 연립방정식의 풀이** ·74~76쪽

·개념 확인하기

1 답 풀이 참조

(1) 주어진 연립방정식을 괄호를 풀어 정리하면

$\begin{cases} x+y=1 & \cdots ㉠ \\ \boxed{-x+5y}=5 & \cdots ㉡ \end{cases}$

㉠+㉡을 하면 $6y=6$ ∴ $y=1$

$y=1$을 ㉠에 대입하면 $x+1=1$ ∴ $x=0$

따라서 주어진 연립방정식의 해는

$x=\boxed{0}$, $y=\boxed{1}$

(2) $\begin{cases} 3x-4y=4 & \cdots ㉠ \\ 0.2x+0.5y=1.8 & \cdots ㉡ \end{cases}$

㉡×10을 하면 $2x+5y=\boxed{18}$ $\cdots ㉢$

㉠×5+㉢×4를 하면

$23x=92$ ∴ $x=4$

$x=4$를 ㉢에 대입하면

$8+5y=18$, $5y=10$ ∴ $y=2$

따라서 주어진 연립방정식의 해는

$x=\boxed{4}$, $y=\boxed{2}$

(3) $\begin{cases} \dfrac{1}{2}x+\dfrac{1}{3}y=4 & \cdots ㉠ \\ 5x-2y=8 & \cdots ㉡ \end{cases}$

㉠×6을 하면

$3x+\boxed{2}y=\boxed{24}$ $\cdots ㉢$

㉡+㉢을 하면

$8x=32$ ∴ $x=4$

$x=4$를 ㉢에 대입하면

$12+2y=24$, $2y=12$ ∴ $y=6$

따라서 주어진 연립방정식 해는

$x=\boxed{4}$, $y=\boxed{6}$

(4) $\begin{cases} 0.1x-0.4y=-0.4 & \cdots ㉠ \\ \dfrac{3}{4}x-\dfrac{1}{2}y=-\dfrac{11}{2} & \cdots ㉡ \end{cases}$

㉠×10, ㉡×4를 하면

$\begin{cases} x-\boxed{4}y=-4 & \cdots ㉢ \\ 3x-\boxed{2}y=-22 & \cdots ㉣ \end{cases}$

㉢−㉣×2를 하면

$-5x=40$ ∴ $x=-8$

$x=-8$을 ㉢에 대입하면

$-8-4y=-4$ ∴ $y=-1$

따라서 주어진 연립방정식의 해는

$x=\boxed{-8}$, $y=\boxed{-1}$

2 답 (1) 풀이 참조 (2) 풀이 참조

(3) $x=2$, $y=1$ (4) $x=-1$, $y=1$

(1) 주어진 방정식을 연립방정식으로 나타내면

$\begin{cases} \boxed{3x-y}=2x+3 \\ \boxed{5x+3y}=2x+3 \end{cases}$ 에서

$\begin{cases} x-y=3 & \cdots ㉠ \\ 3x+3y=3 & \cdots ㉡ \end{cases}$

㉠×3+㉡을 하면

$6x=12$ ∴ $x=2$

$x=2$를 ㉠에 대입하면

$2-y=3$ ∴ $y=-1$

따라서 주어진 연립방정식의 해는

$x=\boxed{2}$, $y=\boxed{-1}$

(2) 주어진 방정식을 연립방정식으로 나타내면

$\begin{cases} \boxed{4x+3y}=10 & \cdots ㉠ \\ \boxed{2x-y}=10 & \cdots ㉡ \end{cases}$

㉠+㉡×3을 하면

$10x=40$ ∴ $x=4$

$x=4$를 ㉡에 대입하면

$8-y=10$ ∴ $y=-2$

따라서 주어진 연립방정식의 해는

$x=\boxed{4}$, $y=\boxed{-2}$

(3) 주어진 방정식을 연립방정식으로 나타내면

$$\begin{cases} 4x-3y=x+3 \\ x+3=3x-y \end{cases} \text{에서}$$

$$\begin{cases} 3x-3y=3 & \cdots \text{㉠} \\ -2x+y=-3 & \cdots \text{㉡} \end{cases}$$

㉠$+$㉡$\times 3$을 하면

$-3x=-6$ $\therefore x=2$

$x=2$를 ㉡에 대입하면

$-4+y=-3$ $\therefore y=1$

따라서 주어진 연립방정식의 해는

$x=2,\ y=1$

(4) 주어진 방정식을 연립방정식으로 나타내면

$$\begin{cases} 2x-y+4=1 \\ 4x+5y=1 \end{cases} \text{에서}$$

$$\begin{cases} 2x-y=-3 & \cdots \text{㉠} \\ 4x+5y=1 & \cdots \text{㉡} \end{cases}$$

㉠$\times 2-$㉡을 하면

$-7y=-7$ $\therefore y=1$

$y=1$을 ㉠에 대입하면

$2x-1=-3,\ 2x=-2$ $\therefore x=-1$

따라서 주어진 연립방정식의 해는

$x=-1,\ y=1$

대표 예제로 **개념 익히기**

예제 1 답 ⑤

주어진 연립방정식을 괄호를 풀어 정리하면

$$\begin{cases} y=2x-3 & \cdots \text{㉠} \\ 4x-y=9 & \cdots \text{㉡} \end{cases}$$

㉠을 ㉡에 대입하면

$4x-(2x-3)=9,\ 4x-2x+3=9$

$2x=6$ $\therefore x=3$

$x=3$을 ㉠에 대입하면

$y=2\times 3-3=3$

따라서 주어진 연립방정식의 해는

$x=3,\ y=3$

1-1 답 2

주어진 연립방정식을 괄호를 풀어 정리하면

$$\begin{cases} 2x-3y=9 & \cdots \text{㉠} \\ x-2y=5 & \cdots \text{㉡} \end{cases}$$

㉠$-$㉡$\times 2$를 하면 $y=-1$

$y=-1$을 ㉡에 대입하면

$x+2=5$ $\therefore x=3$

따라서 $a=3,\ b=-1$이므로

$a+b=3+(-1)=2$

1-2 답 ④

$x:y=2:3$에서 $3x=2y$ $\therefore 3x-2y=0$ $\cdots \text{㉠}$

$3(x-y)=x-10$에서 $2x-3y=-10$ $\cdots \text{㉡}$

㉠$\times 3-$㉡$\times 2$를 하면 $5x=20$ $\therefore x=4$

$x=4$를 ㉠에 대입하면

$12-2y=0,\ -2y=-12$ $\therefore y=6$

따라서 $a=4,\ b=6$이므로

$ab=4\times 6=24$

예제 2 답 ①

$$\begin{cases} 0.15x+0.5y=0.1 & \cdots \text{㉠} \\ 0.6x-0.4y=1 & \cdots \text{㉡} \end{cases}$$

㉠$\times 100$을 하면 $15x+50y=10$ $\therefore 3x+10y=2$ $\cdots \text{㉢}$

㉡$\times 10$을 하면 $6x-4y=10$ $\therefore 3x-2y=5$ $\cdots \text{㉣}$

㉢$-$㉣을 하면 $12y=-3$ $\therefore y=-\dfrac{1}{4}$

$y=-\dfrac{1}{4}$을 ㉣에 대입하면

$3x+\dfrac{1}{2}=5,\ 3x=\dfrac{9}{2}$ $\therefore x=\dfrac{3}{2}$

따라서 $a=\dfrac{3}{2},\ b=-\dfrac{1}{4}$이므로

$\dfrac{a}{b}=\dfrac{3}{2}\div\left(-\dfrac{1}{4}\right)=\dfrac{3}{2}\times(-4)=-6$

2-1 답 -1

$$\begin{cases} 0.5x-0.6y=1.3 & \cdots \text{㉠} \\ 0.3x+0.2y=0.5 & \cdots \text{㉡} \end{cases}$$

㉠$\times 10$, ㉡$\times 10$을 하면

$$\begin{cases} 5x-6y=13 & \cdots \text{㉢} \\ 3x+2y=5 & \cdots \text{㉣} \end{cases}$$

㉢$+$㉣$\times 3$을 하면 $14x=28$ $\therefore x=2$

$x=2$를 ㉣에 대입하면

$6+2y=5,\ 2y=-1$ $\therefore y=-\dfrac{1}{2}$

따라서 $a=2,\ b=-\dfrac{1}{2}$이므로

$ab=2\times\left(-\dfrac{1}{2}\right)=-1$

2-2 답 ③

$$\begin{cases} 0.3x-0.5y=0.1 & \cdots \text{㉠} \\ 0.05x+0.02y=0.12 & \cdots \text{㉡} \end{cases}$$

㉠$\times 10$, ㉡$\times 100$을 하면

$$\begin{cases} 3x-5y=1 & \cdots \text{㉢} \\ 5x+2y=12 & \cdots \text{㉣} \end{cases}$$

㉢$\times 2+$㉣$\times 5$를 하면 $31x=62$ $\therefore x=2$

$x=2$를 ㉢에 대입하면

$6-5y=1,\ -5y=-5$ $\therefore y=1$

따라서 $a=2,\ b=1$이므로

$a-b=2-1=1$

예제 3 답 ④

$$\begin{cases} \dfrac{1}{2}x-y=-1 & \cdots \text{㉠} \\ \dfrac{1}{2}x-\dfrac{1}{3}y=1 & \cdots \text{㉡} \end{cases}$$

㉠×2를 하면 $x-2y=-2$ $\cdots$ ㉢

㉡×6을 하면 $3x-2y=6$ $\cdots$ ㉣

㉢−㉣을 하면 $-2x=-8$ $\therefore x=4$

$x=4$를 ㉢에 대입하면

$4-2y=-2,\ -2y=-6$ $\therefore y=3$

따라서 주어진 연립방정식의 해는

$x=4,\ y=3$

3-1 답 $x=1,\ y=-3$

$$\begin{cases} \dfrac{x+3}{4}=\dfrac{y+6}{3} & \cdots \text{㉠} \\ \dfrac{2}{5}x+\dfrac{1}{2}y=-\dfrac{11}{10} & \cdots \text{㉡} \end{cases}$$

㉠×12, ㉡×10을 하면

$$\begin{cases} 3(x+3)=4(y+6) \\ 4x+5y=-11 \end{cases}$$

즉, $\begin{cases} 3x-4y=15 & \cdots \text{㉢} \\ 4x+5y=-11 & \cdots \text{㉣} \end{cases}$

㉢×4−㉣×3을 하면

$-31y=93$ $\therefore y=-3$

$y=-3$을 ㉢에 대입하면

$3x+12=15$ $\therefore x=1$

3-2 답 2

$$\begin{cases} 0.3(x+y)+0.1y=2 & \cdots \text{㉠} \\ \dfrac{x}{15}+\dfrac{y}{5}=\dfrac{2}{3} & \cdots \text{㉡} \end{cases}$$

㉠×10, ㉡×15를 하면

$$\begin{cases} 3(x+y)+y=20 \\ x+3y=10 \end{cases}$$

즉, $\begin{cases} 3x+4y=20 & \cdots \text{㉢} \\ x+3y=10 & \cdots \text{㉣} \end{cases}$

㉢−㉣×3을 하면 $-5y=-10$ $\therefore y=2$

$y=2$를 ㉣에 대입하면 $x+6=10$ $\therefore x=4$

$\therefore x-y=4-2=2$

예제 4 답 $x=2,\ y=-1$

$2x-y+5=3x-6y-2=4x+2y+4$에서

$$\begin{cases} 2x-y+5=3x-6y-2 \\ 3x-6y-2=4x+2y+4 \end{cases}$$

즉, $\begin{cases} x-5y=7 & \cdots \text{㉠} \\ x+8y=-6 & \cdots \text{㉡} \end{cases}$

㉠−㉡을 하면 $-13y=13$ $\therefore y=-1$

$y=-1$을 ㉠에 대입하면 $x+5=7$ $\therefore x=2$

따라서 주어진 연립방정식의 해는

$x=2,\ y=-1$

4-1 답 ②

$\dfrac{4x-y}{3}=\dfrac{2x-4y}{5}=4$에서

$$\begin{cases} \dfrac{4x-y}{3}=4 \\ \dfrac{2x-4y}{5}=4 \end{cases}$$

즉, $\begin{cases} 4x-y=12 & \cdots \text{㉠} \\ 2x-4y=20 & \cdots \text{㉡} \end{cases}$

㉠×4−㉡을 하면 $14x=28$ $\therefore x=2$

$x=2$를 ㉠에 대입하면 $8-y=12$ $\therefore y=-4$

따라서 주어진 연립방정식의 해는

$x=2,\ y=-4$

4-2 답 -2

$2x-y-2=3x+4y+2=x$에서

$$\begin{cases} 2x-y-2=x \\ 3x+4y+2=x \end{cases}$$

즉, $\begin{cases} x-y=2 & \cdots \text{㉠} \\ 2x+4y=-2 & \cdots \text{㉡} \end{cases}$

㉠×4+㉡을 하면 $6x=6$ $\therefore x=1$

$x=1$을 ㉠에 대입하면 $1-y=2$ $\therefore y=-1$

따라서 $x=1,\ y=-1$을 $2x+ay=4$에 대입하면

$2-a=4$ $\therefore a=-2$

개념 20 해가 특수한 연립방정식 ·77~78쪽

·개념 확인하기

1 답 빈칸은 풀이 참조, (1) ㄱ, ㄷ (2) ㄴ, ㄹ (3) ㅁ

ㄱ. $\begin{cases} x+y=1 \\ 3x+3y=3 \end{cases} \Rightarrow \begin{cases} \boxed{3x+3y=3} \\ 3x+3y=3 \end{cases}$

ㄴ. $\begin{cases} 4x+y=3 \\ 8x+2y=-6 \end{cases} \Rightarrow \begin{cases} \boxed{8x+2y=6} \\ 8x+2y=-6 \end{cases}$

ㄷ. $\begin{cases} -x+3y=2 \\ x-3y=-2 \end{cases} \Rightarrow \begin{cases} \boxed{x-3y=-2} \\ x-3y=-2 \end{cases}$

ㄹ. $\begin{cases} 2x+y=7 \\ 4x+2y=15 \end{cases} \Rightarrow \begin{cases} \boxed{4x+2y=14} \\ 4x+2y=15 \end{cases}$

ㅁ. $\begin{cases} x-4y=-7 \\ 3x+12y=21 \end{cases} \Rightarrow \begin{cases} \boxed{3x-12y=-21} \\ 3x+12y=21 \end{cases}$
→ x의 계수가 같고 y의 계수는 다르므로 연립방정식의 해가 한 개 존재한다.

(1) 해가 무수히 많은 연립방정식은 ㄱ, ㄷ이다.

(2) 해가 없는 연립방정식은 ㄴ, ㄹ이다.

(3) 해가 한 개인 연립방정식 ㅁ이다.

2 답 2, 6

$\begin{cases} x+3y=1 & \cdots \text{㉠} \\ 2x+ay=2 \end{cases}$ 에서 ㉠×$\boxed{2}$를 하면

$\begin{cases} 2x+6y=2 \\ 2x+ay=2 \end{cases}$

이 연립방정식의 해가 무수히 많으므로 $a=\boxed{6}$

3 답 3, 9

$\begin{cases} ax-6y=2 \\ 3x-2y=4 & \cdots \text{㉠} \end{cases}$ 에서 ㉠×$\boxed{3}$을 하면

$\begin{cases} ax-6y=2 \\ 9x-6y=12 \end{cases}$

이 연립방정식의 해가 없으므로 $a=\boxed{9}$

(대표 예제로 **개념 익히기**)

예제**1** 답 ㄷ, ㅁ

ㄱ. $\begin{cases} x-y=7 \\ x+y=7 \end{cases}$ 의 해는 $x=7,\ y=0$

ㄴ. $\begin{cases} 2x-y=1 \\ 4x-y=2 \end{cases}$ 의 해는 $x=\dfrac{1}{2},\ y=0$

ㄷ. $\begin{cases} 2x+3y=4 \\ 4x+6y=8 \end{cases}$ 에서 $\begin{cases} 4x+6y=8 \\ 4x+6y=8 \end{cases}$ 이므로
해가 무수히 많다.

ㄹ. $\begin{cases} 2x-3y=1 \\ 4x-6y=-2 \end{cases}$ 에서 $\begin{cases} 4x-6y=2 \\ 4x-6y=-2 \end{cases}$ 이므로
해가 없다.

ㅁ. $\begin{cases} x-3y=2 \\ -2x+6y=-4 \end{cases}$ 에서 $\begin{cases} -2x+6y=-4 \\ -2x+6y=-4 \end{cases}$ 이므로
해가 무수히 많다.

ㅂ. $\begin{cases} -2x+y=-1 \\ 10x-5y=-5 \end{cases}$ 에서 $\begin{cases} 10x-5y=5 \\ 10x-5y=-5 \end{cases}$ 이므로
해가 없다.

따라서 해가 무수히 많은 것은 ㄷ, ㅁ이다.

1-1 답 해가 무수히 많다.

$\begin{cases} x-9y=2 & \cdots \text{㉠} \\ -3x+27y=-6 & \cdots \text{㉡} \end{cases}$ 에서 ㉠×(-3)을 하면

$\begin{cases} -3x+27y=-6 \\ -3x+27y=-6 \end{cases}$ 이므로

주어진 연립방정식은 해가 무수히 많다.

1-2 답 3

$\begin{cases} ax-2y=-3 \\ -9x+6y=9 \end{cases}$ 에서 $\begin{cases} -3ax+6y=9 \\ -9x+6y=9 \end{cases}$

이 연립방정식의 해가 무수히 많으므로
$-3a=-9 \qquad \therefore a=3$

예제**2** 답 ④

① $\begin{cases} x+6y=-1 \\ -x-6y=1 \end{cases}$ 에서 $\begin{cases} -x-6y=1 \\ -x-6y=1 \end{cases}$ 이므로
해가 무수히 많다.

② $\begin{cases} 4x-8y=4 \\ x-2y=1 \end{cases}$ 에서 $\begin{cases} 4x-8y=4 \\ 4x-8y=4 \end{cases}$ 이므로
해가 무수히 많다.

③ $\begin{cases} -x+9y=2 \\ 3x-27y=-6 \end{cases}$ 에서 $\begin{cases} 3x-27y=-6 \\ 3x-27y=-6 \end{cases}$ 이므로
해가 무수히 많다.

④ $\begin{cases} 5x-4y=5 \\ 10x-8y=5 \end{cases}$ 에서 $\begin{cases} 10x-8y=10 \\ 10x-8y=5 \end{cases}$ 이므로
해가 없다.

⑤ $\begin{cases} 18x-2y=-4 \\ 9x-y=-2 \end{cases}$ 에서 $\begin{cases} 18x-2y=-4 \\ 18x-2y=-4 \end{cases}$ 이므로
해가 무수히 많다.

따라서 해가 없는 것은 ④이다.

2-1 답 ㄴ, ㄹ

ㄱ. $\begin{cases} x-2y=3 \\ 3x-6y=9 \end{cases}$ 에서 $\begin{cases} 3x-6y=9 \\ 3x-6y=9 \end{cases}$ 이므로
해가 무수히 많다.

ㄴ. $\begin{cases} 5x+y=-1 \\ 10x+2y=-5 \end{cases}$ 에서 $\begin{cases} 10x+2y=-2 \\ 10x+2y=-5 \end{cases}$ 이므로
해가 없다.

ㄷ. $\begin{cases} x+3y=4 \\ 5x+15y=20 \end{cases}$ 에서 $\begin{cases} 5x+15y=20 \\ 5x+15y=20 \end{cases}$ 이므로
해가 무수히 많다.

ㄹ. $\begin{cases} 2x-4y=3 \\ 4x-8y=-6 \end{cases}$ 에서 $\begin{cases} 4x-8y=6 \\ 4x-8y=-6 \end{cases}$ 이므로
해가 없다.

따라서 해가 없는 것은 ㄴ, ㄹ이다.

2-2 답 -4

$\begin{cases} 2x-y=2 \\ 8x+ay=7 \end{cases}$ 에서 $\begin{cases} 8x-4y=8 \\ 8x+ay=7 \end{cases}$

이 연립방정식의 해가 없으므로
$-4=a \qquad \therefore a=-4$

개념**21** **연립방정식의 활용** ·79~82쪽

· **개념 확인하기**

1 답 풀이 참조

❶ 두 수 중 큰 수를 x, 작은 수를 y라 하자.

❷ 큰 수와 작은 수의 합이 74이므로 $\boxed{x+y}=74$

큰 수와 작은 수의 차가 12이므로 $\boxed{x-y}=12$

즉, 연립방정식을 세우면 $\begin{cases} \boxed{x+y}=74 & \cdots \text{㉠} \\ \boxed{x-y}=12 & \cdots \text{㉡} \end{cases}$

❸ ㉠+㉡을 하면 $2x=86$ $\therefore x=43$

$x=43$을 ㉠에 대입하면

$43+y=74$ $\therefore y=31$

즉, 연립방정식의 해는 $x=\boxed{43}$, $y=\boxed{31}$

따라서 큰 수는 $\boxed{43}$, 작은 수는 $\boxed{31}$이다.

❹ $\boxed{43}+31=74$이고, $\boxed{43}-31=12$이므로 문제의 뜻에 맞는다.

2 답 풀이 참조

❶ 사과 1개의 가격을 x원, 오렌지 1개의 가격을 y원이라 하자.

❷ 사과 2개와 오렌지 4개를 합한 가격이 6400원이므로

$2x+\boxed{4y}=6400$

사과 3개와 오렌지 2개를 합한 가격이 5600원이므로

$\boxed{3x}+2y=5600$

즉, 연립방정식을 세우면 $\begin{cases} 2x+\boxed{4y}=6400 & \cdots \text{㉠} \\ \boxed{3x}+2y=5600 & \cdots \text{㉡} \end{cases}$

❸ ㉠−㉡×2를 하면

$-4x=-4800$ $\therefore x=1200$

$x=1200$을 ㉠에 대입하면

$2400+4y=6400$, $4y=4000$ $\therefore y=1000$

즉, 연립방정식의 해는 $x=\boxed{1200}$, $y=\boxed{1000}$

따라서 사과 1개의 가격은 $\boxed{1200}$원, 오렌지 1개의 가격은 $\boxed{1000}$원이다.

❹ $2\times1200+4\times\boxed{1000}=6400$이고,

$3\times1200+2\times\boxed{1000}=5600$이므로 문제의 뜻에 맞는다.

참고 $\begin{cases} 2x+4y=6400 & \cdots \text{㉠} \\ 3x+2y=5600 & \cdots \text{㉡} \end{cases}$에서 y를 없앨 때

㉠−㉡×2를 해도 되고, ㉠×$\frac{1}{2}$−㉡을 해도 된다.

대표 예제로 개념 익히기

예제 1 답 큰 수: 21, 작은 수: 8

두 수 중 큰 수를 x, 작은 수를 y라 하면

$\begin{cases} x-y=13 & \cdots \text{㉠} \\ x=3y-3 & \cdots \text{㉡} \end{cases}$

㉡을 ㉠에 대입하면

$(3y-3)-y=13$, $2y=16$ $\therefore y=8$

$y=8$을 ㉡에 대입하면

$x=3\times8-3=21$

따라서 큰 수는 21, 작은 수는 8이다.

1-1 답 42

십의 자리의 숫자를 x, 일의 자리의 숫자를 y라 하면

$\begin{cases} x+y=6 & \cdots \text{㉠} \\ x=2y & \cdots \text{㉡} \end{cases}$

㉡을 ㉠에 대입하면

$2y+y=6$, $3y=6$ $\therefore y=2$

$y=2$를 ㉡에 대입하면 $x=2\times2=4$

따라서 두 자리의 자연수는 42이다.

1-2 답 지수: 16세, 동생: 13세

지수의 나이를 x세, 동생의 나이를 y세라 하면

$\begin{cases} x-y=3 & \cdots \text{㉠} \\ x+y=29 & \cdots \text{㉡} \end{cases}$

㉠+㉡을 하면

$2x=32$ $\therefore x=16$

$x=16$을 ㉡에 대입하면

$16+y=29$ $\therefore y=13$

따라서 지수의 나이는 16세, 동생의 나이는 13세이다.

예제 2 답 (1) $\begin{cases} x+y=5 \\ 200x+800y=2800 \end{cases}$ (2) 지우개: 2개, 펜: 3개

(1) 지우개를 x개, 펜을 y개 샀으므로

$\begin{cases} x+y=5 \\ 200x+800y=2800 \end{cases}$

(2) $\begin{cases} x+y=5 \\ 200x+800y=2800 \end{cases}$에서 $\begin{cases} x+y=5 & \cdots \text{㉠} \\ x+4y=14 & \cdots \text{㉡} \end{cases}$

㉠−㉡을 하면 $-3y=-9$ $\therefore y=3$

$y=3$을 ㉠에 대입하면 $x+3=5$ $\therefore x=2$

따라서 지우개는 2개, 펜은 3개를 샀다.

2-1 답 어른: 8명, 어린이: 7명

입장한 어른을 x명, 어린이를 y명이라 하면

$\begin{cases} x+y=15 & \cdots \text{㉠} \\ 1200x+400y=12400 \end{cases}$, 즉 $\begin{cases} x+y=15 & \cdots \text{㉠} \\ 3x+y=31 & \cdots \text{㉡} \end{cases}$

㉠−㉡을 하면 $-2x=-16$ $\therefore x=8$

$x=8$을 ㉠에 대입하면 $8+y=15$ $\therefore y=7$

따라서 입장한 어른은 8명, 어린이는 7명이다.

2-2 답 1200원

장미 1송이의 가격을 x원, 백합 1송이의 가격을 y원이라 하면

$\begin{cases} 4x+3y=9300 & \cdots \text{㉠} \\ x=y-300 & \cdots \text{㉡} \end{cases}$

㉡을 ㉠에 대입하면 $4(y-300)+3y=9300$

$4y-1200+3y=9300$, $7y=10500$ $\therefore y=1500$

$y=1500$을 ㉡에 대입하면 $x=1500-300=1200$

따라서 장미 1송이의 가격은 1200원이다.

예제 3 답 $196\,\mathrm{cm}^2$

직사각형의 가로의 길이를 $x\,\mathrm{cm}$, 세로의 길이를 $y\,\mathrm{cm}$라 하면

$\begin{cases} 2(x+y)=70 \\ x=4y \end{cases}$, 즉 $\begin{cases} x+y=35 & \cdots \ \text{㉠} \\ x=4y & \cdots \ \text{㉡} \end{cases}$

㉡을 ㉠에 대입하면

$4y+y=35,\ 5y=35$ $\quad \therefore y=7$

$y=7$을 ㉡에 대입하면

$x=4\times 7=28$

따라서 직사각형의 가로의 길이는 $28\,\mathrm{cm}$, 세로의 길이는 $7\,\mathrm{cm}$
이므로 그 넓이는

$28\times 7=196(\mathrm{cm}^2)$

3-1 답 (1) 가로의 길이: $5\,\mathrm{cm}$, 세로의 길이: $3\,\mathrm{cm}$

　　　　　(2) $15\,\mathrm{cm}^2$

(1) 직사각형의 가로의 길이를 $x\,\mathrm{cm}$, 세로의 길이를 $y\,\mathrm{cm}$라 하면

$\begin{cases} 2(x+y)=16 \\ x=y+2 \end{cases}$, 즉 $\begin{cases} x+y=8 & \cdots \ \text{㉠} \\ x=y+2 & \cdots \ \text{㉡} \end{cases}$

㉡을 ㉠에 대입하면

$(y+2)+y=8,\ 2y=6$ $\quad \therefore y=3$

$y=3$을 ㉡에 대입하면 $x=3+2=5$

따라서 직사각형의 가로의 길이는 $5\,\mathrm{cm}$, 세로의 길이는 $3\,\mathrm{cm}$
이다.

(2) 직사각형의 넓이는

　　$5\times 3=15(\mathrm{cm}^2)$

3-2 답 $5\,\mathrm{cm}$

사다리꼴의 윗변의 길이를 $x\,\mathrm{cm}$, 아랫변의 길이를 $y\,\mathrm{cm}$라 하면

$\begin{cases} y=x+2 \\ \dfrac{1}{2}\times(x+y)\times 8=48 \end{cases}$, 즉 $\begin{cases} y=x+2 & \cdots \ \text{㉠} \\ x+y=12 & \cdots \ \text{㉡} \end{cases}$

㉠을 ㉡에 대입하면

$x+(x+2)=12,\ 2x=10$ $\quad \therefore x=5$

따라서 윗변의 길이는 $5\,\mathrm{cm}$이다.

예제 4 답 18일

전체 일의 양을 1로 놓고, 현우와 민희가 하루 동안 할 수 있는
일의 양을 각각 x, y라 하면

$\begin{cases} 6x+6y=1 & \cdots \ \text{㉠} \\ 12x+3y=1 & \cdots \ \text{㉡} \end{cases}$

㉠$\times 2-$㉡을 하면 $9y=1$ $\quad \therefore y=\dfrac{1}{9}$

$y=\dfrac{1}{9}$을 ㉠에 대입하면

$6x+\dfrac{2}{3}=1,\ 6x=\dfrac{1}{3}$ $\quad \therefore x=\dfrac{1}{18}$

따라서 현우가 혼자 하면 18일이 걸린다.

참고 현우가 하루 동안 할 수 있는 일의 양은 전체의 $\dfrac{1}{18}$이므로 현우
가 혼자 일을 한다면 18일이 걸린다.

4-1 답 20일

전체 일의 양을 1로 놓고, 민호와 종현이가 하루 동안 할 수 있는
일의 양을 각각 x, y라 하면

$\begin{cases} 12x+12y=1 & \cdots \ \text{㉠} \\ 15x+10y=1 & \cdots \ \text{㉡} \end{cases}$

㉠$\times 5-$㉡$\times 4$를 하면

$20y=1$ $\quad \therefore y=\dfrac{1}{20}$

따라서 종현이가 혼자 하면 20일이 걸린다.

4-2 답 12시간

물탱크에 물이 가득 차 있을 때의 물의 양을 1로 놓고, A, B 호
스로 1시간 동안 뺄 수 있는 물의 양을 각각 x, y라 하면

$\begin{cases} 3x+3y=1 & \cdots \ \text{㉠} \\ 6x+2y=1 & \cdots \ \text{㉡} \end{cases}$

㉠$\times 2-$㉡을 하면 $4y=1$ $\quad \therefore y=\dfrac{1}{4}$

$y=\dfrac{1}{4}$을 ㉠에 대입하면

$3x+\dfrac{3}{4}=1,\ 3x=\dfrac{1}{4}$ $\quad \therefore x=\dfrac{1}{12}$

따라서 A 호스로만 물을 빼는 데 12시간이 걸린다.

예제 5 답 (1) $\begin{cases} x+y=7 \\ \dfrac{x}{4}+\dfrac{y}{2}=2 \end{cases}$

　　　　　(2) 뛴 거리: $6\,\mathrm{km}$, 걸은 거리: $1\,\mathrm{km}$

(1) 뛴 거리가 $x\,\mathrm{km}$, 걸은 거리가 $y\,\mathrm{km}$이므로

$\begin{cases} x+y=7 & \cdots \ \text{㉠} \\ \dfrac{x}{4}+\dfrac{y}{2}=2 & \cdots \ \text{㉡} \end{cases}$

(2) ㉠$-$㉡$\times 4$를 하면 $-y=-1$ $\quad \therefore y=1$

　　$y=1$을 ㉠에 대입하면 $x+1=7$ $\quad \therefore x=6$

　　따라서 뛴 거리는 $6\,\mathrm{km}$, 걸은 거리는 $1\,\mathrm{km}$이다.

5-1 답 고속 도로: $120\,\mathrm{km}$, 일반 국도: $25\,\mathrm{km}$

고속 도로를 달린 거리를 $x\,\mathrm{km}$, 일반 국도를 달린 거리를 $y\,\mathrm{km}$
라 하면

	고속 도로	일반 국도	전체
거리	$x\,\mathrm{km}$	$y\,\mathrm{km}$	$145\,\mathrm{km}$
속력	시속 $80\,\mathrm{km}$	시속 $50\,\mathrm{km}$	
시간	$\dfrac{x}{80}$시간	$\dfrac{y}{50}$시간	2시간

$\begin{cases} x+y=145 \\ \dfrac{x}{80}+\dfrac{y}{50}=2 \end{cases}$, 즉 $\begin{cases} x+y=145 & \cdots \ \text{㉠} \\ 5x+8y=800 & \cdots \ \text{㉡} \end{cases}$

㉠$\times 5-$㉡을 하면 $-3y=-75$ $\quad \therefore y=25$

$y=25$를 ㉠에 대입하면 $x+25=145$ $\quad \therefore x=120$

따라서 고속 도로를 달린 거리는 $120\,\mathrm{km}$, 일반 국도를 달린 거리
는 $25\,\mathrm{km}$이다.

5-2 답 560 m

두 사람이 만날 때까지 A가 걸은 거리를 x m, B가 걸은 거리를 y m라 하면

	A	B
거리	x m	y m
속력	분속 70 m	분속 30 m
시간	$\dfrac{x}{70}$ 분	$\dfrac{y}{30}$ 분

$\begin{cases} x+y=800 \\ \dfrac{x}{70}=\dfrac{y}{30} \end{cases}$, 즉 $\begin{cases} x+y=800 & \cdots ㉠ \\ 3x-7y=0 & \cdots ㉡ \end{cases}$

㉠$\times 3-$㉡을 하면

$10y=2400$ ∴ $y=240$

$y=240$을 ㉠에 대입하면

$x+240=800$ ∴ $x=560$

따라서 A가 걸은 거리는 560 m이다.

예제 6 답 16분

동생이 집에서 학교까지 가는 데 걸린 시간을 x분,

형이 집에서 학교까지 가는 데 걸린 시간을 y분이라 하면

$\begin{cases} x=y+12 \\ 50x=200y \end{cases}$, 즉 $\begin{cases} x=y+12 & \cdots ㉠ \\ x=4y & \cdots ㉡ \end{cases}$

㉠을 ㉡에 대입하면

$y+12=4y,\ -3y=-12$ ∴ $y=4$

$y=4$를 ㉡에 대입하면 $x=16$

따라서 동생이 집에서 학교까지 가는 데 걸린 시간은 16분이다.

6-1 답 30분

동생이 집에서 공원까지 가는 데 걸린 시간을 x분,

언니가 집에서 공원까지 가는 데 걸린 시간을 y분이라 하면

$\begin{cases} x=y+45 \\ 80x=200y \end{cases}$, 즉 $\begin{cases} x=y+45 & \cdots ㉠ \\ 2x=5y & \cdots ㉡ \end{cases}$

㉠을 ㉡에 대입하면 $2(y+45)=5y$

$2y+90=5y,\ -3y=-90$ ∴ $y=30$

$y=30$을 ㉠에 대입하면 $x=30+45=75$

따라서 언니가 집에서 공원까지 가는 데 걸린 시간은 30분이다.

6-2 답 50초 후

수호와 준기가 만날 때까지 수호가 달린 거리를 x m, 준기가 달린 거리를 y m라 하면

$\begin{cases} x=y+100 \\ \dfrac{x}{6}=\dfrac{y}{4} \end{cases}$, 즉 $\begin{cases} x=y+100 & \cdots ㉠ \\ 2x=3y & \cdots ㉡ \end{cases}$

㉠을 ㉡에 대입하면

$2(y+100)=3y,\ 2y+200=3y$ ∴ $y=200$

$y=200$을 ㉠에 대입하면 $x=200+100=300$

따라서 두 사람이 만나는 것은 출발한 지

$\dfrac{300}{6}=50$(초)$\left(또는 \dfrac{200}{4}=50(초)\right)$ 후이다.

실전 문제로 **단원 마무리하기** •83~86쪽

1 ③	**2** ⑤	**3** ④	**4** 2개	**5** ④
6 2	**7** ⑤	**8** 7	**9** 3	**10** 14

11 $x=-3,\ y=2$ **12** $x=4,\ y=1$ **13** ④

14 ④   **15** 8

16 복숭아: 36개, 144문, 자두: 64개, 128문

17 6 cm   **18** ①

19 자전거: 5 km, 버스: 105 km

서술형

20 9   **21** 5

22 (1) $\begin{cases} x+y=16 \\ 10y+x=(10x+y)+18 \end{cases}$ (2) $x=7,\ y=9$

(3) 79

23 20분

1 답 ③

① 등식이 아니므로 일차방정식이 아니다.

② 미지수가 1개인 일차방정식이다.

③ 정리하면 $2x-2y=0$이므로 미지수가 2개인 일차방정식이다.

④ x의 차수가 2이므로 일차방정식이 아니다.

⑤ 분모에 x가 있으므로 일차방정식이 아니다.

따라서 미지수가 2개인 일차방정식인 것은 ③이다.

2 답 ⑤

⑤ $300x=500y+200$

3 답 ④

④ $x=2,\ y=-5$를 $4x+y=3$에 대입하면

$4\times2+(-5)=3$

4 답 2개

$x,\ y$의 값이 자연수일 때, $x+2y=6$을 만족시키는 순서쌍 $(x,\ y)$는 $(2,\ 2),\ (4,\ 1)$의 2개이다.

5 답 ④

④ $x=1,\ y=-2$를 $x-3y=7$에 대입하면

$1-3\times(-2)=7$

$x=1,\ y=-2$를 $2x-y=4$에 대입하면

$2\times1-(-2)=4$

6 답 2

㉡을 ㉠에 대입하면 $3(y+1)+2y=8$

$3y+3+2y=8,\ 5y+3=8$

따라서 $a=5,\ b=3$이므로

$a-b=5-3=2$

7 답 ⑤

① $\begin{cases} 4x-y=-2 & \cdots \text{㉠} \\ 5x+y=-7 & \cdots \text{㉡} \end{cases}$

㉠+㉡을 하면 $9x=-9$　∴ $x=-1$

$x=-1$을 ㉡에 대입하면 $-5+y=-7$　∴ $y=-2$

즉, 주어진 연립방정식의 해는 $x=-1$, $y=-2$

② $\begin{cases} 3x-5y=7 & \cdots \text{㉠} \\ 2x+y=-4 & \cdots \text{㉡} \end{cases}$

㉠+㉡$\times 5$를 하면 $13x=-13$　∴ $x=-1$

$x=-1$을 ㉡에 대입하면 $-2+y=-4$　∴ $y=-2$

즉, 주어진 연립방정식의 해는 $x=-1$, $y=-2$

③ $\begin{cases} x-4y=7 & \cdots \text{㉠} \\ 2x-9y=16 & \cdots \text{㉡} \end{cases}$

㉠$\times 2$-㉡을 하면 $y=-2$

$y=-2$를 ㉠에 대입하면 $x+8=7$　∴ $x=-1$

즉, 주어진 연립방정식의 해는 $x=-1$, $y=-2$

④ $\begin{cases} -3x-4y=11 & \cdots \text{㉠} \\ 4x+5y=-14 & \cdots \text{㉡} \end{cases}$

㉠$\times 4$+㉡$\times 3$을 하면 $-y=2$　∴ $y=-2$

$y=-2$를 ㉡에 대입하면

$4x-10=-14$, $4x=-4$　∴ $x=-1$

즉, 주어진 연립방정식의 해는 $x=-1$, $y=-2$

⑤ $\begin{cases} 5x+8y=-11 & \cdots \text{㉠} \\ 2x+3y=-4 & \cdots \text{㉡} \end{cases}$

㉠$\times 2$-㉡$\times 5$를 하면 $y=-2$

$y=-2$를 ㉠에 대입하면

$5x-16=-11$, $5x=5$　∴ $x=1$

즉, 주어진 연립방정식의 해는 $x=1$, $y=-2$

따라서 연립방정식의 해가 나머지 넷과 다른 하나는 ⑤이다.

8 답 7

$\begin{cases} 4x-3y=15 & \cdots \text{㉠} \\ 2x-y=7 & \cdots \text{㉡} \end{cases}$

㉠-㉡$\times 3$을 하면 $-2x=-6$　∴ $x=3$

$x=3$을 ㉡에 대입하면 $6-y=7$　∴ $y=-1$

따라서 $x=3$, $y=-1$을 $x-4y=a$에 대입하면

$3+4=a$　∴ $a=7$

9 답 3

$x:y=3:1$에서 $x=3y$이므로

$\begin{cases} 5x-3y=12 & \cdots \text{㉠} \\ x=3y & \cdots \text{㉡} \end{cases}$

㉡을 ㉠에 대입하면

$5\times 3y-3y=12$, $12y=12$　∴ $y=1$

$y=1$을 ㉡에 대입하면 $x=3\times 1=3$

따라서 $x=3$, $y=1$을 $2x+ay=9$에 대입하면

$6+a=9$　∴ $a=3$

10 답 14

두 연립방정식

$\begin{cases} 2x+y=a & \cdots \text{㉠} \\ x+2y=7 & \cdots \text{㉡} \end{cases}$ 과 $\begin{cases} 4x-3y=6 & \cdots \text{㉢} \\ 3x+by=-3 & \cdots \text{㉣} \end{cases}$

의 해는 네 일차방정식 ㉠~㉣을 모두 만족시키므로

연립방정식 $\begin{cases} x+2y=7 & \cdots \text{㉡} \\ 4x-3y=6 & \cdots \text{㉢} \end{cases}$ 의 해와 같다.

㉡$\times 4$-㉢을 하면 $11y=22$　∴ $y=2$

$y=2$를 ㉡에 대입하면 $x+4=7$　∴ $x=3$

따라서 $x=3$, $y=2$를 ㉠에 대입하면

$6+2=a$　∴ $a=8$

$x=3$, $y=2$를 ㉣에 대입하면

$9+2b=-3$, $2b=-12$　∴ $b=-6$

∴ $a-b=8-(-6)=14$

11 답 $x=3$, $y=2$

주어진 연립방정식을 괄호를 풀어 정리하면

$\begin{cases} x-2y=-7 & \cdots \text{㉠} \\ 3x-2y=-13 & \cdots \text{㉡} \end{cases}$

㉠-㉡을 하면 $-2x=6$　∴ $x=-3$

$x=-3$을 ㉠에 대입하면

$-3-2y=-7$, $-2y=-4$　∴ $y=2$

따라서 주어진 연립방정식의 해는

$x=-3$, $y=2$

12 답 $x=4$, $y=1$

왼쪽 그림을 일차방정식으로 나타내면

$0.3x+(-0.5)y=0.7$에서 $0.3x-0.5y=0.7$

오른쪽 그림을 일차방정식으로 나타내면

$\dfrac{x}{2}+\dfrac{y}{5}=\dfrac{11}{5}$

즉, 주어진 그림을 연립방정식으로 나타내면

$\begin{cases} 0.3x-0.5y=0.7 & \cdots \text{㉠} \\ \dfrac{x}{2}+\dfrac{y}{5}=\dfrac{11}{5} & \cdots \text{㉡} \end{cases}$

㉠$\times 10$, ㉡$\times 10$을 하면

$\begin{cases} 3x-5y=7 & \cdots \text{㉢} \\ 5x+2y=22 & \cdots \text{㉣} \end{cases}$

㉢$\times 2$+㉣$\times 5$를 하면

$31x=124$　∴ $x=4$

$x=4$를 ㉣에 대입하면

$20+2y=22$, $2y=2$　∴ $y=1$

13 답 ④

$\dfrac{x+y}{2}=\dfrac{2x-y-4}{6}=\dfrac{x}{4}$에서

$\begin{cases} \dfrac{x+y}{2}=\dfrac{x}{4} & \cdots \text{㉠} \\[2mm] \dfrac{2x-y-4}{6}=\dfrac{x}{4} & \cdots \text{㉡} \end{cases}$

$\bigcirc \times 4$를 하면 $2x+2y=x$ $\qquad \therefore x=-2y$ $\qquad \cdots \bigcirc$

$\bigcirc \times 12$를 하면 $4x-2y-8=3x$ $\qquad \therefore x-2y=8$ $\qquad \cdots \bigcirc$

$\bigcirc$을 $\bigcirc$에 대입하면 $-2y-2y=8$

$-4y=8$ $\qquad \therefore y=-2$

$y=-2$를 $\bigcirc$에 대입하면

$x=-2 \times (-2)=4$

따라서 $a=4$, $b=-2$이므로

$a+b=4+(-2)=2$

14 답 ④

① $\begin{cases} 3x+3y=9 \\ x+y=2 \end{cases}$ 에서 $\begin{cases} 3x+3y=9 \\ 3x+3y=6 \end{cases}$ 이므로 해가 없다.

② $\begin{cases} x+y=-2 \\ x-y=2 \end{cases}$ 의 해는 $x=0$, $y=-2$

③ $\begin{cases} x+y=1 \\ -3x-3y=3 \end{cases}$ 에서 $\begin{cases} -3x-3y=-3 \\ -3x-3y=3 \end{cases}$ 이므로 해가 없다.

④ $\begin{cases} x-y=-2 \\ -2x+2y=4 \end{cases}$ 에서 $\begin{cases} -2x+2y=4 \\ -2x+2y=4 \end{cases}$ 이므로 해가 무수히 많다.

⑤ $\begin{cases} -2x+4y=8 \\ x-2y=4 \end{cases}$ 에서 $\begin{cases} -2x+4y=8 \\ -2x+4y=-8 \end{cases}$ 이므로 해가 없다.

따라서 해가 무수히 많은 것은 ④이다.

15 답 8

$\begin{cases} x+4y=6 \\ 2x+ay=5 \end{cases}$ 에서 $\begin{cases} 2x+8y=12 \\ 2x+ay=5 \end{cases}$

이 연립방정식의 해가 없으므로 $a=8$

16 답 복숭아: 36개, 144문, 자두: 64개, 128문

복숭아의 개수를 x개, 자두의 개수를 y개라 하면

$\begin{cases} x+y=100 & \cdots \bigcirc \\ 4x+2y=272 & \cdots \bigcirc \end{cases}$

$\bigcirc \times 2 - \bigcirc$을 하면

$-2x=-72$ $\qquad \therefore x=36$

$x=36$을 $\bigcirc$에 대입하면

$36+y=100$ $\qquad \therefore y=64$

따라서 복숭아는 36개, 자두는 64개이고 그 값은 각각

$36 \times 4 = 144$(문), $64 \times 2 = 128$(문)이다.

17 답 6 cm

사다리꼴의 아랫변의 길이를 x cm, 윗변의 길이를 y cm라 하면

$\begin{cases} x=y+2 \\ \dfrac{1}{2} \times (x+y) \times 3 = 15 \end{cases}$, 즉 $\begin{cases} x=y+2 & \cdots \bigcirc \\ x+y=10 & \cdots \bigcirc \end{cases}$

$\bigcirc$을 $\bigcirc$에 대입하면

$(y+2)+y=10$, $2y=8$ $\qquad \therefore y=4$

$y=4$를 $\bigcirc$에 대입하면

$x=4+2=6$

따라서 아랫변의 길이는 6 cm이다.

18 답 ①

A가 이긴 횟수를 x회, B가 이긴 횟수를 y회라 하면

$\begin{cases} x+y=10 & \cdots \bigcirc \\ 2x-y=8 & \cdots \bigcirc \end{cases}$

$\bigcirc + \bigcirc$을 하면 $3x=18$ $\qquad \therefore x=6$

$x=6$을 $\bigcirc$에 대입하면

$6+y=10$ $\qquad \therefore y=4$

따라서 B가 이긴 횟수는 4회이다.

19 답 자전거: 5 km, 버스: 105 km

자전거를 타고 간 거리를 x km, 버스를 타고 간 거리를 y km라 하면

$\begin{cases} x+y=110 \\ \dfrac{x}{10} + \dfrac{y}{70} = 2 \end{cases}$, 즉 $\begin{cases} x+y=110 & \cdots \bigcirc \\ 7x+y=140 & \cdots \bigcirc \end{cases}$

$\bigcirc - \bigcirc$을 하면 $-6x=-30$ $\qquad \therefore x=5$

$x=5$를 $\bigcirc$에 대입하면

$5+y=110$ $\qquad \therefore y=105$

따라서 자전거를 타고 간 거리는 5 km, 버스를 타고 간 거리는 105 km이다.

20 답 9

$x=5$, $y=b$를 $2x-y=8$에 대입하면

$10-b=8$ $\qquad \therefore b=2$ $\qquad \cdots$ (i)

따라서 주어진 연립방정식의 해는 $(5, 2)$이므로

$x=5$, $y=2$를 $ax-5y=25$에 대입하면

$5a-10=25$, $5a=35$ $\qquad \therefore a=7$ $\qquad \cdots$ (ii)

$\therefore a+b=7+2=9$ $\qquad \cdots$ (iii)

채점 기준	배점
(i) b의 값 구하기	40 %
(ii) a의 값 구하기	40 %
(iii) $a+b$의 값 구하기	20 %

21 답 5

$x=2$, $y=-1$을 $\begin{cases} ax+by=7 \\ bx+ay=-8 \end{cases}$ 에 대입하면

$\begin{cases} 2a-b=7 \\ 2b-a=-8 \end{cases}$ 에서 $\begin{cases} 2a-b=7 & \cdots \bigcirc \\ -a+2b=-8 & \cdots \bigcirc \end{cases}$

$\bigcirc + \bigcirc \times 2$를 하면

$3b=-9$ $\qquad \therefore b=-3$ $\qquad \cdots$ (i)

$b=-3$을 $\bigcirc$에 대입하면

$2a+3=7$, $2a=4$ $\qquad \therefore a=2$ $\qquad \cdots$ (ii)

$\therefore a-b=2-(-3)=5$ $\qquad \cdots$ (iii)

채점 기준	배점
(i) b의 값 구하기	40 %
(ii) a의 값 구하기	40 %
(iii) $a-b$의 값 구하기	20 %

22 답 (1) $\begin{cases} x+y=16 \\ 10y+x=(10x+y)+18 \end{cases}$

(2) $x=7$, $y=9$ (3) 79

(1) 처음 수의 십의 자리 숫자가 x, 일의 자리의 숫자가 y이고,

$\begin{cases} (\text{각 자리의 숫자의 합})=16 \\ (\text{바꾼 수})=(\text{처음 수})+18 \end{cases}$ 이므로

$\begin{cases} x+y=16 \\ 10y+x=(10x+y)+18 \end{cases}$ $\cdots$ (i)

(2) (1)에서 $\begin{cases} x+y=16 & \cdots \text{㉠} \\ -9x+9y=18 & \cdots \text{㉡} \end{cases}$

㉠ $\times 9 +$ ㉡을 하면 $18y=162$ $\therefore y=9$

$y=9$를 ㉠에 대입하면 $x+9=16$ $\therefore x=7$ $\cdots$ (ii)

(3) 처음 수의 십의 자리의 숫자가 7, 일의 자리의 숫자가 9이므로 처음 수는 79이다. $\cdots$ (iii)

채점 기준	배점
(i) 연립방정식 세우기	50 %
(ii) 연립방정식의 해 구하기	30 %
(iii) 처음 수 구하기	20 %

⚠ 오개념 바로잡기

처음 수의 십의 자리의 숫자를 x, 일의 자리의 숫자를 y라 하고, 연립방정식 세우기

$\xrightarrow{(\times)} \begin{cases} x+y=16 \\ yx=xy+18 \end{cases}$

$\xrightarrow{(\bigcirc)} \begin{cases} x+y=16 \\ 10y+x=(10x+y)+18 \end{cases}$

➡ 처음 수가 $\boxed{x}\boxed{y}$, 바꾼 수가 $\boxed{y}\boxed{x}$라 해서 이 수를 xy나 yx로 나타내면 안 돼. 예를 들어, 32는 3×2가 아닌 $3\times10+2\times1$이기 때문이야!

23 답 20분

빈 물통에 물을 가득 채웠을 때의 물의 양을 1로 놓고, A, B 두 수도꼭지로 1분 동안 채울 수 있는 물의 양을 각각 x, y라 하면

$\begin{cases} 8x+3y=1 & \cdots \text{㉠} \\ 4x+4y=1 & \cdots \text{㉡} \end{cases}$ $\cdots$ (i)

㉠ $-$ ㉡ $\times 2$를 하면 $-5y=-1$ $\therefore y=\dfrac{1}{5}$

$y=\dfrac{1}{5}$을 ㉠에 대입하면

$8x+\dfrac{3}{5}=1$, $8x=\dfrac{2}{5}$

$\therefore x=\dfrac{1}{20}$ $\cdots$ (ii)

따라서 A 수도꼭지만으로 이 물통에 물을 가득 채우는 데 20분이 걸린다. $\cdots$ (iii)

채점 기준	배점
(i) 연립방정식 세우기	50 %
(ii) 연립방정식의 해 구하기	30 %
(iii) A 수도꼭지만으로 가득 채우는 데 걸리는 시간 구하기	20 %

OX 문제로 개념 점검!   •87쪽

❶ ◯ ❷ ✕ ❸ ◯ ❹ ✕ ❺ ◯ ❻ ✕

❷ x, y의 값이 자연수일 때, $3x+y=10$을 만족시키는 순서쌍은 $(1, 7)$, $(2, 4)$, $(3, 1)$의 3개이다.

❹ $\begin{cases} x+y=5 \\ 5x-2y=-3 \end{cases}$의 해는 $x=1$, $y=4$이고,

$\begin{cases} 6x-y=-2 \\ -3x+y=-1 \end{cases}$의 해는 $x=-1$, $y=-4$이다.

따라서 주어진 두 연립방정식의 해는 서로 같지 않다.

❻ 연립방정식을 세우면 $\begin{cases} x+y=8 \\ \dfrac{x}{3}+\dfrac{y}{5}=2 \end{cases}$ 이다.

5 일차함수와 그 그래프

개념22 함수와 함숫값

·90~91쪽

· 개념 확인하기

1 답 표는 풀이 참조
　(1) 하나씩 대응한다.　(2) 함수이다.

(정삼각형의 둘레의 길이)=3×(한 변의 길이)이므로

x	1	2	3	4	5	⋯
y	3	6	9	12	15	⋯

(1) x의 값이 변함에 따라 y의 값이 오직 하나씩 대응한다.
(2) y는 x의 함수이다.

2 답 표는 풀이 참조
　(1) 하나씩 대응하지 않는다.　(2) 함수가 아니다.

x	1	2	3	4	5	⋯
y	1	1, 2	1, 3	1, 2, 4	1, 5	⋯

(1) x의 값 하나에 y의 값이 오직 하나씩 대응하지 않는다.
(2) y는 x의 함수가 아니다.

3 답 (1) 4　(2) 1　(3) 0　(4) -8

(1) $f(1)=4\times1=4$　　　(2) $f\left(\dfrac{1}{4}\right)=4\times\dfrac{1}{4}=1$

(3) $f(0)=4\times0=0$　　　(4) $f(-2)=4\times(-2)=-8$

4 답 (1) 1　(2) -9　(3) -3　(4) 6

(1) $f(9)=\dfrac{9}{9}=1$　　　(2) $f(-1)=\dfrac{9}{-1}=-9$

(3) $f(-3)=\dfrac{9}{-3}=-3$　　(4) $f\left(\dfrac{3}{2}\right)=9\div\dfrac{3}{2}=9\times\dfrac{2}{3}=6$

(대표 예제로 **개념 익히기**)

예제**1** 답 ②

①

x	1	2	3	4	5	⋯
y	8	8	24	8	40	⋯

즉, x의 값이 변함에 따라 y의 값이 오직 하나씩 대응하므로 y는 x의 함수이다.

②

x	1	2	3	4	5	⋯
y	0, 2	1, 3	2, 4	3, 5	4, 6	⋯

x의 값 하나에 대응하는 y의 값이 2개씩이다. 즉, x의 값 하나에 y의 값이 오직 하나씩 대응하지 않으므로 y는 x의 함수가 아니다.

③

x	⋯	10	11	12	13	14	⋯
y	⋯	14	13	12	11	10	⋯

즉, x의 값이 변함에 따라 y의 값이 오직 하나씩 대응하므로 y는 x의 함수이다.

④

x	1	2	3	4	5	⋯
y	12	6	4	3	$\dfrac{12}{5}$	⋯

즉, x의 값이 변함에 따라 y의 값이 오직 하나씩 대응하므로 y는 x의 함수이다.

⑤

x	1	2	3	4	5	⋯
y	18	9	6	$\dfrac{9}{2}$	$\dfrac{18}{5}$	⋯

즉, x의 값이 변함에 따라 y의 값이 오직 하나씩 대응하므로 y는 x의 함수이다.

따라서 y가 x의 함수가 아닌 것은 ②이다.

1-1 답 ③

ㄱ.

x	1	2	3	4	5	⋯
y	200	400	600	800	1000	⋯

즉, x의 값이 변함에 따라 y의 값이 오직 하나씩 대응하므로 y는 x의 함수이다.

ㄴ.

x	1	2	3	4	5	⋯
y	29	28	27	26	25	⋯

즉, x의 값이 변함에 따라 y의 값이 오직 하나씩 대응하므로 y는 x의 함수이다.

ㄷ. 키가 170 cm인 사람의 앉은키는 80 cm, 90 cm 등으로 x의 값 하나에 y의 값이 오직 하나로 정해지지 않으므로 y는 x의 함수가 아니다.

따라서 y가 x의 함수인 것은 ㄱ, ㄴ이다.

1-2 답 ④

①, ②, ③ x의 값 하나에 y의 값이 2개 이상 대응하므로 y는 x의 함수가 아니다.
④ 어떤 자연수 x를 4로 나눈 나머지 y는 0, 1, 2, 3 중 오직 하나이므로 y는 x의 함수이다.
⑤ 자연수보다 큰 음수는 없으므로 y는 x의 함수가 아니다.
　즉, x의 값 하나에 대응하는 y의 값이 없다.

따라서 y가 x의 함수인 것은 ④이다.

예제**2** 답 -1

$f(2)=-2\times2=-4$

$g(5)=\dfrac{15}{5}=3$

∴ $f(2)+g(5)=-4+3=-1$

2-1 답 ⑤

$f(-3)=-6\times(-3)=18$

$g(2)=-\dfrac{12}{2}=-6$

$\therefore f(-3)+g(2)=18+(-6)=12$

2-2 답 (1) 5 (2) -15

(1) $f(2)=10$이므로 $f(x)=ax$에 $x=2$를 대입하면

　$f(2)=2a=10$ $\therefore a=5$

(2) $f(x)=5x$이므로

　$f(-3)=5\times(-3)=-15$

개념 23 **일차함수** ·92~93쪽

·개념 확인하기

1 답 (1) ○ (2) × (3) × (4) ○

　　　(5) × (6) ○ (7) ○ (8) ×

(2) 6은 일차식이 아니므로 일차함수가 아니다.

(3) x가 분모에 있으므로 일차함수가 아니다.

(5) $y=(x$에 대한 이차식)이므로 일차함수가 아니다.

(7) $x-y=3$에서 $y=x-3$이므로 일차함수이다.

(8) $y=x-(x+2)$에서 $y=-2$이고,

　　-2는 일차식이 아니므로 일차함수가 아니다.

2 답 (1) $y=x^2$, × (2) $y=600x$, ○ (3) $y=\dfrac{20}{x}$, ×

　　　(4) $y=300-20x$, ○

(1) (정사각형의 넓이)$=$(한 변의 길이)^{2}이므로 $y=x^2$

　　따라서 $y=(x$에 대한 이차식)이므로 일차함수가 아니다.

(2) $y=600x$이므로 일차함수이다.

(3) (시간)$=\dfrac{(거리)}{(속력)}$이므로 $y=\dfrac{20}{x}$

　　따라서 x가 분모에 있으므로 일차함수가 아니다.

(4) $y=300-20x$이므로 일차함수이다.

3 답 (1) 3 (2) 7 (3) -3 (4) 4

(1) $f(0)=2\times0+3=3$

(2) $f(2)=2\times2+3=7$

(3) $f(-3)=2\times(-3)+3=-3$

(4) $f\left(\dfrac{1}{2}\right)=2\times\dfrac{1}{2}+3=4$

대표 예제로 개념 익히기

예제 1 답 ③

③ $y=2x-2(x+1)$에서 $y=-2$

　-2는 일차식이 아니므로 일차함수가 아니다.

⑤ $y=x^2-(x^2-2x)$에서 $y=2x$이므로 일차함수이다.

따라서 일차함수가 아닌 것은 ③이다.

1-1 답 ㄷ

$y=x(x+2)-2x$에서 $y=x^2$이므로 일차함수가 아니다.

$y=\dfrac{4}{x}$는 x가 분모에 있으므로 일차함수가 아니다.

따라서 일차함수가 있는 칸을 모두 색칠하면 다음과 같으므로 나타나는 한글의 자음은 'ㄷ'이다.

$y=3x+2$	$y=-\dfrac{x}{2}$	$y=1-6x$
$2x-y=3$	$y=x(x+2)-2x$	$y=\dfrac{4}{x}$
$y=x(x+1)-x^2$	$2x+y=x+1$	$\dfrac{x}{3}+\dfrac{y}{2}=1$

⊘오개념 바로잡기

일차함수 찾기

$\xrightarrow{(\times)} y=-\dfrac{x}{2}$의 상수항이 없으므로 일차함수가 아니다.

　　$y=x(x+1)-x^2$에 x^2항이 있으므로 일차함수가 아니다.

$\xrightarrow{(\bigcirc)} y=-\dfrac{x}{2}$의 x의 계수는 $-\dfrac{1}{2}$이므로 일차함수이다.

　　$y=x(x+1)-x^2$을 정리하면 $y=x$이므로 일차함수이다.

➡ y가 x에 대한 일차함수가 되려면 $y=ax+b$의 꼴로 나타냈을 때, 반드시 $a\neq0$이어야 하지만 $b=0$이어도 돼.

또 주어진 식이 일차함수인지 확인하기 전에 반드시 식을 간단히 정리해야 함을 잊지 말자!

예제 2 답 ⑤

① $y=45+x$이므로 일차함수이다.

② $y=10000-1200x$이므로 일차함수이다.

③ $y=200-2x$이므로 일차함수이다.

④ $y=4x$이므로 일차함수이다.

⑤ $y=\pi x^2$이므로 일차함수가 아니다.

따라서 일차함수가 아닌 것은 ⑤이다.

2-1 답 ④

ㄱ. $xy=5000$에서 $y=\dfrac{5000}{x}$이므로 일차함수가 아니다.

ㄴ. $y=50-6x$이므로 일차함수이다.

ㄷ. $y=\dfrac{100}{x}$이므로 일차함수가 아니다.

ㄹ. $y=2(x+5)$에서 $y=2x+10$이므로 일차함수이다.

따라서 일차함수인 것은 ㄴ, ㄹ이다.

예제 3 답 14

$f(a)=1$이므로 $4a-3=1$, $4a=4$ $\therefore a=1$

$f(4)=4\times 4-3=13$ $\therefore b=13$

$\therefore a+b=1+13=14$

3-1 답 -6

$f(a)=1$이므로 $-2a-3=1$, $-2a=4$ $\therefore a=-2$

$f(2)=-2\times 2-3=-7$

$f(a+1)=f(-1)=-2\times(-1)-3=-1$

$\therefore f(2)-f(a+1)=-7-(-1)=-6$

개념 24 일차함수 $y=ax+b$의 그래프 ·94~95쪽

·개념 확인하기

1 답 (1) 풀이 참조 (2) 4, y, 4, 그래프는 풀이 참조

(1)

x	$\cdots$	-2	-1	0	1	2	$\cdots$
$y=2x$	$\cdots$	-4	-2	0	2	4	$\cdots$
$y=2x+4$	$\cdots$	0	2	4	6	8	$\cdots$

(2) x의 각 값에 대하여 일차함수 $y=2x+4$의 함숫값은 일차함수 $y=2x$의 함숫값보다 항상 $\boxed{4}$만큼 크다.

따라서 일차함수 $y=2x+4$의 그래프는 일차함수 $y=2x$의 그래프를 $\boxed{y}$축의 방향으로 $\boxed{4}$만큼 평행하게 이동한 것과 같다.

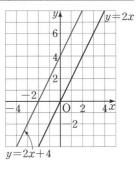

2 답 (1) 1, 그래프는 풀이 참조 (2) -3, 그래프는 풀이 참조

(1) 일차함수 $y=-2x+1$의 그래프는 일차함수 $y=-2x$의 그래프를 y축의 방향으로 $\boxed{1}$만큼 평행이동한 그래프와 같다.

(2) 일차함수 $y=-2x-3$의 그래프는 일차함수 $y=-2x$의 그래프를 y축의 방향으로 $\boxed{-3}$만큼 평행이동한 그래프와 같다.

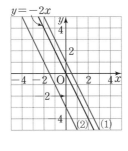

대표 예제로 개념 익히기

예제 1 답 ④

$y=4x+1$의 그래프를 y축의 방향으로 -3만큼 평행이동한 그래프의 식은

$y=4x+1-3$에서 $y=4x-2$

1-1 답 (1) $y=4x+5$ (2) $y=-3x-1$
(3) $y=2x+1$ (4) $y=-\dfrac{2}{5}x+4$

(3) $y=2x+3-2$에서 $y=2x+1$

(4) $y=-\dfrac{2}{5}x+1+3$에서 $y=-\dfrac{2}{5}x+4$

1-2 답 4

$y=4x+k$의 그래프를 y축의 방향으로 -3만큼 평행이동한 그래프의 식은 $y=4x+k-3$

따라서 $k-3=1$이므로 $k=4$

예제 2 답 ⑤

$y=-2x+5$에 주어진 점의 좌표를 대입하면

① $9=-2\times(-2)+5$ ② $5=-2\times 0+5$

③ $4=-2\times\dfrac{1}{2}+5$ ④ $1=-2\times 2+5$

⑤ $11\ne -2\times 3+5$

따라서 일차함수 $y=-2x+5$의 그래프 위의 점이 아닌 것은 ⑤이다.

2-1 답 ②, ⑤

$y=2x$의 그래프를 y축의 방향으로 -3만큼 평행이동한 그래프의 식은 $y=2x-3$

이 식에 주어진 점의 좌표를 대입하면

① $-6\ne 2\times(-2)-3$ ② $-4=2\times\left(-\dfrac{1}{2}\right)-3$

③ $2\ne 2\times 0-3$ ④ $-3\ne 2\times 1-3$

⑤ $1=2\times 2-3$

따라서 일차함수 $y=2x-3$의 그래프 위의 점인 것은 ②, ⑤이다.

2-2 답 9

$y=\dfrac{2}{3}x$의 그래프를 y축의 방향으로 -2만큼 평행이동한 그래프의 식은 $y=\dfrac{2}{3}x-2$

이 그래프가 점 $(a, 4)$를 지나므로

$4=\dfrac{2}{3}a-2$, $\dfrac{2}{3}a=6$

$\therefore a=9$

개념 25 일차함수의 그래프의 절편과 기울기 ·97~100쪽

·개념 확인하기

1 답 (1) ① $(-3, 0)$, -3 ② $(0, 3)$, 3
(2) ① $(-4, 0)$, -4 ② $(0, -2)$, -2

x절편은 함수의 그래프가 x축과 만나는 점의 x좌표이고, y절편은 함수의 그래프가 y축과 만나는 점의 y좌표이다.

2 답 (1) 0, -3, 0, 0, -3, 6 (2) x절편: 3, y절편: 9
(3) x절편: $\dfrac{8}{5}$, y절편: -8 (4) x절편: -8, y절편: -2

(2) $y=-3x+9$에
$y=0$을 대입하면 $0=-3x+9$, $3x=9$ $\therefore x=3$
$x=0$을 대입하면 $y=-3\times0+9=9$
따라서 x절편은 3, y절편은 9이다.

(3) $y=5x+8$에
$y=0$을 대입하면 $0=5x-8$, $5x=8$ $\therefore x=\dfrac{8}{5}$
$x=0$을 대입하면 $y=5\times0-8=-8$
따라서 x절편은 $\dfrac{8}{5}$, y절편은 -8이다.

(4) $y=-\dfrac{1}{4}x-2$에
$y=0$을 대입하면 $0=-\dfrac{1}{4}x-2$, $\dfrac{1}{4}x=-2$ $\therefore x=-8$
$x=0$을 대입하면 $y=-\dfrac{1}{4}\times0-2=-2$
따라서 x절편은 -8, y절편은 -2이다.

3 답 (1) 2 (2) -1 (3) $\dfrac{2}{5}$ (4) $-\dfrac{1}{3}$

일차함수 $y=ax+b$의 그래프의 기울기는 x의 계수인 a이다.

4 답 풀이 참조

(1) 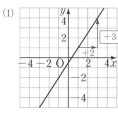 (2)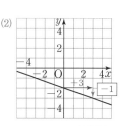

$\Rightarrow$ (기울기)$=\dfrac{+3}{+2}$ $\Rightarrow$ (기울기)$=\dfrac{-1}{+3}$
$=\dfrac{3}{2}$ $=-\dfrac{1}{3}$

5 답 (1) 1 (2) -1 (3) -2 (4) $-\dfrac{3}{8}$

(1) 두 점 $(2, 0)$, $(4, 2)$를 지나므로
(기울기)$=\dfrac{2-0}{4-2}=1$

(2) 두 점 $(-3, -1)$, $(6, -10)$을 지나므로
(기울기)$=\dfrac{-10-(-1)}{6-(-3)}=-1$

(3) 두 점 $(-5, -2)$, $(-9, 6)$을 지나므로
(기울기)$=\dfrac{6-(-2)}{-9-(-5)}=-2$

(4) 두 점 $(1, -5)$, $(-7, -2)$를 지나므로
(기울기)$=\dfrac{-2-(-5)}{-7-1}=-\dfrac{3}{8}$

✏️ 오개념 바로잡기

(3) 두 점 $(-5, -2)$, $(-9, 6)$을 지나는 직선의 기울기 구하기

(×) → (기울기)$=\dfrac{6-(-2)}{-5-(-9)}=2$
(×) → (기울기)$=\dfrac{-2-6}{-9-(-5)}=2$
(○) → (기울기)$=\dfrac{6-(-2)}{-9-(-5)}=-2$

➡ 두 점을 지나는 직선의 기울기를 구할 때, x좌표끼리, y좌표끼리 빼는 순서가 같아야 해!
즉, 두 점 (x_1, y_1), (x_2, y_2)를 지나는 일차함수의 그래프의 기울기는
$\dfrac{y_2-y_1}{x_2-x_1}$ 또는 $\dfrac{y_1-y_2}{x_1-x_2}$

6 답 풀이 참조

(1) x절편이 3, y절편이 2이므로 두 점 $(3, 0)$, $(0, 2)$를 직선으로 연결한다.

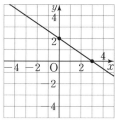

(2) x절편이 -2, y절편이 4이므로 두 점 $(-2, 0)$, $(0, 4)$를 직선으로 연결한다.

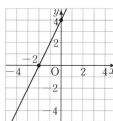

7 답 풀이 참조

(1) y절편이 3이므로 점 $(0, 3)$을 지나고, 기울기가 1이므로 점 $(0, 3)$에서 x의 값이 1만큼, y의 값이 1만큼 증가한 점 $(1, 4)$를 지난다. 즉, 두 점 $(0, 3)$, $(1, 4)$를 직선으로 연결한다.

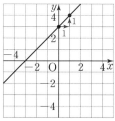

(2) y절편이 2이므로 점 $(0, 2)$를 지나고, 기울기가 -3이므로 점 $(0, 2)$에서 x의 값이 1만큼, y의 값이 3만큼 감소한 점 $(1, -1)$을 지난다. 즉, 두 점 $(0, 2)$, $(1, -1)$을 직선으로 연결한다.

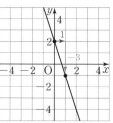

대표 예제로 **개념 익히기**

예제 1 답 ④

$y=-4x+8$에 대하여

$y=0$일 때, $0=-4x+8$, $4x=8$ $\therefore x=2$

$x=0$일 때, $y=-4\times0+8=8$

따라서 x절편은 2, y절편은 8이므로

$a=2$, $b=8$ $\therefore a+b=2+8=10$

1-1 답 -50

$y=2x+10$에 대하여

$y=0$일 때, $0=2x+10$, $2x=-10$ $\therefore x=-5$

$x=0$일 때, $y=2\times0+10=10$

따라서 x절편은 -5, y절편은 10이므로

$a=-5$, $b=10$ $\therefore ab=-5\times10=-50$

1-2 답 ⑴ 8 ⑵ -10

⑴ $y=\dfrac{4}{5}x+b$의 그래프의 y절편이 8이므로

  $b=8$

⑵ $y=\dfrac{4}{5}x+8$에 $y=0$을 대입하면

  $0=\dfrac{4}{5}x+8$, $\dfrac{4}{5}x=-8$ $\therefore x=-10$

  따라서 x절편은 -10이다.

예제2 답 ⑴ A$(-6, 0)$, B$(0, 3)$ ⑵ 9

⑴ $y=\dfrac{1}{2}x+3$에 대하여

  $y=0$일 때, $0=\dfrac{1}{2}x+3$, $\dfrac{1}{2}x=-3$ $\therefore x=-6$

  $x=0$일 때, $y=\dfrac{1}{2}\times0+3=3$

  $\therefore$ A$(-6, 0)$, B$(0, 3)$

⑵ (삼각형 AOB의 넓이)$=\dfrac{1}{2}\times\overline{AO}\times\overline{BO}$

  $=\dfrac{1}{2}\times6\times3=9$

2-1 답 25

$y=\dfrac{1}{2}x-5$에 대하여

$y=0$일 때, $0=\dfrac{1}{2}x-5$, $\dfrac{1}{2}x=5$ $\therefore x=10$

$x=0$일 때, $y=\dfrac{1}{2}\times0-5=-5$

즉, $y=\dfrac{1}{2}x-5$의 그래프의 x절편은 10,

y절편은 -5이므로 그 그래프는 오른쪽
그림과 같다.

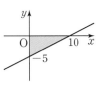

따라서 구하는 도형의 넓이는

$\dfrac{1}{2}\times10\times5=25$

2-2 답 $-\dfrac{3}{4}$

$y=ax+6$의 그래프의 y절편은 6이므로 A$(0, 6)$

점 B의 x좌표를 k라 하면

$\dfrac{1}{2}\times k\times6=24$, $3k=24$ $\therefore k=8$ $\therefore$ B$(8, 0)$

따라서 $y=ax+6$에 $x=8$, $y=0$을 대입하면

$0=8a+6$, $8a=-6$ $\therefore a=-\dfrac{3}{4}$

예제3 답 ④

x의 값이 2만큼 증가할 때, y의 값이 6만큼 증가하는 일차함수의

그래프의 기울기는 $\dfrac{6}{2}=3$

따라서 그래프의 기울기가 3인 것은 ④이다.

3-1 답 10

$y=5x-1$에서 x의 값의 증가량이 2일 때,

y의 값의 증가량을 a라 하면

$\dfrac{a}{2}=5$ $\therefore a=10$

3-2 답 $-\dfrac{4}{3}$

$a=\dfrac{(y\text{의 값의 증가량})}{(x\text{의 값의 증가량})}=\dfrac{-5}{3}=-\dfrac{5}{3}$

따라서 $y=-\dfrac{5}{3}x+2$에 $x=1$, $y=b$를 대입하면

$b=-\dfrac{5}{3}\times1+2=\dfrac{1}{3}$

$\therefore a+b=-\dfrac{5}{3}+\dfrac{1}{3}=-\dfrac{4}{3}$

예제4 답 10

그래프가 두 점 $(3, 2)$, $(5, k)$를 지나므로

$(\text{기울기})=\dfrac{k-2}{5-3}=4$

$\dfrac{k-2}{2}=4$, $k-2=8$

$\therefore k=10$

4-1 답 ③

그래프가 두 점 $(a, -2)$, $(5, -6)$을 지나므로

$(\text{기울기})=\dfrac{-6-(-2)}{5-a}=-2$

$\dfrac{-4}{5-a}=-2$, $-4=-10+2a$

$2a=6$ $\therefore a=3$

4-2 답 $\dfrac{4}{3}$

그래프의 x절편이 -4, y절편이 a이므로

그래프는 두 점 $(-4, 0)$, $(0, a)$를 지난다.

따라서 $(\text{기울기})=\dfrac{a-0}{0-(-4)}=\dfrac{1}{3}$이므로

$\dfrac{a}{4}=\dfrac{1}{3}$, $3a=4$ $\therefore a=\dfrac{4}{3}$

예제5 **답** (1) 직선 AB의 기울기: $\dfrac{k-5}{3}$,

　　　　직선 AC의 기울기: -2

　　　(2) -1

(1) (직선 AB의 기울기)$=\dfrac{k-5}{1-(-2)}=\dfrac{k-5}{3}$

　　(직선 AC의 기울기)$=\dfrac{-3-5}{2-(-2)}=-2$

(2) 세 점 A, B, C가 한 직선 위에 있으므로

　두 점 A$(-2, 5)$, B$(1, k)$를 지나는 직선 AB와 두 점

　A$(-2, 5)$, C$(2, -3)$을 지나는 직선 AC의 기울기는 같다.

　따라서 $\dfrac{k-5}{3}=-2$이므로

　$k-5=-6$　∴ $k=-1$

5-1 **답** ①

세 점 $(-1, 3)$, $(0, 1)$, $(2, a)$가 한 직선 위에 있으므로

$\dfrac{1-3}{0-(-1)}=\dfrac{a-1}{2-0}$에서

$-2=\dfrac{a-1}{2}$, $a-1=-4$

∴ $a=-3$

5-2 **답** 2

세 점 $(m, m-5)$, $(-4, 3)$, $(-1, 0)$이 한 직선 위에 있고
한 직선 위의 세 점 중 어느 두 점을 택하여도 기울기는 같으므로

$\dfrac{0-(m-5)}{-1-m}=\dfrac{0-3}{-1-(-4)}$에서

$\dfrac{-m+5}{-1-m}=-1$, $-m+5=1+m$

$-2m=-4$　∴ $m=2$

예제6 **답** ④

$y=-\dfrac{3}{2}x+3$의 그래프의 x절편은 2, y절편은 3이므로 두 점
$(2, 0)$, $(0, 3)$을 지나는 그래프는 ④이다.

다른 풀이

$y=-\dfrac{3}{2}x+3$의 그래프의 기울기는 $-\dfrac{3}{2}$, y절편은 3이므로 점
$(0, 3)$을 지나면서 x의 값이 2만큼 증가할 때 y의 값이 3만큼
감소하는 그래프는 ④이다.

6-1 **답** ①

$y=\dfrac{5}{2}x-5$의 그래프의 x절편은 2, y절편은 -5이므로 두 점
$(2, 0)$, $(0, -5)$를 지나는 그래프는 ①이다.

다른 풀이

$y=\dfrac{5}{2}x-5$의 그래프의 기울기가 $\dfrac{5}{2}$, y절편이 -5이므로 점
$(0, -5)$를 지나면서 x의 값이 2만큼 증가할 때 y의 값이 5만큼
증가하는 그래프는 ①이다.

6-2 **답** 제3사분면

$y=-3x+2$의 그래프의 x절편은 $\dfrac{2}{3}$, y절편은

2이므로 두 점 $\left(\dfrac{2}{3}, 0\right)$, $(0, 2)$를 지나는 그래
프는 오른쪽 그림과 같다.
따라서 제3사분면을 지나지 않는다.

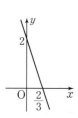

개념 26 **일차함수의 그래프의 성질** ·102~104쪽

· 개념 확인하기

1 **답** (1) ⓛ, ⓒ　(2) ⓛ, ⓔ　(3) ⓛ, ⓛ　(4) ⓒ, ⓔ

2 **답** (1) >, >　(2) <, <　(3) >, <　(4) <, >

(1) 그래프가 오른쪽 위로 향하므로 a ⊳ 0
　그래프가 y축과 양의 부분에서 만나므로 b ⊳ 0

(2) 그래프가 오른쪽 아래로 향하므로 a ⊲ 0
　그래프가 y축과 음의 부분에서 만나므로 b ⊲ 0

(3) 그래프가 오른쪽 위로 향하므로 a ⊳ 0
　그래프가 y축과 음의 부분에서 만나므로 b ⊲ 0

(4) 그래프가 오른쪽 아래로 향하므로 a ⊲ 0
　그래프가 y축과 양의 부분에서 만나므로 b ⊳ 0

3 **답** (1) 평　(2) 일　(3) 평　(4) 일

(2) $y=-3x+6$, $y=-3(x-2)=-3x+6$
　따라서 기울기가 같고 y절편도 같으므로 두 일차함수의 그래
　프는 일치한다.

(3) $y=-4x+8$, $y=-4(x+2)=-4x-8$
　따라서 기울기는 같고 y절편은 다르므로 두 일차함수의 그래
　프는 평행하다.

4 **답** (1) ㄱ과 ㅅ　(2) ㄷ과 ㅂ　(3) ㅁ　(4) ㄴ

(1) ㄱ. $y=x+3$의 그래프의 기울기는 1, y절편은 3이다.
　이때 ㅅ. $y=x+8$의 그래프는 기울기가 1, y절편이 8이므로
　ㄱ의 그래프와 평행하다.

(2) ㄷ. $y=-2x+3$의 그래프의 기울기는 -2, y절편은 3이다.
　이때 ㅂ. $y=\dfrac{1}{3}(9-6x)$, 즉 $y=-2x+3$의 그래프는 기울기
　가 -2, y절편이 3이므로 ㄷ의 그래프와 일치한다.

(3) 주어진 그래프는 기울기가 3, y절편이 3이므로
　ㅁ. $y=3x+5$의 그래프와 평행하다.

(4) 주어진 그래프는 기울기가 $-\dfrac{3}{2}$, y절편이 -3이므로
　ㄴ. $y=-\dfrac{3}{2}x-3$의 그래프와 일치한다.

예제 1 답 ⑤

⑤ 기울기가 2이므로 x의 값이 2만큼 증가할 때, y의 값은 4만큼 증가한다.

1-1 답 ㄴ, ㄹ

ㄱ. y축과 점 $(0, 1)$에서 만난다.

ㄷ. 제1, 2, 4사분면을 지난다.

ㄹ. 기울기가 -3이므로 x의 값이 1만큼 증가할 때, y의 값은 3만큼 감소한다.

따라서 옳은 것은 ㄴ, ㄹ이다.

1-2 답 (1) ㄴ, ㄹ (2) ㄱ

(1) 오른쪽 아래로 향하는 직선은 기울기가 음수이므로 기울기가 음수인 일차함수의 식은 ㄴ, ㄹ이다.

(2) 기울기의 절댓값이 클수록 그래프는 y축에 가깝다.

이때 $\left|\dfrac{2}{5}\right| < \left|-\dfrac{5}{2}\right| < |-3| < |4|$이므로

y축에 가장 가까운 직선을 그래프로 하는 일차함수의 식은 ㄱ이다.

예제 2 답 (1) $a>0$, $b<0$ (2) 제3사분면

(1) $y=ax-b$의 그래프에서 기울기는 a, y절편은 $-b$이다.

이때 (기울기)>0, (y절편)>0이므로

$a>0$, $-b>0$ ∴ $a>0$, $b<0$

(2) $y=abx+a$의 그래프의 기울기는 ab, y절편은 a이다.

이때 $ab<0$, $a>0$이므로 $y=abx+a$의 그래프의 모양은 오른쪽 그림과 같다.

따라서 $y=abx+a$의 그래프는 제3사분면을 지나지 않는다.

2-1 답 제1사분면

$y=ax-b$의 그래프의 기울기는 a, y절편은 $-b$이다.

이때 $a<0$, $b>0$에서 $a<0$, $-b<0$이므로 $y=ax-b$의 그래프의 모양은 오른쪽 그림과 같다.

따라서 $y=ax-b$의 그래프는 제1사분면을 지나지 않는다.

2-2 답 제1, 2, 3사분면

$y=-ax-b$의 그래프의 기울기는 $-a$, y절편은 $-b$이다.

이때 (기울기)>0, (y절편)<0이므로

$-a>0$, $-b<0$ ∴ $a<0$, $b>0$

$y=bx-a$의 그래프의 기울기는 b, y절편은 $-a$이다.

이때 $b>0$, $-a>0$이므로 $y=bx-a$의 그래프의 모양은 오른쪽 그림과 같다.

따라서 $y=bx-a$의 그래프는 제1, 2, 3사분면을 지난다.

예제 3 답 (1) ㄴ (2) ㄷ

(1) 일차함수 $y=2x-8$의 그래프의 기울기가 2, y절편이 -8이므로 ㄴ. $y=2x+3$의 그래프와 평행하다.

(2) 일차함수 $y=-\dfrac{1}{4}x+2$의 그래프의 기울기가 $-\dfrac{1}{4}$, y절편이 2이므로 ㄷ. $y=-\dfrac{1}{4}(x-8)$, 즉 $y=-\dfrac{1}{4}x+2$의 그래프와 일치한다.

3-1 답 ⑤

④ 일차함수 $y=-5(x-2)$, 즉 $y=-5x+10$의 그래프는 일차함수 $y=-5x+1$의 그래프와 평행하다.

⑤ 일차함수 $y=-5\left(x-\dfrac{1}{5}\right)$, 즉 $y=-5x+1$의 그래프는 일차함수 $y=-5x+1$의 그래프와 일치한다.

따라서 일차함수 $y=-5x+1$의 그래프와 일치하는 것은 ⑤이다.

참고 일차함수의 그래프의 성질

(1) 평행한 두 일차함수의 그래프는 만나지 않는다.

(2) 기울기가 다른 두 일차함수의 그래프는 한 점에서 만난다.

3-2 답 ④

두 점 $(0, -2)$, $(3, 0)$을 지나는 일차함수의 그래프의 기울기는 $\dfrac{0-(-2)}{3-0}=\dfrac{2}{3}$이고 y절편이 -2이다.

따라서 주어진 그래프와 평행한 그래프는 ④이다.

예제 4 답 (1) $a=-4$, $b\neq-9$ (2) $a=-4$, $b=-9$

(1) 두 그래프가 서로 평행하려면 기울기는 같고, y절편은 달라야 하므로

$a=-4$, $b\neq-9$

(2) 두 그래프가 일치하려면 기울기와 y절편이 각각 같아야 하므로

$a=-4$, $b=-9$

4-1 답 ③

두 일차함수 $y=(2a+1)x-2$, $y=5x+1$의 그래프가 서로 평행하려면 기울기가 같아야 하므로

$2a+1=5$, $2a=4$ ∴ $a=2$

4-2 답 -1

두 일차함수 $y=ax-4$, $y=\dfrac{1}{2}x+2b$의 그래프가 일치하려면 기울기와 y절편이 각각 같아야 하므로

$a=\dfrac{1}{2}$, $-4=2b$ ∴ $a=\dfrac{1}{2}$, $b=-2$

∴ $ab=\dfrac{1}{2}\times(-2)=-1$

일차함수의 식 구하기 ·106~108쪽

·개념 확인하기

1 답 (1) $y=4x+3$ (2) $y=-\dfrac{1}{2}x-1$

(3) $y=3x-2$ (4) $y=-2x+\dfrac{1}{4}$

(5) $y=x-5$ (6) $y=-5x+1$

(2) 기울기가 $-\dfrac{1}{2}$이고, 점 $(0, -1)$을 지나므로 y절편은 -1이다.

따라서 구하는 일차함수의 식은 $y=-\dfrac{1}{2}x-1$

(3) (기울기)$=\dfrac{(y\text{의 값의 증가량})}{(x\text{의 값의 증가량})}=\dfrac{3}{1}=3$이고, y절편이 -2이다.

따라서 구하는 일차함수의 식은 $y=3x-2$

(4) (기울기)$=\dfrac{(y\text{의 값의 증가량})}{(x\text{의 값의 증가량})}=\dfrac{-4}{2}=-2$이고,

점 $\left(0, \dfrac{1}{4}\right)$을 지나므로 y절편은 $\dfrac{1}{4}$이다.

따라서 구하는 일차함수의 식은 $y=-2x+\dfrac{1}{4}$

(5) $y=x+\dfrac{1}{2}$의 그래프와 평행하므로 기울기는 1이고,

y절편이 -5이다.

따라서 구하는 일차함수의 식은 $y=x-5$

(6) $y=-5x-2$의 그래프와 평행하므로 기울기는 -5이고,

점 $(0, 1)$을 지나므로 y절편은 1이다.

따라서 구하는 일차함수의 식은 $y=-5x+1$

2 답 (1) $y=-4x+3$ (2) $y=2x+13$

(3) $y=-3x-2$ (4) $y=-4x-5$

(1) 기울기가 -4이므로 $y=-4x+b$로 놓고,

이 식에 $x=-1$, $y=7$을 대입하면

$7=-4\times(-1)+b$ $\therefore b=3$

따라서 구하는 일차함수의 식은 $y=-4x+3$

(2) (기울기)$=\dfrac{4}{2}=2$이므로 $y=2x+b$로 놓고,

이 식에 $x=-5$, $y=3$을 대입하면

$3=2\times(-5)+b$ $\therefore b=13$

따라서 구하는 일차함수의 식은 $y=2x+13$

(3) (기울기)$=\dfrac{-9}{3}=-3$이므로 $y=-3x+b$로 놓고,

이 식에 $x=-2$, $y=4$를 대입하면

$4=-3\times(-2)+b$ $\therefore b=-2$

따라서 구하는 일차함수의 식은 $y=-3x-2$

(4) $y=-4x+2$의 그래프와 평행하므로 기울기는 -4이다.

즉, $y=-4x+b$로 놓고, 이 식에 $x=-1$, $y=-1$을 대입하면

$-1=-4\times(-1)+b$ $\therefore b=-5$

따라서 구하는 일차함수의 식은 $y=-4x-5$

3 답

	직선의 기울기	일차함수의 식
(1)	1	$y=x+5$
(2)	-3	$y=-3x+4$
(3)	4	$y=4x-5$
(4)	$-\dfrac{1}{2}$	$y=-\dfrac{1}{2}x+3$

(1) 두 점 $(-2, 3)$, $(1, 6)$을 지나므로

(기울기)$=\dfrac{6-3}{1-(-2)}=1$

즉, $y=x+b$로 놓고, 이 식에 $x=-2$, $y=3$을 대입하면

$3=-2+b$ $\therefore b=5$

따라서 구하는 일차함수의 식은 $y=x+5$

(2) 두 점 $(-1, 7)$, $(1, 1)$을 지나므로

(기울기)$=\dfrac{1-7}{1-(-1)}=-3$

즉, $y=-3x+b$로 놓고, 이 식에 $x=1$, $y=1$을 대입하면

$1=-3+b$ $\therefore b=4$

따라서 구하는 일차함수의 식은 $y=-3x+4$

(3) 두 점 $(3, 7)$, $(5, 15)$를 지나므로

(기울기)$=\dfrac{15-7}{5-3}=4$

즉, $y=4x+b$로 놓고, 이 식에 $x=3$, $y=7$을 대입하면

$7=4\times3+b$ $\therefore b=-5$

따라서 구하는 일차함수의 식은 $y=4x-5$

(4) 두 점 $(-4, 5)$, $(-2, 4)$를 지나므로

(기울기)$=\dfrac{4-5}{-2-(-4)}=-\dfrac{1}{2}$

즉, $y=-\dfrac{1}{2}x+b$로 놓고, 이 식에 $x=-4$, $y=5$를 대입하면

$5=-\dfrac{1}{2}\times(-4)+b$ $\therefore b=3$

따라서 구하는 일차함수의 식은 $y=-\dfrac{1}{2}x+3$

4 답 (1) $y=4x-8$ (2) $y=\dfrac{1}{6}x+1$

(3) $y=5x+5$ (4) $y=-3x+6$

(1) 두 점 $(2, 0)$, $(0, -8)$을 지나므로 y절편은 -8이고

(기울기)$=\dfrac{-8-0}{0-2}=4$

따라서 구하는 일차함수의 식은 $y=4x-8$

(2) 두 점 $(-6, 0)$, $(0, 1)$을 지나므로 y절편은 1이고

(기울기)$=\dfrac{1-0}{0-(-6)}=\dfrac{1}{6}$

따라서 구하는 일차함수의 식은 $y=\dfrac{1}{6}x+1$

(3) x절편이 -1, y절편이 5이면 두 점 $(-1, 0)$, $(0, 5)$를 지나므로

(기울기)$=\dfrac{5-0}{0-(-1)}=5$

따라서 구하는 일차함수의 식은 $y=5x+5$

(4) x절편이 2, y절편이 6이면 두 점 $(2, 0)$, $(0, 6)$을 지나므로

(기울기)$=\dfrac{6-0}{0-2}=-3$

따라서 구하는 일차함수의 식은 $y=-3x+6$

대표 예제로 개념 익히기

예제 1 답 $y=2x-3$

주어진 직선이 두 점 $(-2, 0)$, $(0, 4)$를 지나므로

(기울기)$=\dfrac{4-0}{0-(-2)}=2$

이 직선과 평행한 직선의 기울기는 2이다.

따라서 기울기가 2이고, y절편이 -3인 직선을 그래프로 하는 일차함수의 식은

$y=2x-3$

1-1 답 $y=\dfrac{2}{3}x+3$

기울기가 $\dfrac{2}{3}$이고, $y=-\dfrac{1}{2}x+3$의 그래프와 y축 위에서 만나므로 y절편은 3이다.

따라서 구하는 일차함수의 식은

$y=\dfrac{2}{3}x+3$

참고 두 일차함수의 그래프가 좌표축 위에서 만나는 경우

(1) 두 일차함수의 그래프가 x축 위에서 만난다.

➡ 두 일차함수의 그래프의 x절편이 같다.

(2) 두 일차함수의 그래프가 y축 위에서 만난다.

➡ 두 일차함수의 그래프의 y절편이 같다.

1-2 답 -1

$y=7x-5$의 그래프와 평행하고, 점 $(0, 10)$을 지나므로 기울기는 7이고, y절편은 10이다.

$\therefore y=7x+10$

이 그래프가 점 $(a, 3)$을 지나므로

$3=7a+10$, $7a=-7$

$\therefore a=-1$

예제 2 답 $y=-2x-2$

x의 값이 1에서 5까지 증가할 때 y의 값이 8만큼 증가하므로

(기울기)$=\dfrac{-8}{5-1}=-2$

즉, $y=-2x+b$로 놓고, 이 식에 $x=2$, $y=-6$을 대입하면

$-6=-2\times2+b$ $\therefore b=-2$

따라서 구하는 일차함수의 식은

$y=-2x-2$

2-1 답 $y=-\dfrac{4}{5}x-5$

주어진 직선이 두 점 $(0, 4)$, $(5, 0)$을 지나므로

(기울기)$=\dfrac{0-4}{5-0}=-\dfrac{4}{5}$

이 직선과 평행한 직선의 기울기는 $-\dfrac{4}{5}$이다.

즉, $y=-\dfrac{4}{5}x+b$로 놓고, 이 식에 $x=-10$, $y=3$을 대입하면

$3=-\dfrac{4}{5}\times(-10)+b$ $\therefore b=-5$

따라서 구하는 일차함수의 식은

$y=-\dfrac{4}{5}x-5$

2-2 답 1

기울기가 -3이므로 $y=-3x+b$로 놓고,

이 식에 $x=2$, $y=-4$를 대입하면

$-4=-3\times2+b$ $\therefore b=2$

$\therefore y=-3x+2$

이 그래프가 점 $(a, a-2)$를 지나므로

$a-2=-3a+2$, $4a=4$

$\therefore a=1$

예제 3 답 $-\dfrac{5}{2}$

두 점 $(-4, 3)$, $(2, -9)$를 지나므로

(기울기)$=\dfrac{-9-3}{2-(-4)}=-2$

즉, $y=-2x+b$로 놓고, 이 식에 $x=-4$, $y=3$을 대입하면

$3=-2\times(-4)+b$ $\therefore b=-5$

$\therefore y=-2x-5$

이 식에 $y=0$을 대입하면

$0=-2x-5$, $2x=-5$

$\therefore x=-\dfrac{5}{2}$

따라서 구하는 x절편은 $-\dfrac{5}{2}$이다.

3-1 답 $y=x+2$

주어진 직선이 두 점 $(1, 3)$, $(4, 6)$을 지나므로

(기울기)$=\dfrac{6-3}{4-1}=1$

즉, $y=x+b$로 놓고, 이 식에 $x=1$, $y=3$을 대입하면

$3=1+b$ $\therefore b=2$

따라서 구하는 일차함수의 식은

$y=x+2$

3-2 답 -5

두 점 $(-1, 4)$, $(1, -2)$를 지나므로

(기울기)$=\dfrac{-2-4}{1-(-1)}=-3$

즉, $y=-3x+b$로 놓고, 이 식에 $x=1$, $y=-2$를 대입하면
$-2=-3\times1+b$ ∴ $b=1$
∴ $y=-3x+1$
이 그래프가 점 $(2, a)$를 지나므로
$a=-3\times2+1=-5$

예제 4 **답** ③

주어진 직선이 두 점 $(1, 0)$, $(0, -3)$을 지나므로
y절편은 -3이고 (기울기)$=\dfrac{-3-0}{0-1}=3$
∴ $y=3x-3$
이 그래프가 점 $(-2, a)$를 지나므로
$a=3\times(-2)-3=-9$

4-1 **답** $y=2x+4$

주어진 직선이 두 점 $(-2, 0)$, $(0, 4)$를 지나므로 y절편은 4이고
(기울기)$=\dfrac{4-0}{0-(-2)}=2$
따라서 구하는 일차함수의 식은
$y=2x+4$

4-2 **답** 4

x절편이 2, y절편이 6인 일차함수의 그래프는
두 점 $(2, 0)$, $(0, 6)$을 지나므로
(기울기)$=\dfrac{6-0}{0-2}=-3$
∴ $y=-3x+6$
이 그래프가 점 $(a, -6)$을 지나므로
$-6=-3a+6$, $3a=12$
∴ $a=4$

개념 28 **일차함수의 활용** ·109~110쪽

·**개념 확인하기**

1 **답** 풀이 참조
❶ 추를 x개 매달았을 때의 용수철의 길이를 y cm라 하자.
❷ 추를 한 개 매달 때마다 용수철의 길이가 2 cm씩 늘어나므로
  y를 x에 대한 식으로 나타내면
  $y=\boxed{30+2x}$
❸ 이 일차함수의 식에 $y=\boxed{48}$을 대입하면
  $48=30+2x$, $2x=18$
  ∴ $x=\boxed{9}$
  따라서 용수철의 길이가 48 cm일 때, 용수철에 매달려 있는
  추의 개수는 $\boxed{9}$개이다.

❹ 용수철에 매달려 있는 추의 개수가 $\boxed{9}$개일 때, 용수철의 길이
  는 $30+2\times\boxed{9}=48$(cm)이므로 문제의 뜻에 맞는다.

2 **답** 풀이 참조
❶ 지면으로부터 높이가 x km인 곳의 기온을 y ℃라 하자.
❷ 높이가 1 km씩 높아질 때마다 기온이 6 ℃씩 내려가므로
  y를 x에 대한 식으로 나타내면
  $y=\boxed{28-6x}$
❸ 이 일차함수의 식에 $x=\boxed{4}$를 대입하면
  $y=28-6\times4=\boxed{4}$
  따라서 지면으로부터의 높이가 4 km인 곳의 기온은 $\boxed{4}$ ℃이
  다.
❹ 지면으로부터 높이가 4 km일 때, 기온은 $28-6\times4=\boxed{4}$(℃)
  이므로 문제의 뜻에 맞는다.

대표 예제로 개념 익히기

예제 1 **답** 20.9 cm

머리카락은 하루에 0.3 mm, 즉 0.03 cm씩 자라므로 x일 후
건우의 머리카락의 길이를 y cm라 하면
$y=0.03x+20$
이 식에 $x=30$을 대입하면
$y=0.03\times30+20=20.9$
따라서 30일 후 건우의 머리카락의 길이는 20.9 cm이다.

1-1 **답** 11 cm

양초에 불을 붙인 지 x분 후 남은 양초의 길이를 y cm라 하면
$y=-0.6x+20$
이 식에 $x=15$를 대입하면
$y=-0.6\times15+20=11$
따라서 15분 후 남은 양초의 길이는 11 cm이다.

예제 2 **답** 40 km

집에서 출발한 지 x시간 후 여행지까지 남은 거리를 y km라 하면
$y=-80x+280$
이 식에 $x=3$을 대입하면
$y=-80\times3+280=40$
따라서 출발한 지 3시간 후 여행지까지 남은 거리는 40 km이다.

2-1 **답** 140 km

출발한 지 x분 후 기차와 도착역 사이의 거리를 y km라 하면
$y=-2x+200$
이 식에 $x=30$을 대입하면
$y=-2\times30+200=140$
따라서 출발한 지 30분 후 기차와 도착역 사이의 거리는 140 km
이다.

예제 3 답 $32\,\text{cm}^2$

점 P가 1초에 2 cm씩 움직이므로 x초 후 $\overline{\text{BP}}$의 길이는 $2x\,\text{cm}$이다.

$\triangle\text{ABP}$의 넓이를 $y\,\text{cm}^2$라 하면

$y=\dfrac{1}{2}\times 2x\times 8=8x$

이 식에 $x=4$를 대입하면

$y=8\times 4=32$

따라서 점 P가 점 B를 출발한 지 4초 후 $\triangle\text{ABP}$의 넓이는 $32\,\text{cm}^2$이다.

3-1 답 (1) $y=48-3x$ (2) $30\,\text{cm}^2$

(1) 점 P가 1초에 1 cm씩 움직이므로 x초 후 $\overline{\text{BP}}$의 길이는 $x\,\text{cm}$이고, $\overline{\text{PC}}$의 길이는 $(8-x)\,\text{cm}$이다.

사각형 APCD의 넓이를 $y\,\text{cm}^2$라 하면

$y=\dfrac{1}{2}\times\{8+(8-x)\}\times 6=48-3x$

(2) $y=48-3x$에 $x=6$을 대입하면

$y=48-3\times 6=30$

따라서 출발한 지 6초 후 사각형 APCD의 넓이는 $30\,\text{cm}^2$이다.

실전 문제로 **단원 마무리하기**

•111~114쪽

1 4개	**2** 8	**3** ③	**4** ② **5** 1
6 ②, ④	**7** 3	**8** 3	**9** ④ **10** 12
11 ②	**12** ④	**13** 제1, 2, 3사분면	
14 $a=-3$, $b\neq 4$	**15** $-\dfrac{3}{2}$	**16** 10	**17** 5
18 ④	**19** ③	**20** 21개	

서술형

21 6	**22** -5	**23** 3
24 (1) $y=-\dfrac{1}{12}x+45$ (2) 32 L		

1 답 4개

ㄴ. $x=4$일 때, $y=1$, 2로 x의 값 하나에 y의 값이 오직 하나씩 대응하지 않으므로 y는 x의 함수가 아니다.

따라서 함수인 것은 ㄱ, ㄷ, ㄹ, ㅁ의 4개이다.

2 답 8

6보다 작은 홀수는 1, 3, 5의 3개이므로

$f(6)=3$

10보다 작은 홀수는 1, 3, 5, 7, 9의 5개이므로

$f(10)=5$

$\therefore f(6)+f(10)=3+5=8$

---

3 답 ③

① $y=200-10x$이므로 일차함수이다.

② $y=5000-1000x$이므로 일차함수이다.

③ $y=\dfrac{80}{x}$에서 분모에 x가 있으므로 일차함수가 아니다.

④ $y=2\pi x$이므로 일차함수이다.

⑤ $2(x+y)-20$에서 $y=-x+10$이므로 일차함수이다.

따라서 일차함수가 아닌 것은 ③이다.

4 답 ②

$y=ax^2+bx-10-2x$에서 $y=ax^2+(b-2)x-10$

이 식이 x에 대한 일차함수가 되려면

$a=0$, $b-2\neq 0$

$\therefore a=0$, $b\neq 2$

5 답 1

$f(-1)=7$이므로 $-a+5=7$

$\therefore a=-2$

따라서 $f(x)=-2x+5$이므로

$f(2)=-2\times 2+5=1$

6 답 ②, ④

$y=3x-5$에 주어진 점의 좌표를 대입하면

① $-10\neq 3\times(-2)-5$

② $-8=3\times(-1)-5$

③ $-4\neq 3\times\left(-\dfrac{1}{3}\right)-5$

④ $1=3\times 2-5$

⑤ $2\neq 3\times 3-5$

따라서 일차함수 $y=3x-5$의 그래프 위의 점인 것은 ②, ④이다.

7 답 3

$y=ax+8$의 그래프를 y축의 방향으로 b만큼 평행이동한 그래프의 식은

$y=ax+8+b$

이 식이 $y=-2x+3$과 일치해야 하므로

$a=-2$, $8+b=3$

$\therefore a=-2$, $b=-5$

$\therefore a-b=-2-(-5)=3$

8 답 3

$y=\dfrac{1}{3}x+3$의 그래프를 y축의 방향으로 -2만큼 평행이동한 그래프의 식은

$y=\dfrac{1}{3}x+3-2$ ∴ $y=\dfrac{1}{3}x+1$

이 그래프가 점 $(6,\,k)$를 지나므로

$k=\dfrac{1}{3}\times 6+1=3$

9 답 ④

$y=\dfrac{1}{3}x+2$의 그래프와 x축에서 만나려면 x절편이 같아야 한다.

$y=\dfrac{1}{3}x+2$에 $y=0$을 대입하면

$0=\dfrac{1}{3}x+2$ $\therefore x=-6$

즉, $y=\dfrac{1}{3}x+2$의 그래프의 x절편은 -6이고, 각 일차함수의 그래프의 x절편을 구하면 다음과 같다.

① $y=2x+4$에 $y=0$을 대입하면

    $0=2x+4$ $\therefore x=-2$, 즉 $(x$절편$)=-2$

② $y=-x+6$에 $y=0$을 대입하면

    $0=-x+6$ $\therefore x=6$, 즉 $(x$절편$)=6$

③ $y=-3x+2$에 $y=0$을 대입하면

    $0=-3x+2$ $\therefore x=\dfrac{2}{3}$, 즉 $(x$절편$)=\dfrac{2}{3}$

④ $y=\dfrac{1}{2}x+3$에 $y=0$을 대입하면

    $0=\dfrac{1}{2}x+3$ $\therefore x=-6$, 즉 $(x$절편$)=-6$

⑤ $y=\dfrac{1}{6}x-2$에 $y=0$을 대입하면

    $0=\dfrac{1}{6}x-2$ $\therefore x=12$, 즉 $(x$절편$)=12$

따라서 일차함수 $y=\dfrac{1}{3}x+2$의 그래프와 x축에서 만나는 것은 ④이다.

10 답 12

$y=3x-2$에 $x=0$을 대입하면

$y=3\times 0-2$ $\therefore y=-2$

즉, $y=3x-2$의 그래프의 y절편이 -2이므로 $y=6x+a$의 그래프의 x절편은 -2이다.

따라서 $y=6x+a$에 $x=-2$, $y=0$을 대입하면

$0=6\times(-2)+a$

$\therefore a=12$

11 답 ②

두 점 $(-2, k)$, $(4, 14)$를 지나므로

$(기울기)=\dfrac{14-k}{4-(-2)}=2$

$\dfrac{14-k}{6}=2$, $14-k=12$

$\therefore k=2$

12 답 ④

④ $y=-2x+6$의 그래프의 x절편은 3, y절편은 6이므로 그 그래프는 오른쪽 그림과 같다.
따라서 $y=-2x+6$의 그래프는 제3사분면을 지나지 않는다.

13 답 제1, 2, 3사분면

$y=-ax+b$의 그래프의 기울기는 $-a$, y절편은 b이다.

이때 $(기울기)>0$, $(y$절편$)<0$이므로

$-a>0$, $b<0$

$\therefore a<0$, $b<0$

$y=\dfrac{b}{a}x-b$의 그래프의 기울기는 $\dfrac{b}{a}$, y절편은 $-b$이다.

이때 $\dfrac{b}{a}>0$, $-b>0$이므로 $y=\dfrac{b}{a}x-b$의 그래프의 모양은 오른쪽 그림과 같다.

따라서 $y=\dfrac{b}{a}x-b$의 그래프는 제1, 2, 3사분면을 지난다.

14 답 $a=-3$, $b\neq 4$

$y=-3x+2$의 그래프를 y축의 방향으로 b만큼 평행이동한 그래프의 식은

$y=-3x+2+b$

이때 $y=-3x+2+b$의 그래프가 $y=ax+6$의 그래프와 만나지 않으려면, 즉 평행하려면 기울기는 같고, y절편은 달라야 하므로

$-3=a$, $2+b\neq 6$

$\therefore a=-3$, $b\neq 4$

15 답 $-\dfrac{3}{2}$

주어진 직선이 두 점 $(3, 0)$, $(0, -2)$를 지나므로 그 기울기는

$\dfrac{-2-0}{0-3}=\dfrac{2}{3}$

이 직선과 평행한 직선의 기울기는 $\dfrac{2}{3}$이다.

즉, 기울기가 $\dfrac{2}{3}$이고, y절편이 1인 직선을 그래프로 하는 일차함수의 식은 $y=\dfrac{2}{3}x+1$이다.

$y=\dfrac{2}{3}x+1$에 $y=0$을 대입하면

$0=\dfrac{2}{3}x+1$ $\therefore x=-\dfrac{3}{2}$

따라서 구하는 x절편은 $-\dfrac{3}{2}$이다.

16 답 10

x의 값이 3만큼 증가할 때 y의 값이 9만큼 감소하는 일차함수의 그래프의 기울기는

$\dfrac{-9}{3}=-3$ $\therefore a=-3$

따라서 $y=-3x+b$로 놓고, 이 식에 $x=2$, $y=1$을 대입하면

$1=-3\times 2+b$ $\therefore b=7$

$\therefore b-a=7-(-3)=10$

17 답 5

두 점 $(-1, 3)$, $(2, 9)$를 지나므로

$(기울기) = \dfrac{9-3}{2-(-1)} = 2$

즉, $y = 2x+b$로 놓고, 이 식에 $x=-1$, $y=3$을 대입하면

$3 = 2 \times (-1) + b$ ∴ $b = 5$

∴ $y = 2x+5$

따라서 $y = 2x+5$의 그래프는 $y = \dfrac{1}{2}x+k$의 그래프와 y축 위에서 만나므로 두 그래프의 y절편이 같다.

∴ $k = 5$

18 답 ④

① 두 지점 A, B 사이의 거리는 $4\,\text{km}$, 즉 $4000\,\text{m}$이고, x분 후 이동한 거리는 $80x\,\text{m}$이므로

  $y = -80x + 4000$

② $x = 20$일 때, $y = -80 \times 20 + 4000 = 2400$

③ $y = 0$일 때, $0 = -80x + 4000$ ∴ $x = 50$

④ $y = 1600$일 때, $1600 = -80x + 4000$

  $80x = 2400$ ∴ $x = 30$

⑤ $y = 2000$일 때, $2000 = -80x + 4000$

  $80x = 2000$ ∴ $x = 25$

따라서 옳지 않은 것은 ④이다.

19 답 ③

점 P가 2초에 $1\,\text{cm}$씩, 즉 1초에 $1 \times \dfrac{1}{2} = \dfrac{1}{2}\,(\text{cm})$씩 움직이므로

x초 후 $\overline{\text{CP}} = \dfrac{1}{2}x\,\text{cm}$이고, $\overline{\text{BP}} = \left(8 - \dfrac{1}{2}x\right)\text{cm}$이다.

이때 x초 후 삼각형 ABP의 넓이를 $y\,\text{cm}^2$라 하면

$y = \dfrac{1}{2} \times \left(8 - \dfrac{1}{2}x\right) \times 10$

∴ $y = -\dfrac{5}{2}x + 40$

이 식에 $y = 25$를 대입하면

$25 = -\dfrac{5}{2}x + 40$, $\dfrac{5}{2}x = 15$

∴ $x = 6$

따라서 삼각형 ABP의 넓이가 $25\,\text{cm}^2$가 되는 것은 점 P가 출발한 지 6초 후이다.

20 답 21개

처음 정삼각형을 만드는 데 성냥개비가 3개 필요하고, 정삼각형을 한 개 이어 붙일 때마다 성냥개비가 2개씩 더 필요하므로 정삼각형을 x개 만드는 데 필요한 성냥개비의 개수를 y개라 하면

$y = 3 + 2(x-1)$ ∴ $y = 2x+1$

이 식에 $x = 10$을 대입하면

$y = 2 \times 10 + 1 = 21$

따라서 정삼각형 10개를 만드는 데 필요한 성냥개비의 개수는 21개이다.

21 답 6

$y = -3x+4$의 그래프를 y축의 방향으로 -10만큼 평행이동한 그래프의 식은

$y = -3x+4-10$

∴ $y = -3x-6$ ⋯ (i)

$y = -3x-6$에 대하여

$y = 0$일 때, $0 = -3x-6$ ∴ $x = -2$

$x = 0$일 때, $y = -3 \times 0 - 6 = -6$

즉, $y = -3x-6$의 그래프의 x절편은 -2,

y절편은 -6이므로 그 그래프는 오른쪽 그림과 같다. ⋯ (ii)

따라서 구하는 도형의 넓이는

$\dfrac{1}{2} \times 2 \times 6 = 6$ ⋯ (iii)

채점 기준	배점
(i) 평행이동한 그래프의 식 구하기	30 %
(ii) 평행이동한 그래프 그리기	50 %
(iii) 도형의 넓이 구하기	20 %

22 답 -5

두 점 $(-2, 6)$, $(1, 0)$을 지나는 직선의 기울기는

$\dfrac{0-6}{1-(-2)} = -2$ ⋯ (i)

두 점 $(1, 0)$, $(3, a+1)$을 지나는 직선의 기울기는

$\dfrac{a+1-0}{3-1} = \dfrac{a+1}{2}$ ⋯ (ii)

주어진 세 점이 한 직선 위에 있으려면 이 세 점 중 어느 두 점을 택하여도 기울기가 같아야 하므로

$-2 = \dfrac{a+1}{2}$, $a+1 = -4$

∴ $a = -5$ ⋯ (iii)

채점 기준	배점
(i) 두 점 $(-2, 6)$, $(1, 0)$을 지나는 직선의 기울기 구하기	30 %
(ii) 두 점 $(1, 0)$, $(3, a+1)$을 지나는 직선의 기울기 구하기	30 %
(iii) a의 값 구하기	40 %

23 답 3

$y = ax+b$의 그래프의 x절편이 -2, y절편이 6이므로

두 점 $(-2, 0)$, $(0, 6)$을 지난다.

∴ $a = \dfrac{6-0}{0-(-2)} = 3$ ⋯ (i)

또 $y = ax+b$의 그래프의 y절편이 6이므로 $b = 6$ ⋯ (ii)

∴ $y = 3x+6$

따라서 $y = 3x+6$의 그래프가 점 $(-1, k)$를 지나므로

$k = 3 \times (-1) + 6 = 3$ ⋯ (iii)

채점 기준	배점
(i) a의 값 구하기	30 %
(ii) b의 값 구하기	30 %
(iii) k의 값 구하기	40 %

24 답 (1) $y=-\dfrac{1}{12}x+45$ (2) 32 L

(1) 1 L의 휘발유로 12 km를 달릴 수 있으므로 1 km를 달리는 데 $\dfrac{1}{12}$ L의 휘발유를 사용한다.

따라서 x km를 달린 후 남은 휘발유의 양이 y L이므로

$$y=-\dfrac{1}{12}x+45 \qquad \cdots \text{(i)}$$

(2) $y=-\dfrac{1}{12}x+45$에 $x=156$을 대입하면

$$y=-\dfrac{1}{12}\times 156+45=32$$

따라서 156 km를 달린 후 남은 휘발유의 양은 32 L이다. $\cdots$ (ii)

채점 기준	배점
(i) y를 x에 대한 식으로 나타내기	50 %
(ii) 156 km를 달린 후 남은 휘발유의 양 구하기	50 %

OX 문제로 개념 점검!
· 115쪽

❶ ○ ❷ × ❸ × ❹ ○ ❺ ○ ❻ × ❼ ○

❷ $y=-2x-1$의 그래프는 $y=-2x$의 그래프를 y축의 방향으로 -1만큼 평행이동한 것이다.

❸ $y=2x+4$에

$y=0$을 대입하면 $0=2x+4$ $\therefore x=-2$

$x=0$을 대입하면 $y=2\times 0+4=4$

따라서 x절편은 -2, y절편은 4이다.

❻ $y=3x-1$의 그래프와 평행하므로 기울기는 3이다.

$y=3x+b$로 놓고, 이 식에 $x=0$, $y=-4$를 대입하면

$-4=0+b$ $\therefore b=-4$

$\therefore y=3x-4$

❼ 두 점 $(-1, 4)$, $(2, 1)$을 지나므로

$(\text{기울기})=\dfrac{1-4}{2-(-1)}=-1$

즉, $y=-x+b$로 놓고, 이 식에 $x=2$, $y=1$을 대입하면

$1=-2+b$ $\therefore b=3$

$\therefore y=-x+3$

---

6 일차함수와 일차방정식의 관계

개념 29 일차함수와 일차방정식의 관계 · 118~119쪽

· 개념 확인하기

1 답 (1) $y=-3x-6$ (2) $y=-\dfrac{1}{4}x+\dfrac{1}{2}$

(3) $y=\dfrac{2}{5}x+2$ (4) $y=\dfrac{1}{2}x-4$

2 답 (1) x절편: 2, y절편: -4, 그래프는 풀이 참조

(2) x절편: 3, y절편: 2, 그래프는 풀이 참조

(3) x절편: 4, y절편: -3, 그래프는 풀이 참조

(1) y를 x에 대한 식으로 나타내면

$y=2x-4$

따라서 이 그래프의 x절편은 2이고, y절편은 -4이므로 오른쪽 그림과 같다.

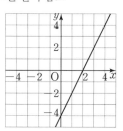

(2) y를 x에 대한 식으로 나타내면

$y=-\dfrac{2}{3}x+2$

따라서 이 그래프의 x절편은 3이고, y절편은 2이므로 오른쪽 그림과 같다.

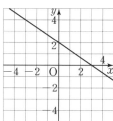

(3) y를 x에 대한 식으로 나타내면

$y=\dfrac{3}{4}x-3$

따라서 이 그래프의 x절편은 4이고, y절편은 -3이므로 오른쪽 그림과 같다.

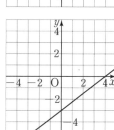

대표 예제로 개념 익히기

예제 1 답 ⑤

$x+5y-8=0$의 그래프가 점 $(a, -2)$를 지나므로

$a-10-8=0$ $\therefore a=18$

1-1 답 -2

$5x-4y=2$의 그래프가 점 $(a, 2a+1)$을 지나므로

$5a-4(2a+1)=2$, $5a-8a-4=2$

$-3a=6$ $\therefore a=-2$

1-2 답 1

$x+2y-6=0$의 그래프가 점 $(4, a)$를 지나므로

$4+2a-6=0$, $2a=2$ $\therefore a=1$

예제2 답 ㄱ과 ㄹ, ㄴ과 ㄷ

ㄱ. $3x-y-4=0$에서 $y=3x-4$

ㄷ. $\dfrac{x}{8}-\dfrac{y}{4}=-1$에서 $y=\dfrac{1}{2}x+4$

따라서 일차방정식의 그래프와 일차함수의 그래프가 같은 것끼리 짝 지으면 ㄱ과 ㄹ, ㄴ과 ㄷ이다.

2-1 답 $-\dfrac{1}{2}$

$x+4y-8=0$에서 $y=-\dfrac{1}{4}x+2$

따라서 $a=-\dfrac{1}{4}$, $b=2$이므로

$ab=-\dfrac{1}{4}\times 2=-\dfrac{1}{2}$

2-2 답 지원, 민수

$4x-y+12=0$에서 $y=4x+12$

다현: $y=4x+12$에 $y=0$을 대입하면 $x=-3$이므로
  x절편은 -3, y절편은 12이다.

지원: 두 일차함수 $y=4x+12$, $y=4x$의 그래프는 기울기가 같고, y절편은 다르므로 서로 평행하다.

주은: (기울기)$=4>0$이므로 오른쪽 위로 향하는 직선이다.

민수: $4x-y+12=0$에 $x=-4$, $y=-4$를 대입하면
  $-16-(-4)+12=0$이므로 점 $(-4, -4)$를 지난다.

따라서 바르게 설명한 학생은 지원, 민수이다.

개념30 일차방정식 $x=m$, $y=n$의 그래프 ·120~121쪽

•개념 확인하기

1 답 풀이 참조

(1) 점 ($\boxed{3}$, 0)을 지나고, $\boxed{y}$축에 평행하게 그리면 오른쪽 그림과 같다.

(2) $2x+8=0$에서 $x=-4$
  따라서 점 ($\boxed{-4}$, 0)을 지나고, $\boxed{y}$축에 평행하게 그리면 오른쪽 그림과 같다.

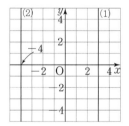

2 답 풀이 참조

(1) 점 (0, $\boxed{-3}$)을 지나고, $\boxed{x}$축에 평행하게 그리면 오른쪽 그림과 같다.

(2) $3y-6=0$에서 $y=2$
  따라서 점 (0, $\boxed{2}$)를 지나고, $\boxed{x}$축에 평행하게 그리면 오른쪽 그림과 같다.

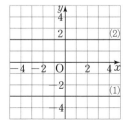

3 답 (1) $y=5$, $x=2$ (2) $y=-6$, $x=7$

(1) x축에 평행한 직선은 그 직선 위의 모든 점의 y좌표가 같다.
  따라서 x축에 평행한 직선의 방정식은
  $y=5$
  y축에 평행한 직선은 그 직선 위의 모든 점의 x좌표가 같다.
  따라서 y축에 평행한 직선의 방정식은
  $x=2$

(2) x축에 평행한 직선은 그 직선 위의 모든 점의 y좌표가 같다.
  따라서 x축에 평행한 직선의 방정식은
  $y=-6$
  y축에 평행한 직선은 그 직선 위의 모든 점의 x좌표가 같다.
  따라서 y축에 평행한 직선의 방정식은
  $x=7$

대표 예제로 개념 익히기

예제1 답 ㄴ, ㄷ, ㄹ, ㅂ

각 일차방정식을 간단히 하면

ㄱ. $y=\dfrac{5}{6}x$ 　　　　 ㄴ. $y=-\dfrac{1}{3}$

ㄷ. $y=-4$ 　　　　　 ㄹ. $x=2$

ㅁ. $y=x$ 　　　　　 ㅂ. $x=\dfrac{3}{5}$

따라서 그 그래프가 좌표축에 평행한 것은 ㄴ, ㄷ, ㄹ, ㅂ이다.

1-1 답 ①

x축에 수직인 직선의 방정식은 $x=m$ $(m\neq 0)$의 꼴이고, 점 $(-2, 3)$을 지나므로
$x=-2$

1-2 답 2

주어진 그래프는 점 $(0, -1)$을 지나고, x축에 평행하므로 이 그래프가 나타내는 직선의 방정식은 $y=-1$이다.

또 $4y+6=a$에서 $y=\dfrac{a-6}{4}$

따라서 $\dfrac{a-6}{4}=-1$이므로

$a-6=-4$

∴ $a=2$

예제2 답 그래프는 풀이 참조, 12

각 일차방정식을 차례로 $x=m$ 또는 $y=n$의 꼴로 나타내면

$\underset{y축}{x=0}$, $\underset{x축}{y=0}$, $x=4$, $y=-3$

이므로 네 방정식의 그래프는 오른쪽 그림과 같다.

따라서 구하는 도형의 넓이는
$4\times 3=12$

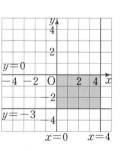

2-1 답 20

각 일차방정식을 차례로 $x=m$ 또는
$y=n$의 꼴로 나타내면
$x=1$, $x=-3$, $y=4$, $y=-1$
이므로 네 방정식의 그래프는 오른
쪽 그림과 같다.

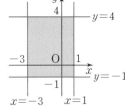

따라서 구하는 도형의 넓이는
$\{1-(-3)\}\times\{4-(-1)\}=4\times5=20$

참고 좌표축에 평행한 네 직선 $x=a$, $x=b$, $y=c$, $y=d$로 둘러싸인
도형의 넓이
➡ $|b-a|\times|d-c|$

개념 31   연립방정식의 해와 그래프 (1) · 122~124쪽

· 개념 확인하기

1 답 (1) $x=3$, $y=-4$ (2) $x=0$, $y=2$ (3) $x=-3$, $y=-1$

(1) 두 일차방정식 $2x+y=2$, $x+2y=-5$의 그래프의 교점의
좌표가 $(3, -4)$이므로 주어진 연립방정식의 해는
$x=3$, $y=-4$

(2) 두 일차방정식 $2x+y=2$, $-x+y=2$의 그래프의 교점의 좌
표가 $(0, 2)$이므로 주어진 연립방정식의 해는
$x=0$, $y=2$

(3) 두 일차방정식 $-x+y=2$, $x+2y=-5$의 그래프의 교점의
좌표가 $(-3, -1)$이므로 주어진 연립방정식의 해는
$x=-3$, $y=-1$

2 답 (1) 그래프는 풀이 참조, 해: $x=3$, $y=1$
     (2) 그래프는 풀이 참조, 해: $x=-3$, $y=2$
     (3) 그래프는 풀이 참조, 해: $x=-1$, $y=-1$
     (4) 그래프는 풀이 참조, 해: $x=1$, $y=0$

(1) 두 일차방정식 $x+y=4$,
$x-2y=1$의 그래프를 각각 좌표
평면 위에 나타내면 오른쪽 그림과
같다.

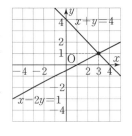

이때 두 그래프의 교점의 좌표가
$(3, 1)$이므로 주어진 연립방정식
의 해는 $x=3$, $y=1$이다.

(2) 두 일차방정식 $x+3y=3$,
$3x+5y=1$의 그래프를 각각 좌
표평면 위에 나타내면 오른쪽 그림
과 같다.

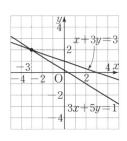

이때 두 그래프의 교점의 좌표가
$(-3, 2)$이므로 주어진 연립방정
식의 해는 $x=-3$, $y=2$이다.

(3) 두 일차방정식 $x+2y=-3$,
$3x-y=-2$의 그래프를 각각
좌표평면 위에 나타내면 오른쪽
그림과 같다.

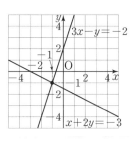

이때 두 그래프의 교점의 좌표가
$(-1, -1)$이므로 주어진 연립
방정식의 해는 $x=-1$, $y=-1$
이다.

(4) 두 일차방정식 $3x+y=3$,
$4x-y=4$의 그래프를 각각 좌
표평면 위에 나타내면 오른쪽 그
림과 같다.

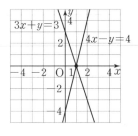

이때 두 그래프의 교점의 좌표
가 $(1, 0)$이므로 주어진 연립방
정식의 해는 $x=1$, $y=0$이다.

(대표 예제로 **개념 익히기**)

예제 1 답 $(-1, -2)$

연립방정식 $\begin{cases} 2x-3y=4 \\ x+y=-3 \end{cases}$의 해는 $x=-1$, $y=-2$

따라서 두 일차방정식의 그래프의 교점의 좌표는 연립방정식의 해
와 같으므로 주어진 두 그래프의 교점의 좌표는 $(-1, -2)$이다.

1-1 답 -10

연립방정식 $\begin{cases} x+y-2=0 \\ 2x+y+2=0 \end{cases}$, 즉 $\begin{cases} x+y=2 \\ 2x+y=-2 \end{cases}$의 해는

$x=-4$, $y=6$
따라서 두 일차방정식의 그래프의 교점의 좌표는 $(-4, 6)$이므로
$a=-4$, $b=6$
∴ $a-b=-4-6=-10$

1-2 답 3

연립방정식 $\begin{cases} 5x+2y+1=0 \\ 7x+5y-3=0 \end{cases}$, 즉 $\begin{cases} 5x+2y=-1 \\ 7x+5y=3 \end{cases}$의 해는

$x=-1$, $y=2$
따라서 두 일차방정식의 그래프의 교점의 좌표는 $(-1, 2)$이므로
$y=ax+5$에 $x=-1$, $y=2$를 대입하면
$2=-a+5$ ∴ $a=3$

예제 2 답 (1) $x=-2$, $y=-3$ (2) $a=3$, $b=-2$

(1) 두 일차방정식의 그래프의 교점의 좌표가 $(-2, -3)$이므로
주어진 연립방정식의 해는
$x=-2$, $y=-3$

(2) $ax-y=-3$에 $x=-2$, $y=-3$을 대입하면
$-2a+3=-3$, $2a=6$ ∴ $a=3$
$x+by=4$에 $x=-2$, $y=-3$을 대입하면
$-2-3b=4$, $3b=-6$ ∴ $b=-2$

2-1 답 $a=3$, $b=2$

두 일차함수의 그래프의 교점의 좌표가 $(2, -1)$이므로 주어진 연립방정식의 해는

$x=2$, $y=-1$

$x+ay=-1$에 $x=2$, $y=-1$을 대입하면

$2-a=-1$ ∴ $a=3$

$bx+y=3$에 $x=2$, $y=-1$을 대입하면

$2b-1=3$, $2b=4$ ∴ $b=2$

2-2 답 (1) 2 (2) 2

(1) 두 일차방정식의 그래프의 교점의 x좌표가 2이므로
$x+y=4$에 $x=2$를 대입하면
$2+y=4$ ∴ $y=2$
따라서 두 일차방정식의 그래프의 교점의 y좌표는 2이다.

(2) 두 일차방정식의 그래프의 교점의 좌표는 $(2, 2)$이므로
$ax-y=2$에 $x=2$, $y=2$를 대입하면
$2a-2=2$, $2a=4$ ∴ $a=2$

예제 3 답 ⑤

연립방정식 $\begin{cases} y=-x+5 \\ y=2x-4 \end{cases}$ 의 해는

$x=3$, $y=2$

즉, 교점의 좌표는 $(3, 2)$이다.

따라서 구하는 직선의 방정식을 $y=-2x+b$라 하면 이 직선이 점 $(3, 2)$를 지나므로

$2=-6+b$ ∴ $b=8$

∴ $y=-2x+8$

3-1 답 ⑤

연립방정식 $\begin{cases} x+y=3 \\ y=-4x+6 \end{cases}$ 의 해는

$x=1$, $y=2$

즉, 교점의 좌표는 $(1, 2)$이다.

따라서 점 $(1, 2)$를 지나고, x축에 평행한 직선의 방정식은

$y=2$

3-2 답 $y=-x-2$

연립방정식 $\begin{cases} 2x+y+5=0 \\ x-2y+5=0 \end{cases}$, 즉 $\begin{cases} 2x+y=-5 \\ x-2y=-5 \end{cases}$ 의 해는

$x=-3$, $y=1$

즉, 교점의 좌표는 $(-3, 1)$이다.

두 점 $(-3, 1)$, $(-1, -1)$을 지나는 직선의 기울기는

$\dfrac{-1-1}{-1-(-3)}=-1$

따라서 구하는 직선의 방정식을 $y=-x+b$라 하면 이 직선이 점 $(-1, -1)$을 지나므로

$-1=1+b$ ∴ $b=-2$

∴ $y=-x-2$

예제 4 답 2

연립방정식 $\begin{cases} x+y=4 \\ 4x-5y=7 \end{cases}$ 의 해는

$x=3$, $y=1$

따라서 세 직선이 모두 점 $(3, 1)$을 지나므로

$x-ay=1$에 $x=3$, $y=1$을 대입하면

$3-a=1$ ∴ $a=2$

4-1 답 1

일차함수 $y=2x-4$의 그래프가 두 일차방정식

$2x+3y-12=0$, $ax+3y-9=0$의 그래프의 교점을 지나므로

일차방정식 $ax+3y-9=0$의 그래프는 일차함수 $y=2x-4$의 그래프와 일차방정식 $2x+3y-12=0$의 그래프의 교점을 지난다.

연립방정식 $\begin{cases} y=2x-4 \\ 2x+3y-12=0 \end{cases}$, 즉 $\begin{cases} 2x-y=4 \\ 2x+3y=12 \end{cases}$ 의 해는

$x=3$, $y=2$

따라서 세 그래프가 모두 점 $(3, 2)$를 지나므로

$ax+3y-9=0$에 $x=3$, $y=2$를 대입하면

$3a+6-9=0$, $3a=3$ ∴ $a=1$

개념 32 연립방정식의 해와 그래프 (2) ·125~126쪽

· 개념 확인하기

1 답 (1) 그래프는 풀이 참조, 해가 무수히 많다.
　　　(2) 그래프는 풀이 참조, 해가 없다.

(1) 두 일차방정식 $2x-y=2$,
$4x-2y=4$의 그래프를 각각 좌표평면 위에 나타내면 오른쪽 그림과 같다.
이때 두 그래프는 일치하므로 주어진 연립방정식의 해는 무수히 많다.

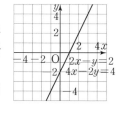

(2) 두 일차방정식 $2x-3y=-3$,
$2x-3y=6$의 그래프를 각각 좌표평면 위에 나타내면 오른쪽 그림과 같다.
이때 두 그래프는 평행하므로 주어진 연립방정식의 해는 없다.

2 답 (1) $y=\dfrac{3}{4}x-1$, $\dfrac{3}{4}$, $-\dfrac{3}{4}$ / $a=-\dfrac{3}{4}$
　　　(2) $y=2x-3$, 2, -2 / $a=-2$

(1) 주어진 연립방정식의 해가 없으므로 두 일차방정식의 그래프는 평행하다.

$$\begin{cases} ax+y=-2 \\ 3x-4y=4 \end{cases} \xrightarrow[\text{식으로 나타내면}]{y를\ x에\ 대한} \begin{cases} y=-ax-2 \\ \boxed{y=\dfrac{3}{4}x-1} \end{cases}$$

이때 두 일차방정식의 그래프가 평행하려면 기울기는 같고, y절편은 달라야 하므로

$-a=\boxed{\dfrac{3}{4}}$, $-2\neq-1$ ∴ $a=\boxed{-\dfrac{3}{4}}$

(2) 주어진 연립방정식의 해가 무수히 많으므로 두 일차방정식의 그래프는 일치한다.

$$\begin{cases} ax+y=-3 \\ 4x-2y=6 \end{cases} \xrightarrow[\text{식으로 나타내면}]{y를\ x에\ 대한} \begin{cases} y=-ax-3 \\ \boxed{y=2x-3} \end{cases}$$

이때 두 일차방정식의 그래프가 일치하려면 기울기와 y절편이 각각 같아야 하므로

$-a=\boxed{2}$, $-3=-3$ ∴ $a=\boxed{-2}$

대표 예제로 개념 익히기

예제 1 답 (1) ㄷ (2) ㄱ, ㄴ, ㅁ (3) ㄹ, ㅂ

주어진 연립방정식의 각 일차방정식의 y를 x에 대한 식으로 나타내면 다음과 같다.

ㄱ. $\begin{cases} y=-\dfrac{1}{2}x+1 \\ y=-\dfrac{1}{2}x+1 \end{cases}$ 　　ㄴ. $\begin{cases} y=x+2 \\ y=x+2 \end{cases}$

ㄷ. $\begin{cases} y=-5x+5 \\ y=5x-5 \end{cases}$ 　　ㄹ. $\begin{cases} y=\dfrac{1}{3}x-2 \\ y=\dfrac{1}{3}x+2 \end{cases}$

ㅁ. $\begin{cases} y=x+3 \\ y=x+3 \end{cases}$ 　　ㅂ. $\begin{cases} y=-\dfrac{1}{2}x+\dfrac{1}{6} \\ y=-\dfrac{1}{2}x+\dfrac{3}{2} \end{cases}$

(1) 연립방정식의 해가 한 개이려면 두 일차방정식의 그래프의 교점이 한 개이어야 하므로 두 그래프의 기울기가 달라야 한다.
　즉, ㄷ이다.

(2) 연립방정식의 해가 무수히 많으려면 두 일차방정식의 그래프의 교점이 무수히 많아야 하므로 두 그래프가 일치해야 한다.
　즉, 두 그래프의 기울기와 y절편이 각각 같아야 하므로 ㄱ, ㄴ, ㅁ이다.

(3) 연립방정식의 해가 없으려면 두 일차방정식의 그래프의 교점이 없어야 하므로 두 그래프가 평행해야 한다.
　즉, 두 그래프의 기울기는 같고, y절편은 달라야 하므로 ㄹ, ㅂ이다.

1-1 답 ②, ④

주어진 연립방정식의 각 일차방정식의 y를 x에 대한 식으로 나타내면 다음과 같다.

① $\begin{cases} y=x+1 \\ y=x+1 \end{cases}$ 　② $\begin{cases} y=-2x+2 \\ y=-2x+\dfrac{3}{2} \end{cases}$

③ $\begin{cases} y=3x-2 \\ y=3x-2 \end{cases}$ 　④ $\begin{cases} y=\dfrac{1}{3}x-\dfrac{1}{3} \\ y=\dfrac{1}{3}x-\dfrac{1}{6} \end{cases}$

⑤ $\begin{cases} y=-\dfrac{3}{2}x-\dfrac{1}{2} \\ y=-\dfrac{3}{2}x-\dfrac{1}{2} \end{cases}$

연립방정식의 해가 없으려면 두 일차방정식의 그래프의 교점이 없어야 하므로 두 그래프가 평행해야 한다.

즉, 두 그래프의 기울기는 같고, y절편은 달라야 하므로 ②, ④이다.

예제 2 답 7

주어진 두 일차방정식의 그래프의 교점이 무수히 많으므로 두 일차방정식의 그래프는 일치해야 한다.

즉, 두 그래프의 기울기와 y절편이 각각 같아야 한다.

$2x-ay=1$, $bx-6y=2$에서

$y=\dfrac{2}{a}x-\dfrac{1}{a}$, $y=\dfrac{b}{6}x-\dfrac{1}{3}$

따라서 $\dfrac{2}{a}=\dfrac{b}{6}$, $-\dfrac{1}{a}=-\dfrac{1}{3}$이어야 하므로

$ab=12$, $a=3$

∴ $a=3$, $b=4$

∴ $a+b=3+4=7$

2-1 답 $a\neq-3$, $b=8$

주어진 연립방정식의 해가 존재하지 않으려면 두 일차방정식의 그래프는 평행해야 한다.

즉, 두 그래프의 기울기는 같고, y절편은 달라야 한다.

$\begin{cases} 4x-2y=a \\ bx-4y=-6 \end{cases}$ 에서 $\begin{cases} y=2x-\dfrac{a}{2} \\ y=\dfrac{b}{4}x+\dfrac{3}{2} \end{cases}$

따라서 $2=\dfrac{b}{4}$, $-\dfrac{a}{2}\neq\dfrac{3}{2}$이어야 하므로

$a\neq-3$, $b=8$

실전 문제로 단원 마무리하기

•127~129쪽

1 ②	**2** ③, ⑤	**3** 기울기: $-\dfrac{3}{2}$, y절편: $-\dfrac{5}{2}$

4 ⑤ **5** 제3사분면 **6** ③ **7** ②

8 ④ **9** -1 **10** ① **11** -6 **12** ②, ④

13 ② **14** ③ **15** $a=-8$, $b\neq2$

서술형

16 $a=3$, $b=\dfrac{2}{3}$ **17** 12

1 답 ②

$x+2y-6=0$에서 $y=-\dfrac{1}{2}x+3$

$y=-\dfrac{1}{2}x+3$의 그래프의 x절편은 6, y절편은 3이므로 두 점

$(6, 0)$, $(0, 3)$을 지나는 그래프는 ②이다.

2 답 ③, ⑤

$3x+4y-2=0$에서 $y=-\dfrac{3}{4}x+\dfrac{1}{2}$

③, ④ 그래프는 오른쪽 그림과 같으므로
제1, 2, 4사분면을 지나고 x의 값이
증가할 때 y의 값은 감소한다.

⑤ 기울기가 $-\dfrac{3}{4}$이므로 일차함수

$y=\dfrac{3}{4}x+5$의 그래프와 한 점에서 만난다.

따라서 옳지 않은 것은 ③, ⑤이다.

3 답 기울기: $-\dfrac{3}{2}$, y절편: $-\dfrac{5}{2}$

$ax+2y+5=0$의 그래프가 점 $(3, -7)$을 지나므로
$3a-14+5=0$, $3a=9$

$\therefore a=3$

즉, $3x+2y+5=0$에서 $y=-\dfrac{3}{2}x-\dfrac{5}{2}$

따라서 주어진 그래프의 기울기는 $-\dfrac{3}{2}$, y절편은 $-\dfrac{5}{2}$이다.

4 답 ⑤

두 점 $(-4, -2)$, $(-2, 2)$를 지나는 직선의 기울기는

$\dfrac{2-(-2)}{-2-(-4)}=2$

$ax+3y-1=0$에서 $y=-\dfrac{a}{3}x+\dfrac{1}{3}$

즉, $ax+3y-1=0$의 그래프의 기울기는 $-\dfrac{a}{3}$이다.

따라서 $2=-\dfrac{a}{3}$이므로 $a=-6$

5 답 제3사분면

$ax+y+b=0$에서 $y=-ax-b$

즉, 그래프의 기울기는 $-a$, y절편은 $-b$이다.

이때 $a>0$, $b<0$에서 $-a<0$, $-b>0$이므
로 $ax+y+b=0$의 그래프의 모양은 오른쪽
그림과 같다.

따라서 $ax+y+b=0$의 그래프는 제3사분면
을 지나지 않는다.

6 답 ③

x축에 수직인 직선은 그 직선 위의 모든 점의 x좌표가 같다.
따라서 점 $(6, 4)$를 지나고, x축에 수직인 직선의 방정식은
$x=6$, 즉 $x-6=0$이다.

7 답 ③

$x=-2$, $x+4=0$, $y=k$, $y-3k=0$
에서

$x=-2$, $x=-4$, $y=k$, $y=3k$

이때 $k>0$이므로 네 직선은 오른쪽 그
림과 같다.

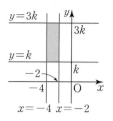

따라서 도형의 넓이가 12이므로

$\{-2-(-4)\}\times(3k-k)=12$

$4k=12$ $\therefore k=3$

8 답 ④

연립방정식 $\begin{cases} x+y=2 \\ 2x-y=1 \end{cases}$ 의 해는

$x=1$, $y=1$

따라서 구하는 교점의 좌표는 $(1, 1)$이다.

9 답 -1

두 그래프의 교점의 y좌표가 1이므로

$5x+3y=-2$에 $y=1$을 대입하면

$5x+3=-2$, $5x=-5$ $\therefore x=-1$

따라서 주어진 연립방정식의 해는 $x=-1$, $y=1$이므로

$2x+ay=-3$에 $x=-1$, $y=1$을 대입하면

$-2+a=-3$ $\therefore a=-1$

10 답 ①

연립방정식 $\begin{cases} x-2y=1 \\ x+3y=11 \end{cases}$ 의 해는 $x=5$, $y=2$

즉, 두 그래프의 교점의 좌표는 $(5, 2)$이다.

두 점 $(5, 2)$, $(4, 0)$을 지나는 직선의 기울기는

$\dfrac{0-2}{4-5}=2$

이 직선의 방정식을 $y=2x+b$라 하면 점 $(4, 0)$을 지나므로

$0=8+b$ $\therefore b=-8$

따라서 직선 $y=2x-8$의 y절편은 -8이다.

11 답 -6

두 점 $(-1, -3)$, $(2, 6)$을 지나는 직선의 기울기는

$\dfrac{6-(-3)}{2-(-1)}=3$

이 직선의 방정식을 $y=3x+b$라 하면 점 $(2, 6)$을 지나므로

$6=6+b$ $\therefore b=0$

$\therefore y=3x$

이때 연립방정식 $\begin{cases} y=3x \\ x-y+2=0 \end{cases}$, 즉 $\begin{cases} 3x-y=0 \\ x-y=-2 \end{cases}$ 의 해는

$x=1$, $y=3$

따라서 세 직선이 모두 점 $(1, 3)$을 지나므로

$ax+y+3=0$에 $x=1$, $y=3$을 대입하면

$a+3+3=0$ $\therefore a=-6$

12 답 ②, ④

일차방정식의 그래프가 직선 $y=-4x+3$과 한 점에서 만나려면 기울기가 달라야 한다.

즉, 기울기가 -4가 아니어야 한다.

각 일차방정식의 그래프의 기울기를 구하면

① -4 ② 4 ③ -4 ④ 4 ⑤ -4

따라서 직선 $y=-4x+3$과 한 점에서 만나는 것은 ②, ④이다.

13 답 ②

주어진 연립방정식의 각 일차방정식의 y를 x에 대한 식으로 나타내면 다음과 같다.

ㄱ. $\begin{cases} y=\dfrac{1}{2}x+\dfrac{1}{2} \\ y=\dfrac{1}{2}x+\dfrac{1}{4} \end{cases}$ ㄴ. $\begin{cases} y=x-2 \\ y=x-2 \end{cases}$

ㄷ. $\begin{cases} y=-3x-1 \\ y=-3x \end{cases}$ ㄹ. $\begin{cases} y=\dfrac{2}{3}x-\dfrac{4}{3} \\ y=\dfrac{2}{3}x-\dfrac{4}{3} \end{cases}$

연립방정식의 해가 없으려면 두 일차방정식의 그래프의 교점이 없어야 하므로 두 그래프가 평행해야 한다.

즉, 두 그래프의 기울기는 같고, y절편은 달라야 하므로 ㄱ, ㄷ 이다.

14 답 ③

주어진 연립방정식의 해가 무수히 많으므로 두 일차방정식의 그래프는 일치해야 한다.

즉, 두 그래프의 기울기와 y절편이 각각 같아야 한다.

$-x+ay-2=0$, $3x+15y+b=0$에서

$y=\dfrac{1}{a}x+\dfrac{2}{a}$, $y=-\dfrac{1}{5}x-\dfrac{b}{15}$

따라서 $\dfrac{1}{a}=-\dfrac{1}{5}$, $\dfrac{2}{a}=-\dfrac{b}{15}$이어야 하므로

$a=-5$, $ab=-30$ ∴ $a=-5$, $b=6$

∴ $a+b=-5+6=1$

15 답 $a=-8, b\ne2$

주어진 두 일차방정식의 그래프의 교점이 존재하지 않으므로 두 일차방정식의 그래프가 평행해야 한다.

즉, 두 그래프의 기울기는 같고, y절편은 달라야 한다.

$ax+6y+4=0$, $4x-3y-b=0$에서

$y=-\dfrac{a}{6}x-\dfrac{2}{3}$, $y=\dfrac{4}{3}x-\dfrac{b}{3}$

따라서 $-\dfrac{a}{6}=\dfrac{4}{3}$, $-\dfrac{2}{3}\ne-\dfrac{b}{3}$이어야 하므로

$3a=-24$, $b\ne2$ ∴ $a=-8$, $b\ne2$

16 답 $a=3, b=\dfrac{2}{3}$

$2x-ay=6$에서 $ay=2x-6$

∴ $y=\dfrac{2}{a}x-\dfrac{6}{a}$ $\qquad\qquad$ ···(i)

주어진 직선의 기울기는 $\dfrac{2}{3}$이므로 $\dfrac{2}{a}=\dfrac{2}{3}$

∴ $a=3$ $\qquad\qquad$ ···(ii)

따라서 $y=\dfrac{2}{3}x-2$의 그래프가 점 $(4, b)$를 지나므로

$b=\dfrac{8}{3}-2=\dfrac{2}{3}$ $\qquad\qquad$ ···(iii)

채점 기준	배점
(i) 일차방정식에서 y를 x에 대한 식으로 나타내기	30 %
(ii) a의 값 구하기	30 %
(iii) b의 값 구하기	40 %

17 답 12

연립방정식 $\begin{cases} x-y+3=0 \\ 2x+y-6=0 \end{cases}$, 즉 $\begin{cases} x-y=-3 \\ 2x+y=6 \end{cases}$의 해는

$x=1$, $y=4$ $\qquad\qquad$ ···(i)

즉, 두 직선 $x-y+3=0$, $2x+y-6=0$의 교점의 좌표는 $(1, 4)$이므로 A$(1, 4)$이고, x절편은 각각 -3, 3이므로 B$(-3, 0)$, C$(3, 0)$이다.

$\qquad\qquad$ ···(ii)

따라서 삼각형 ABC의 넓이는

$\dfrac{1}{2}\times\{3-(-3)\}\times4=12$ $\qquad$ ···(iii)

채점 기준	배점
(i) 점 A의 좌표 구하기	30 %
(ii) 두 점 B, C의 좌표 구하기	40 %
(iii) 삼각형 ABC의 넓이 구하기	30 %

OX 문제로 개념 점검! •130쪽

❶ ○ ❷ ○ ❸ × ❹ ○ ❺ × ❻ ○ ❼ ○

❷ $x-2y-4=0$에서 $y=\dfrac{1}{2}x-2$

즉, (기울기)>0, (y절편)<0이므로 그 그래프가 지나지 않는 사분면은 제2사분면이다.

❸ 일차방정식 $x=2$의 그래프를 좌표평면 위에 나타내면 x축에 수직인 직선이다. (또는 y축에 평행한 직선이다.)

❹ 두 점 $(-1, 2)$, $(5, 2)$를 지나는 직선의 방정식은 $y=2$이므로 이 직선은 y축에 수직이다.

❺ 연립방정식 $\begin{cases} x-y=2 \\ x+y=-2 \end{cases}$의 해는 두 일차함수 $y=x-2$, $y=-x-2$의 그래프의 교점의 좌표와 같다.

1 유리수와 순환소수

개념01 유리수 / 소수의 분류 · 3쪽

1 답 (1) $\dfrac{10}{5}$, 3

(2) 0, -4, $\dfrac{10}{5}$, -2, 3

(3) 0, -4, $-\dfrac{1}{3}$, $\dfrac{10}{5}$, 0.233, 5.7, -2, 3

(4) $-\dfrac{1}{3}$, 0.233, 5.7

2 답 (1) 유 (2) 무 (3) 유 (4) 무

3 답 (1) 0.5, 유한소수 (2) 0.333…, 무한소수
(3) 0.8, 유한소수 (4) 0.375, 유한소수
(5) 0.857142…, 무한소수 (6) -0.45, 유한소수

(1) $\dfrac{1}{2}=1\div2=0.5$이므로 유한소수이다.

(2) $\dfrac{1}{3}=1\div3=0.333\cdots$이므로 무한소수이다.

(3) $\dfrac{4}{5}=4\div5=0.8$이므로 유한소수이다.

(4) $\dfrac{3}{8}=3\div8=0.375$이므로 유한소수이다.

(5) $\dfrac{6}{7}=6\div7=0.857142\cdots$이므로 무한소수이다.

(6) $-\dfrac{9}{20}=-(9\div20)=-0.45$이므로 유한소수이다.

4 답 6개

π는 유리수가 아니다.

따라서 유리수는 $\dfrac{3}{7}$, 3.14, 0, -8, 0.4, $-\dfrac{5}{2}$의 6개이다.

5 답 ①, ④

① $\dfrac{8}{5}=8\div5=1.6$이므로 유한소수이다.

② $\dfrac{1}{7}=1\div7=0.142857\cdots$이므로 무한소수이다.

③ $\dfrac{2}{3}=2\div3=0.666\cdots$이므로 무한소수이다.

④ $\dfrac{7}{8}=7\div8=0.875$이므로 유한소수이다.

⑤ $\dfrac{10}{23}=10\div23=0.434782\cdots$이므로 무한소수이다.

따라서 유한소수가 되는 것은 ①, ④이다.

개념02 순환소수 · 4쪽

1 답 (1) ○ (2) ○ (3) × (4) × (5) ○ (6) ○

2 답 (1) 순환마디: 7, $0.\dot{7}$ (2) 순환마디: 6, $1.3\dot{6}$
(3) 순환마디: 54, $0.1\dot{5}\dot{4}$ (4) 순환마디: 458, $2.\dot{4}5\dot{8}$
(5) 순환마디: 264, $5.0\dot{2}6\dot{4}$ (6) 순환마디: 76, $6.\dot{7}\dot{6}$

3 답 (1) $0.\dot{2}$ (2) $0.\dot{3}\dot{6}$ (3) $1.\dot{3}$ (4) $0.2\dot{3}$ (5) $0.\dot{0}5\dot{4}$

(1) $\dfrac{2}{9}=0.222\cdots=0.\dot{2}$

(2) $\dfrac{4}{11}=0.363636\cdots=0.\dot{3}\dot{6}$

(3) $\dfrac{4}{3}=1.333\cdots=1.\dot{3}$

(4) $\dfrac{7}{30}=0.2333\cdots=0.2\dot{3}$

(5) $\dfrac{2}{37}=0.054054054\cdots=0.\dot{0}5\dot{4}$

4 답 ④

① $\dfrac{1}{6}=0.1666\cdots$이므로 순환마디는 6이다.

② $\dfrac{5}{12}=0.41666\cdots$이므로 순환마디는 6이다.

③ $\dfrac{7}{15}=0.4666\cdots$이므로 순환마디는 6이다.

④ $\dfrac{11}{18}=0.6111\cdots$이므로 순환마디는 1이다.

⑤ $\dfrac{7}{60}=0.11666\cdots$이므로 순환마디는 6이다.

따라서 순환마디가 나머지 넷과 다른 하나는 ④이다.

5 답 ③, ⑤

③ $3.434343\cdots=3.\dot{4}\dot{3}$

⑤ $1.102102102\cdots=1.\dot{1}0\dot{2}$

개념03 유한소수, 순환소수로 나타낼 수 있는 분수 · 5쪽

1 답 (1) (개) 5, (내) 5, (대) 10, (래) 0.5
(2) (개) 2, (내) 2, (대) 100, (래) 0.06
(3) (개) 2^2, (내) 2^2, (대) 16, (래) 0.16

2 답 (1) ○ (2) × (3) ○ (4) × (5) ○ (6) ×

기약분수로 나타냈을 때, 분모의 소인수가 2 또는 5뿐이면 유한소수로 나타낼 수 있다.

(3) $\dfrac{9}{2\times3\times5}=\dfrac{3}{2\times5}$ ⇨ 유한소수로 나타낼 수 있다.

(4) $\dfrac{15}{2^3\times3^3}=\dfrac{5}{2^3\times3^2}$ ⇨ 유한소수로 나타낼 수 없다.

(5) $\dfrac{24}{96}=\dfrac{1}{4}=\dfrac{1}{2^2}$ ⇨ 유한소수로 나타낼 수 있다.

(6) $\dfrac{14}{150}=\dfrac{7}{75}=\dfrac{7}{3\times5^2}$ ⇨ 유한소수로 나타낼 수 없다.

3 답 (1) 7 (2) 3 (3) 33 (4) 9 (5) 21 (6) 11

기약분수의 분모에 있는 2 또는 5 이외의 소인수의 배수를 곱하면 유한소수로 나타낼 수 있다.

(2) $\dfrac{21}{2^2\times3^2\times5}=\dfrac{7}{2^2\times3\times5}$에서 분모의 3을 없애야 하므로 3의 배수를 곱해야 한다.

따라서 구하는 가장 작은 자연수는 3이다.

(3) $\dfrac{24}{3^2\times5\times11}=\dfrac{8}{3\times5\times11}$에서 분모의 3과 11을 없애야 하므로 3과 11의 최소공배수인 33의 배수를 곱해야 한다.

따라서 구하는 가장 작은 자연수는 33이다.

(4) $\dfrac{5}{72}=\dfrac{5}{2^3\times3^2}$에서 분모의 $3^2(=9)$을 없애야 하므로 9이 배수를 곱해야 한다.

따라서 구하는 가장 작은 자연수는 9이다.

(5) $\dfrac{3}{126}=\dfrac{1}{42}=\dfrac{1}{2\times3\times7}$에서 분모의 3과 7을 없애야 하므로 3과 7의 최소공배수인 21의 배수를 곱해야 한다.

따라서 구하는 가장 작은 자연수는 21이다.

(6) $\dfrac{9}{660}=\dfrac{3}{220}=\dfrac{3}{2^2\times5\times11}$에서 분모의 11을 없애야 하므로 11의 배수를 곱해야 한다.

따라서 구하는 가장 작은 자연수는 11이다.

4 답 ②, ③

① $\dfrac{9}{14}=\dfrac{9}{2\times7}$ ② $\dfrac{7}{35}=\dfrac{1}{5}$

③ $\dfrac{6}{150}=\dfrac{1}{25}=\dfrac{1}{5^2}$ ④ $\dfrac{8}{33}=\dfrac{8}{3\times11}$

⑤ $\dfrac{5}{30}=\dfrac{1}{6}=\dfrac{1}{2\times3}$

따라서 유한소수로 나타낼 수 있는 분수는 ②, ③이다.

5 답 ④

$\dfrac{a}{2\times5^2\times7\times11}$가 유한소수가 되려면 a는 7과 11의 최소공배수인 77의 배수이어야 한다.

따라서 가장 작은 자연수 a는 77이다.

개념 04 순환소수의 분수 표현 ·6~7쪽

1 답 (1) ㈎ 10, ㈏ 9, ㈐ 8 (2) ㈎ 100, ㈏ 99, ㈐ 25
(3) ㈎ 1000, ㈏ 999, ㈐ 17 (4) ㈎ 10, ㈏ 90, ㈐ 29
(5) ㈎ 10, ㈏ 990, ㈐ 61 (6) ㈎ 100, ㈏ 900, ㈐ 1069

2 답 (1) 1 (2) 99 (3) 9, 3 (4) 1, 41
(5) 990, 495 (6) 17, 77 (7) 216, 488

3 답 (1) $\dfrac{73}{33}$ (2) $\dfrac{3355}{999}$ (3) $\dfrac{61}{495}$ (4) $\dfrac{239}{150}$

(1) $2.\dot2\dot1=\dfrac{221-2}{99}=\dfrac{219}{99}=\dfrac{73}{33}$

(2) $3.\dot3\dot5\dot8=\dfrac{3358-3}{999}=\dfrac{3355}{999}$

(3) $0.1\dot2\dot3=\dfrac{123-1}{990}=\dfrac{122}{990}=\dfrac{61}{495}$

(4) $1.5\dot9\dot3=\dfrac{1593-159}{900}=\dfrac{1434}{900}=\dfrac{239}{150}$

4 답 (1) × (2) × (3) ○ (4) ○ (5) ○ (6) ×

(1) 무한소수 중에는 순환소수가 아닌 무한소수도 있다.

(2) 순환소수가 아닌 무한소수는 유리수가 아니다.

(6) 순환소수가 아닌 무한소수는 분수로 나타낼 수 없다.

5 답 ③

주어진 순환소수를 x라 할 때, 이 순환소수를 분수로 나타내는 과정에서 이용할 수 있는 가장 편리한 식은 다음과 같다.

① $100x-x$

② $1000x-10x$

③ $100x-10x$

④ $1000x-x$

⑤ $1000x-100x$

따라서 $100x-10x$를 이용하는 것이 가장 편리한 것은 ③이다.

6 답 ③, ⑤

③ $0.\dot5\dot6\dot7=\dfrac{567}{999}$

⑤ $2.4\dot8\dot1=\dfrac{2481-24}{990}$

7 답 $5.\dot5$

$6.\dot3=\dfrac{63-6}{9}=\dfrac{57}{9}$, $0.\dot7=\dfrac{7}{9}$이므로

$6.\dot3=A+0.\dot7$에서

$\dfrac{57}{9}=A+\dfrac{7}{9}$

$\therefore A=\dfrac{57}{9}-\dfrac{7}{9}=\dfrac{50}{9}=5.\dot5$

8 답 ②

① 순환소수가 아닌 무한소수는 유리수가 아니다.

③ 순환소수가 아닌 무한소수는 분수로 나타낼 수 없다.

④ 소수에는 순환소수가 아닌 무한소수도 있다.
   즉, 소수는 유한소수와 무한소수로 나눌 수 있다.

⑤ 정수가 아닌 유리수는 유한소수 또는 순환소수로 나타낼 수 있다.

따라서 옳은 것은 ②이다.

2 식의 계산

・8쪽
개념 05 지수법칙 (지수의 합과 곱)

1 답 (1) x^6 (2) y^8 (3) 2^7 (4) 3^{10} (5) a^8 (6) 5^{11}

(1) $x^2 \times x^4 = x^{2+4} = x^6$

(2) $y \times y^7 = y^{1+7} = y^8$

(3) $2^3 \times 2^4 = 2^{3+4} = 2^7$

(4) $3^2 \times 3^8 = 3^{2+8} = 3^{10}$

(5) $a \times a^3 \times a^4 = a^{1+3+4} = a^8$

(6) $5^2 \times 5^3 \times 5^6 = 5^{2+3+6} = 5^{11}$

2 답 (1) $a^{10}b^6$ (2) $x^6 y^3$ (3) $a^4 b^5$ (4) $x^5 y^7$

(1) $a^7 \times b^6 \times a^3 = a^7 \times a^3 \times b^6 = a^{7+3} \times b^6 = a^{10}b^6$

(2) $x^2 \times y^3 \times x^4 = x^2 \times x^4 \times y^3 = x^{2+4} \times y^3 = x^6 y^3$

(3) $a \times b \times a^3 \times b^4 = a \times a^3 \times b \times b^4 = a^{1+3} \times b^{1+4} = a^4 b^5$

(4) $x^3 \times y^4 \times x^2 \times y^3 = x^3 \times x^2 \times y^4 \times y^3 = x^{3+2} \times y^{4+3} = x^5 y^7$

3 답 (1) x^{12} (2) y^{16} (3) 2^{10} (4) x^{32} (5) y^{19} (6) a^{25}

(1) $(x^2)^6 = x^{2 \times 6} = x^{12}$

(2) $(y^4)^4 = y^{4 \times 4} = y^{16}$

(3) $(2^5)^2 = 2^{5 \times 2} = 2^{10}$

(4) $(x^4)^2 \times (x^8)^3 = x^8 \times x^{24} = x^{8+24} = x^{32}$

(5) $(y^3)^5 \times (y^2)^2 = y^{15} \times y^4 = y^{15+4} = y^{19}$

(6) $(a^3)^6 \times a^3 \times (a^2)^2 = a^{18} \times a^3 \times a^4 = a^{18+3+4} = a^{25}$

4 답 ②

$3 \times 3^3 \times 3^a = 729$에서 $3^{1+3+a} = 3^6$이므로

$1+3+a = 6$

$\therefore a = 2$

5 답 10

$(5^a)^2 \times 5^2 = 5^{22}$에서 $5^{2a+2} = 5^{22}$이므로

$2a+2 = 22$, $2a = 20$

$\therefore a = 10$

개념 06 지수법칙 (지수의 차와 분배)

・9~10쪽

1 답 (1) x^6 (2) 1 (3) $\dfrac{1}{x^3}$ (4) 2^5 (5) x (6) $\dfrac{1}{a}$

(1) $x^{10} \div x^4 = x^{10-4} = x^6$

(2) $x^5 \div x^5 = 1$

(3) $x^4 \div x^7 = \dfrac{1}{x^{7-4}} = \dfrac{1}{x^3}$

(4) $2^8 \div 2^3 = 2^{8-3} = 2^5$

(5) $x^6 \div x^2 \div x^3 = x^{6-2} \div x^3 = x^4 \div x^3 = x^{4-3} = x$

(6) $a^5 \div a^2 \div a^4 = a^{5-2} \div a^4 = a^3 \div a^4 = \dfrac{1}{a^{4-3}} = \dfrac{1}{a}$

2 답 (1) $x^2 y^2$ (2) $a^{10}b^{15}$ (3) $27x^6$ (4) $-27x^3 y^{12}$
(5) $\dfrac{y^3}{x^6}$ (6) $\dfrac{b^8}{a^6}$ (7) $-\dfrac{x^9}{8}$ (8) $\dfrac{9a^4}{4b^2}$

(1) $(xy)^2 = x^2 y^2$

(2) $(a^2 b^3)^5 = (a^2)^5 \times (b^3)^5 = a^{10}b^{15}$

(3) $(3x^2)^3 = 3^3 \times (x^2)^3 = 27x^6$

(4) $(-3xy^4)^3 = (-3)^3 \times x^3 \times (y^4)^3 = -27x^3 y^{12}$

(5) $\left(\dfrac{y}{x^2}\right)^3 = \dfrac{y^3}{(x^2)^3} = \dfrac{y^3}{x^6}$

(6) $\left(\dfrac{b^4}{a^3}\right)^2 = \dfrac{(b^4)^2}{(a^3)^2} = \dfrac{b^8}{a^6}$

(7) $\left(-\dfrac{x^3}{2}\right)^3 = \left\{(-1) \times \dfrac{x^3}{2}\right\}^3 = (-1)^3 \times \dfrac{(x^3)^3}{2^3} = -\dfrac{x^9}{8}$

(8) $\left(\dfrac{3a^2}{2b}\right)^2 = \dfrac{3^2 \times (a^2)^2}{2^2 \times b^2} = \dfrac{9a^4}{4b^2}$

3 답 (1) 2, 1, 3 (2) 3, 1, 6 (3) 4, 1, 4 (4) 5, 1, 8

4 답 (1) 6, 2, 2 (2) 3, 3 (3) 4, 12, 4, 4 (4) 2, 8, 6, 2, 2

5 답 (1) 2 (2) 4 (3) 4 (4) 8

(1) $2^4 \times 5^3 = 2 \times 2^3 \times 5^3 = 2 \times (2 \times 5)^3 = 2 \times 10^3$

(2) $2^7 \times 5^4 = 2^3 \times 2^4 \times 5^4 = 2^3 \times (2 \times 5)^4 = 8 \times 10^4$

(3) $2^7 \times 5^5 = 2^2 \times 2^5 \times 5^5 = 2^2 \times (2 \times 5)^5 = 4 \times 10^5$

(4) $2^8 \times 5^9 = 2^8 \times 5 \times 5^8 = 5 \times (2 \times 5)^8 = 5 \times 10^8$

6 답 y^5

$(y^3)^5 \div (y^2)^3 \div y^4 = y^{15} \div y^6 \div y^4$
$= y^{15-6} \div y^4$
$= y^9 \div y^4 = y^{9-4} = y^5$

7 답 16

$(-2x^a y^6)^2 = 4x^8 y^b$에서 $4x^{2a}y^{12} = 4x^8 y^b$이므로

$2a = 8$, $12 = b$ $\therefore a = 4$, $b = 12$

$\therefore a+b = 4+12 = 16$

8 답 ①

$5^3 + 5^3 + 5^3 + 5^3 + 5^3 = 5 \times 5^3 = 5^4$

9 답 ④

$81^9 = (3^4)^9 = 3^{36} = (3^3)^{12} = A^{12}$

10 답 ⑤

$2^7 \times 5^{10} = 2^7 \times 5^3 \times 5^7 = 5^3 \times (2 \times 5)^7$
$= 125 \times 10^7 = 1250000000$

따라서 $2^7 \times 5^{10}$은 10자리의 자연수이므로

$n = 10$

1 답 (1) $10x^3$ (2) $6a^5b^7$ (3) $12y^5$ (4) $-4a^5b^2$

(1) $5x \times 2x^2 = 5 \times 2 \times x \times x^2 = 10x^3$

(2) $3a^2b^3 \times 2a^3b^4 = 3 \times 2 \times a^2b^3 \times a^3b^4 = 6a^5b^7$

(3) $(-4y^2) \times (-3y^3) = (-4) \times (-3) \times y^2 \times y^3 = 12y^5$

(4) $\left(-\dfrac{2}{3}a^2b\right) \times 6a^3b = \left(-\dfrac{2}{3}\right) \times 6 \times a^2b \times a^3b = -4a^5b^2$

2 답 (1) $4y^2$ (2) $8a^3$ (3) $5a^2b^3$ (4) $-\dfrac{15}{x^2}$

(1) $12y^3 \div 3y = \dfrac{12y^3}{3y} = 4y^2$

(2) $2a^4 \div \dfrac{1}{4}a = 2a^4 \times \dfrac{4}{a} = 2 \times 4 \times a^4 \times \dfrac{1}{a} = 8a^3$

(3) $30a^3b^5 \div 6ab^2 = \dfrac{30a^3b^5}{6ab^2} = 5a^2b^3$

(4) $5xy \div \left(-\dfrac{1}{3}x^3y\right) = 5xy \times \left(-\dfrac{3}{x^3y}\right)$
$= 5 \times (-3) \times xy \times \dfrac{1}{x^3y} = -\dfrac{15}{x^2}$

3 답 (1) $4a^4b^6$ (2) $-16x^9y^{10}$ (3) $-9ab^3$ (4) $\dfrac{x^2}{4y^3}$

(1) $(6ab^2)^2 \times \left(\dfrac{1}{3}ab\right)^2 = 36a^2b^4 \times \dfrac{1}{9}a^2b^2$
$= 36 \times \dfrac{1}{9} \times a^2b^4 \times a^2b^2$
$= 4a^4b^6$

(2) $(2xy^2)^2 \times 4xy^3 \times (-x^2y)^3$
$= 4x^2y^4 \times 4xy^3 \times (-x^6y^3)$
$= 4 \times 4 \times (-1) \times x^2y^4 \times xy^3 \times x^6y^3$
$= -16x^9y^{10}$

(3) $(3a^2b^3)^2 \div (-ab)^3 = 9a^4b^6 \div (-a^3b^3)$
$= -\dfrac{9a^4b^6}{a^3b^3} = -9ab^3$

(4) $(x^3y)^2 \div (2xy)^3 \div \dfrac{1}{2}xy^2$
$= x^6y^2 \div 8x^3y^3 \div \dfrac{1}{2}xy^2$
$= x^6y^2 \times \dfrac{1}{8x^3y^3} \times \dfrac{2}{xy^2}$
$= \dfrac{1}{8} \times 2 \times x^6y^2 \times \dfrac{1}{x^3y^3} \times \dfrac{1}{xy^2} = \dfrac{x^2}{4y^3}$

4 답 (1) $4x$, -8, x, $2x^4$

(2) $-27a^3$, $-\dfrac{1}{27a^3}$, $-\dfrac{1}{27}$, a^3, $-2a^3$

(3) $4x^4y^2$, 4, x^4y^2, $\dfrac{5}{2}x^5$

(4) $25x^3y^3$ (5) $-\dfrac{1}{2}a^3b^4$ (6) $-40y^5$

(4) $(5x^2y)^2 \times x^3y^4 \div x^4y^3 = 25x^4y^2 \times x^3y^4 \times \dfrac{1}{x^4y^3} = 25x^3y^3$

(5) $\left(-\dfrac{1}{2}a^2b\right)^3 \times 8ab^3 \div 2a^4b^2$
$= \left(-\dfrac{1}{8}a^6b^3\right) \times 8ab^3 \times \dfrac{1}{2a^4b^2}$
$= -\dfrac{1}{8} \times 8 \times \dfrac{1}{2} \times a^6b^3 \times ab^3 \times \dfrac{1}{a^4b^2}$
$= -\dfrac{1}{2}a^3b^4$

(6) $15x^2y^3 \div \left(-\dfrac{3}{4}x^3y^2\right) \times 2xy^4$
$= 15x^2y^3 \times \left(-\dfrac{4}{3x^3y^2}\right) \times 2xy^4$
$= 15 \times \left(-\dfrac{4}{3}\right) \times 2 \times x^2y^3 \times \dfrac{1}{x^3y^2} \times xy^4$
$= -40y^5$

5 답 (1) $9x^3y^4$ (2) $7a^3b^5$

(1) (삼각형의 넓이) $= \dfrac{1}{2} \times 3xy \times 6x^2y^3$
$= \dfrac{1}{2} \times 3 \times 6 \times xy \times x^2y^3 = 9x^3y^4$

(2) (직사각형의 넓이) $= 7a^2b^2 \times ab^3 = 7a^3b^5$

6 답 직육면체의 부피, $4xy$, $16x^2y^2$, $5x^5y^3$

7 답 $A = 12$, $B = 5$, $C = 3$

$4x^2 \times 3xy \times (-xy)^2 = 4x^2 \times 3xy \times x^2y^2$
$= 12x^5y^3 = Ax^By^C$

$\therefore A = 12$, $B = 5$, $C = 3$

8 답 ①

$(-3x^4y^3)^2 \div (xy)^3 \div 3xy^2 = 9x^8y^6 \div x^3y^3 \div 3xy^2$
$= 9x^8y^6 \times \dfrac{1}{x^3y^3} \times \dfrac{1}{3xy^2}$
$= 3x^4y = Ax^By^C$

따라서 $A = 3$, $B = 4$, $C = 1$이므로
$A - B - C = 3 - 4 - 1 = -2$

9 답 27

$15x^3y \times \left(-\dfrac{1}{3}y\right)^2 \div 5xy = 15x^3y \times \dfrac{1}{9}y^2 \times \dfrac{1}{5xy} = \dfrac{x^2y^2}{3}$

따라서 $x = -3$, $y = 3$일 때, 주어진 식의 값은
$\dfrac{x^2y^2}{3} = \dfrac{(-3)^2 \times 3^2}{3} = \dfrac{81}{3} = 27$

10 답 ⑤

(평행사변형의 넓이) = (밑변의 길이) × (높이)이므로
(높이) = (평행사변형의 넓이) ÷ (밑변의 길이)
$= 56x^5y^4 \div 42xy^3$
$= \dfrac{56x^5y^4}{42xy^3} = \dfrac{4x^4y}{3}$

1 답 (1) $8x+2y$ (2) $2x-y$ (3) $-x+5y$
  (4) $3x-5y-1$ (5) $8a-5b+5$

(1) $(5x+4y)+(3x-2y)=5x+4y+3x-2y$
$\qquad\qquad\qquad\qquad =5x+3x+4y-2y$
$\qquad\qquad\qquad\qquad =8x+2y$

(2) $(4x-5y)+(-2x+4y)=4x-5y-2x+4y$
$\qquad\qquad\qquad\qquad\quad =4x-2x-5y+4y$
$\qquad\qquad\qquad\qquad\quad =2x-y$

(3) $3(-2x+3y)+(5x-4y)=-6x+9y+5x-4y$
$\qquad\qquad\qquad\qquad\quad =-6x+5x+9y-4y$
$\qquad\qquad\qquad\qquad\quad =-x+5y$

(4) $(2x-3y+1)+(x-2y-2)=2x-3y+1+x-2y-2$
$\qquad\qquad\qquad\qquad\quad =2x+x-3y-2y+1-2$
$\qquad\qquad\qquad\qquad\quad =3x-5y-1$

(5) $2(a+2b+4)+3(2a-3b-1)=2a+4b+8+6a-9b-3$
$\qquad\qquad\qquad\qquad\qquad =2a+6a+4b-9b+8-3$
$\qquad\qquad\qquad\qquad\qquad =8a-5b+5$

2 답 (1) $2x-2y$ (2) $3x+y$ (3) $6x-7y$
  (4) $11a-5b$ (5) $x-9y+6$

(1) $(4x+3y)-(2x+5y)=4x+3y-2x-5y$
$\qquad\qquad\qquad\qquad =4x-2x+3y-5y$
$\qquad\qquad\qquad\qquad =2x-2y$

(2) $(2x+4y)-(-x+3y)=2x+4y+x-3y$
$\qquad\qquad\qquad\qquad =2x+x+4y-3y$
$\qquad\qquad\qquad\qquad =3x+y$

(3) $2(5x-3y)-(4x+y)=10x-6y-4x-y$
$\qquad\qquad\qquad\qquad =10x-4x-6y-y$
$\qquad\qquad\qquad\qquad =6x-7y$

(4) $3(2a-3b)-(-5a-4b)=6a-9b+5a+4b$
$\qquad\qquad\qquad\qquad\quad =6a+5a-9b+4b$
$\qquad\qquad\qquad\qquad\quad =11a-5b$

(5) $(3x-6y+3)-(2x+3y-3)=3x-6y+3-2x-3y+3$
$\qquad\qquad\qquad\qquad\quad =3x-2x-6y-3y+3+3$
$\qquad\qquad\qquad\qquad\quad =x-9y+6$

3 답 (1) $\dfrac{3}{10}x-\dfrac{1}{10}y$ (2) $\dfrac{7}{6}a+\dfrac{17}{12}b$
  (3) $\dfrac{17x+y}{6}$ (4) $\dfrac{a+5b}{4}$

(1) $\left(-\dfrac{1}{2}x+\dfrac{1}{2}y\right)+\left(\dfrac{4}{5}x-\dfrac{3}{5}y\right)$
$\quad =-\dfrac{1}{2}x+\dfrac{1}{2}y+\dfrac{4}{5}x-\dfrac{3}{5}y$
$\quad =-\dfrac{5}{10}x+\dfrac{8}{10}x+\dfrac{5}{10}y-\dfrac{6}{10}y$
$\quad =\dfrac{3}{10}x-\dfrac{1}{10}y$

(2) $\left(\dfrac{4}{3}a+\dfrac{2}{3}b\right)-\left(\dfrac{1}{6}a-\dfrac{3}{4}b\right)=\dfrac{4}{3}a+\dfrac{2}{3}b-\dfrac{1}{6}a+\dfrac{3}{4}b$
$\qquad\qquad\qquad\qquad\quad =\dfrac{8}{6}a-\dfrac{1}{6}a+\dfrac{8}{12}b+\dfrac{9}{12}b$
$\qquad\qquad\qquad\qquad\quad =\dfrac{7}{6}a+\dfrac{17}{12}b$

(3) $\dfrac{x-y}{3}+\dfrac{5x+y}{2}=\dfrac{2(x-y)+3(5x+y)}{6}$
$\qquad\qquad\qquad =\dfrac{2x-2y+15x+3y}{6}$
$\qquad\qquad\qquad =\dfrac{2x+15x-2y+3y}{6}$
$\qquad\qquad\qquad =\dfrac{17x+y}{6}\left(=\dfrac{17}{6}x+\dfrac{1}{6}y\right)$

(4) $\dfrac{3a-b}{4}-\dfrac{a-3b}{2}=\dfrac{3a-b-2(a-3b)}{4}$
$\qquad\qquad\qquad =\dfrac{3a-b-2a+6b}{4}$
$\qquad\qquad\qquad =\dfrac{3a-2a-b+6b}{4}$
$\qquad\qquad\qquad =\dfrac{a+5b}{4}\left(=\dfrac{1}{4}a+\dfrac{5}{4}b\right)$

4 답 (1) $3x+5y$ (2) $2a+4b+5$ (3) $4x-y$

(1) $5x+\{2y-(2x-3y)\}=5x+(2y-2x+3y)$
$\qquad\qquad\qquad =5x+(-2x+5y)$
$\qquad\qquad\qquad =5x-2x+5y$
$\qquad\qquad\qquad =3x+5y$

(2) $5a-\{a-3b-(-2a+b)-5\}$
$\quad =5a-(a-3b+2a-b-5)$
$\quad =5a-(3a-4b-5)$
$\quad =5a-3a+4b+5$
$\quad =2a+4b+5$

(3) $x-[2x-y+\{x-2(3x-y)\}]$
$\quad =x-\{2x-y+(x-6x+2y)\}$
$\quad =x-(2x-y-5x+2y)$
$\quad =x-(-3x+y)$
$\quad =x+3x-y$
$\quad =4x-y$

5 답 (1) ○ (2) ✕ (3) ✕ (4) ○

(2) x^2이 분모에 있으므로 다항식이 아니다.
따라서 이차식이 아니다.

(3) $(x^2+3x+5)-x^2=x^2+3x+5-x^2=3x+5$이므로
이차식이 아니다.

6 답 (1) $3x^2+3x-3$ (2) $7x^2-12x+2$
  (3) $2x^2+10x-10$ (4) $-a^2-2a+3$
  (5) $9a^2-11a-9$ (6) $-8x^2+7x-21$

(1) $(x^2+2x)+(2x^2+x-3)=x^2+2x+2x^2+x-3$
$\qquad\qquad\qquad\qquad =3x^2+3x-3$

(2) $(3x^2-2x)+2(2x^2-5x+1)$
$=3x^2-2x+4x^2-10x+2$
$=7x^2-12x+2$

(3) $4(-2x^2+4x-3)+2(5x^2-3x+1)$
$=-8x^2+16x-12+10x^2-6x+2$
$=2x^2+10x-10$

(4) $(3a^2-2a+5)-(4a^2+2)$
$=3a^2-2a+5-4a^2-2$
$=-a^2-2a+3$

(5) $4(a^2-2a-4)-(-5a^2+3a-7)$
$=4a^2-8a-16+5a^2-3a+7$
$=9a^2-11a-9$

(6) $3(-2x^2+x-5)-2(x^2-2x+3)$
$=-6x^2+3x-15-2x^2+4x-6$
$=-8x^2+7x-21$

7 답 (1) $9x^2-7x-12$
  (2) $x^2-4x+10$

(1) $3x^2-x+6\{x^2-(x+2)\}$
$=3x^2-x+6(x^2-x-2)$
$=3x^2-x+6x^2-6x-12$
$=9x^2-7x-12$

(2) $x^2+2\{x^2-(2x+x^2)+5\}$
$=x^2+2(x^2-2x-x^2+5)$
$=x^2+2(-2x+5)$
$=x^2-4x+10$

8 답 $\dfrac{1}{2}$

$\dfrac{-3x+y}{4}-\dfrac{2x-5y}{3}=\dfrac{3(-3x+y)-4(2x-5y)}{12}$
$=\dfrac{-9x+3y-8x+20y}{12}$
$=\dfrac{-17x+23y}{12}$
$=-\dfrac{17}{12}x+\dfrac{23}{12}y$

따라서 $a=-\dfrac{17}{12}$, $b=\dfrac{23}{12}$이므로

$a+b=-\dfrac{17}{12}+\dfrac{23}{12}=\dfrac{6}{12}=\dfrac{1}{2}$

9 답 21

$(x^2-3x+5)+3(4x^2+2x+1)$
$=x^2-3x+5+12x^2+6x+3$
$=13x^2+3x+8$
따라서 x^2의 계수는 13, 상수항은 8이므로 구하는 합은
$13+8=21$

1 답 (1) $8x^2+2x$ (2) $5a^2-2a$ (3) $6x^2+15xy$
  (4) $12a^2-8ab$ (5) $-2x^2+6xy$ (6) $-3a^2-9ab$
  (7) $3x^2+6xy-12x$ (8) $10a^2-6ab+2a$
  (9) $2xy-10y^2+12y$ (10) $8a^2-16ab+20a$

(1) $2x(4x+1)=2x\times4x+2x\times1=8x^2+2x$

(2) $a(5a-2)=a\times5a+a\times(-2)=5a^2-2a$

(3) $(2x+5y)\times3x=2x\times3x+5y\times3x=6x^2+15xy$

(4) $(3a-2b)\times4a=3a\times4a-2b\times4a=12a^2-8ab$

(5) $-2x(x-3y)=-2x\times x-2x\times(-3y)$
$=-2x^2+6xy$

(6) $(a+3b)\times(-3a)=a\times(-3a)+3b\times(-3a)$
$=-3a^2-9ab$

(7) $3x(x+2y-4)=3x\times x+3x\times2y+3x\times(-4)$
$=3x^2+6xy-12x$

(8) $(5a-3b+1)\times2a=5a\times2a-3b\times2a+1\times2a$
$=10a^2-6ab+2a$

(9) $-2y(-x+5y-6)$
$=-2y\times(-x)-2y\times5y-2y\times(-6)$
$=2xy-10y^2+12y$

(10) $(-2a+4b-5)\times(-4a)$
$=-2a\times(-4a)+4b\times(-4a)-5\times(-4a)$
$=8a^2-16ab+20a$

2 답 (1) $5x^2+6x$ (2) $-4a^2-a$ (3) $8x^2-11xy$
  (4) $13a^2-14ab$ (5) $6x^2+8xy+6y^2$ (6) $10a^2-3ab$

(1) $3x^2-2x+2x(x+4)=3x^2-2x+2x^2+8x$
$=5x^2+6x$

(2) $2a^2-4a-3a(2a-1)=2a^2-4a-6a^2+3a$
$=-4a^2-a$

(3) $x(2x-3y)-2x(4y-3x)=2x^2-3xy-8xy+6x^2$
$=8x^2-11xy$

(4) $4a(3a-2b)+a(a-6b)=12a^2-8ab+a^2-6ab$
$=13a^2-14ab$

(5) $2x(6y+3x)-3y\left(\dfrac{4}{3}x-2y\right)=12xy+6x^2-4xy+6y^2$
$=6x^2+8xy+6y^2$

(6) $-2a\left(-3a+\dfrac{1}{2}b\right)+a(4a-2b)=6a^2-ab+4a^2-2ab$
$=10a^2-3ab$

3 답 (1) $2a+4$ (2) $-4x+5$ (3) $2b-1$ (4) $-3x+5$
  (5) $3xy^2-2x^2y$ (6) $8b+6$ (7) $-6x+3$ (8) $12x-4xy$
  (9) $-5a^2+15ab$ (10) $12xy^2-18$

(1) $(4a^2+8a)\div2a=\dfrac{4a^2+8a}{2a}=\dfrac{4a^2}{2a}+\dfrac{8a}{2a}=2a+4$

(2) $(8x^2-10x)\div(-2x)=\dfrac{8x^2-10x}{-2x}$

$\qquad\qquad\qquad\quad=\dfrac{8x^2}{-2x}-\dfrac{10x}{-2x}=-4x+5$

(3) $(6ab-3a)\div3a=\dfrac{6ab-3a}{3a}=\dfrac{6ab}{3a}-\dfrac{3a}{3a}=2b-1$

(4) $(9xy-15y)\div(-3y)=\dfrac{9xy-15y}{-3y}$

$\qquad\qquad\qquad\qquad=\dfrac{9xy}{-3y}-\dfrac{15y}{-3y}=-3x+5$

(5) $(12x^2y^3-8x^3y^2)\div4xy=\dfrac{12x^2y^3-8x^3y^2}{4xy}$

$\qquad\qquad\qquad\qquad\qquad=\dfrac{12x^2y^3}{4xy}-\dfrac{8x^3y^2}{4xy}$

$\qquad\qquad\qquad\qquad\qquad=3xy^2-2x^2y$

(6) $(4ab+3a)\div\dfrac{a}{2}=(4ab+3a)\times\dfrac{2}{a}$

$\qquad\qquad\qquad\quad=4ab\times\dfrac{2}{a}+3a\times\dfrac{2}{a}=8b+6$

(7) $(-2x^2+x)\div\dfrac{1}{3}x=(-2x^2+x)\times\dfrac{3}{x}$

$\qquad\qquad\qquad\qquad=-2x^2\times\dfrac{3}{x}+x\times\dfrac{3}{x}$

$\qquad\qquad\qquad\qquad=-6x+3$

(8) $(18xy-6xy^2)\div\dfrac{3}{2}y=(18xy-6xy^2)\times\dfrac{2}{3y}$

$\qquad\qquad\qquad\qquad\qquad=18xy\times\dfrac{2}{3y}-6xy^2\times\dfrac{2}{3y}$

$\qquad\qquad\qquad\qquad\qquad=12x-4xy$

(9) $(3a^2b-9ab^2)\div\left(-\dfrac{3}{5}b\right)$

$\quad=(3a^2b-9ab^2)\times\left(-\dfrac{5}{3b}\right)$

$\quad=3a^2b\times\left(-\dfrac{5}{3b}\right)-9ab^2\times\left(-\dfrac{5}{3b}\right)$

$\quad=-5a^2+15ab$

(10) $(10x^2y^4-15xy^2)\div\dfrac{5}{6}xy^2$

$\quad=(10x^2y^4-15xy^2)\times\dfrac{6}{5xy^2}$

$\quad=10x^2y^4\times\dfrac{6}{5xy^2}-15xy^2\times\dfrac{6}{5xy^2}$

$\quad=12xy^2-18$

4 답 (1) x^3+3x^2y+2 (2) $y^2+5y-4x$ (3) $-4a^2+3ab-2$

$\qquad$ (4) $-14x^2+4x-6$ (5) $6x^2+9x-3$

$\qquad$ (6) $-15a^2b-5ab+10b$

(1) $(2x^4+6x^3y+4x)\div2x=\dfrac{2x^4+6x^3y+4x}{2x}$

$\qquad\qquad\qquad\qquad\qquad=x^3+3x^2y+2$

(2) $(3y^3+15y^2-12xy)\div3y=\dfrac{3y^3+15y^2-12xy}{3y}$

$\qquad\qquad\qquad\qquad\qquad\quad=y^2+5y-4x$

(3) $(20a^2b-15ab^2+10b)\div(-5b)=\dfrac{20a^2b-15ab^2+10b}{-5b}$

$\qquad\qquad\qquad\qquad\qquad\qquad\qquad=-4a^2+3ab-2$

(4) $(-21x^3+6x^2-9x)\div\dfrac{3}{2}x$

$\quad=(-21x^3+6x^2-9x)\times\dfrac{2}{3x}$

$\quad=-21x^3\times\dfrac{2}{3x}+6x^2\times\dfrac{2}{3x}-9x\times\dfrac{2}{3x}$

$\quad=-14x^2+4x-6$

(5) $(8x^3y+12xy-4y)\div\dfrac{4}{3}y$

$\quad=(8x^2y+12xy-4y)\times\dfrac{3}{4y}$

$\quad=8x^2y\times\dfrac{3}{4y}+12xy\times\dfrac{3}{4y}-4y\times\dfrac{3}{4y}$

$\quad=6x^2+9x-3$

(6) $(6a^3b+2a^2b-4ab)\div\left(-\dfrac{2}{5}a\right)$

$\quad=(6a^3b+2a^2b-4ab)\times\left(-\dfrac{5}{2a}\right)$

$\quad=6a^3b\times\left(-\dfrac{5}{2a}\right)+2a^2b\times\left(-\dfrac{5}{2a}\right)-4ab\times\left(-\dfrac{5}{2a}\right)$

$\quad=-15a^2b-5ab+10b$

5 답 -2

$4x(2x+y-2)=8x^2+4xy-8x$에서 x^2의 계수는 8이므로

$a=8$

$-5x(x+2y-3)=-5x^2-10xy+15x$에서 xy의 계수는

-10이므로 $b=-10$

$\therefore a+b=8+(-10)=-2$

6 답 9

$\dfrac{-2a^3b+8a^2b^2+10ab^2}{2ab}=-a^2+4ab+5b$

따라서 ab의 계수는 4, b의 계수는 5이므로 구하는 합은

$4+5=9$

개념 10 **다항식과 단항식의 혼합 계산** •17~18쪽

1 답 (1) $2x^2-x$ (2) $a-7ab$ (3) $3x^2y-6y$

$\qquad$ (4) $-3a^2-a+8b$ (5) $3x^2-18x-2$ (6) $-2a^2-6a+7$

(1) $x(x+3)+(x^3y-4x^2y)\div xy$

$\quad=x^2+3x+\dfrac{x^3y-4x^2y}{xy}$

$\quad=x^2+3x+x^2-4x$

$\quad=2x^2-x$

(2) $2a(1-5b)+(9a^2b-3a^2)\div3a$

$\quad=2a-10ab+\dfrac{9a^2b-3a^2}{3a}$

$\quad=2a-10ab+3ab-a$

$\quad=a-7ab$

(3) $(x^3y-3xy)\div x+(6x^2y^3-9y^3)\div 3y^2$

$$=\frac{x^3y-3xy}{x}+\frac{6x^2y^3-9y^3}{3y^2}$$

$$=x^2y-3y+2x^2y-3y$$

$$=3x^2y-6y$$

(4) $-a(3a+5)+(a^2+2ab)\div\dfrac{a}{4}$

$$=-3a^2-5a+(a^2+2ab)\times\frac{4}{a}$$

$$=-3a^2-5a+4a+8b$$

$$=-3a^2-a+8b$$

(5) $(6x^2+4x)\div(-2x)+(x-5)\div\dfrac{1}{3x}$

$$=\frac{6x^2+4x}{-2x}+(x-5)\times 3x$$

$$=-3x-2+3x^2-15x$$

$$=3x^2-18x-2$$

(6) $(-2a^2+a)\div\dfrac{1}{3}a+(a^3-2a)\div\left(-\dfrac{1}{2}a\right)$

$$=(-2a^2+a)\times\frac{3}{a}+(a^3-2a)\times\left(-\frac{2}{a}\right)$$

$$=-6a+3-2a^2+4$$

$$=-2a^2-6a+7$$

2 답 (1) $-4x^2+5x$ (2) $2ab^2$ (3) $-4x^2-9x-2$
(4) $2a+5ab-3$ (5) $-9x+2y+2$
(6) $-15a^2-6a+6$

(1) $3x(-x+2)-x(x+1)=-3x^2+6x-x^2-x$
$$\qquad\qquad\qquad\qquad\qquad =-4x^2+5x$$

(2) $ab(2a+b)-a(2ab-b^2)=2a^2b+ab^2-2a^2b+ab^2$
$$\qquad\qquad\qquad\qquad\qquad\quad =2ab^2$$

(3) $-4x(x+3)-(12x^2-8x)\div(-4x)$

$$=-4x^2-12x-\frac{12x^2-8x}{-4x}$$

$$=-4x^2-12x+3x-2$$

$$=-4x^2-9x-2$$

(4) $(10a^2-6a)\div 2a-(3a^2-5a^2b)\div a$

$$=\frac{10a^2-6a}{2a}-\frac{3a^2-5a^2b}{a}$$

$$=5a-3-3a+5ab$$

$$=2a+5ab-3$$

(5) $(16x^2y-8xy^2)\div(-4xy)-(15x^2-6x)\div 3x$

$$=\frac{16x^2y-8xy^2}{-4xy}-\frac{15x^2-6x}{3x}$$

$$=-4x+2y-5x+2$$

$$=-9x+2y+2$$

(6) $-3a(a-4)-(8a^2b+12ab-4b)\div\dfrac{2}{3}b$

$$=-3a^2+12a-(8a^2b+12ab-4b)\times\frac{3}{2b}$$

$$=-3a^2+12a-12a^2-18a+6$$

$$=-15a^2-6a+6$$

3 답 (1) $32x^2y^2+48y^3$ (2) $-\dfrac{a^2b^3}{3}+\dfrac{ab}{2}$

(1) $(4x^3y+6xy^2)\div\dfrac{1}{2}x\times 4y$

$$=(4x^3y+6xy^2)\times\frac{2}{x}\times 4y$$

$$=(8x^2y+12y^2)\times 4y$$

$$=32x^2y^2+48y^3$$

(2) $\left(\dfrac{4}{3}a^4b^2-2a^3\right)\div(-2a)^2\times(-b)$

$$=\left(\frac{4}{3}a^4b^2-2a^3\right)\div 4a^2\times(-b)$$

$$=\left(\frac{4}{3}a^4b^2-2a^3\right)\times\frac{1}{4a^2}\times(-b)$$

$$=\left(\frac{a^2b^2}{3}-\frac{a}{2}\right)\times(-b)$$

$$=-\frac{a^2b^3}{3}+\frac{ab}{2}$$

4 답 (1) $14x^2y+10xy^2$ (2) $25ab+5b^3$

(1) (삼각형의 넓이)$=\dfrac{1}{2}\times 4xy\times(7x+5y)$

$$=2xy\times(7x+5y)$$

$$=14x^2y+10xy^2$$

(2) (직사각형의 넓이)$=5b\times(5a+b^2)$

$$=25ab+5b^3$$

5 답 삼각형의 넓이, $2xy$, $6x+8y$

6 답 세로의 길이, $3b$, $8a-4b$

7 답 높이, $4x$, $4x+2$

8 답 직육면체의 부피, $3xy$, $9x^2y^2$, $4x+3xy$

9 답 -3

$(4a^4b^2-8a^3b^4)\div(2ab)^2-(a-2b^2)\times 4a$

$=(4a^4b^2-8a^3b^4)\div 4a^2b^2-(a-2b^2)\times 4a$

$=(4a^4b^2-8a^3b^4)\times\dfrac{1}{4a^2b^2}-(a-2b^2)\times 4a$

$=a^2-2ab^2-4a^2+8ab^2$

$=-3a^2+6ab^2$

따라서 a^2의 계수는 -3이다.

10 답 $2a+4b$

(사각기둥의 부피)=(밑넓이)$\times$(높이)이므로
(높이)=(사각기둥의 부피)$\div$(밑넓이)

$$=(12a^2b+24ab^2)\div(3a\times 2b)$$

$$=(12a^2b+24ab^2)\div 6ab$$

$$=\frac{12a^2b+24ab^2}{6ab}$$

$$=2a+4b$$

3 일차부등식

개념11 부등식과 그 해
•19~20쪽

1 답 (1) × (2) ○ (3) × (4) ○ (5) ○ (6) ×

2 답 (1) ≥ (2) > (3) ≤ (4) < (5) <

3 답 (1) $2x-5<9$ (2) $8x≤15000$ (3) $x+10>3x$
　　(4) $300x+1800≥6000$

(1) x의 2배에서 5를 빼면 / 9보다 / 작다.
　　$\underbrace{2x-5}$ 　 $\underbrace{<}$ 　 $\underbrace{9}$

(2) 학생 8명이 x원씩 낸 금액의 합은 / 15000원을 / 넘지 않는다.
　　$\underbrace{8x}$ 　 　 $\underbrace{≤}$ 　 $\underbrace{15000}$

(3) 진우의 10년 후의 나이는 / 현재 나이 x세의 3배보다 / 많다.
　　$\underbrace{x+10}$ 　 　 $\underbrace{>}$ 　 $\underbrace{3x}$

(4) 한 개에 300원인 사탕 x개와 한 개에 900원인 과자 2개의 가
　　　　　　$\underbrace{300x+1800}$
　　격은 / 6000원 이상이다.
　　　　　$\underbrace{≥}$ 　 $\underbrace{6000}$

4 답 (1) ○ (2) × (3) ○ (4) ○ (5) × (6) ×

(1) $x=3$을 $3x+1>5$에 대입하면
　　(좌변)$=3×3+1=10$, (우변)$=5$이고
　　(좌변)$>$(우변)이므로 참이다.
　　따라서 3은 부등식 $3x+1>5$의 해이다.

(2) $x=2$를 $-2x+5≤0$에 대입하면
　　(좌변)$=-2×2+5=1$, (우변)$=0$이고
　　(좌변)$>$(우변)이므로 거짓이다.
　　따라서 2는 부등식 $-2x+5≤0$의 해가 아니다.

(3) $x=3$을 $2x-7<1$에 대입하면
　　(좌변)$=2×3-7=-1$, (우변)$=1$이고
　　(좌변)$<$(우변)이므로 참이다.
　　따라서 3은 부등식 $2x-7<1$의 해이다.

(4) $x=-1$을 $-x-3≤2x$에 대입하면
　　(좌변)$=-(-1)-3=-2$, (우변)$=2×(-1)=-2$이고
　　(좌변)$=$(우변)이므로 참이다.
　　따라서 -1은 부등식 $-x-3≤2x$의 해이다.

(5) $x=2$를 $-x+7≥3x+3$에 대입하면
　　(좌변)$=-2+7=5$, (우변)$=3×2+3=9$이고
　　(좌변)$<$(우변)이므로 거짓이다.
　　따라서 2는 부등식 $-x+7≥3x+3$의 해가 아니다.

(6) $x=-2$를 $2(x+3)<-1$에 대입하면
　　(좌변)$=2×(-2+3)=2$, (우변)$=-1$이고
　　(좌변)$>$(우변)이므로 거짓이다.
　　따라서 -2는 부등식 $2(x+3)<-1$의 해가 아니다.

5 답 풀이 참조

(1)

x의 값	좌변	우변	참, 거짓
-2	$-2+5=3$	4	참
-1	$-1+5=4$	4	거짓
0	$0+5=5$	4	거짓
1	$1+5=6$	4	거짓
2	$2+5=7$	4	거짓

따라서 부등식 $x+5<4$의 해는 -2이다.

(2)

x의 값	좌변	우변	참, 거짓
-2	$-2×(-2)+1=5$	1	참
-1	$-2×(-1)+1=3$	1	참
0	$-2×0+1=1$	1	참
1	$-2×1+1=-1$	1	거짓
2	$-2×2+1=-3$	1	거짓

따라서 부등식 $-2x+1≥1$의 해는 $-2, -1, 0$이다.

(3)

x의 값	좌변	우변	참, 거짓
-2	$3×(-2-1)=-9$	-1	거짓
-1	$3×(-1-1)=-6$	-1	거짓
0	$3×(0-1)=-3$	-1	거짓
1	$3×(1-1)=0$	-1	참
2	$3×(2-1)=3$	-1	참

따라서 부등식 $3(x-1)>-1$의 해는 1, 2이다.

6 답 ㄴ

ㄱ. $2x-3≤16$

ㄴ. $2x-3<16$

ㄷ. $3x-2<16$

따라서 부등식으로 나타낼 때, $2x-3<16$이 되는 것은 ㄴ이다.

7 답 2개

부등식 $2x+4≤3x+1$에서

$x=1$일 때, $2×1+4≤3×1+1$ (거짓)

$x=2$일 때, $2×2+4≤3×2+1$ (거짓)

$x=3$일 때, $2×3+4≤3×3+1$ (참)

$x=4$일 때, $2×4+4≤3×4+1$ (참)

따라서 x의 값이 5보다 작은 자연수일 때, 주어진 부등식의 해는 3, 4의 2개이다.

개념12 부등식의 성질
•21쪽

1 답 (1) < (2) < (3) < (4) > (5) < (6) >

$a<b$일 때

(1) 양변에 4를 더하면 $a+4<b+4$

(2) 양변에서 2를 빼면 $a-2<b-2$

3. 일차부등식 **81**

(3) 양변에 5를 곱하면 $5a < 5b$

(4) 양변에 -3을 곱하면 $-3a > -3b$

(5) 양변을 4로 나누면 $a \div 4 < b \div 4$

(6) 양변을 -6으로 나누면 $a \div (-6) > b \div (-6)$

2 탭 (1) $<$　(2) $>$　(3) $>$　(4) $<$

$a > b$일 때

(1) 양변에 -2를 곱하면 $-2a < -2b$　　$\cdots$ ㉠

　㉠의 양변에 3을 더하면 $-2a+3 < -2b+3$

(2) 양변에 3을 곱하면 $3a > 3b$　　$\cdots$ ㉠

　㉠의 양변에 4를 더하면 $4+3a > 4+3b$

(3) 양변에 $\dfrac{1}{2}$을 곱하면 $\dfrac{1}{2}a > \dfrac{1}{2}b$　　$\cdots$ ㉠

　㉠의 양변에 1을 더하면 $\dfrac{1}{2}a+1 > \dfrac{1}{2}b+1$

(4) 양변에 $-\dfrac{3}{4}$을 곱하면 $-\dfrac{3}{4}a < -\dfrac{3}{4}b$　　$\cdots$ ㉠

　㉠의 양변에서 -5를 빼면 $-\dfrac{3}{4}a-5 < -\dfrac{3}{4}b-5$

3 탭 (1) $>$　(2) $\leq$　(3) $<$　(4) $\geq$

(1) $a-3 > b-3$의 양변에 3을 더하면 $a > b$

(2) $2a \leq 2b$의 양변을 2로 나누면 $a \leq b$

(3) $-3a+2 > -3b+2$의 양변에서 2를 빼면

　$-3a > -3b$　　$\cdots$ ㉠

　㉠의 양변을 -3으로 나누면 $a < b$

(4) $\dfrac{a}{5}-4 \geq \dfrac{b}{5}-4$의 양변에 4를 더하면

　$\dfrac{a}{5} \geq \dfrac{b}{5}$　　$\cdots$ ㉠

　㉠의 양변에 5를 곱하면 $a \geq b$

4 탭 (1) $2x+5 > 7$　(2) $-4x+7 < 3$

(1) $x > 1$의 양변에 2를 곱하면 $2x > 2$　　$\cdots$ ㉠

　㉠의 양변에 5를 더하면

　$2x+5 > 7$

(2) $x > 1$의 양변에 -4를 곱하면 $-4x < -4$　　$\cdots$ ㉠

　㉠의 양변에 7을 더하면

　$-4x+7 < 3$

5 탭 ②

$a+3 \geq b+3$이면 $a \geq b$

① $a \geq b$에서 $2a \geq 2b$

② $a \geq b$에서 $-a \leq -b$이므로 $-a+3 \leq -b+3$

③ $a \geq b$에서 $a \div 3 \geq b \div 3$

④ $a \geq b$에서 $a-3 \geq b-3$

⑤ $a \geq b$에서 $3a \geq 3b$이므로

　$3a+2 \geq 3b+2$

따라서 옳지 않은 것은 ②이다.

6 탭 $12 \leq 10-x < 15$

$-5 < x \leq -2$의 각 변에 -1을 곱하면

$2 \leq -x < 5$　　$\cdots$ ㉠

㉠의 각 변에 10을 더하면 $12 \leq 10-x < 15$

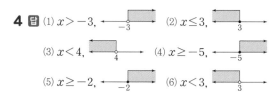

개념 13 일차부등식의 풀이　·22~23쪽

1 탭 (1) ○　(2) ✕　(3) ✕　(4) ○　(5) ○　(6) ✕

(2) 정리하면 $3 > 0$이므로 부등식이지만 일차부등식은 아니다.

(3) 정리하면 $4x-8 = 0$이므로 일차방정식이다.

(6) 정리하면 $-3 \leq 0$이므로 부등식이지만 일차부등식은 아니다.

2 탭 (1) $x > 3$　(2) $x \leq -4$

3 탭 (1) -3, -3, 1 / 그림: 1

　　(2) 2, 1, 2, -4, -2 / 그림: -2

4 탭 (1) $x > -3$,　(2) $x \leq 3$,

　　(3) $x < 4$,　(4) $x \geq -5$,

　　(5) $x \geq -2$,　(6) $x < 3$,

(1) $x+5 > 2$에서 $x > 2-5$　　$\therefore x > -3$

(2) $2x \leq 6$에서 $x \leq 3$

(3) $4x-9 < 7$에서 $4x < 7+9$

　$4x < 16$　　$\therefore x < 4$

(4) $-x-1 \leq 4$에서 $-x \leq 4+1$

　$-x \leq 5$　　$\therefore x \geq -5$

(5) $x+8 \geq -3x$에서 $x+3x \geq -8$

　$4x \geq -8$　　$\therefore x \geq -2$

(6) $2x+3 > 5x-6$에서 $2x-5x > -6-3$

　$-3x > -9$　　$\therefore x < 3$

5 탭 ②, ③

① 정리하면 $3 > 0$이므로 부등식이지만 일차부등식은 아니다.

② 정리하면 $3x-2 > 0$이므로 일차부등식이다.

③ 정리하면 $-5x-1 < 0$이므로 일차부등식이다.

④ 정리하면 $x^2+x-2 \leq 0$이므로 부등식이지만

　x^2+x-2는 일차식이 아니므로 일차부등식이 아니다.

⑤ 정리하면 $5 \geq 0$이므로 부등식이지만 일차부등식은 아니다.

따라서 일차부등식인 것은 ②, ③이다.

6 탭 0

$3x-5 > -x+7$에서 $3x+x > 7+5$

$4x > 12$　　$\therefore x > 3$

$2+5x\geq3x-4$에서 $5x-3x\geq-4-2$
$2x\geq-6$ $\quad\therefore x\geq-3$
따라서 $a=3$, $b=-3$이므로
$a+b=3+(-3)=0$

7 답 ②

$x-4\leq a-4x$에서 $5x\leq a+4$ $\quad\therefore x\leq\dfrac{a+4}{5}$

주어진 부등식의 해가 $x\leq-2$이므로 $\dfrac{a+4}{5}=-2$

$a+4=-10$ $\quad\therefore a=-14$

8 답 ⑤

$ax-5a>0$에서 $ax>5a$
이때 $a<0$이므로 $x<5$

개념14 여러 가지 일차부등식의 풀이 ·24쪽

1 답 (1) 2, 6, 2, 4 (2) 10, 3, 60, 3, 24

(3) 8, 4, 2, 2, $\dfrac{1}{2}$ (4) $\dfrac{1}{10}$, 30, 3, 5, -2, 15

(5) $x>-17$ (6) $x\leq-7$

(5) $0.2x-3<0.4(x+1)$의 양변에 10을 곱하면
$2x-30<4(x+1)$
$2x-30<4x+4$
$-2x<34$ $\quad\therefore x>-17$

(6) $\dfrac{x-3}{2}\geq\dfrac{3x-4}{5}$의 양변에 10을 곱하면
$5(x-3)\geq2(3x-4)$
$5x-15\geq6x-8$
$-x\geq7$ $\quad\therefore x\leq-7$

2 답 ④

$5(x-1)<x+3$에서 $5x-5<x+3$
$4x<8$ $\quad\therefore x<2$
따라서 정수 x의 최댓값은 1이다.

3 답 ①

$2x-0.6<0.5x-0.1$의 양변에 10을 곱하면
$20x-6<5x-1$, $15x<5$ $\quad\therefore x<\dfrac{1}{3}$

4 답 ②

$\dfrac{1-x}{3}\leq\dfrac{x-6}{2}$의 양변에 6을 곱하면
$2(1-x)\leq3(x-6)$, $2-2x\leq3x-18$
$-5x\leq-20$ $\quad\therefore x\geq4$
$\therefore a=4$

개념15 일차부등식의 활용 ·25~28쪽

1 답 $3x-4$, $3x-4$, 5, 4, 4

2 답 $5x-7$, $5x-7$, 4, 5, 5, 5

3 답 $49+x$, $15+x$, $49+x$, $15+x$, 2, 2, 2

4 답 $15-x$, $1000x+700(15-x)$, 5, 5, 5, 5, 5

5 답 $x-5$, $x-5$, 9, 9, 9, 4

6 답 $12000+2000x$, $12000+2000x$, 6, 7, 7

7 답 x, 10, 10, 10, 10

8 답 x, 7, 7, 7, 7

9 답 x, 12, 12, 12, 12

10 답 (1) 풀이 참조 (2) $1500x>900x+2500$

(3) $x>\dfrac{25}{6}$ (4) 5켤레

(1)

	집 근처 옷 가게	인터넷 쇼핑몰
가격(원)	$1500x$	$900x$
배송비(원)	0	2500
전체 금액(원)	$1500x$	$900x+2500$

(2) 인터넷 쇼핑몰을 이용하는 것이 유리하려면
$1500x>900x+2500$

(3) $1500x>900x+2500$에서 $600x>2500$
$\quad\therefore x>\dfrac{25}{6}\,(=4.16\cdots)$

(4) 양말을 최소 5켤레 사는 경우에 인터넷 쇼핑몰을 이용하는 것이 더 유리하다.

11 답 (1)

	갈 때	올 때
거리	$x\,\mathrm{km}$	$x\,\mathrm{km}$
속력	시속 $3\,\mathrm{km}$	시속 $5\,\mathrm{km}$
시간	$\dfrac{x}{3}$시간	$\dfrac{x}{5}$시간

(2) $\dfrac{x}{3}+\dfrac{x}{5}\leq2$ (3) $x\leq\dfrac{15}{4}$ (4) $\dfrac{15}{4}\,\mathrm{km}$

(2) (갈 때 걸린 시간)+(올 때 걸린 시간)≤2(시간)이므로
$\dfrac{x}{3}+\dfrac{x}{5}\leq2$

(3) $\dfrac{x}{3}+\dfrac{x}{5}\leq2$에서 $5x+3x\leq30$
$8x\leq30$ $\quad\therefore x\leq\dfrac{15}{4}$

(4) 최대 $\dfrac{15}{4}\,\mathrm{km}$ 떨어진 지점까지 갔다 올 수 있다.

12 답 (1)

	갈 때	물건을 살 때	올 때
거리	x km		x km
속력	시속 4 km		시속 4 km
시간	$\dfrac{x}{4}$ 시간	$\dfrac{10}{60}$ 시간	$\dfrac{x}{4}$ 시간

(2) $\dfrac{x}{4}+\dfrac{10}{60}+\dfrac{x}{4}\leq 1$ (3) $x\leq\dfrac{5}{3}$ (4) $\dfrac{5}{3}$ km

(2) (갈 때 걸린 시간)+(물건을 살 때 걸린 시간)

$\qquad\qquad\qquad$ +(올 때 걸린 시간)≤ 1(시간)

이므로

$\dfrac{x}{4}+\dfrac{10}{60}+\dfrac{x}{4}\leq 1$

(3) $\dfrac{x}{4}+\dfrac{10}{60}+\dfrac{x}{4}\leq 1$에서 $3x+2+3x\leq 12$

$\quad 6x\leq 10 \qquad \therefore x\leq\dfrac{5}{3}$

(4) 선착장으로부터 $\dfrac{5}{3}$ km 이내의 시장까지 다녀올 수 있다.

13 답 36, 37, 38

연속하는 세 자연수를 x, $x+1$, $x+2$라 하면

$x+(x+1)+(x+2)<114$에서

$3x+3<114$, $3x<111$

$\therefore x<37$

이때 x의 값이 될 수 있는 가장 큰 자연수는 36이다.

따라서 연속하는 가장 큰 세 자연수는 36, 37, 38이다.

14 답 10개

사과를 x개 사면 귤은 $(12-x)$개 살 수 있으므로

$500(12-x)+700x\leq 8000$에서

$6000-500x+700x\leq 8000$

$200x\leq 2000 \qquad \therefore x\leq 10$

따라서 사과는 최대 10개까지 살 수 있다.

15 답 ②

x개월 후에 은수의 저금액은 $(12000+3000x)$원이고, 준기의 저금액은 $(15000+2000x)$원이므로 x개월 후에 은수의 저금액이 준기의 저금액보다 많아진다고 하면

$12000+3000x>15000+2000x$에서

$1000x>3000 \qquad \therefore x>3$

따라서 은수의 저금액이 준기의 저금액보다 처음으로 많아지는 것은 지금으로부터 4개월 후이다.

16 답 14 cm

세로의 길이를 x cm라 하면 가로의 길이는 $(x+8)$ cm이므로

$2\{(x+8)+x\}\geq 72$에서

$2(2x+8)\geq 72$, $4x+16\geq 72$

$4x\geq 56 \qquad \therefore x\geq 14$

따라서 세로의 길이는 최소 14 cm이다.

17 답 ④

사람 수를 x명이라 하면

$2000x>1500\times 30 \qquad \therefore x>\dfrac{45}{2} (=22.5)$

따라서 최소 23명일 때 단체 입장권을 구입하는 것이 더 유리하다.

18 답 1 km

뛰어간 거리를 x km라 하면

	자전거를 타고 갈 때	뛰어갈 때
거리	$(23-x)$ km	x km
속력	시속 16 km	시속 8 km
시간	$\dfrac{23-x}{16}$ 시간	$\dfrac{x}{8}$ 시간

(자전거를 타고 간 시간)+(뛰어간 시간)$\leq\dfrac{3}{2}$(시간)이므로

$\dfrac{23-x}{16}+\dfrac{x}{8}\leq\dfrac{3}{2}$에서

$23-x+2x\leq 24 \qquad \therefore x\leq 1$

따라서 뛰어간 거리는 최대 1 km이다.

4 연립일차방정식

개념 16 미지수가 2개인 일차방정식 ·29~30쪽

1 답 (1) × (2) ○ (3) × (4) ○
(5) × (6) × (7) ○ (8) ×

(1) 등식이 아니므로 일차방정식이 아니다.

(3) x, y의 차수가 2이므로 일차방정식이 아니다.

(5) y의 차수가 2이므로 일차방정식이 아니다.

(6) 등식이 아니므로 일차방정식이 아니다.

(8) 식을 정리하면 $-y+1=0$이 되어 미지수가 1개이므로 미지수가 2개인 일차방정식이 아니다.

2 답 (1) $x+y=6$ (2) $800x+1500y=13000$
(3) $4x+2y=28$ (4) $3x+4y=92$ (5) $2(x+y)=40$

3 답 (1) × (2) ○ (3) ○ (4) × (5) ○ (6) ○

(1) $x=2$, $y=1$을 $x+3y=-1$에 대입하면
$2+3\times1\neq-1$
따라서 순서쌍 $(2,1)$은 일차방정식 $x+3y=-1$의 해가 아니다.

(2) $x=5$, $y=-2$를 $x+3y=-1$에 대입하면
$5+3\times(-2)=-1$
따라서 순서쌍 $(5,-2)$는 일차방정식 $x+3y=-1$의 해이다.

(3) $x=-4$, $y=1$을 $x+3y=-1$에 대입하면
$-4+3\times1=-1$
따라서 순서쌍 $(-4,1)$은 일차방정식 $x+3y=-1$의 해이다.

(4) $x=3$, $y=-1$을 $x+3y=-1$에 대입하면
$3+3\times(-1)\neq-1$
따라서 순서쌍 $(3,-1)$은 일차방정식 $x+3y=-1$의 해가 아니다.

(5) $x=-1$, $y=0$을 $x+3y=-1$에 대입하면
$-1+3\times0=-1$
따라서 순서쌍 $(-1,0)$은 일차방정식 $x+3y=-1$의 해이다.

(6) $x=\dfrac{1}{2}$, $y=-\dfrac{1}{2}$을 $x+3y=-1$에 대입하면
$\dfrac{1}{2}+3\times\left(-\dfrac{1}{2}\right)=-1$
따라서 순서쌍 $\left(\dfrac{1}{2},-\dfrac{1}{2}\right)$은 일차방정식 $x+3y=-1$의 해이다.

4 답 풀이 참조

(1)

x	1	2	3
y	2	1	0

따라서 x, y의 값이 자연수일 때, 일차방정식 $x+y=3$의 해는
$(1,2)$, $(2,1)$

(2)

x	1	2	3
y	3	1	-1

따라서 x, y의 값이 자연수일 때, 일차방정식 $2x+y=5$의 해는
$(1,3)$, $(2,1)$

(3)

x	1	2	3
y	5	2	-1

따라서 x, y의 값이 자연수일 때, 일차방정식 $3x+y=8$의 해는
$(1,5)$, $(2,2)$

(4)

x	1	-3	-7
y	1	2	3

따라서 x, y의 값이 자연수일 때, 일차방정식 $x+4y=5$의 해는
$(1,1)$

5 답 ②

ㄴ. 식을 정리하면 $x+5=0$이므로 미지수가 1개인 일차방정식이다.

ㄷ. 식을 정리하면 $6x+xy-1=0$이고 xy는 x, y에 대한 2차이므로 미지수가 2개인 일차방정식이 아니다.

ㄹ. 식을 정리하면 $2x-3y=0$이므로 미지수가 2개인 일차방정식이다.

따라서 미지수가 2개인 일차방정식은 ㄱ, ㄹ이다.

6 답 L

$x+\dfrac{1}{y}=2$는 분모에 y가 있으므로 일차방정식이 아니다.

$(x+1)-2y$는 등식이 아니므로 일차방정식이 아니다.

$x+y^2+y=1$은 y의 차수가 2이므로 일차방정식이 아니다.

$x+y+1=y-x$를 정리하면 $2x+1=0$이므로 미지수가 1개인 일차방정식이다.

$x+y^2+y=y^2$를 정리하면 $x+y=0$이므로 미지수가 2개인 일차방정식이다.

따라서 미지수가 2개인 일차방정식이 있는 칸을 모두 색칠하면 다음과 같고, 이때 나타나는 알파벳은 'L'이다.

$x-3y=-1$	$x+\dfrac{1}{y}=2$	$(x+1)-2y$
$\dfrac{x}{3}+y=3$	$x+y^2+y=1$	$x+y+1=y-x$
$x+y^2+y=y^2$	$\dfrac{x}{2}+\dfrac{y}{3}=\dfrac{1}{6}$	$y=x-y$

7 답 ①, ⑤

$x=2$, $y=1$을 주어진 일차방정식에 대입하면
① $3\times2-2\times1\neq1$ ② $2\times2-4\times1=0$
③ $5\times2-3\times1=7$ ④ $-2\times2+1=-3$
⑤ $2-3\times1\neq2$
따라서 $(2,1)$을 해로 갖지 않는 것은 ①, ⑤이다.

8 답 ②

$x=-3$, $y=4$를 $ax-5y+2=0$에 대입하면
$-3a-20+2=0$
$-3a=18$ ∴ $a=-6$

개념 17 미지수가 2개인 연립일차방정식
•31쪽

1 답 (1) ◯ (2) ✕ (3) ◯

$x=1$, $y=2$를 주어진 연립방정식의 두 방정식에 각각 대입하여
두 방정식이 모두 참이면 $x=1$, $y=2$가 해이다.

(1) $\begin{cases} 1+2=3 \\ 1+2\times2=5 \end{cases}$ (2) $\begin{cases} 3\times1+2\ne6 \\ -2\times1+3\times2=4 \end{cases}$

(3) $\begin{cases} 1+3\times2=7 \\ 2\times1+2=4 \end{cases}$

2 답 (1) ✕ (2) ◯ (3) ✕

(1) $\begin{cases} -2+(-1)\ne3 \\ 3\times2+4\times(-1)\ne-2 \end{cases}$ (2) $\begin{cases} 2\times2+3\times(-1)=1 \\ -3\times2-2\times(-1)=-4 \end{cases}$

(3) $\begin{cases} 2+3\times(-1)=-1 \\ -2\times2+(-1)\ne5 \end{cases}$

3 답 (1) ㉠의 해: $(1, 4)$, $(2, 3)$, $(3, 2)$, $(4, 1)$
㉡의 해: $(1, 4)$, $(2, 2)$
⇨ 연립방정식의 해: $x=1$, $y=4$

(2) ㉠의 해: $(1, 3)$, $(2, 1)$
㉡의 해: $(2, 1)$, $(3, 2)$, $(4, 3)$, $\cdots$
⇨ 연립방정식의 해: $x=2$, $y=1$

4 답 ①, ⑤

$x=-2$, $y=1$을 주어진 연립방정식의 두 방정식에 각각 대입
하면

① $\begin{cases} -(-2)+1=3 \\ 3\times(-2)+4\times1=-2 \end{cases}$ ② $\begin{cases} -2+1=-1 \\ -2+2\times1\ne4 \end{cases}$

③ $\begin{cases} -2-1\ne3 \\ -2+1=-1 \end{cases}$ ④ $\begin{cases} 2\times(-2)+3\times1\ne1 \\ -3\times(-2)-2\times1\ne-4 \end{cases}$

⑤ $\begin{cases} -2+3\times1=1 \\ -2\times(-2)+1=5 \end{cases}$

따라서 해가 $x=-2$, $y=1$인 것은 ①, ⑤이다.

5 답 $a=-3$, $b=-1$

$x=1$, $y=5$를 $ax+2y=7$에 대입하면
$a+10=7$ ∴ $a=-3$
$x=1$, $y=5$를 $x-by=6$에 대입하면
$1-5b=6$, $-5b=5$ ∴ $b=-1$

개념 18 연립방정식의 풀이
•32~33쪽

1 답 (1) ㈎ $3x-2$, ㈏ 3, ㈐ 7
(2) ㈎ $4x-3$, ㈏ 4, ㈐ 13

2 답 (1) $x=8$, $y=3$ (2) $x=-5$, $y=-2$
(3) $x=3$, $y=4$

(1) $\begin{cases} x=y+5 & \cdots ㉠ \\ 2x-3y=7 & \cdots ㉡ \end{cases}$ 에서 ㉠을 ㉡에 대입하면

$2(y+5)-3y=7$, $2y+10-3y=7$
$-y=-3$ ∴ $y=3$
$y=3$을 ㉠에 대입하면 $x=3+5=8$
따라서 주어진 연립방정식의 해는
$x=8$, $y=3$

(2) $\begin{cases} x=3y+1 & \cdots ㉠ \\ x=2y-1 & \cdots ㉡ \end{cases}$ 에서 ㉠을 ㉡에 대입하면

$3y+1=2y-1$ ∴ $y=-2$
$y=-2$를 ㉠에 대입하면 $x=-6+1=-5$
따라서 주어진 연립방정식의 해는
$x=-5$, $y=-2$

(3) $\begin{cases} 3x+y=13 & \cdots ㉠ \\ x-2y=-5 & \cdots ㉡ \end{cases}$

㉡에서 $x=2y-5$ $\cdots ㉢$
㉢을 ㉠에 대입하면 $3(2y-5)+y=13$
$6y-15+y=13$, $7y=28$ ∴ $y=4$
$y=4$를 ㉢에 대입하면 $x=2\times4-5=3$
따라서 주어진 연립방정식의 해는
$x=3$, $y=4$

3 답 (1) ㈎ 21, ㈏ 7, ㈐ 1, ㈑ $\dfrac{1}{4}$
(2) ㈎ 3, ㈏ 5, ㈐ 1, ㈑ 4

4 답 (1) $x=2$, $y=3$ (2) $x=3$, $y=3$ (3) $x=1$, $y=2$

(1) $\begin{cases} 3x-y=3 & \cdots ㉠ \\ x+y=5 & \cdots ㉡ \end{cases}$

㉠+㉡을 하면 $4x=8$ ∴ $x=2$
$x=2$를 ㉡에 대입하면 $2+y=5$ ∴ $y=3$
따라서 주어진 연립방정식의 해는
$x=2$, $y=3$

(2) $\begin{cases} x-2y=-3 & \cdots ㉠ \\ 2x-3y=-3 & \cdots ㉡ \end{cases}$

㉠$\times2$를 하면 $2x-4y=-6$ $\cdots ㉢$
㉡$-㉢$을 하면 $y=3$
$y=3$을 ㉠에 대입하면 $x-6=-3$ ∴ $x=3$
따라서 주어진 연립방정식의 해는
$x=3$, $y=3$

(3) $\begin{cases} 5x-3y=-1 & \cdots \text{㉠} \\ 3x+4y=11 & \cdots \text{㉡} \end{cases}$

㉠$\times 4$를 하면 $20x-12y=-4$ $\cdots$ ㉢

㉡$\times 3$을 하면 $9x+12y=33$ $\cdots$ ㉣

㉢$+$㉣을 하면 $29x=29$ $\therefore x=1$

$x=1$을 ㉠에 대입하면

$5-3y=-1$, $-3y=-6$ $\therefore y=2$

따라서 주어진 연립방정식의 해는

$x=1$, $y=2$

5 답 -2

$\begin{cases} y=-2x & \cdots \text{㉠} \\ 3x-2y=14 & \cdots \text{㉡} \end{cases}$

㉠을 ㉡에 대입하면

$3x-2\times(-2x)=14$, $3x+4x=14$

$7x=14$ $\therefore x=2$

$x=2$를 ㉠에 대입하면 $y=-2\times 2=-4$

따라서 $a=2$, $b=-4$이므로

$a+b=2+(-4)=-2$

6 답 ⑤

주어진 연립방정식의 해는 연립방정식

$\begin{cases} x=y+4 & \cdots \text{㉠} \\ x-3y=2 & \cdots \text{㉡} \end{cases}$ 의 해와 같다.

㉠을 ㉡에 대입하면

$(y+4)-3y=2$, $-2y=-2$ $\therefore y=1$

$y=1$을 ㉠에 대입하면 $x=5$

따라서 $x=5$, $y=1$을 $x+2y=a+y$에 대입하면

$5+2=a+1$ $\therefore a=6$

7 답 $x=2$, $y=1$

$\begin{cases} 9x-4y=14 & \cdots \text{㉠} \\ 7x-2y=12 & \cdots \text{㉡} \end{cases}$

㉠$-$㉡$\times 2$를 하면 $-5x=-10$ $\therefore x=2$

$x=2$를 ㉠에 대입하면

$18-4y=14$, $-4y=-4$ $\therefore y=1$

따라서 주어진 연립방정식의 해는

$x=2$, $y=1$

8 답 -5

주어진 연립방정식의 해는 연립방정식

$\begin{cases} x+y=5 & \cdots \text{㉠} \\ 3x-y=3 & \cdots \text{㉡} \end{cases}$ 의 해와 같다.

㉠$+$㉡을 하면 $4x=8$ $\therefore x=2$

$x=2$를 ㉠에 대입하면

$2+y=5$ $\therefore y=3$

따라서 $x=2$, $y=3$을 $2x-3y=a$에 대입하면

$4-9=a$ $\therefore a=-5$

---

1 답 (1) $x=2$, $y=1$ (2) $x=1$, $y=-2$
(3) $x=3$, $y=-2$ (4) $x=5$, $y=-4$
(5) $x=0$, $y=2$ (6) $x=-1$, $y=\dfrac{10}{3}$

(1) 주어진 연립방정식을 괄호를 풀어 정리하면

$\begin{cases} 2x+y=5 & \cdots \text{㉠} \\ x-y=1 & \cdots \text{㉡} \end{cases}$

㉠$+$㉡을 하면

$3x=6$ $\therefore x=2$

$x=2$를 ㉡에 대입하면

$2-y=1$ $\therefore y=1$

따라서 주어진 연립방정식의 해는

$x=2$, $y=1$

(2) 주어진 연립방정식을 괄호를 풀어 정리하면

$\begin{cases} 3x+2y=-1 & \cdots \text{㉠} \\ 4x-3y=10 & \cdots \text{㉡} \end{cases}$

㉠$\times 3+$㉡$\times 2$를 하면

$17x=17$ $\therefore x=1$

$x=1$을 ㉠에 대입하면

$3+2y=-1$, $2y=-4$ $\therefore y=-2$

따라서 주어진 연립방정식의 해는

$x=1$, $y=-2$

(3) $\begin{cases} 0.2x-0.6y=1.8 & \cdots \text{㉠} \\ 0.3x+0.2y=0.5 & \cdots \text{㉡} \end{cases}$

㉠$\times 10$, ㉡$\times 10$을 하면

$\begin{cases} 2x-6y=18 & \cdots \text{㉢} \\ 3x+2y=5 & \cdots \text{㉣} \end{cases}$

㉢$+$㉣$\times 3$을 하면

$11x=33$ $\therefore x=3$

$x=3$을 ㉣에 대입하면

$9+2y=5$, $2y=-4$ $\therefore y=-2$

따라서 주어진 연립방정식의 해는

$x=3$, $y=-2$

(4) $\begin{cases} 0.2x+0.5y=-1 & \cdots \text{㉠} \\ 0.4x+0.25y=1 & \cdots \text{㉡} \end{cases}$

㉠$\times 10$, ㉡$\times 100$을 하면

$\begin{cases} 2x+5y=-10 & \cdots \text{㉢} \\ 40x+25y=100 & \cdots \text{㉣} \end{cases}$

㉢$\times 5-$㉣을 하면

$-30x=-150$ $\therefore x=5$

$x=5$를 ㉢에 대입하면

$10+5y=-10$, $5y=-20$ $\therefore y=-4$

따라서 주어진 연립방정식의 해는

$x=5$, $y=-4$

(5) $\begin{cases} \dfrac{x}{4}+y=2 & \cdots \text{㉠} \\ \dfrac{x}{3}+\dfrac{y}{2}=1 & \cdots \text{㉡} \end{cases}$

㉠$\times 4$, ㉡$\times 6$을 하면

$\begin{cases} x+4y=8 & \cdots \text{㉢} \\ 2x+3y=6 & \cdots \text{㉣} \end{cases}$

㉢$\times 2-$㉣을 하면

$5y=10 \quad \therefore y=2$

$y=2$를 ㉢에 대입하면

$x+8=8 \quad \therefore x=0$

따라서 주어진 연립방정식의 해는

$x=0, y=2$

(6) $\begin{cases} \dfrac{3}{2}x+\dfrac{3}{4}y=1 & \cdots \text{㉠} \\ \dfrac{2}{3}x+\dfrac{4}{5}y=2 & \cdots \text{㉡} \end{cases}$

㉠$\times 4$, ㉡$\times 15$를 하면

$\begin{cases} 6x+3y=4 & \cdots \text{㉢} \\ 10x+12y=30 & \cdots \text{㉣} \end{cases}$

㉢$\times 4-$㉣을 하면

$14x=-14 \quad \therefore x=-1$

$x=-1$을 ㉢에 대입하면

$-6+3y=4,\ 3y=10 \quad \therefore y=\dfrac{10}{3}$

따라서 주어진 연립방정식의 해는

$x=-1,\ y=\dfrac{10}{3}$

2 답 (1) $x=\dfrac{5}{2},\ y=2$ (2) $x=-5,\ y=2$

(3) $x=-10,\ y=-12$ (4) $x=-6,\ y=-20$

(1) $\begin{cases} \dfrac{x}{5}+\dfrac{y}{4}=1 & \cdots \text{㉠} \\ 0.4x+0.3y=1.6 & \cdots \text{㉡} \end{cases}$

㉠$\times 20$, ㉡$\times 10$을 하면

$\begin{cases} 4x+5y=20 & \cdots \text{㉢} \\ 4x+3y=16 & \cdots \text{㉣} \end{cases}$

㉢$-$㉣을 하면

$2y=4 \quad \therefore y=2$

$y=2$를 ㉢에 대입하면

$4x+10=20,\ 4x=10 \quad \therefore x=\dfrac{5}{2}$

따라서 주어진 연립방정식의 해는

$x=\dfrac{5}{2},\ y=2$

(2) $\begin{cases} 0.3x-0.4y=-2.3 & \cdots \text{㉠} \\ \dfrac{x}{5}+2y=3 & \cdots \text{㉡} \end{cases}$

㉠$\times 10$, ㉡$\times 5$를 하면

$\begin{cases} 3x-4y=-23 & \cdots \text{㉢} \\ x+10y=15 & \cdots \text{㉣} \end{cases}$

㉢$-$㉣$\times 3$을 하면

$-34y=-68 \quad \therefore y=2$

$y=2$를 ㉣에 대입하면

$x+20=15 \quad \therefore x=-5$

따라서 주어진 연립방정식의 해는

$x=-5,\ y=2$

(3) $\begin{cases} \dfrac{1}{2}x-\dfrac{1}{6}y=-3 & \cdots \text{㉠} \\ 2(x-y)=-8-y & \cdots \text{㉡} \end{cases}$

㉠$\times 6$을 하고, ㉡의 괄호를 풀어 정리하면

$\begin{cases} 3x-y=-18 & \cdots \text{㉢} \\ 2x-y=-8 & \cdots \text{㉣} \end{cases}$

㉢$-$㉣을 하면 $x=-10$

$x=-10$을 ㉣에 대입하면

$-20-y=-8 \quad \therefore y=-12$

따라서 주어진 연립방정식의 해는

$x=-10,\ y=-12$

(4) $\begin{cases} \dfrac{x}{2}-\dfrac{x}{5}=1 & \cdots \text{㉠} \\ \dfrac{x-y}{7}=2 & \cdots \text{㉡} \end{cases}$

㉠$\times 10$, ㉡$\times 7$을 하면

$\begin{cases} 5x-2y=10 & \cdots \text{㉢} \\ x-y=14 & \cdots \text{㉣} \end{cases}$

㉢$-$㉣$\times 2$를 하면

$3x=-18 \quad \therefore x=-6$

$x=-6$을 ㉣에 대입하면

$-6-y=14 \quad \therefore y=-20$

따라서 주어진 연립방정식의 해는

$x=-6,\ y=-20$

3 답 (1) $4x+2y,\ x-1,\ 1,\ -2$

(2) $3x+y,\ 2x+3y,\ 2,\ 1$

4 답 (1) $x=2,\ y=-1$ (2) $x=3,\ y=-2$

(3) $x=4,\ y=2$ (4) $x=6,\ y=-2$

(1) 주어진 방정식을 연립방정식으로 나타내면

$\begin{cases} 5x-6y=-9y+7 \\ 9x+2y=-9y+7 \end{cases}$ 에서

$\begin{cases} 5x+3y=7 & \cdots \text{㉠} \\ 9x+11y=7 & \cdots \text{㉡} \end{cases}$

㉠$\times 9-$㉡$\times 5$를 하면

$-28y=28 \quad \therefore y=-1$

$y=-1$을 ㉠에 대입하면

$5x-3=7,\ 5x=10 \quad \therefore x=2$

따라서 주어진 연립방정식의 해는

$x=2,\ y=-1$

(2) 주어진 방정식을 연립방정식으로 나타내면

$\begin{cases} 2x-2y-6=x+y+3 \\ 4x+3y-2=x+y+3 \end{cases}$ 에서

$\begin{cases} x-3y=9 & \cdots \text{㉠} \\ 3x+2y=5 & \cdots \text{㉡} \end{cases}$

㉠×3−㉡을 하면

$-11y=22 \quad \therefore y=-2$

$y=-2$를 ㉠에 대입하면

$x+6=9 \quad \therefore x=3$

따라서 주어진 연립방정식의 해는

$x=3, \ y=-2$

(3) 주어진 방정식을 연립방정식으로 나타내면

$\begin{cases} x+y=6 & \cdots \text{㉠} \\ 2x-y=6 & \cdots \text{㉡} \end{cases}$

㉠+㉡을 하면

$3x=12 \quad \therefore x=4$

$x=4$를 ㉠에 대입하면

$4+y=6 \quad \therefore y=2$

따라서 주어진 연립방정식의 해는

$x=4, \ y=2$

(4) 주어진 방정식을 연립방정식으로 나타내면

$\begin{cases} x+2y=2 & \cdots \text{㉠} \\ 2x+5y=2 & \cdots \text{㉡} \end{cases}$

㉠×2−㉡을 하면

$-y=2 \quad \therefore y=-2$

$y=-2$를 ㉠에 대입하면

$x-4=2 \quad \therefore x=6$

따라서 주어진 연립방정식의 해는

$x=6, \ y=-2$

5 답 -2

주어진 연립방정식을 괄호를 풀어 정리하면

$\begin{cases} 5x+2y=-8 & \cdots \text{㉠} \\ -x+3y=5 & \cdots \text{㉡} \end{cases}$

㉠+㉡×5를 하면

$17y=17 \quad \therefore y=1$

$y=1$을 ㉡에 대입하면

$-x+3=5 \quad \therefore x=-2$

따라서 $a=-2, \ b=1$이므로

$ab=-2\times1=-2$

6 답 5

$\begin{cases} 0.3x-0.2y=0.5 & \cdots \text{㉠} \\ 0.1x+0.4y=1.1 & \cdots \text{㉡} \end{cases}$

㉠×10, ㉡×10을 하면 $\begin{cases} 3x-2y=5 & \cdots \text{㉢} \\ x+4y=11 & \cdots \text{㉣} \end{cases}$

㉢×2+㉣을 하면

$7x=21 \quad \therefore x=3$

$x=3$을 ㉣에 대입하면

$3+4y=11, \ 4y=8 \quad \therefore y=2$

$\therefore x+y=3+2=5$

7 답 ③

$\begin{cases} \dfrac{1}{2}x+\dfrac{1}{5}y=\dfrac{4}{5} & \cdots \text{㉠} \\ \dfrac{1}{3}x-\dfrac{1}{4}y=-1 & \cdots \text{㉡} \end{cases}$

㉠×10, ㉡×12를 하면

$\begin{cases} 5x+2y=8 & \cdots \text{㉢} \\ 4x-3y=-12 & \cdots \text{㉣} \end{cases}$

㉢×3+㉣×2를 하면

$23x=0 \quad \therefore x=0$

$x=0$을 ㉢에 대입하면

$2y=8 \quad \therefore y=4$

따라서 주어진 연립방정식의 해는

$x=0, \ y=4$

8 답 2

주어진 방정식을 연립방정식으로 나타내면

$\begin{cases} 7x-3y=3x-2y-7 \\ 4(x-y)=3x-2y-7 \end{cases}$ 에서

$\begin{cases} 4x-y=-7 & \cdots \text{㉠} \\ x-2y=-7 & \cdots \text{㉡} \end{cases}$

㉠×2−㉡을 하면

$7x=-7 \quad \therefore x=-1$

$x=-1$을 ㉡에 대입하면

$-1-2y=-7, \ -2y=-6 \quad \therefore y=3$

따라서 $a=-1, \ b=3$이므로

$a+b=-1+3=2$

개념20 **해가 특수한 연립방정식** •36쪽

1 답 (1) ㄱ, ㄷ, ㅇ (2) ㄹ, ㅁ, ㅅ (3) ㄴ, ㅂ

ㄱ. $\begin{cases} x-y=3 \\ 2x-2y=6 \end{cases} \Rightarrow \begin{cases} 2x-2y=6 \\ 2x-2y=6 \end{cases}$

ㄴ. $\begin{cases} x-3y=-2 \\ 3x+5y=22 \end{cases} \Rightarrow \begin{cases} 3x-9y=-6 \\ 3x+5y=22 \end{cases}$

ㄷ. $\begin{cases} 2x-y=5 \\ 4x-2y=10 \end{cases} \Rightarrow \begin{cases} 4x-2y=10 \\ 4x-2y=10 \end{cases}$

ㄹ. $\begin{cases} 3x+2y=7 \\ 9x+6y=18 \end{cases} \Rightarrow \begin{cases} 9x+6y=21 \\ 9x+6y=18 \end{cases}$

ㅁ. $\begin{cases} 3x+2y=7 \\ 6x+4y=15 \end{cases} \Rightarrow \begin{cases} 6x+4y=14 \\ 6x+4y=15 \end{cases}$

ㅂ. $\begin{cases} x+3y=7 \\ 2x+y=4 \end{cases} \Rightarrow \begin{cases} 2x+6y=14 \\ 2x+y=4 \end{cases}$

ㅅ. $\begin{cases} -2x+5y=3 \\ -8x+20y=15 \end{cases} \Rightarrow \begin{cases} -8x+20y=12 \\ -8x+20y=15 \end{cases}$

ㅇ. $\begin{cases} x-\dfrac{1}{3}y=4 \\ 3x-y=12 \end{cases} \Rightarrow \begin{cases} 3x-y=12 \\ 3x-y=12 \end{cases}$

(1) 해가 무수히 많은 연립방정식은 ㄱ, ㄷ, ㅇ이다.
(2) 해가 없는 연립방정식은 ㄹ, ㅁ, ㅅ이다.
(3) 해가 한 개인 연립방정식은 ㄴ, ㅂ이다.

2 답 2, 2

3 답 3, -6

4 답 5

$\begin{cases} -3x+y=2 \\ -15x+ay=10 \end{cases}$ 에서 $\begin{cases} -15x+5y=10 \\ -15x+ay=10 \end{cases}$

이 연립방정식의 해가 무수히 많으므로

$a=5$

5 답 -2

$\begin{cases} x+ay=6 \\ 2x-4y=10 \end{cases}$ 에서 $\begin{cases} 2x+2ay=12 \\ 2x-4y=10 \end{cases}$

이 연립방정식의 해가 없으므로

$2a=-4$ ∴ $a=-2$

개념 21 연립방정식의 활용 •37~40쪽

1 답 풀이 참조

❶ 두 수 중 큰 수를 x, 작은 수를 y라 하자.
❷ 큰 수와 작은 수의 합이 20이므로 $x+y=20$
  큰 수와 작은 수의 차가 4이므로 $\boxed{x-y}=4$
  연립방정식을 세우면 $\begin{cases} x+y=20 & \cdots ㉠ \\ \boxed{x-y}=4 & \cdots ㉡ \end{cases}$
❸ ㉠+㉡을 하면 $2x=24$ ∴ $x=12$
  $x=12$를 ㉠에 대입하면
  $12+y=20$ ∴ $y=8$
  즉, 연립방정식의 해는 $x=\boxed{12}$, $y=\boxed{8}$
  따라서 큰 수는 $\boxed{12}$, 작은 수는 $\boxed{8}$이다.
❹ $\boxed{12}+8=20$이고, $\boxed{12}-8=4$이므로 문제의 뜻에 맞는다.

2 답 풀이 참조

❶ 처음 수의 십의 자리의 숫자를 x, 일의 자리의 숫자를 y라 하자.
❷ 각 자리의 숫자의 합이 11이므로 $x+y=11$
  십의 자리의 숫자와 일의 자리의 숫자를 바꾼 수는 처음 수보다 9만큼 크므로
  $\boxed{10y+x}=(10x+y)+9$
  연립방정식을 세우면 $\begin{cases} x+y=11 \\ \boxed{10y+x}=(10x+y)+9 \end{cases}$
❸ ❷의 연립방정식을 정리하면
  $\begin{cases} x+y=11 & \cdots ㉠ \\ -x+y=1 & \cdots ㉡ \end{cases}$
  ㉠+㉡을 하면 $2y=12$ ∴ $y=6$
  $y=6$을 ㉠에 대입하면
  $x+6=11$ ∴ $x=5$
  즉, 연립방정식의 해는 $x=\boxed{5}$, $y=\boxed{6}$
  따라서 처음 수는 $\boxed{56}$이다.
❹ 바꾼 수는 $\boxed{65}$, 처음 수는 $\boxed{56}$이고,
  $\boxed{65}=\boxed{56}+9$이므로 문제의 뜻에 맞는다.

3 답 풀이 참조

❶ 현재 삼촌의 나이를 x세, 소민이의 나이를 y세라 하자.
❷ 현재 삼촌과 소민이의 나이의 차가 28세이므로
  $\boxed{x-y}=28$
  8년 후에 삼촌의 나이가 소민이의 나이의 3배가 되므로
  $x+8=\boxed{3}(y+8)$
  연립방정식을 세우면 $\begin{cases} x-y=28 \\ x+8=\boxed{3}(y+8) \end{cases}$
❸ ❷의 연립방정식을 정리하면
  $\begin{cases} x-y=28 & \cdots ㉠ \\ x-3y=16 & \cdots ㉡ \end{cases}$
  ㉠-㉡을 하면 $2y=12$ ∴ $y=6$
  $y=6$을 ㉠에 대입하면
  $x-6=28$ ∴ $x=34$
  즉, 연립방정식의 해는 $x=\boxed{34}$, $y=\boxed{6}$
  따라서 현재 삼촌의 나이는 $\boxed{34}$세, 소민이의 나이는 $\boxed{6}$세이다.
❹ $\boxed{34}-6=28$이고, $\boxed{34}+8=\boxed{3}\times(6+8)$이므로 문제의 뜻에 맞는다.

4 답 풀이 참조

❶ 연필을 x자루, 색연필을 y자루 샀다고 하자.
❷ 연필과 색연필을 합하여 13자루를 샀으므로
  $x+\boxed{y}=13$
  연필과 색연필을 사고 6300원을 지불하였으므로
  $\boxed{300x}+600y=6300$
  연립방정식을 세우면 $\begin{cases} x+\boxed{y}=13 \\ \boxed{300x}+600y=6300 \end{cases}$

❸ ❷의 연립방정식을 정리하면

$\begin{cases} x+y=13 & \cdots \ \bigcirc \\ x+2y=21 & \cdots \ \bigcirc\!\!\bigcirc \end{cases}$

$\bigcirc\!\!\bigcirc - \bigcirc$을 하면 $y=8$

$y=8$을 $\bigcirc$에 대입하면

$x+8=13$ ∴ $x=5$

즉, 연립방정식의 해는 $x=\boxed{5}$, $y=\boxed{8}$

따라서 연필은 $\boxed{5}$자루, 색연필은 $\boxed{8}$자루 샀다.

❹ $5+\boxed{8}=13$이고, $300 \times 5 + 600 \times \boxed{8}=6300$이므로 문제의 뜻에 맞는다.

5 답 풀이 참조

❶ 자전거를 x대, 자동차를 y대라 하자.

❷ 자전거와 자동차가 합하여 17대이므로

$\boxed{x+y}=17$

자전거와 자동차의 바퀴의 수가 모두 52개이므로

$\boxed{2x+4y}=52$

연립방정식을 세우면 $\begin{cases} \boxed{x+y}=17 \\ \boxed{2x+4y}=52 \end{cases}$

❸ ❷의 연립방정식을 정리하면

$\begin{cases} x+y=17 & \cdots \ \bigcirc \\ x+2y=26 & \cdots \ \bigcirc\!\!\bigcirc \end{cases}$

$\bigcirc\!\!\bigcirc - \bigcirc$을 하면 $y=9$

$y=9$를 $\bigcirc$에 대입하면

$x+9=17$ ∴ $x=8$

즉, 연립방정식의 해는 $x=\boxed{8}$, $y=\boxed{9}$

따라서 자전거는 $\boxed{8}$대, 자동차는 $\boxed{9}$대이다.

❹ $8+\boxed{9}=17$이고, $2 \times 8 + 4 \times \boxed{9}=52$이므로 문제의 뜻에 맞는다.

6 답 풀이 참조

❶ 어른 1명의 입장료를 x원, 어린이 1명의 입장료를 y원이라 하자.

❷ 어른 2명과 어린이 5명의 입장료가 13500원이므로

$2x+5y=13500$

어른 1명과 어린이 3명의 입장료가 7500원이므로

$\boxed{x+3y}=7500$

연립방정식을 세우면 $\begin{cases} 2x+5y=13500 & \cdots \ \bigcirc \\ \boxed{x+3y}=7500 & \cdots \ \bigcirc\!\!\bigcirc \end{cases}$

❸ $\bigcirc - \bigcirc\!\!\bigcirc \times 2$를 하면 $-y=-1500$ ∴ $y=1500$

$y=1500$을 $\bigcirc\!\!\bigcirc$에 대입하면

$x+4500=7500$ ∴ $x=3000$

즉, 연립방정식의 해는 $x=\boxed{3000}$, $y=\boxed{1500}$

따라서 어른 1명의 입장료는 $\boxed{3000}$원, 어린이 1명의 입장료는 $\boxed{1500}$원이다.

❹ $2 \times 3000 + 5 \times \boxed{1500}=13500$이고,

$3000 + 3 \times \boxed{1500}=7500$이므로 문제의 뜻에 맞는다.

7 답 풀이 참조

❶ 가로의 길이를 x cm, 세로의 길이를 y cm라 하자.

❷ 세로의 길이가 가로의 길이보다 4 cm만큼 길므로

$y=\boxed{x+4}$

직사각형의 둘레의 길이가 48 cm이므로

$\boxed{2}(x+y)=48$

연립방정식을 세우면 $\begin{cases} y=\boxed{x+4} \\ \boxed{2}(x+y)=48 \end{cases}$

❸ ❷의 연립방정식을 정리하면

$\begin{cases} y=x+4 & \cdots \ \bigcirc \\ x+y=24 & \cdots \ \bigcirc\!\!\bigcirc \end{cases}$

$\bigcirc$을 $\bigcirc\!\!\bigcirc$에 대입하면

$x+(x+4)=24$, $2x=20$ ∴ $x=10$

$x=10$을 $\bigcirc$에 대입하면

$y=10+4=14$

즉, 연립방정식의 해는

$x=\boxed{10}$, $y=\boxed{14}$

따라서 가로의 길이는 $\boxed{10}$ cm, 세로의 길이는 $\boxed{14}$ cm이다.

❹ $14=\boxed{10}+4$이고, $2 \times (\boxed{10}+14)=48$이므로 문제의 뜻에 맞는다.

8 답 풀이 참조

❶ 윗변의 길이를 x cm, 아랫변의 길이를 y cm라 하자.

❷ 윗변의 길이가 아랫변의 길이보다 2 cm만큼 짧으므로

$x=\boxed{y-2}$

사다리꼴의 넓이가 40 cm²이므로

$\dfrac{1}{2} \times (x+\boxed{y}) \times 5=40$

연립방정식을 세우면 $\begin{cases} x=\boxed{y-2} \\ \dfrac{1}{2} \times (x+\boxed{y}) \times 5=40 \end{cases}$

❸ ❷의 연립방정식을 정리하면

$\begin{cases} x=y-2 & \cdots \ \bigcirc \\ x+y=16 & \cdots \ \bigcirc\!\!\bigcirc \end{cases}$

$\bigcirc$을 $\bigcirc\!\!\bigcirc$에 대입하면

$(y-2)+y=16$, $2y=18$ ∴ $y=9$

$y=9$를 $\bigcirc$에 대입하면

$x=9-2=7$

즉, 연립방정식의 해는

$x=\boxed{7}$, $y=\boxed{9}$

따라서 윗변의 길이는 $\boxed{7}$ cm, 아랫변의 길이는 $\boxed{9}$ cm이다.

❹ $7=\boxed{9}-2$이고, $\dfrac{1}{2} \times (7+\boxed{9}) \times 5=40$이므로 문제의 뜻에 맞는다.

9 답 (1) $2x$, $8y$ (2) $\begin{cases} 4x+4y=1 \\ 2x+8y=1 \end{cases}$

(3) $x=\dfrac{1}{6}$, $y=\dfrac{1}{12}$ (4) 12일

(2) 현지와 민수가 함께 4일 동안 하여 일을 마쳤으므로

$4x+4y=1$

현지가 2일, 민수가 8일 동안 하여 일을 마쳤으므로

$2x+8y=1$

연립방정식을 세우면 $\begin{cases} 4x+4y=1 & \cdots ㉠ \\ 2x+8y=1 & \cdots ㉡ \end{cases}$

(3) ㉠$\times 2-$㉡을 하면

$6x=1 \qquad \therefore x=\dfrac{1}{6}$

$x=\dfrac{1}{6}$을 ㉠에 대입하면

$\dfrac{2}{3}+4y=1, \ 4y=\dfrac{1}{3} \qquad \therefore y=\dfrac{1}{12}$

(4) 같은 일을 민수가 혼자 하면 12일이 걸린다.

---

10 답 (1)

	걸어갈 때	뛰어갈 때	전체
거리	x km	y km	6 km
속력	시속 4 km	시속 8 km	
시간	$\dfrac{x}{4}$시간	$\dfrac{y}{8}$시간	1시간

(2) $\begin{cases} x+y=6 \\ \dfrac{x}{4}+\dfrac{y}{8}=1 \end{cases}$ (3) $x=2, \ y=4$

(4) 걸어간 거리: 2 km, 뛰어간 거리: 4 km

(2) $\begin{cases} (걸어간\ 거리)+(뛰어간\ 거리)=(전체\ 거리) \\ (걸어간\ 시간)+(뛰어간\ 시간)=(전체\ 시간) \end{cases}$ 이므로

연립방정식을 세우면 $\begin{cases} x+y=6 \\ \dfrac{x}{4}+\dfrac{y}{8}=1 \end{cases}$

(3) $\begin{cases} x+y=6 \\ \dfrac{x}{4}+\dfrac{y}{8}=1 \end{cases}$, 즉 $\begin{cases} x+y=6 & \cdots ㉠ \\ 2x+y=8 & \cdots ㉡ \end{cases}$

㉡$-$㉠을 하면 $x=2$

$x=2$를 ㉠에 대입하면

$2+y=6 \qquad \therefore y=4$

(4) 걸어간 거리는 2 km, 뛰어간 거리는 4 km이다.

---

11 답 (1)

	올라갈 때	내려올 때
거리	x km	y km
속력	시속 3 km	시속 5 km
시간	$\dfrac{x}{3}$시간	$\dfrac{y}{5}$시간

(2) $\begin{cases} y=x+2 \\ \dfrac{x}{3}+\dfrac{y}{5}=2 \end{cases}$ (3) $x=3, \ y=5$

(4) 올라간 거리: 3 km, 내려온 거리: 5 km

(2) $\begin{cases} (내려온\ 거리)=(올라간\ 거리)+2(km) \\ (올라간\ 시간)+(내려온\ 시간)=(전체\ 시간) \end{cases}$ 이므로

연립방정식을 세우면 $\begin{cases} y=x+2 \\ \dfrac{x}{3}+\dfrac{y}{5}=2 \end{cases}$

(3) $\begin{cases} y=x+2 \\ \dfrac{x}{3}+\dfrac{y}{5}=2 \end{cases}$, 즉 $\begin{cases} y=x+2 & \cdots ㉠ \\ 5x+3y=30 & \cdots ㉡ \end{cases}$

㉠을 ㉡에 대입하면

$5x+3(x+2)=30$

$5x+3x+6=30, \ 8x=24 \qquad \therefore x=3$

$x=3$을 ㉠에 대입하면

$y=3+2=5$

(4) 올라간 거리는 3 km, 내려온 거리는 5 km이다.

---

12 답 (1)

	민주	수연
속력	분속 50 m	분속 250 m
시간	x분	y분
거리	$50x$ m	$250y$ m

(2) $\begin{cases} x=y+8 \\ 50x=250y \end{cases}$ (3) $x=10, \ y=2$

(4) 10분

(2) $\begin{cases} (민주가\ 걸린\ 시간)=(수연이가\ 걸린\ 시간)+8(분) \\ (민주가\ 걸은\ 거리)=(수연이가\ 자전거를\ 탄\ 거리) \end{cases}$ 이므로

연립방정식을 세우면 $\begin{cases} x=y+8 \\ 50x=250y \end{cases}$

(3) $\begin{cases} x=y+8 \\ 50x=250y \end{cases}$, 즉 $\begin{cases} x=y+8 & \cdots ㉠ \\ x=5y & \cdots ㉡ \end{cases}$

㉡을 ㉠에 대입하면 $5y=y+8$

$4y=8 \qquad \therefore y=2$

$y=2$를 ㉠에 대입하면

$x=2+8=10$

(4) 민주가 학교에서 출발하여 학원까지 가는 데 걸린 시간은 10분이다.

---

13 답 10

두 수 중 큰 수를 x, 작은 수를 y라 하면

$\begin{cases} x+y=34 & \cdots ㉠ \\ 2x-3y=8 & \cdots ㉡ \end{cases}$

㉠$\times 2-$㉡을 하면

$5y=60 \qquad \therefore y=12$

$y=12$를 ㉠에 대입하면

$x+12=34 \qquad \therefore x=22$

따라서 큰 수는 22, 작은 수는 12이므로 두 수의 차는

$22-12=10$이다.

---

14 답 사탕: 6개, 초콜릿: 8개

사탕을 x개, 초콜릿을 y개 샀다고 하면

$\begin{cases} x+y=14 \\ 400x+900y=9600 \end{cases}$, 즉 $\begin{cases} x+y=14 & \cdots ㉠ \\ 4x+9y=96 & \cdots ㉡ \end{cases}$

㉠$\times 4-$㉡을 하면

$-5y=-40 \qquad \therefore y=8$

$y=8$을 ㉠에 대입하면

$x+8=14$ ∴ $x=6$

따라서 사탕은 6개, 초콜릿은 8개를 샀다.

15 답 68 cm

긴 줄의 길이를 x cm, 짧은 줄의 길이를 y cm라 하면

$\begin{cases} x+y=90 & \cdots ㉠ \\ x=3y+2 & \cdots ㉡ \end{cases}$

㉡을 ㉠에 대입하면

$(3y+2)+y=90$

$4y=88$ ∴ $y=22$

$y=22$를 ㉡에 대입하면

$x=3\times22+2=68$

따라서 긴 줄의 길이는 68 cm이다.

16 답 15일

전체 일의 양을 1로 놓고, 희영이와 지민이가 하루 동안 할 수 있는 일의 양을 각각 x, y라 하면

$\begin{cases} 6x+6y=1 & \cdots ㉠ \\ 3x+8y=1 & \cdots ㉡ \end{cases}$

㉠$-$㉡$\times2$를 하면

$-10y=-1$ ∴ $y=\dfrac{1}{10}$

$y=\dfrac{1}{10}$을 ㉡에 대입하면

$3x+\dfrac{4}{5}=1$, $3x=\dfrac{1}{5}$ ∴ $x=\dfrac{1}{15}$

따라서 희영이가 혼자 하면 15일이 걸린다.

17 답 16 km

갈 때 뛴 거리를 x km, 올 때 뛴 거리를 y km라 하면

$\begin{cases} x+y=25 \\ \dfrac{x}{8}+\dfrac{y}{6}=\dfrac{7}{2} \end{cases}$, 즉 $\begin{cases} x+y=25 & \cdots ㉠ \\ 3x+4y=84 & \cdots ㉡ \end{cases}$

㉠$\times3-$㉡을 하면

$-y=-9$ ∴ $y=9$

$y=9$를 ㉠에 대입하면

$x+9=25$ ∴ $x=16$

따라서 준우가 갈 때 뛴 거리는 16 km이다.

18 답 12분 후

유진이가 출발한 지 x분 후, 민서가 출발한 지 y분 후에 두 사람이 만난다고 하면

$\begin{cases} x=y+9 \\ 50x=200y \end{cases}$, 즉 $\begin{cases} x=y+9 & \cdots ㉠ \\ x=4y & \cdots ㉡ \end{cases}$

㉡을 ㉠에 대입하면 $4y=y+9$

$3y=9$ ∴ $y=3$

$y=3$을 ㉠에 대입하면 $x=3+9=12$

따라서 유진이가 출발한 지 12분 후에 두 사람이 만난다.

5 일차함수와 그 그래프

개념22 함수와 함숫값

• 41쪽

1 답 (1)

x	1	2	3	4	5	$\cdots$
y	0	1	2	3	4	$\cdots$

(2) 하나씩 대응한다.

(3) 함수이다.

2 답 (1)

x	1	2	3	4	5	$\cdots$
y	$-1, 1$	$-2, 2$	$-3, 3$	$-4, 4$	$-5, 5$	$\cdots$

(2) 하나씩 대응하지 않는다.

(3) 함수가 아니다.

3 답 (1)

x	1	2	3	4	5	$\cdots$
y	10	20	30	40	50	$\cdots$

(2) 하나씩 대응한다.

(3) 함수이다.

4 답 (1) -2 (2) $\dfrac{1}{2}$

(1) $f(1)=-2\times1=-2$

(2) $f\left(-\dfrac{1}{4}\right)=-2\times\left(-\dfrac{1}{4}\right)=\dfrac{1}{2}$

5 답 (1) -1 (2) 8

(1) $f(-4)=\dfrac{4}{-4}=-1$

(2) $f\left(\dfrac{1}{2}\right)=4\div\dfrac{1}{2}=4\times2=8$

6 답 ④, ⑤

① $x=2$일 때, $y=2, 4, 6, 8, \cdots$

  즉, x의 값 하나에 y의 값이 오직 하나씩 대응하지 않으므로 y는 x의 함수가 아니다.

② $x=2$일 때, $y=1, 3, 5, 7, 9, \cdots$

③ $x=2$일 때, 대응하는 y의 값이 없다.

  $x=4$일 때, $y=2, 3$

따라서 y가 x의 함수인 것은 ④, ⑤이다.

7 답 ②, ⑤

① $f(-2)=5\times(-2)=-10$

② $f(-1)=5\times(-1)=-5$

③ $f(0)=5\times0=0$

④ $f(1)=5\times1=5$, $f(3)=5\times3=15$

  ∴ $f(1)+f(3)=5+15=20$

⑤ $f(-3)=5\times(-3)=-15$, $f(2)=5\times2=10$
∴ $f(-3)+f(2)=-15+10=-5$
따라서 옳지 않은 것은 ②, ⑤이다.

6 답 $\dfrac{1}{3}$

$f(3)=2$이므로 $3a+1=2$

$3a=1$ ∴ $a=\dfrac{1}{3}$

개념23 일차함수 •42쪽

1 답 (1) ◯ (2) ◯ (3) × (4) × (5) ◯ (6) ◯ (7) × (8) ×

(3) 1은 일차식이 아니므로 일차함수가 아니다.

(4) $y=$(x에 대한 이차식)이므로 일차함수가 아니다.

(5) $x-2y=4$에서 $y=\dfrac{1}{2}x-2$이므로 일차함수이다.

(7) $y=x-(3+x)$에서 $y=-3$

따라서 -3은 일차식이 아니므로 일차함수가 아니다.

(8) x가 분모에 있으므로 일차함수가 아니다.

2 답 (1) $y=x+5$, ◯ (2) $y=\dfrac{300}{x}$, ×

(3) $y=10000-3000x$, ◯ (4) $y=15+2x$, ◯

(2) (시간)$=\dfrac{(거리)}{(속력)}$이므로 $y=\dfrac{300}{x}$이고,

$y=\dfrac{300}{x}$은 x가 분모에 있으므로 일차함수가 아니다.

3 답 (1) -2 (2) 1 (3) -8 (4) -3

(1) $f(0)=3\times0-2=-2$

(2) $f(1)=3\times1-2=1$

(3) $f(-2)=3\times(-2)-2=-8$

(4) $f\left(-\dfrac{1}{3}\right)=3\times\left(-\dfrac{1}{3}\right)-2=-3$

4 답 ③

ㄴ. $xy=4$에서 $y=\dfrac{4}{x}$, 즉 x가 분모에 있으므로 일차함수가

아니다.

ㄷ. $x+y=5$에서 $y=-x+5$이므로 일차함수이다.

ㄹ. $x^2+2x=2x^2+y$에서 $y=-x^2+2x$

즉, $y=$(x에 대한 이차식)이므로 일차함수가 아니다.

따라서 일차함수인 것은 ㄱ, ㄷ의 2개이다.

5 답 ①, ③

① $y=1000+3x$이므로 일차함수이다.

② $xy=1000$에서 $y=\dfrac{1000}{x}$이므로 일차함수가 아니다.

③ $y=5x$이므로 일차함수이다.

④ $y=x^3$이므로 일차함수가 아니다.

⑤ $\dfrac{1}{2}xy=10$에서 $y=\dfrac{20}{x}$이므로 일차함수가 아니다.

따라서 일차함수인 것은 ①, ③이다.

개념24 일차함수 $y=ax+b$의 그래프 •43쪽

1 답 (1)

x	$\cdots$	-2	-1	0	1	2	$\cdots$
$y=2x$	$\cdots$	-4	-2	0	2	4	$\cdots$
$y=2x-3$	$\cdots$	-7	-5	-3	-1	1	$\cdots$

(2)

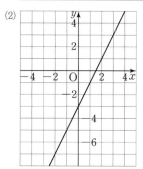

2 답 (1) -3 (2) 5 (3) $-\dfrac{1}{4}$ (4) $\dfrac{1}{2}$

3 답 (1) $y=-3x-2$ (2) $y=-\dfrac{2}{3}x+6$

(3) $y=-x-4$ (4) $y=5x-2$

(3) $y=-x+1$의 그래프를 y축의 방향으로 -5만큼 평행이동한

그래프의 식은

$y=-x+1-5$

∴ $y=-x-4$

(4) $y=5x-4$의 그래프를 y축의 방향으로 2만큼 평행이동한 그

래프의 식은

$y=5x-4+2$

∴ $y=5x-2$

4 답 ②, ④

$y=3x-2$에 주어진 점의 좌표를 대입하면

① $1=3\times1-2$

② $5\neq3\times2-2$

③ $-5=3\times(-1)-2$

④ $1\neq3\times\dfrac{1}{3}-2$

⑤ $-2=3\times0-2$

따라서 일차함수 $y=3x-2$의 그래프 위의 점이 아닌 것은

②, ④이다.

1 답 (1) ① $(-2, 0)$, -2 ② $(0, 2)$, 2
　　 (2) ① $(3, 0)$, 3 ② $(0, 3)$, 3

2 답 (1) x절편: -2, y절편: 2 (2) x절편: 2, y절편: 6
　　 (3) x절편: -6, y절편: 2 (4) x절편: 2, y절편: -10

(1) $y = x + 2$에
　$y = 0$을 대입하면 $0 = x + 2$ ∴ $x = -2$
　$x = 0$을 대입하면 $y = 0 + 2 = 2$
　따라서 x절편은 -2, y절편은 2이다.

(2) $y = -3x + 6$에
　$y = 0$을 대입하면 $0 = -3x + 6$ ∴ $x = 2$
　$x = 0$을 대입하면 $y = -3 \times 0 + 6 = 6$
　따라서 x절편은 2, y절편은 6이다.

(3) $y = \dfrac{1}{3}x + 2$에
　$y = 0$을 대입하면 $0 = \dfrac{1}{3}x + 2$ ∴ $x = -6$
　$x = 0$을 대입하면 $y = \dfrac{1}{3} \times 0 + 2 = 2$
　따라서 x절편은 -6, y절편은 2이다.

(4) $y = 5x - 10$에
　$y = 0$을 대입하면 $0 = 5x - 10$ ∴ $x = 2$
　$x = 0$을 대입하면 $y = 5 \times 0 - 10 = -10$
　따라서 x절편은 2, y절편은 -10이다.

3 답 (1) 1 (2) 3 (3) -5 (4) $-\dfrac{2}{3}$

4 답 (1) $+3$, 기울기: 1 (2) -2, 기울기: $-\dfrac{1}{2}$

(1) (기울기) $= \dfrac{+3}{+3} = 1$

(2) (기울기) $= \dfrac{-2}{+4} = -\dfrac{1}{2}$

5 답

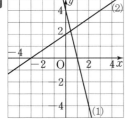

6 답

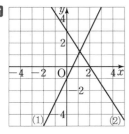

7 답 16

$y = -4x - 8$에 $y = 0$을 대입하면
$0 = -4x - 8$ ∴ $x = -2$
즉, x절편은 -2이므로 $a = -2$
$y = -4x - 8$에 $x = 0$을 대입하면
$y = -4 \times 0 - 8 = -8$
즉, y절편은 -8이므로 $b = -8$
∴ $ab = -2 \times (-8) = 16$

8 답 8

$y = x - 4$에 $y = 0$을 대입하면
$0 = x - 4$ ∴ $x = 4$
$y = x - 4$에 $x = 0$을 대입하면
$y = 0 - 4 = -4$
따라서 $y = x - 4$의 그래프의 x절편은 4, y절편은 -4이므로
구하는 도형의 넓이는
　　→ 밑변의 길이가 4, 높이가 4인 삼각형
$\dfrac{1}{2} \times 4 \times 4 = 8$

9 답 ①, ⑤

x의 값이 2만큼 증가할 때, y의 값은 4만큼 감소하는 일차함수의
그래프의 기울기는 $\dfrac{-4}{2} = -2$
따라서 그래프의 기울기가 -2인 것은 ①, ⑤이다.

10 답 -8

그래프가 두 점 $(-2, k)$, $(5, 6)$을 지나므로
(기울기) $= \dfrac{6-k}{5-(-2)} = 2$
$\dfrac{6-k}{7} = 2$, $6 - k = 14$
∴ $k = -8$

11 답 -3

세 점 $(1, 0)$, $(3, 3)$, $(-1, k)$가 한 직선 위에 있으므로
$\dfrac{3-0}{3-1} = \dfrac{k-0}{-1-1}$에서
$\dfrac{3}{2} = \dfrac{k}{-2}$, $2k = -6$
∴ $k = -3$

12 답 ④

$y = \dfrac{1}{2}x - 1$의 그래프의 x절편은 2, y절편은 -1이므로 두 점
$(2, 0)$, $(0, -1)$을 지나는 그래프는 ④이다.

(다른 풀이)

$y = \dfrac{1}{2}x - 1$의 그래프의 기울기가 $\dfrac{1}{2}$, y절편이 -1이므로
점 $(0, -1)$을 지나면서 x의 값이 2만큼 증가할 때, y의 값이
1만큼 증가하는 그래프는 ④이다.

1 답 (1) ㄴ, ㄷ (2) ㄱ, ㄹ (3) ㄱ, ㄴ (4) ㄷ, ㄹ

2 답 (1) $a<0$, $b>0$ (2) $a>0$, $b>0$
　　　(3) $a>0$, $b<0$ (4) $a<0$, $b<0$

(1) 그래프가 오른쪽 아래로 향하므로 $a<0$
　　y축과 양의 부분에서 만나므로 $b>0$
(2) 그래프가 오른쪽 위로 향하므로 $a>0$
　　y축과 양의 부분에서 만나므로 $b>0$
(3) 그래프가 오른쪽 위로 향하므로 $a>0$
　　y축과 음의 부분에서 만나므로 $b<0$
(4) 그래프가 오른쪽 아래로 향하므로 $a<0$
　　y축과 음의 부분에서 만나므로 $b<0$

3 답 (1) 평 (2) 평 (3) 일 (4) 평 (5) 일

(3) $y=\dfrac{2}{3}x+2$, $y=\dfrac{2}{3}(x+3)=\dfrac{2}{3}x+2$
　　따라서 기울기가 같고 y절편도 같으므로 두 일차함수의 그래프는 일치한다.

4 답 (1) ㄱ과 ㄷ (2) ㄴ과 ㅁ (3) ㄹ (4) ㅂ

(1) ㄱ. $y=4x-2$의 그래프의 기울기는 4, y절편은 -2이고,
　　ㄷ. $y=4(x-2)=4x-8$의 그래프의 기울기는 4, y절편은 -8이다.
　　따라서 ㄱ과 ㄷ의 그래프는 평행하다.
(2) ㄴ. $y=-\dfrac{1}{2}x+1$의 그래프의 기울기는 $-\dfrac{1}{2}$, y절편은 1이고,
　　ㅁ. $y=-0.5x+1=-\dfrac{1}{2}x+1$의 그래프의 기울기는 $-\dfrac{1}{2}$, y절편은 1이다.
　　따라서 ㄴ과 ㅁ의 그래프는 일치한다.
(3) 주어진 그래프는 기울기가 2, y절편이 4이므로 ㄹ. $y=2x+1$의 그래프와 평행하다.
(4) 주어진 그래프는 기울기가 $-\dfrac{2}{3}$, y절편이 4이므로
　　ㅂ. $y=-\dfrac{2}{3}x+4$의 그래프와 일치한다.

5 답 ④

④ (기울기)$=\dfrac{4}{3}>0$이므로 그래프는 오른쪽 위로 향하는 직선이다.

6 답 ③

$y=ax+b$의 그래프에서 (기울기)$=a>0$, (y절편)$=b<0$이므로 $y=ax+b$의 그래프로 알맞은 것은 ③이다.

7 답 ④

③ 일차함수 $y=\dfrac{-x+2}{2}$, 즉 $y=-\dfrac{1}{2}x+1$의 그래프는 일차함수 $y=-\dfrac{1}{2}x+2$의 그래프와 평행하다.

④ 일차함수 $y=-\dfrac{1}{2}(2x-1)$, 즉 $y=-x+\dfrac{1}{2}$의 그래프는 일차함수 $y=-\dfrac{1}{2}x+2$의 그래프와 평행하지 않다.

⑤ 일차함수 $y=-\dfrac{1}{2}(x+1)$, 즉 $y=-\dfrac{1}{2}x-\dfrac{1}{2}$의 그래프는 일차함수 $y=-\dfrac{1}{2}x+2$의 그래프와 평행하다.

따라서 일차함수 $y=-\dfrac{1}{2}x+2$의 그래프와 평행하지 않은 것은 ④이다.

8 답 5

두 일차함수 $y=3x+b$, $y=ax+2$의 그래프가 일치하려면 기울기와 y절편이 각각 같아야 하므로
$a=3$, $b=2$
∴ $a+b=3+2=5$

1 답 (1) $y=3x-2$ (2) $y=-4x+5$ (3) $y=\dfrac{1}{2}x-1$
　　　(4) $y=-\dfrac{5}{3}x+2$ (5) $y=2x-\dfrac{1}{2}$

(2) 기울기가 -4이고, 점 $(0, 5)$를 지나므로 y절편은 -5이다.
　　∴ $y=-4x+5$
(3) (기울기)$=\dfrac{(y\text{의 값의 증가량})}{(x\text{의 값의 증가량})}=\dfrac{2}{4}=\dfrac{1}{2}$이고,
　　y절편은 -1이다.
　　∴ $y=\dfrac{1}{2}x-1$
(4) (기울기)$=\dfrac{(y\text{의 값의 증가량})}{(x\text{의 값의 증가량})}=\dfrac{-5}{3}=-\dfrac{5}{3}$이고,
　　점 $(0, 2)$를 지나므로 y절편은 2이다.
　　∴ $y=-\dfrac{5}{3}x+2$
(5) $y=2x-3$의 그래프와 평행하므로 기울기는 2이고,
　　y절편이 $-\dfrac{1}{2}$이다.
　　∴ $y=2x-\dfrac{1}{2}$

2 답 2, 2, 3, 1, $2x+1$

3 답 (1) $y=-2x+4$ (2) $y=4x-1$ (3) $y=-4x+7$
　　　(4) $y=\dfrac{5}{2}x+3$ (5) $y=2x-5$

(1) 기울기가 -2이므로 $y=-2x+b$로 놓고,
　　이 식에 $x=1$, $y=2$를 대입하면
　　$2=-2\times1+b$　∴ $b=4$
　　∴ $y=-2x+4$

(2) 기울기가 4이므로 $y=4x+b$로 놓고,

이 식에 $x=-2$, $y=-9$를 대입하면

$-9=4\times(-2)+b$ $\quad\therefore b=-1$

$\therefore y=4x-1$

(3) (기울기)$=\dfrac{-8}{2}=-4$이므로 $y=-4x+b$로 놓고,

이 식에 $x=3$, $y=-5$를 대입하면

$-5=-4\times3+b$ $\quad\therefore b=7$

$\therefore y=-4x+7$

(4) (기울기)$=\dfrac{10}{4}=\dfrac{5}{2}$이므로 $y=\dfrac{5}{2}x+b$로 놓고,

이 식에 $x=2$, $y=8$을 대입하면

$8=\dfrac{5}{2}\times2+b$ $\quad\therefore b=3$

$\therefore y=\dfrac{5}{2}x+3$

(5) 기울기가 2이므로 $y=2x+b$로 놓고,

이 식에 $x=2$, $y=-1$을 대입하면

$-1=2\times2+b$ $\quad\therefore b=-5$

$\therefore y=2x-5$

4 답 $3, 4, 4, 4, 3, -1, 4x-1$

5 답 (1) -3, $y=-3x+8$ (2) $\dfrac{1}{2}$, $y=\dfrac{1}{2}x-\dfrac{5}{2}$

(3) 4, $y=4x-2$ (4) -4, $y=-4x-4$

(1) 두 점 $(2, 2)$, $(1, 5)$를 지나므로

(기울기)$=\dfrac{5-2}{1-2}=-3$

즉, $y=-3x+b$로 놓고, 이 식에 $x=2$, $y=2$를 대입하면

$2=-3\times2+b$ $\quad\therefore b=8$

$\therefore y=-3x+8$

(2) 두 점 $(3, -1)$, $(7, 1)$을 지나므로

(기울기)$=\dfrac{1-(-1)}{7-3}=\dfrac{1}{2}$

즉, $y=\dfrac{1}{2}x+b$로 놓고, 이 식에 $x=3$, $y=-1$을 대입하면

$-1=\dfrac{1}{2}\times3+b$ $\quad\therefore b=-\dfrac{5}{2}$

$\therefore y=\dfrac{1}{2}x-\dfrac{5}{2}$

(3) 두 점 $(0, -2)$, $(2, 6)$을 지나므로

(기울기)$=\dfrac{6-(-2)}{2-0}=4$

즉, $y=4x+b$로 놓고, 이 식에 $x=0$, $y=-2$를 대입하면

$-2=4\times0+b$ $\quad\therefore b=-2$

$\therefore y=4x-2$

(4) 두 점 $(-1, 0)$, $(1, -8)$을 지나므로

(기울기)$=\dfrac{-8-0}{1-(-1)}=-4$

즉, $y=-4x+b$로 놓고, 이 식에 $x=-1$, $y=0$을 대입하면

$0=-4\times(-1)+b$ $\quad\therefore b=-4$

$\therefore y=-4x-4$

6 답 $-2, 6, 6, 3, 3x+6$

7 답 (1) $\dfrac{1}{2}$, $y=\dfrac{1}{2}x-2$ (2) -1, $y=-x-3$

(3) 5, $y=5x-5$ (4) $\dfrac{7}{2}$, $y=\dfrac{7}{2}x+7$

(1) x절편이 4, y절편이 -2이면 두 점 $(4, 0)$, $(0, -2)$를 지나므로

(기울기)$=\dfrac{-2-0}{0-4}=\dfrac{1}{2}$

$\therefore y=\dfrac{1}{2}x-2$

(2) x절편이 -3, y절편이 -3이면 두 점 $(-3, 0)$, $(0, -3)$을 지나므로

(기울기)$=\dfrac{-3-0}{0-(-3)}=-1$

$\therefore y=-x-3$

(3) x절편이 1, y절편이 -5이면 두 점 $(1, 0)$, $(0, -5)$를 지나므로

(기울기)$=\dfrac{-5-0}{0-1}=5$

$\therefore y=5x-5$

(4) x절편이 -2, y절편이 7이면 두 점 $(-2, 0)$, $(0, 7)$을 지나므로

(기울기)$=\dfrac{7-0}{0-(-2)}=\dfrac{7}{2}$

$\therefore y=\dfrac{7}{2}x+7$

8 답 $y=-2x+3$

$y=-2x+4$의 그래프와 평행하므로 기울기는 -2이고,

$y=-\dfrac{2}{3}x+3$의 그래프와 y절편이 같으므로 y절편은 3이다.

따라서 구하는 일차함수의 식은

$y=-2x+3$

9 답 ①

$y=3x-4$의 그래프와 평행하므로 기울기는 3이다.

즉, $y=3x+b$로 놓고, 이 식에 $x=2$, $y=1$을 대입하면

$1=3\times2+b$ $\quad\therefore b=-5$

따라서 구하는 일차함수의 식은

$y=3x-5$

10 답 -1

두 점 $(-2, 5)$, $(1, -4)$를 지나므로

(기울기)$=\dfrac{-4-5}{1-(-2)}=-3$ $\quad\therefore a=-3$

즉, 기울기는 -3, y절편은 c이므로 $y=-3x+c$로 놓고,

이 식에 $x=-2$, $y=5$를 대입하면

$5=-3\times(-2)+c$ $\quad\therefore c=-1$

$\therefore y=-3x-1$

이 식에 $y=0$을 대입하면

$$0=-3x-1 \quad \therefore x=-\frac{1}{3}$$

즉, x절편이 $-\frac{1}{3}$이므로 $b=-\frac{1}{3}$

$$\therefore abc=-3\times\left(-\frac{1}{3}\right)\times(-1)=-1$$

11 답 $y=\frac{1}{2}x-4$

$y=-x-4$의 그래프와 y축 위에서 만나므로 y절편이 -4이다.

즉, x절편이 8, y절편이 -4이므로 두 점 $(8,\ 0)$, $(0,\ -4)$를 지난다.

따라서 (기울기)$=\dfrac{-4-0}{0-8}=\dfrac{1}{2}$, y절편이 -4이므로

구하는 일차함수의 식은

$$y=\frac{1}{2}x-4$$

개념 28 **일차함수의 활용** ·50쪽

1 답 $10+3x$, 4, 22, 22, 22

2 답 $15-6x$, -3, 3, 3, 3, 3

3 답 25.4 cm

식물이 하루에 0.2 mm, 즉 0.02 cm씩 자라므로 x일 후 식물의 길이를 y cm라 하면

$$y=25+0.02x$$

이 식에 $x=20$을 대입하면

$$y=25+0.02\times20=25.4$$

따라서 20일 후 식물의 길이는 25.4 cm이다.

4 답 $y=6000-200x$

출발선과 결승선 사이의 거리는 6000 m이고, x분 동안 달린 거리는 $200x$ m이므로

$$y=6000-200x$$

5 답 40초 후

점 P가 1초에 0.2 cm씩 움직이므로 x초 후 $\overline{AP}$의 길이는 $0.2x$ cm이고, $\overline{PB}$의 길이는 $(10-0.2x)$ cm이다.

사다리꼴 PBCD의 넓이를 y cm^{2}라 하면

$$y=\frac{1}{2}\times\{(10-0.2x)+10\}\times16=160-1.6x$$

이 식에 $y=96$을 대입하면

$$96=160-1.6x,\ 16x=640$$

$$\therefore x=40$$

따라서 사다리꼴 PBCD의 넓이가 96 cm^{2}가 되는 것은 출발한 지 40초 후이다.

---

6 일차함수와 일차방정식의 관계

개념 29 **일차함수와 일차방정식의 관계** ·51쪽

1 답 (1) $y=2x-5$ (2) $y=-\dfrac{1}{3}x-2$

(3) $y=3x-4$ (4) $y=-2x+4$

(5) $y=\dfrac{1}{4}x-3$ (6) $y=2x+3$

2 답 (1) x절편: -1, y절편: 1

(2) x절편: 4, y절편: 2

(3) x절편: 3, y절편: 3

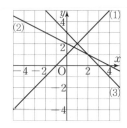

(1) y를 x에 대한 식으로 나타내면

$$y=x+1$$

이 식에 $y=0$을 대입하면 $x=-1$이므로 x절편은 -1이고, y절편은 1이다.

(2) y를 x에 대한 식으로 나타내면

$$y=-\frac{1}{2}x+2$$

이 식에 $y=0$을 대입하면 $x=4$이므로 x절편은 4이고, y절편은 2이다.

(3) y를 x에 대한 식으로 나타내면

$$y=-x+3$$

이 식에 $y=0$을 대입하면 $x=3$이므로 x절편은 3이고, y절편은 3이다.

3 답 -7

$3x-5y-9=0$의 그래프가 점 $(k,\ k+1)$을 지나므로

$$3k-5(k+1)-9=0,\ 3k-5k-5-9=0$$

$$-2k=14 \quad \therefore k=-7$$

4 답 ④

$2x-3y+9=0$에서 $y=\dfrac{2}{3}x+3$

개념 30 **일차방정식 $x=m$, $y=n$의 그래프** ·52쪽

1 답 (1) 2, y

(2) -1, y

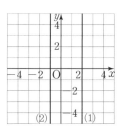

2 답 (1) $1, x$
(2) $-2, x$

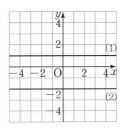

3 답 (1) $y=4, x=1$ (2) $y=3, x=-2$

(1) x축에 평행한 직선은 그 직선 위의 모든 점의 y좌표가 같다.
따라서 x축에 평행한 직선의 방정식은 $y=4$이다.
y축에 평행한 직선은 그 직선 위의 모든 점의 x좌표가 같다.
따라서 y축에 평행한 직선의 방정식은 $x=1$

(2) x축에 평행한 직선은 그 직선 위의 모든 점의 y좌표가 같다.
따라서 x축에 평행한 직선의 방정식은 $y=3$이다.
y축에 평행한 직선은 그 직선 위의 모든 점의 x좌표가 같다.
따라서 y축에 평행한 직선의 방정식은 $x=-2$

4 답 ㄴ, ㄷ

주어진 일차방정식을 간단히 하면
ㄱ. $x=2$ ㄴ. $y=-\dfrac{4}{3}$
ㄷ. $y=2$ ㄹ. $x=\dfrac{1}{2}$
따라서 그 그래프가 x축에 평행한 것은 ㄴ, ㄷ이다.

5 답 15

네 방정식 $x=-1, y=2, x=4, y=5$의 그래프는 다음 그림과 같다.

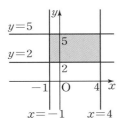

따라서 구하는 도형의 넓이는
$\{4-(-1)\}\times(5-2)=5\times3=15$

개념 31 연립방정식의 해와 그래프 (1) ·53쪽

1 답 (1) $x=2, y=1$
(2) $x=-3, y=-4$
(3) $x=-1, y=4$

(1) 두 일차방정식 $x+y=3$, $x-y=1$의 그래프의 교점의 좌표가 $(2, 1)$이므로 주어진 연립방정식의 해는
$x=2, y=1$

---

(2) 두 일차방정식 $4x-y=-8$, $x-y=1$의 그래프의 교점의 좌표가 $(-3, -4)$이므로 주어진 연립방정식의 해는
$x=-3, y=-4$

(3) 두 일차방정식 $x+y=3$, $4x-y=-8$의 그래프의 교점의 좌표가 $(-1, 4)$이므로 주어진 연립방정식의 해는
$x=-1, y=4$

2 답 (1)

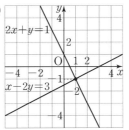

연립방정식의 해: $x=1, y=-1$

(2)

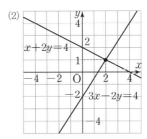

연립방정식의 해: $x=2, y=1$

(1) 두 일차방정식 $2x+y=1$, $x-2y=3$의 그래프를 각각 좌표평면 위에 나타내면 두 그래프의 교점의 좌표가 $(1, -1)$이므로 주어진 연립방정식의 해는
$x=1, y=-1$

(2) 두 일차방정식 $x+2y=4$, $3x-2y=4$의 그래프를 각각 좌표평면 위에 나타내면 두 그래프의 교점의 좌표가 $(2, 1)$이므로 주어진 연립방정식의 해는
$x=2, y=1$

3 답 $(2, 1)$

두 일차방정식의 그래프의 교점의 좌표는 연립방정식의 해와 같다.

연립방정식 $\begin{cases} 2x-y=3 \\ 3x+2y=8 \end{cases}$의 해는
$x=2, y=1$
따라서 구하는 교점의 좌표는 $(2, 1)$이다.

4 답 $a=3, b=-2$

두 일차방정식의 그래프의 교점의 좌표가 $(2, -1)$이므로 주어진 연립방정식의 해는
$x=2, y=-1$
$x+ay=-1$에 $x=2, y=-1$을 대입하면
$2-a=-1$ ∴ $a=3$
$x+by=4$에 $x=2, y=-1$을 대입하면
$2-b=4$ ∴ $b=-2$

5 답 $y=3x+7$

연립방정식 $\begin{cases} y=-2x-3 \\ y=3x+7 \end{cases}$, 즉 $\begin{cases} 2x+y=-3 \\ 3x-y=-7 \end{cases}$의 해는

$x=-2$, $y=1$

즉, 교점의 좌표는 $(-2, 1)$이다.

두 점 $(-2, 1)$, $(-1, 4)$를 지나는 직선의 기울기는

$$\frac{4-1}{-1-(-2)}=3$$

따라서 구하는 직선의 방정식을 $y=3x+b$라 하면 이 직선이

점 $(-2, 1)$을 지나므로

$1=-6+b$ $\therefore b=7$

$\therefore y=3x+7$

6 답 -2

연립방정식 $\begin{cases} x+y=4 \\ -2x+3y=7 \end{cases}$의 해는

$x=1$, $y=3$

따라서 세 그래프가 모두 점 $(1, 3)$을 지나므로

$4x+ay=-2$에 $x=1$, $y=3$을 대입하면

$4+3a=-2$, $3a=-6$ $\therefore a=-2$

개념 32 연립방정식의 해와 그래프 (2) •54쪽

1 답 (1)

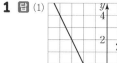
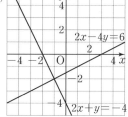

연립방정식의 해의 개수: 1개

(2)

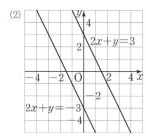

연립방정식의 해의 개수: 해가 없다.

(3)

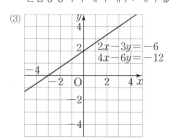

연립방정식의 해의 개수: 해가 무수히 많다.

---

(1) 두 일차방정식 $2x+y=-4$, $2x-4y=6$의 그래프를 각각 좌표평면 위에 나타내면 두 그래프의 교점의 좌표는 $(-1, -2)$이므로 주어진 연립방정식의 해는 1개이다.

(2) 두 일차방정식 $2x+y=-3$, $2x+y=3$의 그래프를 각각 좌표평면 위에 나타내면 두 그래프는 평행하므로 주어진 연립방정식의 해는 없다.

(3) 두 일차방정식 $2x-3y=-6$, $4x-6y=-12$의 그래프를 각각 좌표평면 위에 나타내면 두 그래프는 일치하므로 주어진 연립방정식의 해는 무수히 많다.

2 답 (1) $y=2x+3$, 2, -2 / $a=-2$

　　　(2) $y=-\dfrac{a}{3}x+2$, $-\dfrac{a}{3}$, -4 / $a=-4$

3 답 ①, ⑤

주어진 연립방정식의 각 일차방정식의 y를 x에 대한 식으로 나타내면 다음과 같다.

① $\begin{cases} y=-x+2 \\ y=-x-\dfrac{1}{2} \end{cases}$　　　② $\begin{cases} y=\dfrac{1}{3}x \\ y=3x \end{cases}$

③ $\begin{cases} y=4x-1 \\ y=4x-1 \end{cases}$　　　④ $\begin{cases} y=-\dfrac{1}{2}x-3 \\ y=-\dfrac{1}{2}x-3 \end{cases}$

⑤ $\begin{cases} y=\dfrac{3}{4}x-\dfrac{1}{4} \\ y=\dfrac{3}{4}x+\dfrac{1}{8} \end{cases}$

연립방정식의 해가 없으려면 두 일차방정식의 그래프의 교점이 없어야 하므로 두 그래프가 평행해야 한다.

즉, 두 그래프의 기울기는 같고, y절편은 달라야 하므로 ①, ⑤이다.

4 답 ④

주어진 연립방정식의 해가 무수히 많으려면 두 일차방정식의 그래프가 일치해야 한다.

즉, 두 그래프의 기울기와 y절편이 각각 같아야 한다.

$\begin{cases} -2x+ay=8 \\ 4x-6y=b \end{cases}$에서 $\begin{cases} y=\dfrac{2}{a}x+\dfrac{8}{a} \\ y=\dfrac{2}{3}x-\dfrac{b}{6} \end{cases}$

따라서 $\dfrac{2}{a}=\dfrac{2}{3}$, $\dfrac{8}{a}=-\dfrac{b}{6}$이어야 하므로

$a=3$, $ab=-48$

$\therefore a=3$, $b=-16$